QRMS 译丛

装备科技译著出版基金

产品可靠性提升策略及方法(第2版)

Improving Product Reliability and Software Quality

Strategies, Tools, Process and Implementation (2nd Edition)

[美] 马克·A. 莱文(Mark A. Levin)
特德·T. 卡拉尔(Ted T. Kalal) 著
乔纳森·罗丁(Jonathan Rodin)

周苏闰 王宗仁 王红勋 王志峰 李丽 译

国防工业出版社

·北京·

著作权合同登记　图字：军–2020–52号

图书在版编目(CIP)数据

产品可靠性提升策略及方法：第2版／（美）马克·A. 莱文（Mark A. Levin），（美）特德·T. 卡拉尔（Ted T. Kalal），（美）乔纳森·罗丁（Jonathan Rodin）著；周苏闽等译．—北京：国防工业出版社，2021.10

书名原文：Improving Product Reliability and Software Quality：Strategies，Tools，Process and Implementation(2nd Edition)

ISBN 978–7–118–08263–0

Ⅰ．①产… Ⅱ．①马… ②特… ③乔… ④周… Ⅲ．①工业产品–可靠性–研究　Ⅳ．①TB114.35

中国版本图书馆 CIP 数据核字（2021）第 208270 号

Translation from the English language edition：
Improving Product Reliability and Software Quality：Strategies，Tools，Process and Implementation（2nd Edition） by Mark A. Levin，Ted T. Kalal and Jonathan Rodin.
ISBN：978–1–119–17939–9.
Copyright © John Wiley & Sons，Limited.
All Rights Reserved. Authorised translation from the English language edition published by John Wiley & Sons Limited. Responsibility for the accuracy of the translation rests solely with National Defense Industry Press and is not the responsibility of John Wiley & Sons Limited. No part of this book may be reproduced in any form without the written permission of the original copyright holder，John Wiley & Sons Limited.
本书简体中文版由 John Wiley & Sons Limited 授权国防工业出版社独家出版发行。版权所有，侵权必究。

※

国防工业出版社 出版发行
（北京市海淀区紫竹院南路23号　邮政编码100048）
三河市腾飞印务有限公司印刷
新华书店经售
＊
开本 710×1000　1/16　印张 24¾　字数 430 千字
2021 年 10 月第 1 版第 1 次印刷　印数 1—2000 册　定价 118.00 元

（本书如有印装错误，我社负责调换）

国防书店：(010)88540777　　　书店传真：(010)88540776
发行业务：(010)88540717　　　发行传真：(010)88540762

作者简介

Mark A. Levin 是泰瑞达公司的高级可靠性设计工程师(该公司位于加利福尼亚的 Agoura Hills 地区),获得了亚利桑那大学电子工程学士学位(1982年)和佩珀代因大学技术管理硕士学位(1999年),同时还获得了马里兰大学的可靠性工程硕士学位(2009年),目前正在攻读马里兰大学的可靠性工程博士学位。他在航空航天、国防和医疗电子行业拥有超过 36 年的工作经验,曾在休斯飞机导弹系统集团、休斯飞机微波产品部、通用医疗公司和医疗数据电子公司担任过多个管理和研究职位。他的经验非常丰富,从事过制造、设计和研发等多方面的工作,完成了制造和可靠性设计指南、可靠性培训工艺标准、质量计划、JIT 制造、ESD 安全工作环境等多项工作,还研发了表面贴装生产设备。(Mark. levin @ Teradyne. com)

Ted T. Kalal 是一名实践可靠性工程师(现已退休),通过自身实践和向许多著名导师的学习,对可靠性有深入理解。他毕业于威斯康星大学(1981年)工商管理专业,在大学中完成了大量数学、物理和电子学的初步研究。曾担任过许多合同工程师和顾问的职位,专门从事设计、质量和可靠性工作。撰写了多篇关于电子电路的论文,并在电力电子领域拥有专利。他与合伙人一起创立了一家小型制造公司,为生物研究界提供高科技电源和其他科学仪器。

Jonathan Rodin 是泰瑞达公司的一名软件工程经理,哥伦比亚大学研究生毕业(1981年)。他拥有 39 年的软件开发经验,从事过程序员工作和软件研发项目管理工作。他的经验涵盖了不同规模的公司,从初创公司到拥有 10 万名员工的公司。在加入泰瑞达公司之前,他在 FTP 软件、NaviSite 和 Percussion 软件等多个公司从事工程管理工作。曾负责了许多软件流程再造工程项目,最近在努力将泰瑞达公司的半导体测试部提升到 CMMI 的 3 级标准。

译 者 序

本书由 Wiley 公司出版，是其出版的"质量与可靠性工程系列丛书"中比较经典的一本专著，目前已更新至第 2 版。

可靠性理论与方法起源于 20 世纪 50 年代，我国于 20 世纪 80 年代开始系统地研究与应用。在应用初期，主要集中于航空航天及国防工业领域；2005 年以来，国家逐步在非军工领域设立可靠性技术专项研究计划，可靠性理论与方法开始在各领域得到较为广泛的推广和实践。经过近几十年的发展，可靠性理论与方法得到了长足的进步，已经出版了多套可靠性理论与方法的专业书籍。然而这些专著大多面向可靠性专业人员，重视可靠性数学理论的论述，对读者的背景知识要求较高。此外，可靠性是一项系统工程，可靠性设计是产品设计的一部分，需要与产品功能性能设计同步进行，涉及电子、机械、软件等多个学科。产品可靠性是设计出来的，但不仅仅是可靠性设计师设计出来的，而是各专业设计师及系统工程师协同工作的结果。特别是随着互联网/物联网技术的发展，未来的产品更加强调软、硬件多学科的综合，这对产品各专业领域设计师的可靠性素养提出了更高的要求。本书作者以其丰富的企业可靠性工程实施经验，将可靠性工作复杂、抽象的概念指标化为可操作的方法和流程；作者从一个新的视角，以一种清晰、实用的方式，系统论述了实施可靠性工程必需的工作要素、工作项目、工作方法和工作过程。本书不涉及复杂的可靠性数学理论，但对可靠性的核心内容进行了系统论述，有助于读者理解可靠性的内涵。

此外，随着中国制造业的发展升级，特别是"中国制造 2025"战略提出后，我国正加速从制造大国向制造强国的目标迈进。在这一进程中，我国工业界从深度和广度两个方面对可靠性工程实践提出了迫切的需求。特别是对于中小企业而言，可靠性专业人才相对缺乏，从高层管理者到各级设计师都缺乏可靠性理念，在企业内部从无到有构建可靠性体系难度较大。本书围绕产品设计开发和进入市场的全过程，叙述了一个企业要提升产品可靠性所涉及的概念程序、沟通管理和方法工具，提供了一套符合逻辑的、覆盖管理与工程的、可应用于产品开发流程的可靠性工程方法和体系。

本书从企业的生存发展、产品可靠性的实质内涵、可靠性工程的方法工具、产品开发的可靠性工作等多个维度，分析介绍了企业实施可靠性工程中必需的

工作内容,包括:

(1) 决心:最高管理者应该有的基本承诺是什么?管理层应该怎么做,才能真正推进企业的可靠性工程?

(2) 沟通:建立可靠性沟通的必要步骤是什么?需要与哪些部门的人员沟通,才能使可靠性内化为企业工作的一部分?

(3) 执行:实施可靠性工程的最佳时机是什么时候?如何制定可靠性工作流程?可能会遇到并需要克服哪些障碍,才能真正使可靠性工作取得实效?

(4) 方法:实施可靠性工程的具体方法有哪些?企业层面的方法?管理层面的方法?技术层面的方法?

(5) 实践:如何建立可靠性实验室?如何培养可靠性人员?如何实施可靠性工程?

全书侧重于工程和应用的可操作性和实践性,可以作为企业实施可靠性工作的通用性参考书。

本书由周苏闻、王宗仁、王红勋、王志峰、李丽等翻译,周苏闻、王宗仁、王红勋、王志峰组织进行了全书结构设计、翻译、审校及全书统稿。具体翻译分工如下:第Ⅰ部分由周苏闻负责;第Ⅱ部分5~8章由王宗仁负责,9~14章由王畅、王宗仁负责;第Ⅲ部分由李丽、周苏闻负责;第Ⅳ部分18~22章由王红勋负责,23~26章由张浩、王红勋负责。

本书的翻译出版得到了装备科技译著出版基金的资助,在此表示诚挚的感谢。由于译者水平所限,书中难免有不当和疏漏之处,敬请读者指正。

第 2 版前言

本书第 1 版主要专注于提高产品的可靠性,分析了为什么提高产品可靠性的工作会失败,以及可靠性差的产品如何对产品业产生负面影响;讨论了采用什么方法可以让消费者更便捷地使用产品,并发现与可靠性有关的问题。为了提高产品可靠性,我们给出了一个全面的产品开发和实施流程,该流程任何企业都可以实施;我们还讨论了如何改变企业文化,使其致力于设计可靠的产品。

自从本书问世以来,设计可靠产品的重要性就没有改变过。然而,与第 1 版相比,现在产品开发的类型已经有了很大的变化,一个最重要的改变是全新的产品正在被大量开发,这些新产品需要大量的软件和固件,能连接到互联网(IOT)并与其他设备通信,帮助实现客户支持并远程更新软件。互联网为消费者提供了更高的易用性和更好的用户体验,但也同时带来了新的安全和隐私风险。

我们将书名改为"产品可靠性提升策略及方法",以传递软件在产品开发中的重要性。硬件可靠性的书没有涵盖软件质量的内容,软件质量的书也没有解决硬件可靠性问题,然而,成功的产品开发取决于软硬件两者的协同作用。硬件工程师和软件工程师是完全不同的,他们使用着不同的语言进行交流。因此,很难有效地融合对方的需求,同样也无法摆脱对对方的依赖。由于缺乏沟通,他们通常会按照自己的理解去假设对方的设计意图,而这往往被证明是错误的。

硬件和软件工程师看待缺陷的眼光是非常不同的。硬件开发团队致力于开发没有任何可靠性问题的产品,并假定最后发现的缺陷可以采用软件修复,可以通过充分的定义和选择合适的硬件来确保开发的产品是可靠的。而软件产品在发布之前,软件开发团队不会设定 100% 无缺陷产品的要求。实际上,对许多产品而言,软件要求和验证无法定义所有的使用条件和可能的状态。在软件发布后,软件团队才开始致力于之后的更新升级、版本迭代或打补丁。

除软件质量之外,还存在软件安全性的问题。许多产品使用用户应用程序,通过互联网快速修复软件缺陷和提升消费者使用体验,Nest™ 可编程学习型恒温器就是一个很好的例子。这种互联性加剧了对软件安全性的担忧,且这些新的挑战经常被忽视或低估。一些新产品能够通过蓝牙和全球定位服务(GPS)进行通信,这些也有被盗用的风险。

新一代的电子产品都比之前的产品集成了更多的软件和固件,这适用于诸如家用恒温器之类的简单产品,也适用于复杂的产品。产品开发所需的工程师甚至也在发生变化,本书的目的就是提供洞察力、流程和工具来帮助应对这些变化。

第1版前言

当前,我们每天都看到有公司经营失败,而进入新世纪之后,公司经营失败的比率将会更高。竞争者正在迅速进入市场,它们使用新技术、创新、可靠性等作为武器来占领市场份额,利润空间被不断压缩。互联网购物颠覆了传统的商业模式,信息高速公路彻底改变了消费者做出购买决策的方式。消费者拥有了更多渠道去全面了解产品信息,使消费者对产品可靠性有了新认识。

这些改变使得消费者更方便地选择满足其自身需求的产品,对产品有更深入认知的消费者可以随时随地以最优惠的价格获得他们想要的产品。在信息时代,消费者仅需付出很小的代价就可以随时查阅整个市场的产品信息。传统购物已经演化为智能购物,大部分智能购物正在以最优惠的价格提供最好的产品。

随着产品信息资源的持续增加,关于产品质量的信息也会增加。过去,关于产品质量的信息,消费者只能通过杂志、报纸或电视获得,这些信息往往不是实时的,且无法覆盖市场的全部信息。当前的消费者可以使用全球信息资源和在互联网辅助下做出购买决策。消费者做出购买决策的一项非常重要的参考信息是产品的质量与可靠性:它是否真的达到了供应商承诺的水平?产品是否易用?产品安全吗?产品能否满足消费者无故障使用的需求?对于具体的消费者而言,这些问题可以非常多且非常具体。

1) 质量与可靠性

从汽车到消费电子行业,高质量产品的供应商正在不断进化。未参与到质量进化的供应商,在过去的20年间正在慢慢退出历史舞台,它们被市场淘汰了,因为引入高质量管理体系的公司正在以更低的价格提供更高质量的产品。目前,消费者对产品的需求已不仅仅限于一时的满足,而是期望产品能持续满足自身的需求。在20世纪八九十年代,产品的设计与实现是成功的基本要求,而在21世纪,产品可靠性成了对产品的基本要求。在当今市场,产品质量仍然是保持市场竞争力的必要因素,而在未来市场环境下,可靠性会成为产品必备的设计要素。

质量与可靠性两个词经常在一起使用,两者虽然紧密联系,但却存在显著的区别。两者最明显的区别是:

(1) 质量是产品各项指标符合性的度量；

(2) 可靠性是随时间推移,产品各项指标符合性的度量。

下面以衬衫颜色为例对质量与可靠性的区别进行介绍。对于纯色男士衬衫,袖子的颜色必须与袖口颜色相匹配。颜色必须完美匹配,材料看起来像是来自同一匹布,在当前制造工艺下,需要同时开展多重操作。同一匹布不能同时用于多个机器设备,不同匹布的颜色必须完全匹配,否则最终产品就会出现质量问题；每一匹布都应满足相同的颜色标准,否则最新的生产技术将无法应用到生产过程中。产品原材料的质量与最终产品的质量同等重要,事实上,产品原材料质量将成为最终产品质量的一部分。经过多次清洗之后,衬衫将会褪色,衬衫在消费者第一次使用时达到了其预期(质量),但未能持续满足消费者的预期需求(可靠性)。

可靠性是质量在时间维度上的延续,涵盖产品在预期使用条件下满足质量标准的时间范围。现在,质量是商业活动的基础,在当前以及未来的商业竞争中,可靠性将成为商业活动的基础。质量革命并没有结束,它只是进化成了可靠性革命。

本书旨在指导读者在产品全寿命周期中实施可靠性工程,提升产品可靠性。本书呼吁各种规模的公司都实施可靠性工程。书中每章的开始部分讨论了大量对不同体量公司都适用的细节和原则。我们也基于公司规模将公司分为3类：小型公司、中型公司和大型公司,不同公司的简要定义见下表[①]。

公司规模的定义

度量维度	公司规模		
	小型公司	中型公司	大型公司
雇员人数	<100	100~1000	≥1000
销售总额/美元	<1000万	1000万~10亿	≥10亿
保修预算金额/美元	<100万	100万~1000万	≥1000万

财务部门能够更精确地量化由于产品维修成本和低质量导致的利润损失,该部分损失即为实施可靠性工程的潜在收益,待可靠性工程实施并取得成果后,该部分损失将被收回。

2) 获得竞争优势

对于未实施可靠性工程的制造商而言,其保修费用一般能占销售总额的

---

① 为方便比较,本书沿用原书单位。——译者

10%~12%，而将可靠性工作纳入产品研制流程的制造商可以将保修费用降低到低于销售总额的1%，这部分从保修预算中收回的资金可用于新产品研发或增加公司利润总额。如果公司的研发投入占销售总额的10%，那么通过可靠性工作节省的保修费用就可以覆盖未来产品研发所需的资金。当然，这只是实施可靠性工程所带来的有形利益，提升产品可靠性还会带来很多无形的好处，比如更好的产品形象、减少寻找客户的时间、更低的产品召回风险、更少的工程更改以及员工的更高效率。这些无形资产将在本书后几个章节介绍。

目　　录

第Ⅰ部分　可靠性和软件质量——这是生存问题

第1章　对硬件可靠性和软件质量新范式的需求 … 3
- 1.1　硬件可靠性和软件质量的挑战迅速变化 … 3
- 1.2　获取竞争优势 … 5
- 1.3　未来十年的竞争将是可靠性的竞争 … 5
- 1.4　并行工程 … 6
- 1.5　减少产品发布时的工程变更量 … 8
- 1.6　进入市场的时间优势 … 9
- 1.7　加快产品开发 … 10
- 1.8　识别和管理风险 … 11
- 1.9　ICM 方法 … 11
- 1.10　软件质量概述 … 12
- 参考文献 … 13
- 延伸阅读 … 13

第2章　提升硬件可靠性和软件质量的瓶颈 … 14
- 2.1　缺乏理解 … 14
- 2.2　内部障碍 … 15
- 2.3　实施改革及改革的动力 … 16
- 2.4　建立信誉 … 18
- 2.5　可预见的外部障碍 … 19
- 2.6　获得认可的时间 … 20
- 2.7　外部障碍 … 21
- 2.8　软件过程改进的障碍 … 22

第3章　了解产品的失效原因 … 24
- 3.1　失效原因 … 24
- 3.2　改进零件后每个人都可以制造出高质量的产品 … 27
- 3.3　硬件可靠性和软件质量——新范式 … 27

3.4 可靠性与质量逃逸 ·············· 28
3.5 软件质量改进方案不成功的原因 ·············· 29
延伸阅读 ·············· 30

第 4 章 实现可靠性的替代方法 ·············· 31
4.1 聘请顾问进行 HALT ·············· 31
4.2 外包可靠性试验 ·············· 31
4.3 聘用顾问制定和实施可靠性计划 ·············· 32
4.4 聘用可靠性工程师 ·············· 32

第 II 部分 揭开可靠性的神秘面纱

第 5 章 产品寿命周期 ·············· 37
5.1 产品寿命周期的 6 个阶段 ·············· 37
5.2 风险控制 ·············· 41
   5.2.1 识别风险 ·············· 41
   5.2.2 沟通风险 ·············· 41
   5.2.3 控制风险 ·············· 42
5.3 小公司的 ICM 流程 ·············· 43
5.4 设计指南 ·············· 44
5.5 保修 ·············· 44
延伸阅读 ·············· 45

第 6 章 可靠性概念 ·············· 47
6.1 浴盆曲线 ·············· 48
6.2 平均故障间隔时间 ·············· 49
   6.2.1 平均修理间隔时间 ·············· 50
   6.2.2 平均维修间隔时间 ·············· 50
   6.2.3 平均事件间隔时间 ·············· 50
   6.2.4 平均故障前时间 ·············· 50
   6.2.5 平均修复时间 ·············· 50
   6.2.6 平均系统修复时间 ·············· 50
6.3 保修成本 ·············· 51
6.4 可用性 ·············· 53
   6.4.1 派驻现场的维修服务人员 ·············· 54
   6.4.2 为客户培训维修服务人员 ·············· 54
   6.4.3 对客户维修服务人员进行制造商培训 ·············· 54

6.4.4	提供易于使用的服务手册	54
6.4.5	产品具备快速诊断能力	55
6.4.6	完善的维修和备件供应链	55
6.4.7	快速响应客户的服务需求	55
6.4.8	故障数据跟踪	55
6.5	可靠性增长	56
6.6	可靠性验证试验	57
6.7	维修和可用性	60
6.7.1	预防性维修	61
6.7.2	预见性维修	62
6.7.3	故障诊断与健康管理	63
6.8	组件的降额设计	67
6.9	组件的超额使用	69
参考文献		70
延伸阅读		70

第7章 FMEA — 72

7.1	FMEA 的好处	72
7.2	FMEA 的组成部分	73
7.2.1	功能框图	73
7.2.2	故障树分析	77
7.2.3	故障模式及影响分析表格	80
7.3	FMEA 准备阶段	85
7.4	FMEA 实施过程中的障碍	86
7.5	FMEA 的基本规则	88
7.6	使用宏来提高 FMEA 的效率和有效性	90
7.7	软件 FMEA	92
7.8	软件故障树分析	95
7.9	过程 FMEA	96
7.10	FMMEA	97

第8章 可靠性工具箱 — 99

8.1	HALT 过程	99
8.1.1	HALT 的应力类型	102
8.1.2	HALT 过程的理论基础	103
8.1.3	液冷产品的 HALT	107

8.1.4　HALT 计划 …… 108
8.2　高加速应力筛选 …… 119
　8.2.1　剖面验证 …… 121
　8.2.2　老炼 …… 122
　8.2.3　环境应力筛选 …… 123
　8.2.4　HASS 的经济影响 …… 124
　8.2.5　HASA 过程 …… 124
8.3　HALT 和 HASS 试验箱 …… 125
8.4　加速可靠性增长 …… 127
8.5　加速早期寿命试验 …… 130
8.6　SPC 工具 …… 130
8.7　FIFO 工具 …… 131
参考文献 …… 133
延伸阅读 …… 133

第 9 章　软件质量目标和指标 …… 139
9.1　设定软件质量目标 …… 139
9.2　软件指标 …… 141
9.3　代码行数 …… 142
9.4　缺陷密度 …… 143
9.5　缺陷模型 …… 144
9.6　缺陷运行图 …… 145
9.7　缺陷逃逸率 …… 147
9.8　代码覆盖率 …… 148
参考文献 …… 149
延伸阅读 …… 150

第 10 章　软件质量分析技术 …… 151
10.1　根本原因分析 …… 151
10.2　5 个为什么 …… 151
10.3　因果图 …… 152
10.4　帕累托图 …… 153
10.5　缺陷预防、缺陷检测和防御性编程 …… 154
10.6　工作量估算 …… 157
参考文献 …… 158
延伸阅读 …… 158

第 11 章 软件寿命周期 ·159
11.1 瀑布寿命周期模型 ·159
11.2 敏捷寿命周期模型 ·161
11.3 软件能力成熟度集成模型 ·164
11.4 如何选择软件寿命周期 ·165
参考文献 ·166
延伸阅读 ·166

第 12 章 软件过程和技术 ·168
12.1 收集需求 ·168
12.2 记录需求 ·170
12.3 文档 ·173
12.4 代码注释 ·175
12.5 评审与检查 ·176
12.6 可追溯性 ·180
12.7 缺陷追踪 ·181
12.8 软硬件集成 ·182
参考文献 ·183
延伸阅读 ·184

第 13 章 硬件可靠性和软件质量改进工作失败的原因 ·185
13.1 可靠性过程缺乏保证 ·185
13.2 无法控制技术风险 ·187
13.3 选择了错误的人来实施可靠性工作 ·188
13.4 资金不足 ·188
13.5 资源不足 ·193
13.6 MIL-HDBK 217 为什么过时 ·194
13.7 发现但不解决问题 ·197
13.8 非运行试验 ·197
13.9 振动试验难以实施 ·197
13.10 软、硬件设备推迟交付的影响 ·198
13.11 供应商可靠性 ·198
参考文献 ·198
延伸阅读 ·198

第 14 章 供应商管理 ·200
14.1 采购衔接 ·200

14.2 识别关键供应商 201
14.3 制定全面的供应商审核流程 202
14.4 开发快速不合格反馈机制 202
14.5 建立材料审查委员会 203
14.6 假冒伪劣元器件和材料 203

第Ⅲ部分 迈向成功的实践

第15章 建立可靠性试验室 209
15.1 可靠性人员配备 209
15.2 可靠性试验室 210
15.3 设备需求 212
15.4 液氮需求量 213
15.5 空气压缩机的要求 214
15.6 选择可靠的试验室地点 215
15.7 选择 HALT 试验箱 216
   15.7.1 试验箱的大小 217
   15.7.2 机器整体高度 217
   15.7.3 所需功率及功耗 219
   15.7.4 可接受的噪声水平 219
   15.7.5 门摆空间 219
   15.7.6 操作简便 219
   15.7.7 试验剖面的创建、编辑和存储 219
   15.7.8 温度变化率 220
   15.7.9 内置测试仪器 220
   15.7.10 安全 220
   15.7.11 从订单到交货的时间 220
   15.7.12 保修 220
   15.7.13 技术/服务支持 221
   15.7.14 压缩空气要求 221
   15.7.15 照明 221
   15.7.16 定制 221
参考文献 223

第16章 招聘合适的人 224
16.1 可靠性人员配备 224

16.1.1 可靠性工程背景 …………………………………………………… 226
16.1.2 HALT/HASS 和 ESS …………………………………………… 226
16.1.3 冲击和振动试验 …………………………………………………… 226
16.1.4 统计学分析 ………………………………………………………… 226
16.1.5 失效预算/评估 …………………………………………………… 227
16.1.6 失效分析 …………………………………………………………… 227
16.1.7 进行可靠性培训 …………………………………………………… 227
16.1.8 具有执行新概念的说服力 ……………………………………… 228
16.1.9 工程或物理学学位 ………………………………………………… 228
16.2 软件工程师的人员编制 …………………………………………………… 229
16.3 选错了人 ……………………………………………………………………… 230

第 17 章 实施可靠性过程 …………………………………………………… 232
17.1 可靠性是每个人的工作 …………………………………………………… 232
17.2 规范可靠性过程 …………………………………………………………… 233
17.3 实施可靠性工作 …………………………………………………………… 234
17.4 开展可靠性工作 …………………………………………………………… 234
17.5 建立可靠性文化 …………………………………………………………… 238
17.6 设定可靠性目标 …………………………………………………………… 239
17.7 培训 ………………………………………………………………………… 240
17.8 产品寿命周期定义 ………………………………………………………… 241
17.8.1 概念阶段 …………………………………………………………… 242
17.8.2 设计阶段 …………………………………………………………… 243
17.8.3 生产阶段 …………………………………………………………… 244
17.8.4 寿命末期阶段 ……………………………………………………… 244
17.9 主动可靠性和被动可靠性活动 ………………………………………… 245
延伸阅读 ……………………………………………………………………………… 247

第 IV 部分　产品开发的可靠性与质量过程

第 18 章 产品概念阶段 …………………………………………………… 251
18.1 产品概念阶段的可靠性活动 ……………………………………………… 251
18.2 建立可靠性组织 …………………………………………………………… 252
18.3 确定可靠性流程 …………………………………………………………… 253
18.4 确定产品可靠性要求 ……………………………………………………… 253
18.5 获取并应用经验教训 ……………………………………………………… 253

18.6 控制风险 ………………………………………………………… 256
    18.6.1 填写风险评估表 …………………………………………… 257
    18.6.2 风险评估会议 ……………………………………………… 259

第19章 设计概念阶段 ………………………………………………… 261
19.1 设计概念阶段的可靠性活动 …………………………………… 261
19.2 确定可靠性要求和指标分配 …………………………………… 262
    19.2.1 产品使用环境要求 ………………………………………… 263
    19.2.2 产品使用寿命要求 ………………………………………… 263
    19.2.3 子系统和印制电路板组件的可靠性指标分配要求 ……… 265
    19.2.4 服务和维修要求 …………………………………………… 267
19.3 明确可靠性设计指南 …………………………………………… 267
19.4 修订风险控制计划 ……………………………………………… 267
    19.4.1 识别风险问题 ……………………………………………… 268
    19.4.2 汲取内部经验教训 ………………………………………… 268
    19.4.3 识别新的风险要素 ………………………………………… 269
19.5 计划可靠性活动和资金预算 …………………………………… 272
19.6 决定风险控制签署日期 ………………………………………… 274
19.7 反思是行之有效的方法 ………………………………………… 275

第20章 产品设计阶段 ………………………………………………… 276
20.1 产品设计阶段 …………………………………………………… 276
20.2 可靠性预计 ……………………………………………………… 278
20.3 实施风险控制计划 ……………………………………………… 279
    20.3.1 汲取以往经验 ……………………………………………… 279
    20.3.2 识别与控制新增风险因素 ………………………………… 281
20.4 可靠性设计指南 ………………………………………………… 287
20.5 设计 FMEA ……………………………………………………… 291
20.6 建立故障报告分析和纠正措施系统 …………………………… 293
20.7 HALT 计划 ……………………………………………………… 294
20.8 HALT 测试开发 ………………………………………………… 295
20.9 风险控制会议 …………………………………………………… 298
延伸阅读 ………………………………………………………………… 298

第21章 设计验证阶段 ………………………………………………… 301
21.1 设计验证 ………………………………………………………… 302
21.2 使用 HALT 激发故障 …………………………………………… 303

- 21.2.1 开始 HALT ……………………………………………… 306
- 21.2.2 试验室环境试验 ………………………………………… 307
- 21.2.3 挠性振动试验 …………………………………………… 308
- 21.2.4 温度步进应力试验和通电循环 ………………………… 308
- 21.2.5 振动步进应力试验 ……………………………………… 310
- 21.2.6 温度和振动组合试验 …………………………………… 310
- 21.2.7 快速温变循环应力试验 ………………………………… 311
- 21.2.8 缓慢升温 ………………………………………………… 311
- 21.2.9 组合搜索模式试验 ……………………………………… 313
- 21.2.10 其他非环境应力试验 …………………………………… 313
- 21.2.11 HALT 验证试验 ………………………………………… 313
- 21.3 剖面验证 ………………………………………………………… 315
- 21.4 高加速应力筛选 ………………………………………………… 317
- 21.5 执行 FRACAS …………………………………………………… 318
- 21.6 设计 FMEA ……………………………………………………… 319
- 21.7 风险问题闭环 …………………………………………………… 319
- 延伸阅读 ……………………………………………………………… 319

第 22 章 软件测试和调试 ……………………………………………… 323
- 22.1 单元测试 ………………………………………………………… 323
- 22.2 集成测试 ………………………………………………………… 325
- 22.3 系统测试 ………………………………………………………… 325
- 22.4 回归测试 ………………………………………………………… 327
- 22.5 安全测试 ………………………………………………………… 328
- 22.6 测试用例创建指南 ……………………………………………… 329
- 22.7 测试计划 ………………………………………………………… 330
- 22.8 缺陷隔离技术 …………………………………………………… 331
- 22.9 检测和日志 ……………………………………………………… 333
- 延伸阅读 ……………………………………………………………… 336

第 23 章 应用软件质量程序 …………………………………………… 337
- 23.1 使用缺陷模型创建缺陷运行图 ………………………………… 338
- 23.2 使用缺陷运行图确定是否已经达到质量目标 ………………… 338
- 23.3 使用根本原因法分析缺陷 ……………………………………… 339
- 23.4 持续集成和测试 ………………………………………………… 340
- 延伸阅读 ……………………………………………………………… 341

第24章 生产阶段 ······ 342
24.1 加速设计成熟 ······ 343
24.1.1 FRACAS ······ 345
24.1.2 设计问题跟踪 ······ 346
24.2 可靠性增长 ······ 347
24.2.1 加速可靠性增长 ······ 349
24.2.2 加速早期寿命测试 ······ 350
24.3 设计和过程 FMEA ······ 351
24.3.1 SPC ······ 352
24.3.2 六西格玛（6σ）······ 354
24.3.3 HASS 和 HASA ······ 354
延伸阅读 ······ 355

第25章 寿命末期阶段 ······ 359
25.1 管理过时 ······ 359
25.2 停产 ······ 360
25.3 项目评估 ······ 360
延伸阅读 ······ 361

第26章 现场服务 ······ 362
26.1 可达性设计 ······ 362
26.2 识别高频更换组件 ······ 362
26.3 易耗损件更换 ······ 363
26.4 预防性维修服务 ······ 364
26.5 维修工具 ······ 364
26.6 易修性设计 ······ 365
26.7 可用性 ······ 366
26.8 通过冗余避免系统故障 ······ 366
26.9 随机和耗损故障 ······ 366
延伸阅读 ······ 367

名词术语 ······ 368

第 I 部分

可靠性和软件质量——这是生存问题

第1章　对硬件可靠性和软件质量新范式的需求

1.1　硬件可靠性和软件质量的挑战迅速变化

为什么要讨论硬件可靠性和软件质量？早在20世纪70年代，由于美国汽车三巨头生产的汽车存在较多的问题，美国主要汽车制造商的主导地位受到了日本汽车制造商的削弱。当把美国汽车的故障率与日本汽车的故障率相比较时，就能预见到美国汽车行业的缓慢衰退。1981年，日本制造的汽车平均每100辆车有240个缺陷，而同一时期美国汽车缺陷率要多出280%~360%。通用汽车平均每100辆车有670个缺陷，福特平均每100辆车有740个缺陷，克莱斯勒最高，每100辆车有870个缺陷。

美国制造商开始实施全面质量管理(TQM)、质量周期、持续改进和并行工程来改进产品，关于这方面的著述已经有很多。如今，美国汽车行业生产质量大大改善，认为日本汽车质量更好的看法已明显减弱。市场研究机构 J. D. Power 在1997年车型年度报告中指出，轿车和卡车平均每100辆车有100个缺陷，比1996年增加了22%，比1987年减少了100%。例如，通用土星(GM Saturn)和福特金牛座(Ford Taurus)系列车型在市场上都获得了极大的成功，美国能够制造可靠、高质量的汽车。TQM极大地提升了美国制造的质量，汽车零部件也达到了非常高的质量水平，汽车工业也受益于汽车零部件的质量提升。但是假冒元器件和材料仍然是电子和汽车工业的一个主要问题，需要采取有效措施尽量减少假冒原材料进入生产线的风险。

在20世纪70年代，通常的汽车保修期是12个月或者1.2万英里(约19312km)。1997年，汽车制造商提供3年/3.6万英里(约57936km)的全车保修；3年后，这些汽车制造商提供了7年/10万英里(约160934km)的保修。捷豹现在正在为它的二手车做7年/10万英里(约160934km)保修的广告，宝马(BMW)也推出了类似的项目。这些制造商了解车辆出故障的原因以及是如何出故障的，他们有信心提供更长的保修期。

1997年,《消费者报道》(consumer reports)对60.4万名车主的调查显示,人们对美国制造汽车可靠性较低的看法有了显著改变。三大汽车制造商声誉的改善并非一蹴而就,这是他们致力于提供必要资源、可信计划和生产可靠车辆的结果。为实现这一里程碑式的改变,制造商耗费了数年时间,实施了一系列的措施。

在过去的20年里,提高硬件可靠性的方法取得了显著的进展。如果你实施了相应方法,你的产品可靠性将得到显著的提升。产品可靠性问题通常是由于没有或没有有效地实施可靠性工作导致的,而不是可靠性方法本身存在缺陷。

可靠性方法的研究和应用在多个领域持续开展,如故障监测和健康管理(PHM)。PHM可以提高产品的维修性,减少计划外的停机时间,并降低产品寿命周期内的维修成本。PHM使用实时传感器来监视系统的健康状况,将传感器数据与一组健康数据进行比较,以确定系统是否退化,并估计出系统的故障时间。PHM策略正在应用于汽车、航空航天以及其他行业。

尽管许多公司的硬件可靠性有了显著提升,但软件质量和软件安全性已成为更大的问题,这是由于许多正在开发的新产品需要更多的软件和固件。例如,麦肯锡公司估计,2018年,汽车组成中软件部分超过10%;而到2030年,软件在汽车组成中占到30%[1],许多正在开发的硬件产品越来越需要软件和固件才能正常运行。越来越多的软件用于管理关键件的安全和健康控制,如机器人手术和自动驾驶汽车。软件开发团队的规模与支持软件开发所需的人员和技能水平不相称的情况并不少见。自动化、物联网、WiFi、蓝牙技术的进步和使用互联网来改善客户体验,这些需求驱动软件代码的发展和软件质量体系的改进。互联网可以向终端用户实时推送软件更新,但是一个糟糕的软件质量过程会导致更多的缺陷。

在产品开发过程中需要修复的软、硬件故障数量大约是50:1到100:1。随着新的软件语言和产生兼容性问题的新驱动程序的出现,软件的复杂性也在不断增加。软件质量缺陷是需要识别、确定优先级和修复的设计缺陷,传统的软件质量保证系统中软件缺陷是在最终产品测试时处理的,对于多数的产品,在最终产品测试时确定缺陷已经太晚了。这推动了从项目管理、软件需求和性能的角度改进软件质量和软件开发过程,包括对软件开发过程的改进和行业专家的技术支持。

1.2 获取竞争优势

在21世纪竞争中成功的公司有一个共同的思路——生产高质量的产品,随着时间的推移,能持续满足或超过客户的期望。尽管没有专门的介绍,但这些公司取得成功的方法一定是与时俱进的。在一些行业,技术发展很快,客户在第一款产品退役之前,就已经提出了升级到下一代产品的需求,消费者对单款产品的寿命预期比较短,这对于制造商来说这是比较理想的销售模式。所以,在现实中需要改变开发产品的方式,需要用更短的产品开发时间来实现产品的可靠性,平台产品开发时间缩短至18个月,其衍生产品(产品分支)缩短至12个月或更少。当然,具体开发时间在很大程度上取决于产品的复杂性、过程监控和安全性要求,但是这种趋势是不可忽视的。公司会为销售了"漏洞百出"或不可靠的产品付出沉重的代价。众所周知,获得新客户的成本是留住老客户的5~10倍,所以留住回头客的效益是更高的。无论是成本竞争还是产品差异化的竞争,可靠的产品增加了回头客和产品信誉,一个有缺陷的产品通常会不断地收到客户的投诉,直到该产品或服务被更好的产品或服务替代。

1.3 未来十年的竞争将是可靠性的竞争

过去几十年的商业惯例在21世纪将不完全适用。多年来,我们掌握了制造高质量产品的技能,高质量的产品提高了利润率。事实上,当竞争产品的价格大致相同时,消费者会根据自己对产品质量的判断做出购买决定。在过去的几十年里,由于消费者缺乏对产品可靠性知识的了解,所以产品可靠性并不是决定大多数消费者是否消费的影响因素。然而,21世纪的普通消费者在做出购买决定时,不仅要考虑价格和质量,还要考虑产品的可靠性。消费者根据哪种产品最具有价值来做出购买决定。我们可以把产品价值定义为

$$产品价值 = \frac{消费者价值}{价格}$$

在这里,消费者感知价值与产品的质量和可靠性有关。在整个产品生产和产品寿命周期的各个阶段,提升产品可靠性的一个关键优势是消费者对产品感知价值的改进、生产成本的降低,最终结果是产品价值的增加。有一种常见的误解是,提升产品可靠性会延长产品开发时间、增加产品成本(包括材料成本和生

产成本),但事实恰恰相反,更可靠的产品一般有较低的生产成本,这是许多因素共同作用的结果,有助于降低产品成本和缩短产品开发周期。例如,可靠的产品通常具备以下特征:

(1) 更高的试验一次通过率;

(2) 更少的废料;

(3) 更少的返工(有助于降低产品成本、提高产品可靠性);

(4) 更少的现场故障;

(5) 更低的保修成本(可以将节省的保修成本传递给消费者,相当于提升产品的价格优势);

(6) 更低的召回风险;

(7) 更易于制造的卓越设计。

回顾消费者对价值定义的考虑,很明显,产品可靠性将增加消费者对产品的感知价值、降低生产成本,这是关于产品可靠性正确但经常被误解的一个重要特性。

1.4 并行工程

能够将新技术的设计和开发在制造业成功实施的一个重要因素是建立并行工程实践。并行工程是一个从概念设计到产品开发再到制造的过程,在这个过程中,来自所有相关部门的跨职能代表对关键决策提供输入,这些决策直接影响产品的价格、性能、质量和开发时间。这一概念在20世纪90年代得到了广泛的讨论和应用,并给实践者带来了更好的产品、更短的产品开发时间和更高的利润。然而,跨职能团队由营销、设计、测试和制造人员组成,由于可靠性被认为是设计和测试工程师职责的一部分,所以他们没有单独的可靠性代表。(我们将在本书的第Ⅱ部分看到,大多数设计和测试工程师并不了解那些用于提高产品可靠性的工具。)

我们需要更改并行工程的需求,并且开发一个考虑到整个产品寿命周期的、更广泛的并行工程版本。产品寿命周期并行工程方法包括可靠性、可服务性和维修性输入,这些输入从概念设计阶段开始,一直持续到产品开发和产品寿命周期全过程。这种从产品开发到产品寿命终止的全寿命方法,确保了在前一个产品开发周期中积累的经验可以有效应用到下一个产品开发中。

以前的产品开发严重依赖早期的面向制造的设计(DFM)和样机的测试,并寄希望于在产品销售之前发现设计缺陷。这种方法存在的问题是,DFM工程师(在制造过程中非常熟练)主要确保产品是可制造的,并且可以快速生产以满足市场预期。换句话说，DFM确保设计的产品可以轻松地投入生产，但是这种努力对产品可靠性的贡献很小。

在样机阶段进行的测试可以在批量生产之前验证产品性能是否符合规范，但是这种方法没有考虑到产品的生产能力，不能验证产品是否满足生产要求。同时在产品开发过程中不断地做出决策，这些决策对产品的性能、可靠性以及维护的难易程度都有重大影响。换句话说，在这个阶段，需要快速做出决策，这些决策应该包括所有相关人员的输入信息，如营销、设计、试验、制造、现场服务和可靠性人员等。

如前所述，为了确保最低的产品成本和最高的产品可靠性，在产品开发周期的早期让所有相关组织和支持小组参与是很重要的。设计程序包括DFM、可测试性设计(DFT)、面向可靠性的设计(DFR)、面向服务的设计(DFS)和维修性设计，这些都必须在产品概念阶段的早期就加以考虑。这些职能部门的代表根据行业标准、经验教训、知识产权和内部流程开发制定的指导方针提供输入，这些决策必须以事实为基础，不能凭感觉做事。

将这些设计指南应用于产品开发，会不断降低产品成本和产品生产周期，同时优化可靠性。图1-1说明了产品寿命周期并行工程方法在产品开发中是如何对产品成本产生直接的、积极的影响的。通常情况下，80%的产品成本是投入到样机设计中的，因此，降低产品成本的最佳时机是在设计阶段。产品寿命周期并行工程方法解决了影响产品整个寿命周期的成本、服务、可靠性和可维护性的问题，这些方法让整个团队参与对新技术、包装、工艺和设计有影响的决策，并且将决策建立在成本效益分析之上，包括市场研究、风险分析和可靠性分析。

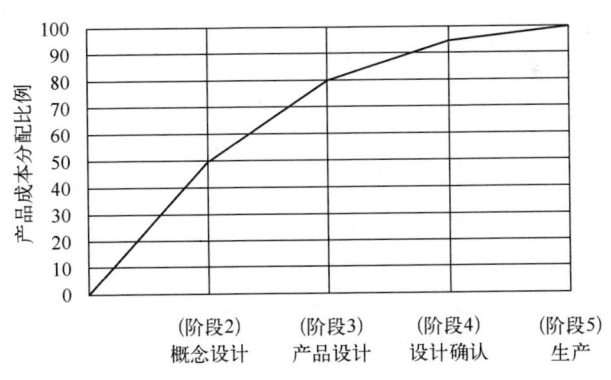

图1-1 产品在开发早期确定的成本比例

尽早将可靠性纳入产品开发的另一个因素，是在概念设计阶段之后进行人力和资本变更的成本，图1-1说明了这会对产品成本产生很大影响。最好的降低成本的时机是在开发和概念设计阶段,技术、组件和工艺引发的风险因素决定了大部分产品的成本,通过在早期设计阶段应用这些实践,可以大大减少工程变更(ECO)的成本。

图1-2进一步说明了这一点,在产品开发的后期,工程更改导致的总成本可能会增加几个数量级。

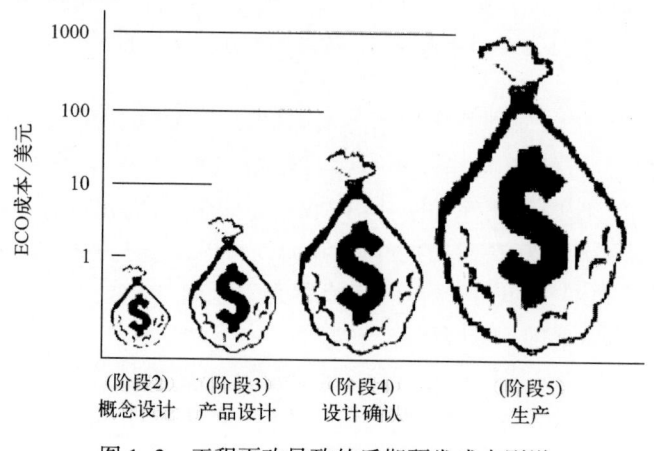

图1-2 工程更改导致的后期研发成本剧增

1.5 减少产品发布时的工程变更量

在第Ⅳ部分"产品开发的可靠性工作"中,我们将展示一些可靠性工具,如高加速寿命试验(HALT™)、高加速应力筛选(HASS™)、故障模式及影响分析(FMEA),介绍如何使用可靠性工具在产品开发的早期阶段发现产品薄弱环节以降低风险,如果没有借助可靠性工具,这些薄弱环节往往不会引起注意,或者要到产品生产一段时间后才有可能被发现。产品寿命周期并行工程方法还将减少产品上市后的工程变更(ECO)数量,增加产品的长期可靠性。这个说法在图1-3中得到了最好的说明,产品寿命周期并行工程方法确保了大部分工程设计变更发生在开发的早期,这是降低产品退货风险的最佳方式。图1-3说明了如何通过在产品开发周期中尽早实现可靠性,显著减少现场返工和工程更改的数量。

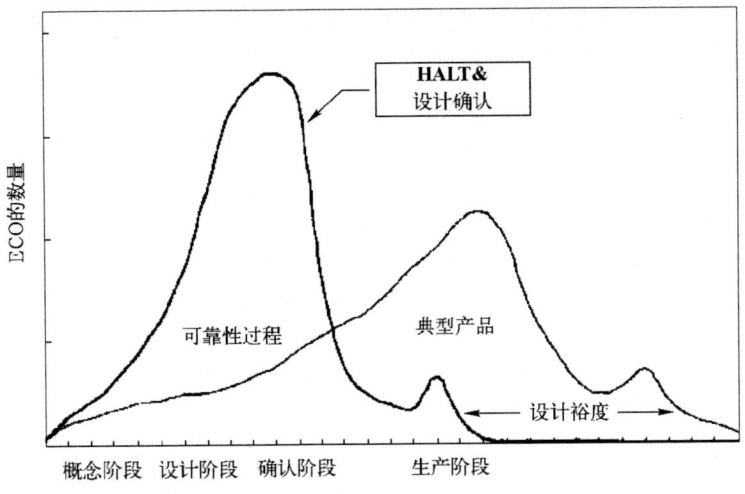

图 1-3 可靠性工作可显著减少产品发布后 ECO 的数量

1.6 进入市场的时间优势

提升产品可靠性的动力之一是大大缩短产品开发周期,同时,这也是产品不能承受提高可靠性所需的附加工作的最大原因。但是,当可靠性设计思想在产品概念设计阶段的早期就引入时,这种观点将与实际情况相反。产品寿命周期中实施可靠性方法的一个主要优点是减少产品的开发时间。产品在最佳的时机进入市场可以获取很多优势,包括打开产品的知名度、制订行业标准的能力、获得行业领先者的认可度、扩大客户基础和利润最大化。如图 1-4 所示,使用产品寿命周期方法将显著减少产品开发时间。

图 1-4 产品开发中引入可靠性将缩短研制周期

最后,图1-5说明了产品进入市场的时间是如何影响产品的盈利能力的。在完全竞争市场中发布新产品,其利润受制于整个行业全寿命周期的平均利润水平;在形成市场竞争之前发布产品,利润的机会就会增加;相反,当一个产品在市场竞争成熟之后发布,获得利润的机会要小得多。需要特别指出,过于超前的产品也是不受欢迎的。而 *A Survey of Major Approaches for Accelerating New Product Development* 一文指出,存储芯片行业的后来者可能不会获得任何利润,甚至不能收回投资。

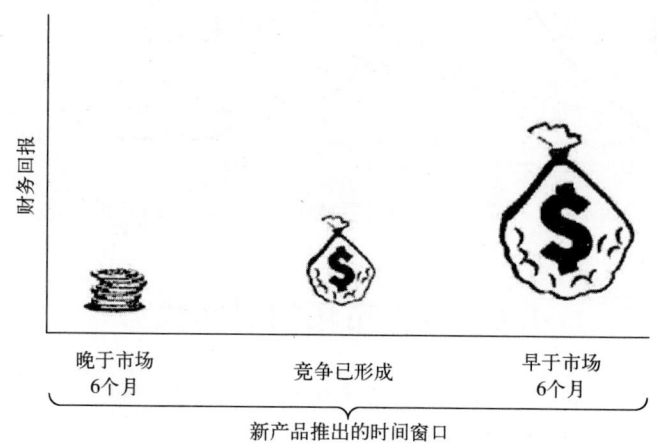

图1-5 新产品推出的时间窗口与竞争者相关

1.7 加快产品开发

有许多方法可以加速新产品的开发。加速产品开发的方法有:简化产品设计过程,提高跨职能组织间的沟通效率,优化流程解决任务冲突,消除不必要的步骤,保持开发工作量不超过开发能力的85%,尽可能并行处理,最重要的是减少延误。

在当今竞争激烈的技术环境中,尤其是在产品寿命不断缩短的市场中,公司再也不能承担延迟发布新产品的后果。对于一个公司来说,要杜绝"本公司没有发明"的态度,这非常重要,因为这种态度往往会忽视一个更简单的解决方案或一个新的机会。

另一种简化制造和缩短产品开发周期的方法是使用模块化的结构、标准化的通用设计。惠普公司已经在模块化设计产品方面非常成功,模块化使产品易于升级和增加新的设计特性。此外,通过标准化固化产品的公共特性,可以大大缩短开发时间,这也解决了产品拥有一个公共特性却有许多不同型号的问题。例如,一个普通的电路,比如增益为10dB的放大器,每个工程师可以设计不同的电路,但功能是相同的,如果10dB放大器是标准化的,那么时间将不会浪费在"重新发明轮子"这样的工作上,这也会使新电路更加可靠。

1.8 识别和管理风险

风险识别是可靠性流程中的关键要素。这个概念在第Ⅳ部分中有详细论述,其中介绍了在产品寿命周期过程中实施可靠性的工具和过程,一个可信的可靠性计划必须关注项目中的高风险问题。在产品寿命周期的每个阶段都会有风险问题,在早期概念阶段,需要根据捕获目标市场所需的特性和规范做出决策,市场营销人员利用客户反馈(VOC)来确定下一个高增长机会,这通常涉及新技术,对于在技术前沿领域竞争的企业来说,新技术给项目和长期可靠性构成了很大的风险。

为了开发新的产品,必须攻克一系列技术挑战。每一个挑战都是项目的风险。为了管理风险,应该根据风险的严重程度对每个项目进行排序,通过一定的程序跟踪那些代表最高风险的项目。在概念阶段,可靠性的作用是确保正确地识别风险,它们应该按照严重性进行排序,并提出纠正措施,以便在项目完成时降低风险。风险计划需要覆盖产品寿命周期中受到影响的所有功能,包括与维护、可制造性、设计、安全和环境相关的风险问题。不幸的是,这些活动是被动的,因此增加了项目开发时间,但是,这些活动的最终结果是降低了产品开发成本。

在产品开发之前还需要有主动可靠性工作,这些活动有助于缩短产品开发周期和提升产品可靠性。减少技术风险的主动可靠性活动的一个例子是使用技术路线图。早期的VOC可以确定未来新技术的市场需求,在确定需求之前提前减少技术风险可以充分保证减少所有风险问题所需的时间,可以为首先进入市场获得竞争优势,取得更大的市场份额。

1.9 ICM方法

在任何开发计划中,最大的挑战之一是在计划的早期识别并减少风险。这可以通过识别、沟通和控制(ICM)方法来实现,如图1-6所示。ICM方法通过三个步骤来识别项目的重大风险,对风险影响进行讨论,并达成一致意见,制订风险策略以降低风险。ICM方法是一种分配和利用有限资源的方法,它有助于项目目标的实现。

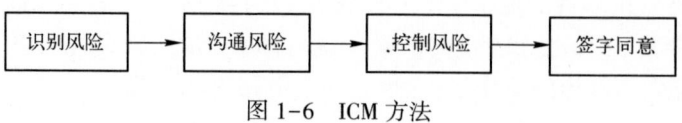

图1-6 ICM方法

为了识别风险,每个功能组需要审查产品概念、设计和过程,然后分析当前技术、方法、材料、过程和工具各方面可能导致失败的原因,这些就是风险,早期的风险识别可以使整个团队尽早关注产品可靠性的概念。所有的风险问题,无论多小,都需要在流程的这个阶段进行识别,低风险问题与高风险问题具有不同的关注度和优先级。为了确保在向第一个客户交付之前解决主要的风险问题,应尽早识别风险问题,根据严重性进行分级,并制订相应的风险控制计划。

1.10 软件质量概述

交付高质量的软件对产品和公司的成功至关重要,缺乏质量控制会大大增加软件开发的成本。美国国家标准与技术研究所(NIST)在2002年的一项研究[3]中指出,由于缺乏足够的质量保证基础设施和过程,美国软件开发组织的成本估计为220~590亿美元。随着软件行业的增长和通货膨胀,现在这种情况对经济的影响,大约是2002年的两倍。对于一个软件开发团队来说,这是在一个竞争激烈的市场中要承担的沉重负担,会严重影响到组织的盈利能力。除了不充分的质量过程产生的间接成本外,产品开发的成败也通常取决于它的质量,如果产品不工作或有太多的缺陷,它就不会是一个完美的产品。

业界有一种趋势,那就是频繁地更新软件版本,一种可能是这样做可以在消费市场保持领先,另一种可能是客户要求在现有硬件上实现更多的新功能。如果要支持一个低质量和有缺陷的软件,那么就会影响其新版本的及时更新。

幸运的是,创建高质量、可靠的软件开发流程并不复杂,当然,也并不意味着很容易。开发高质量的软件需要在应用技术、过程、指标和控制方面有所准备,除非在开发过程中使用程序和工具来预防、发现和修复软件中的缺陷,否则就不可能开发出高质量的软件。本书介绍了一个基本的衡量标准、工具和规程,可以用于开发高质量的软件和不断地提高软件质量。

第 1 章 对硬件可靠性和软件质量新范式的需求

这里描述了一种数据驱动型的软件开发管理流程。设定可量化的目标,策划并实施整个软件开发过程中的技术实现过程,以预防和发现软件缺陷。在整个开发过程中持续测试软件水平,跟踪当前的软件质量,评估软件发布前的准备情况。

这里描述了两组交叉的过程。第一过程是开发交付高质量软件版本的技术和测试,第二过程是不断改进开发高质量软件的能力,形成从一个软件版本到另一个软件版本的持续改进。

一般的软件质量过程周期包括以下 4 个步骤:
(1) 为每个软件版本设置一个质量目标;
(2) 在开发过程中尽早跟踪软件质量;
(3) 使用技术和过程来预防、检测和修复软件开发过程中的缺陷;
(4) 分析发布后的质量缺陷,并改进过程以提高后续软件发布的质量。

本书涵盖了软件寿命周期、过程、方法、工具和度量的许多方面,这些方面适用于创建和发布高质量软件。许多优秀的著作深入地讨论了这些主题,本书只涵盖了这些适用于生产高质量的软件的主题。

本书包含了伪代码、测试计划和度量的例子。应该注意的是,这些例子只是为了说明问题,它们不是完整的、可编译的。

参 考 文 献

[1] Burkacky, O., Deichmann, J., Doll, G, et al. (2018). Rethinking Car Software and Electronics Architecture. McKinsey & Company.

[2] Millson, M., Raj, S. P., and Wilemon, D. (1992). A survey of major approaches for accelerating new product development. The Journal of Product Innovation Management 9: 55.

[3] Tassey, G. (2002). The Economic Impact of Inadequate Infrastructure for Software Testing. National Institute of Standards and Technology.

延 伸 阅 读

Hoffman, D. R. (1998). Overview of Concurrent Engineering, 1997 Proceedings Annual Reliability and Maintainability Symposium (1998).

第 2 章 提升硬件可靠性和软件质量的瓶颈

2.1 缺乏理解

提高可靠性的最大障碍可能是缺乏对可靠性实际含义的理解。在实施可靠性时遇到的很多阻力来自那些认为质量和可靠性是一回事的人，但正如我们之前所展示的，质量与可靠性是两个不同的概念。质量是符合规格，而可靠性是质量在时间维度上的延续。从客户的角度来看，可靠性是指"产品在预期的使用期限内按照预期的方式工作"。在提升可靠性之前，必须意识到你在提高什么。

实际上，大多数公司在整个生产过程中都有质量改进过程。理解质量和可靠性之间的区别是关键，因为如果不理解它们之间的区别，可能只是在提升产品质量，而没有影响到产品的整体可靠性水平。

怎么把两者区分开呢？

首先，关注生产过程中出现的问题，然后查看发生问题的数据，通过查看数据，看看问题是如何被纠正的。如果是通过除设计更改或流程更改以外的工作获得修正，那么你所做的只是管理流程中的工作，目的是保持与指定参数的一致性；如果改进是通过增加检查步骤、测量步骤或其他人工干预来完成的，那么这就意味着你所做的一切都是为了提高质量；如果进行了产品的设计改进，从而提高了与规范保持一致的能力，那么很可能同时就改进了可靠性。如果确实改进了产品的可靠性，那么不再需要后续的纠正措施来维护这个质量规范，数据将显示问题区域已大大改善或完全纠正。

研究已经掌握的信息，如收集生产过程和现场故障数据，可以立竿见影地降低保修成本。通过设计来纠正问题需要的时间更长，通常情况下必须将精力用于新设计而不是用于旧的或当前的设计。如果认为当前设计的产品将在很长一段时间内在市场流通，那么应该花精力对该设计进行更改。这时需要使用保修期内和保修期外维修数据，将这些数据与消除这些问题的更改进行比较，如果数据显示一些问题不再重复发生，那么可靠性可能得到了改善；如果一些问题确实消失了，而另一些问题又出现了，这表明产品可靠性仍然没有得到控制。

在收集数据并分析故障、纠正措施和相关过程的信息之后，将更好地理解从何处开始改进可靠性。在大多数情况下,设计和过程都存在问题,从数据中选择容易解决的问题,并采取纠正措施,使这些容易出现的问题消失。这些简单的问题通常可以通过返修进行校正,从而在资源利用率低的情况下提高质量和可靠性。更难的问题需要更多的资源和更长的时间来纠正,但是它们通常会带来更大的产品改进。提高产品可靠性的好处是多方面的,如图2-1所示。

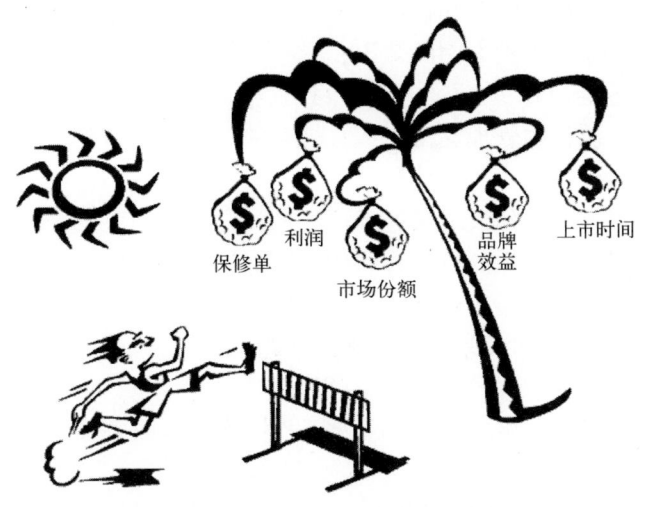

图2-1 解决可靠性问题将带来显著的回报(来源:Teradyne,Inc)

2.2 内部障碍

在公司中开展可靠性工作是一项非常困难和艰巨的任务,每一步都可能遇到障碍。遇到的障碍既有内部的,也有外部的,内部的障碍是最难克服的,它们是真实存在的,而外部障碍倒是不那么重要,其中许多的障碍都是源于"可靠性工作无效"的错误认知。首先讨论内部障碍提出打破这些障碍的方法。内部的障碍在一开始似乎是很难攻克的,因为许多公司发现,在实施可靠性工作计划几年内他们在产品可靠性方面的提升并不显著。

显然,越小的组织就越容易推广可靠性理念,当然必须坚持。一旦公司内部的壁垒开始被打破,你会对公司内部发生的事情感到惊讶。这种现象类似于对退休账户的长期投资,刚开始的时候,退休投资是很小的,通常的投资金额似乎不会让你更接近最终的目标,然而,随着时间的推移,这个数字开始成倍增长,变得非常重要。

一旦组织开始看到提高可靠性的好处,就会在公司内部看到同样的效果。

我们发现，成功的公司将实现可靠性作为其核心竞争力的一部分，因为销售可靠的产品将使你的公司有别于你的竞争对手。

在实施有效的可靠性计划时，内部障碍是最难克服的，可以从这些内部障碍开始攻克，以下是13种最常见的内部障碍：

（1）变革阻力；

（2）缺乏可靠性的管理知识；

（3）缺乏可靠性工程方面的知识；

（4）培训不足；

（5）缺乏对流程的管理支持；

（6）缺乏实现可靠性工程的资金支持；

（7）没有足够的工作人员来处理可靠性问题；

（8）目标是随意设定的或没有明确的定义；

（9）没有足够的时间来安排可靠性工作；

（10）没有足够的时间来解决发现的问题；

（11）实现可靠性目标的过程没有很好定义；

（12）设计师们总是希望进行下一个设计，而不是回去对老产品进行改进和修复；

（13）"可靠性对我们没用"的态度。

2.3　实施改革及改革的动力

改革成功实施的最大障碍来自对改革本身的抵制。在改革实施的早期阶段，公司内所有职能部门都会抵制改革，其中工程部门的阻力最大。一般来说，工程师的工作方式很固定，用不了多久，你就会从工程师那里听到这样的话："我们必须这样做才能让它工作。""这个系统没有设计这样的工作方式。""我们多年来一直在设计高质量的产品，这怎么能让事情变得更好呢？"

我们经常遇到的一个问题是，工程师不理解质量和可靠性之间的区别。当然，你可以设计和生产高质量的产品来满足客户的期望，这是20世纪90年代大多数公司的目标，但现在要保持竞争力需要付出更多的努力。质量是指在购买时产品满足顾客预期的能力，可靠性是指产品在使用后的一段时间内满足这些预期的能力。如果你生产的优质产品不能经受时间的考验，那就是一项可靠性问题，我们应该把这些信息传递给相关部门，提醒这些部门，今天的经营方式将不再适用于明天的竞争环境。

缺乏关于产品可靠性工作的知识，是推行可靠性设计内部阻力的常见原因。

第 2 章 提升硬件可靠性和软件质量的瓶颈

许多员工喜欢在他们的舒适区工作,对不了解的东西存有担心是人的本性,反对一些不能保证成功的事情是很自然的,解决对可靠性工作的担心的唯一方法是通过培训消除疑虑。随着公司对可靠性的了解越来越多,对推行可靠性设计理念的阻力就会慢慢减少。

在公司内有效地传授可靠性知识需要两个必要的条件:第一是要有一个有魅力的领导者或推广者,他对可靠性工作非常了解,能够清楚地传达需要做什么,"推销"的技巧在这里也很重要;第二是管理层需要支持实现新流程所需的必要更改。这两个条件都是成功的必要因素,其中管理层的支持尤其绝对必要。

直接领导者应该是负责实施可靠性工程的可靠性经理,大多数公司都缺少这样的人才,公司必须从外部寻找这样的人。选择合适的领军人关系到项目的成败,这个人不仅是一个好的沟通者和激励者,而且还必须能够很好地融入公司文化。推进者需要采取的第一步是在组织中建立信誉,一旦建立起可信度,推广工作的阻力就会急剧下降。一个常见的错误是选择公司内部的人作为产品可靠性的推进者,通常是质量经理,不幸的是,大多数质量经理缺乏建立信誉所需的技能和经验,这并不是说质量经理不能成为优秀的可靠性经理,而是在开发新的可靠性工作流程的实施阶段,会出现一些问题,而这些问题最好由专业的人来解决。

选择合适的候选人至关重要,但是如何让这个人融入公司同样重要。可以确定的是在推广可靠性的初始阶段会遇到阻力,可靠性经理融入公司的方式要么会打破这些障碍,要么会增加更多的抱怨和阻力。在我曾经工作过的一家小工厂里,老板在生产车间召开了一次会议,把我作为新的可靠性顾问介绍给所有的人。工厂的50名雇员聆听了老板对未来的预期以及尽快实现预期的期望。他说每个人与顾问的合作和团队工作都将加速他(我)的离开。他接着说:"事实上,你们的下一次加薪被搁置了,从今天开始要支付给顾问了,所以,我们越早开始'可靠'的工作,就能越早加薪。"虽然我确实得到了管理层的支持,但这样的介绍,让我面临的工作更加艰巨。相比之下,在一家非常大的公司里,一件高成本的产品只是整个公司产出的一部分,管理层就要圆滑得多:"让我们看看可靠性是如何工作的,4~5个月后,我们会进行更具体的进度检查。"但是,这不是管理可以承诺的。

执行可靠性工程的第二个必要部分是管理层的承诺,包括人力、资金、计划分配和管理方面的承诺。管理承诺必须来自最高层,这一承诺应该成为五年规划的一部分,因为开始几年的回报可能并不明显。一旦高级管理层决定在组织中实施可靠性,就应该与中层管理人员和外部顾问一起规划会议,在会议中可以设定共同的实施目标,并为实施奠定基础。一些公司会利用周末的休息时间来开这个会,但推广可靠性工作流程不应被视为一种试验。

如果实现产品可靠性提升的需求是真实的,那么承诺也必须是真实的。通常,在雇用可靠性经理时,高层管理人员对各种可能性都高度关注,而对成功实施的信心很低,在后勤人员那里,这种怀疑会更加强烈。如果在实施方法中包含可靠性方面的最佳实践案例,有助于减少这种担忧。组织中的许多个人,包括管理人员和其他员工,通常对整个可靠性实施方案持否定态度。组织中的其他人可能有可靠性实施的经验,但是他们也有50%的可能对整个可靠性实施过程持消极态度。总体而言,对最终成功持怀疑态度的人占比是很高的。

一般来说,设计工程师对可靠性工作的认识会统一在一个团队的共识中,而可靠性经理会被视为局外人。因此,在这个过程中需要高级和中层管理人员的承诺,这对执行工作的成功是至关重要的。从表面上看,员工们可能会认为公司也就是赶一个管理时尚,应该不会持续一年以上,老板以前也做过类似的事情也没能成功,所以我们就迁就他一下,让这个最新的时尚且行且消亡。这种顾虑可以通过在组织中分享五年执行计划和实现这一目标的资源承诺而迅速得到解决。

2.4　建 立 信 誉

实施过程中还有一个必要因素是建立关于产品可靠性是什么,以及如何实现产品可靠性提升的内部知识库。获得知识最容易的方法是通过日常培训,培训应该以合乎逻辑的方式进行。首先,大家需要对为什么产品可靠性是公司关注的问题有一个共同的理解,将以前错过可靠性工程实施机会、进入市场较晚的产品作为案例讨论是比较好的方式。接下来,应该对可靠性工作的方法要求进行培训,与过去开发产品的方式相比有什么变化?它如何影响不同的组织?这对大家有什么好处?有什么资源可以实现这个目标?建议定期举行培训或小型研讨会。

培训不应限于可靠性人员,其他产品开发相关人员,如机械组、电路板设计、售后服务、市场营销、零部件保证系统等人员也应该开设相关课程,以交流影响产品可靠性的各方面因素和设计指南。一个很容易开始的话题是,对在生产车间和现场失效的案例进行培训,会有很多数据可以作为素材,这样可以指出问题是什么,以及如何纠正这些问题,然后确定这些问题是否与设计或制造相关。工作人员可以从这些会议中学到很多,这将有助于加速设计人员对可靠性认知的转变,让他们更快地意识到可靠性工作的有效性。

这些课程对新员工尤其重要，有助于建立一个更强大、更有效的团队。例如，可以选择的课程包括制造性设计指南、机械设计指南、可维护性和可用性、维修性、测试性、热管理、产品寿命周期、加速试验、平均故障间隔时间（MTBF）、故障模式及影响分析（FMEA）、试验设计（DOE）、故障物理、组件可靠性、机械可靠性和系统可靠性等。组织定期的培训，大约每两周举办一次，逐步开发形成实现产品可靠性所需的知识库，由内部专家来教授。通过培训过程可以介绍这些特定领域的常驻专家，工作人员了解了这些专家的姓名和专业，在需要时可以寻求他们的帮助。这些课程也有助于具有跨职能技能的人员相互沟通，可以创造一种前所未有的工作联系。

2.5 可预见的外部障碍

对于推行可靠性工程的公司而言，通常面临着以下5个可预见的外部障碍：
（1）产品上市时间；
（2）产品开发成本；
（3）竞争者没有这样做；
（4）缺乏本地试验设施；
（5）缺乏本地专家。

前两个障碍——产品上市时间和开发成本，是反对实施可靠性工程的主要论据，这是一个非常短视的观点，这种认识与现实是完全相反的。正如第1章中讨论的，当可靠性工程以并行方式实施时，总的产品开发时间和成本都会降低。这个想法可能看起来显而易见，但是在实施的早期可能会有很大的不同，一个原因是可靠性的输出驱动了设计更改，而设计团队认为这些设计更改是非必要的，且会导致项目的进一步延迟。但是，如果可靠性活动与设计过程同时进行，则设计更改将以最低的成本实现。例如，在设计定型之前与跨功能、多学科的团队进行FMEA，将识别出在原型构建或产品发布之后才会发现的设计问题，最终的结果是在工程版本发布之前所需的修订数量减少了；同样的，在产品交付生产之前执行高加速寿命试验（HALT），将在向第一个客户交付前解决设计问题。这将大大降低保修成本，并有助于减少产品的召回。

第三个障碍，也是另一个常见的误解，是竞争对手没有将可靠性工程作为其产品开发的一部分，但是随着越来越多的公司接受产品可靠性的概念，这种状况变得越来越少了。如果你还在磨磨蹭蹭，你的竞争对手就会获得竞争优势。随着产品可靠性的提高，可以获得更短的开发时间、更低的开发成本、更低的保修成本。除了这些优点，通过产品的可靠性提升，可以获得更大的品牌价值，这将为你的产品带来更高的溢价,从而全面提高利润率。让可靠性成为产品的一个重要组成部分,会得到非常理想的结果,这些结果是相互吻合的。

有产品可靠性计划的公司认为这是他们核心竞争力的一部分。首先从 FMEA、HALT 和以前的项目中得到的经验可以应用到未来的产品中,所吸取的教训可以记录在数据库中,并通过基于计算机的检索系统提供给每个人,随着这些数据库的积累,可以通过搜索引擎根据关键词或主题找到相关条目;其次,经验教训应该总结为可靠性设计指南,供设计团队参考。

公司学习产品可靠性最佳实践(在实施可靠性计划之前)的一个方法是以竞争对手的产品为基准进行对比分析。然而这仅仅是理论上的想法,在实践中可能很难实现。第一个原因在前面讨论过,公司之前并未实施可靠性工程;其次,企业很少发布如何实现产品可靠性提升的信息。在这里,可以通过聘用可靠性专家来帮助你起步,一些公司使用外部顾问和试验设备开展部分可靠性活动,当然这些公司制定了严格的保密协议,禁止外部人士讨论和扩散这些问题。有一些公司甚至会考虑购买竞争对手的产品,并分拆研究,以了解他们是如何提升产品可靠性的。但竞争对手无法拆解你的产品,来了解你的产品的可靠性设计——至少现在还没有。

2.6　获得认可的时间

实施一段时间后,每个人都发现可靠性经理是不会被威慑住的,慢慢地,有些人开始动摇并加入了可靠性团队。几个月后,他们看到了小小的成功,于是,越来越多的人被征服,加入了可靠性改进过程。紧接着,人们似乎对新的"可靠性"的热情达到空前高涨,主动请求可靠性经埋在他们特定的组件上实施可靠性过程,他们看到了光明,想从中受益。当然,仍然有一些顽固分子持怀疑态度,而且确实对这一进程的发展起了阻碍作用,必须找出这些怀疑者,并对他们进行宣贯教育,以帮助其提升产品可靠性。

在每一种情况下,新的可靠性进程都会经历一个关键的阵痛期,期间很容易形成各种阻碍,因为任何增加的可靠性活动都会延缓产品进入市场,而及早进入市场对获利极为重要。有时,管理层只能将可靠性工作,特别是还未经过验证的可靠性过程,放在一个次要地位,以保证现有的产品开发进度。当然,可以将可靠性进程与常规的产品开发流程叠加在一起开展工作,但是这样对缩短产品开发时间的贡献仍然是非常小的,这种情况下,对新可靠性工作的评估将获得很少的支持,因为支持继续可靠性工作的数据几乎不存在。

即使可靠性工具揭示出了存在着必须要更正的设计,实施改进所需的时间和资源可能也是管理层不愿接受的。也就是说,如果实施可靠性改进的时间没有被列入产品开发计划,那么可靠性工作从一开始就注定是要失败的。

设计师们对产品开发工作的技术规范有自己的理解,他们经常根据对状况的即时分析来解释事情是如何进行的。当提出可靠性工程的概念时,他们的即时分析常常会发现可靠性在他们的环境中不起作用的原因。他们认为自己知道如何设计和安装电气元件,如何冷却系统,如何选择紧固件等,大多数工程师所不了解的是他们设计产品的现场故障数据,因此,他们相信他们设计的一切都是好的。而在许多情况下,如果可靠性工具能够在产品设计最终定型之前应用到他们的设计中,他们的设计中有一些部分是可以变得更加可靠的,他们需要慢慢地熟悉可靠性工具。今天,许多设计师从一个项目转到另一个项目,甚至从一个公司转到另一个公司,当从现场故障中得到反馈时,他们已经转移到新项目上了,很少有机会了解以前的设计缺陷。因此,培训设计师对于可靠性工作的成功是至关重要的。

2.7 外部障碍

物流可能成为在产品开发过程中应用 HALT 和其他可靠性试验的障碍。新产品开发人员通常是租用这些服务,并花费一周的时间来发现产品的薄弱环节。在美国和世界各地都有许多这样的精密测试试验室,其中一些试验室具有 HALT 能力,可以帮助 HALT 的新用户设计应力试验方案。Qualmark 是一个 HALT 试验室制造商,他们在主要城市设有 HALT 工厂和设施,为产品开发人员提供服务(www.qualmark.com)。通过与 HALT 试验箱的制造商联系,可以找到能够进行 HALT 的地方。不幸的是,目前 HALT 试验箱很少,在大多数情况下,这些设施不会在附近,而是分散在各地。

在外部机构执行 HALT 的成本和后勤问题会迅速增加,设计师到达 HALT 工厂通常需要交通、住宿等旅行费用,再加上 HALT 的设备费用,各项成本成为提高产品可靠性的一个重大障碍。因此,产品进行 HALT 所需的路程距离是非常关键的,越近越好,如果幸运地在附近找到一个试验设施,那么旅行成本就不是一个重要的因素。对 HALT 服务提供商的需求量很大,所以需要提前 4～6 周预定试验时间。工程师的时间很宝贵,他们不喜欢花很多时间到公司外的地方去工作。将这些因素最小化,可以保证可靠性试验计划的成功实施。

当 HALT 没有被很好地理解,并且 HALT 被外包给一个很远的试验机构时,需要有一个有相关知识的人来确保所有的准备工作在设备到达试验机构之前完成。在某些情况下，新产品开发人员可能需要雇用专门从事此试验的顾问或工程师。这些技能可以买到，也可以学到，通常这两种方法在一开始都是需要的，这些会增加成本，这也是提高可靠性的一个额外障碍。

有很多提供 HALT 培训的顾问和 HALT 机器制造商，这些服务可以在现场获取，也可以在培训研讨会上获取。

如果一家公司认为实施这些可靠性试验的成本太高，他们应该再慎重考虑。一开始，要预先支付 HALT 的费用似乎是会让人望而却步，但如果制造商的最终产品没有给客户预期的可靠性，那么不做 HALT 的代价将会高得多，这可能包括保修支出增加、产品召回和客户流失等，客户基础的损失最终可能导致企业破产。所以产品长期可靠性改进所带来的回报，将远远抵消用于实施 HALT 的经费，与总的费用增加相比，HALT 费用的增加是很小的部分。制造商是通过留住客户和开发新客户而受益的，这些新客户最在意的是可靠的产品。这可能意味着购买 HALT 设备是一个更好的长期解决方案。

2.8　软件过程改进的障碍

提高软件质量需要改变软件开发过程和软件开发的文化。由于软件开发新过程可能会增加开发时间并降低敏感性，所以添加或更改软件开发过程时同样会遇到阻力，这是反对软件过程改进的第一个理由。然而，这种对开发时间和成本增加的预测容易产生误导，提高软件质量和降低缺陷逃逸率可以在维护工程上花费更少的资源和时间。当没有独立的组织来支持软件质量问题改进，并且没有一系列计划在下一个版本中发布新特性时，工作重点将很快转移到修复遗漏的缺陷上，开发团队可能会被修复软件缺陷、延迟或取消计划的软件新功能发布等事务搞得筋疲力尽，高的缺陷逃逸率会分散开发团队的注意力，而且会增加开发成本。这种产品投入市场必须容忍两点：首先是不得不支持具有高缺陷逃逸率的产品；其次是必须推迟新功能的开发，因为开发人员必须花费更多的时间来修复逃逸的缺陷。此外，当开发新功能和修复缺陷造成工程师在开发新产品时不得不在新旧版本间切换时，会严重影响生产力。

改进软件质量（以缺陷逃逸率为指标进行衡量）是一种竞争优势，按照承诺的时间表交付软件也是一个竞争优势，客户更喜欢他们信任的供应商能够按时交付运行良好的软件。更好的可预见性的计划源于对缺陷模型的理解，以及对识别和消除缺陷工作的充分规划。提高软件发布的可预测性可以提振客户信心，这会带来更好的客户体验，提高客户满意度，并最终形成竞争优势。

反对使用分析技术来管理软件项目的另一个理由是，模型和度量本身是不准确的，因此不能真正依赖它们。的确，模型是估计值，因此不能准确预测，然而不使用任何可量化的度量来计划和跟踪项目通常是灾难性的，如果不使用一些可量化的度量，就无法知道项目的状态。即使度量标准不是100%准确，也不能代表它们无用。

最后，有些人会断言软件开发是一项创造性的工作，是一门艺术，对其施加过大的压力和硬性考核指标将会扼杀开发人员的创造力。事实上，软件开发是创造性的，但它不能被视为一种艺术，艺术应该是一种视觉反映，它应该由最终用户单独解释。许多艺术家可能会很高兴不同的观众或读者在他们的艺术中找到不同的意义，然而，如果你相信你的软件有一个特定的目的，并且确保它达到这个目的，那么必须使用严格的过程来保证软件成功。

第 3 章 了解产品的失效原因

3.1 失效原因

当谈论产品可靠性时,是在描述产品失效前的无故障工作时间,失效是指当需要产品服务时,产品没有按照规定的程序运行。失效有不同的程度,例如:彩色电视只显示黑白图像;通过使用数字键盘可以远程控制改变频道,但上下通道不能控制;新衬衫很快掉了一颗纽扣,挂在壁橱里不断使人联想到消费者的不满。这些缺陷并非完全失效,但它们对消费者后续购买信心的影响是相同的。一辆汽车在去面试的路上停了下来,一台电脑在报税的时候死机了,或者一个降落伞打不开,这些都是更严重的故障,这些失效经常会传播给其他人,对利润和未来的市场份额产生更具破坏性的影响。这样的例子不胜枚举,失效的程度可能不同,但对业务的负面影响是相同的。不满的消费者会导致回头客的流失。

这些失效的原因是什么?它们可能是由于设计不当、使用不当、制造不良、储存不当、运输过程中保护不足、测试覆盖性不足或维护不善等。一个产品可能在设计上是失败的,尽管这应该是无意的。

例如,一个大而昂贵的工业产品需要大量的气流来冷却机器,当风扇停止工作时,机器就失灵了。在这个例子中,一个价值 20 美元的风扇导致了一个价值数百万美元的系统停产,该故障导致客户完全停止生产,给业务造成了不可挽回的损失。

风扇设计工程师应该了解其产品的设计寿命并期待它能够满足设计要求,因为风扇制造商已经将产品的设计寿命承诺给了它的客户。为了实现产品的可靠性,必须提出这样的问题:"在客户期望的产品寿命结束之前,什么部件会磨损?为什么会磨损?"通过识别所有可能导致寿命损失的要素,可以对设计进行修改以提高产品性能,或者可以建立相应的维护程序。

材料随温度变化而膨胀和收缩,温度变化越大,材料的膨胀和收缩越大,不同材料的膨胀和收缩系数是不同的。温度变化量越大或材料之间的热膨胀系数差别越大,不同材料界面处应力就越大。温度变化引起的应力可能导致元器件或焊料连接断裂,最终导致失效。设计人员可以通过更好的环境控制、改进附近结构或通过选择合适的配套材料来减少这些故障。

制造的组件是许多零部件的组合,这些零件是用各种紧固件连接的,紧固件通常有螺钉和螺母。在运输或使用过程中,振动的积累最终可以使螺丝变松,随着时间的推移,紧固件故障会导致更大的故障。这些故障可以通过选择一种不会在预期的环境中松弛的紧固形式来避免,在某些应用中,使用合适扭矩的分环锁紧垫圈是一个解决方案,有时甚至一个压合别针就可以解决问题。通过对选择不当的紧固件进行设计改进,可以消除导致该类型失效的潜在因素。

材料长时间的储存也可能会导致失效。当我们想到硬件产品时,不会考虑到零件在储存和制造过程中变得陈旧。但肉类和农产品行业必须迅速将产品送到终端客户手中,否则就会因腐败和虫害而蒙受损失。其实其他行业也有类似的担忧,只不过危害程度较轻。

杂货店把产品放在货架上,当新的货物送达时,旧的产品被送到货架的前面,新产品被放在后面,这通常被称为旋转货架,确保了一些物品不会在货架上停留太久而变质,如每天的乳制品。工业上使用 FIFO 术语,意思是先进先出。

许多电子元器件在生产出来之后就开始耗损,它们到达生产厂家后储存多久才被安装到产品中,以及又要经过多久才被运送给客户,这段时间是很重要的。这些部件还必须在 FIFO 的基础上使用,以确保衰变过程不会累积而影响部件的预期寿命。

电子元器件上镀锡的铜导线在室温下放置几个月就会腐蚀,这些被腐蚀的部件不能很好地焊接到电路板上,而且在不允许腐蚀发生的情况下,它们更容易出现焊点连接故障。

黏合剂的保质期很短,如果几个月不使用,许多黏结剂很容易发生早期失效。当为了降低价格,批量购买黏性标签时,有些标签在最后贴在产品上之前已经储存了好几年,这些旧标签通常在几个月后就会脱落,因此它们的价值也就丧失了。

有时产品经常会莫名其妙就失效,组装件到达客户手里时,发现无法使用,因为在运输过程中某些部件损坏了。产品包装箱没有设计成能承受压力、冲击和振动等应力,只是一个功能单一的纸板箱或板条箱。在整个产品成本清单中,运输包装箱是一个主要的成本项目。有时,制造商节省了包装成本,却因为顾客退货而蒙受更大的损失,制造商应该将运输包装箱作为整体设计工作的一部分,包装箱还应该进行适当的测试,以确保产品能够安全交付。

产品需能进行试验或运行直至失效,当产品失效时,必须探究其失效机理来确定失效的根本原因。产品或过程的设计必须优化以消除再次发生故障的可能性。

在一个有20名设计师和管理人员参加的大型医疗诊断设备讨论会上,一位新产品开发主管主持会议,会议的目的是规划一种大型医疗诊断系统的新模式,这种模式在美国乃至全世界几乎每家医院都需应用。经过一番初步讨论,新首席执行官问道,与去年的模式相比,这个系统的可靠性要高多少?一些人笑了,一位受人尊敬的设计师解释说,新系统当然会比旧系统的可靠性差,因为为满足产品新特性增加了组件数量,从而降低了整体可靠性。满屋子的工程师都表示同意,对他们来说这是显而易见的。

首席执行官保持沉默,扫视着桌旁的人,他问了一个问题,"你们有人用录像机来录电视节目吗?"每个人都回答是。然后这个首席执行官问他们是否还记得老式的磁带录音机,甚至是简单的音频录音机,大家都说记得。执行官接着与大家讨论老式录音机的问题,许多人附和着说起了他们经历过的恐怖经历,磁带被弄得到处都是,频道出了故障等。

然后执行官又问了一个问题,"你们有多少人觉得新的盒式录像机有问题?"一阵沉默,似乎满屋子的工程师和经理们在产品使用过程中都没有经历过任何失效,这并不奇怪,这是日本人制造的,可靠性是可以期待的。

接着,执行官说:"这些新的录像机更复杂,能做更多的事情,它们录制视频,有立体声音响和高保真音响,还可以编辑,等等。"然后,他问了一个问题,"那么,为什么新的录像机似乎能永远运行下去呢?"

没有人回答,房间里静了下来。

执行官说,目前产品可靠性的提升是由于完善的设计和消除了设计本身固有的缺陷。这种提高可以通过识别和消除有缺陷的制造过程,并对现场故障采取快速纠正措施来实现。需要找到新的工具,将完善的设计应用到制造过程中,这样客户就不会遇到可靠性问题。

那次会议是在20世纪80年代初举行的,从那以后,一般情况下,部件的可靠性提高了2~4个数量级,部件的失效率通常是百万小时量级,用字母 λ 表示。今天,零件的失效率已经达到十亿小时,称为失效时间。如果零部件是导致故障的主要因素,那么,随着新设备复杂性的大幅提高,它们将不断出现故障,但是我们都可以证明它们不是主要因素。

电视、收音机和汽车都有更多的零件,使用寿命更长,这是由固有的设计和制造过程共同决定的,而不仅仅是零件计数,提高制造装配的可靠性所需要的是改进设计和制造过程。

3.2 改进零件后每个人都可以制造出高质量的产品

许多工作有助于提高质量和可靠性,其中组成产品的组件的质量是最重要的。在过去的几十年里,人们做了很多工作来提高组件的质量和可靠性,这一努力在很大程度上是非常成功的。事实上,用于描述组件质量与可靠性的度量也已经改变了3个数量级。

3.3 硬件可靠性和软件质量——新范式

公司的兼并重组,打破了既有运行模式。世界正在改变,公司必须做出改变才能继续经营,今天的经理们必须使他们的公司适应这些新范式。

什么是范式?这个词已经变得流行起来,但可能意思还是模糊的。它应该意味着一个模型或一组规则,如果按某种方式做事,就会得到预期的结果。固定的输入会得到预想的输出结果,翻转装满水的杯子,水就会倒出来。但是在太空中这样做可能就不会成功,因为那里没有重力,地球上使水向下流动的力在太空中不存在,所以出现了与地球上不同的、意想不到的结果。在太空中,重力把物体往下拉的规则并不适用于玻璃杯里的水,当翻转杯子的时候,就会有一个新的结果,改变规则就是改变结果。我们在市场上同样可以看到,旧规则不再有效,范式已经开始改变。

范式改变不会很快,因为规则一次改变一个。范式是我们所相信的真理,而不一定是真正的真理。范式是由各种各样的规则组成的,有了更多的规则,这种范式就更加根深蒂固;有了更多的既定规则,我们对范式的信念就会更加坚定。

500年前,大家认为地球是平的,其实它并不是真的平坦,但因为几乎每个人都相信它是平的,它表现得好像就是平坦的。我们把发现地球是圆的看作是一个时间上的事件,就好像这个转变是瞬时发生的,然后,在新的认识之后,我们都表现得好像地球一直是圆的,但这并不准确。在每个人的心目中,地球是圆的这种新范式的建立花了许多年的时间。现在,我们都同意地球是圆的。

当许多规则支持旧范式时,必须克服更多障碍才能引入新范式。更多的规则意味着范式变化会是缓慢的,起初,有一条规则不再适用,但它几乎不被注意,接着,第二个规则改变,然后另一个规则改变,以此类推,改变的规则开始越来越多,当许多规则失效时,很明显,过去有效的方法不再有效了。在太空中,上升的东西就会上升,对于太空中的人们来说,这是一个新的范式,他们对地球上的水所做的一切都必须改变,因为外层空间世界的行为是不同的。即使你不适应,水也会"做"它自己的事情,为了让水为你工作,你必须适应,你适应了,你的生活会更好。

规则是不断变化的,今天,它们变化得更快,我们必须更快地适应,跟上这一节奏。当市场规则发生变化时,你最好已经关注到。你越早关注到规则的变化,你的生活就会越好。如果这些规则是一直在不断变化着的,那么为什么现在有这么多人意识到新范式的形成?发生了什么使得范式变得如此重要?

现在的信息比以往任何时候都丰富,有电视、24h 网络新闻、报纸和杂志,还有推特、手机应用程序和互联网,有些只是数据库或信息存储库,但作为一个整体,其结果就是知识。

如果你知道竞争对手在做什么,它如何能以更低的价格出售商品,同时保持竞争力,那就是知识。那家公司是如何做到这一点的是更好的知识。相比之下,看看你在做什么,或者没有做什么,可以成就你的公司,也可以毁掉你的公司。适应竞争会让你留在市场上,投资新方法可以让你超越竞争对手,这些都是企业生存所需要的。

你会问自己,"我的竞争对手在做什么,为什么它的售价低于我,却仍能保持业务所需的利润率?"这可能很简单,因为你的竞争对手几乎保留了所有的销售收入。很大一部分的销售收入并不需要通过保修的方式返还给客户,因为产品每天都能保证质量。顾客感到满意和快乐,产品质量可靠,客户会订购更多的产品,因为它们拥有长期的良好质量,也就是可靠性。

我们经常忽略了供应商如何帮助我们领先于竞争对手,相反,我们专注于自身的主要成本负担和如何从供应商那里挤压成本。然后,供应商必须考虑如何降低成本以保持竞争力;他们必须努力改善或消除任何妨碍业务的因素,他们重新订购那些能够保证质量和可靠性的组件。实际上,供应商更愿意寻找没有增加销售成本的、重复销售的产品。

另一个新的范式是可靠性。当你的设计是成熟的、你的过程是可控的,你的产品的可靠性将是高的,回报是以美元计算的,而不会因为保修索赔和客户不满而造成损失。作为一个管理者,你必须做出保证质量和可靠性的改变,否则,市场就将更加信赖那些更早掌握新规则的人。

3.4　可靠性与质量逃逸

本书第 1 版的重点是硬件可靠性,但是现在,设计可靠产品的主要挑战不再是硬件可靠性,软件质量问题远远超过硬件可靠性问题的数量。之所以会发生这种转变,是因为现在的产品有大量的嵌入式固件和软件,而这些固件和软件在发布时存在严重的质量和设计问题,这些质量问题意味着产品发布后大多数会需要修复。事实上,如果将软件缺陷修复的数量与产品发布后硬件可靠性问题的数量进行比较,你会发现它们相差很大。通常情况下,软件更新是一种日常的更新发布,消费者也已经在开始期待软件更新,真正的挑战不是设计一个完美的软件,而是确保软件缺陷在发布时是次要的并且不会造成重大风险。

3.5 软件质量改进方案不成功的原因

为了提高软件质量,公司可以选择几种软件过程改进模型,这些模型有助于评估当前的软件质量过程、基础结构和功能,提供增量改进的框架,这一过程在达到所需的软件质量水平之前花费数年时间。最常见的软件质量改进模型是能力成熟度模型和ISO 9001:2015。

(1) 能力成熟度模型(CMM),将在第11章中讨论,这个模型是由卡内基-梅隆大学开发的,提供了一个框架将软件过程质量提高到5个成熟度级别,所有的软件开发工作都可以归为5个级别。该模型为软件质量提高到下一个能力成熟度模型集成(CMMI)级别提供了指导和关键过程,CMMI级别不是认证,相反,它是对组织生产高质量软件能力的评估。

(2) ISO 9001:2015,这是一个详细描述质量管理体系(QMS)要求的国际标准,详细描述了设计、开发、生产、安装和维护的质量保证要求。一个组织可以通过证明它遵循了ISO 9001标准中的指导方针而获得认证。

然而,有很多原因可以解释为什么软件质量改进程序可能会失败。提高软件质量是一个渐进的过程,不能在组织中匆忙进行。如果高级管理人员对软件质量改进过程的期望是不现实的,那么这样的改进过程也不会成功。提高软件质量涉及改变软件开发文化,这需要时间和不断的成功来强化。软件改进过程需要从高层管理到组织的承诺,在过程改进变更实现时,承诺资源、风险和对开发计划的潜在影响。承诺还要包括调整开发时间表,以适应培训和过程改进活动。过程改进工作与开发过程的其他部分同等优先和重要,这些活动的有效性也需要得到同等重视。如果没有管理层承诺,将很难做出重大改进。

提高软件质量需要向软件开发团队和管理层提供培训,如果培训不够或没有培训,它可能会无法正确地实现过程改进。如果开始没有做好,可能会使软件质量变得更差。培训对于参与软件开发过程的每个人都很重要。

有些公司不急于达到期望的软件质量水平,因为一旦达到,就会失去管理层的支持,并逐步取消培训。保持软件质量需要制度化的过程和培训,并确保所有的新员工都得到充分的培训。

延 伸 阅 读

Steinberg, D. S. (2000). Vibration Analysis for Electronic Equipment, 3e, 8-9. New York: Wiley.

Stewart, W. S. (1955). Determining Bolt Tension. Machine Design Magazine.

Dicely, R. W. and Long, H. J. (1957). Torque Tension Charts for Selection and Application of Socket Head Screws. Machine Design Magazine.

第4章 实现可靠性的替代方法

4.1 聘请顾问进行 HALT

公司在新产品研发时推行可靠性工作,但最初没有人能够胜任,那么应该从哪里开始呢?可以向谁求助?首先应该清楚什么是不能做的,如不能将高加速寿命试验(HALT)设备布置在产品开发现场,却期待得到 HALT 的结果,那么就需要做一个实施 HALT 的计划,这对产品最终可靠性有很大的帮助。

专业工程机构通常会有 HALT 和其他可靠性工作方面的工程师,这将有助于找到相关领域的专家;与这些专家面谈,确定他们的经验是否与产品相匹配。在面谈过程中,可以了解当地是否有 HALT 设备,在寻找 HALT 设备时,应该了解可用性、灵活性、成本、人员配置等情况。HALT 设备是否具有其他的可靠性试验功能?他们是否能做失效分析(FA)?FA 将帮助你处理难以修复的现场故障。

当联系这些试验机构时,尽可能多地了解其业务范围和服务的价格。机构通常会对试验设备、试验工程师、支撑材料等收取费用。你会惊讶地发现,在同一个地区,这种费用也会有所不同,通常情况下,如果试验机构意识到后续会有更多的新产品有相关业务需求,那么长期合作的潜力可能会促使其降低价格。参观一下试验公司,与要合作的人员直接沟通。带你的工程师去现场参观,从本质上讲,就是在建立一种商业关系,所以如果已经决定雇用你面试过的合同工程师,就要把他带上一起参观。

4.2 外包可靠性试验

确定可靠性长期目标需要多花一些时间。向试验机构的顾问和专家寻求建议,告诉试验机构你打算做什么,这是输入,专家通常可以为你的可靠性改进目标提供支持和指导。

向咨询师寻求建议是非常有益的,特别是在可靠性改进计划规模很大的情况下,这需要专家、试验机构的指导。专家通常能够在你的工厂提供即时培训,与专家一起工作也会加速新可靠性程序的启动。

聘请顾问对可靠性新技术或过程、设备、定制设计或新组件开展评估,是管理质量和可靠性风险控制的有效方法,这些风险在组织的核心能力或舒适区之外。在某些情况下,顾问可能已经研究了类似的问题,并能够提供所需的信息或试验计划来降低风险;如果没有,顾问可以提交一份评估和试验费用的提案。最好从不同的顾问那里得到至少两个报价,以比较方法、成本和周转时间。

4.3　聘用顾问制定和实施可靠性计划

当在缺乏固化的可靠性实施流程的组织中开展可靠性项目时,挑战可能是巨大的。首先是为产品开发的每个阶段定义和记录可靠性工作,有许多公司和教育组织可以帮助完成这重要的第一步。在顾问为组织开发可靠性程序之前,他们首先需要了解你开发新产品的过程,以及任何现有的质量和可靠性工作;顾问需要了解组织正在努力解决的质量和可靠性问题的类型,以及组织愿意长期投入的资源。然后,顾问可以定制一个满足组织需要的程序,并开发可以向组织推出的过程文档和培训工具。

这种培训首先应该在本组织的最高层进行,这能确保得到理解、承诺和方向。受过培训的经理会把信息传达给其他员工,这对连续性很重要。管理者可以选择可靠性人员,雇用合同工程师或顾问,设置时间表并跟踪可靠性工作的进展。

这是启动可靠性进程所需的早期步骤的一般描述,实现可靠性比这里所述的更多,但是随着进一步了解,他们将看到不同的公司有不同的战略,这取决于他们的特殊需求。

4.4　聘用可靠性工程师

可靠性工程师可能是一个很难填补的职位,原因有两方面,首先,开设可靠性工程教学的大学不多,所以人才库本来就很小,如果目标是聘用一个可靠性专业的大学毕业生,这使得它特别具有挑战性。很多大学可以授予可靠性工程的硕士学位,而马里兰大学可以授予可靠性工程博士学位。可靠性工程专业的大多数硕士学位课程都是与其他工程领域结合开设的,它可以与统计数据、可用性、可维护性、安全性、风险评估或资产管理相结合。

因为拥有合适技能的人才库很小,所以很难通过人才搜索找到这些人。你可以使用招聘专员,但他们很可能没有招聘可靠性工程师的经验。搜索引擎如

LinkedIn.com、Monster.com 和 Indeed.com 可以帮助你搜索可靠性工程师,你可以从你想要寻找的可靠性工程专业的大学中选择工程师来缩小搜索范围,然而,并不是所有的可靠性工程师都有可靠性工程学位。事实上,随着时间的推移,高级可靠性工程师的技能和才能得到了发展,这种情况并不少见。你也可以通过寻找在类似领域有工作经验的可靠性工程师来缩小搜索范围,在可靠性工程领域,自学成才并获得证书的可靠性工程师也不少见。工程师可以在很多地方获得可靠性工程师证书。

如果你想内部培养一个可靠性工程师,那么让工程师完成一个在线可靠性认证项目,这是在可靠性工程中获得广泛认可的好方法。要成为一名合格的可靠性工程师(CRE),你需要 8 年的相关工作经验。如果你从学院、大学或技术学校获得了学位,工作经验的要求就会减低,是否缩短针对工作经验的年限要求,取决于你所拥有的学位类型。它可以是一年的技术文凭、两年的副学士学位、四年的学士学位、五年的硕士学位。成为 CRE 候选人需要对一系列可靠性工具和方法具有深入的理解,这些工具和方法可以从系统可靠性和可靠性框图(RBD)、维修性和可用性、统计理论和数学建模、故障模式及影响分析(FMEA)、可靠性试验、故障报告、分析和纠正措施系统(FRACAS)、可靠性性能分析和可靠性项目管理中选择。

第 II 部分
揭开可靠性的神秘面纱

第5章 产品寿命周期

在正式实施可靠性计划之前,需要做出很多决策,这些决策将对组织和实施可靠性工作所耗费的时间产生重大影响。根据公司规模的不同,决策标准存在显著的差别。若大公司承诺通过改进产品可靠性提升竞争力,为了达到目标他们可能愿意付出任何代价。当然,单凭意愿还不能保证成功,由于产品可靠性工作的边际回报是逐步降低的,若可靠性计划实施不当,可能会导致总体利润的下降。小公司与大公司不同,他们在产品的可靠性要求及具体实现等方面存在更多的约束条件。在选择最适合你的可靠性工作程序之前,需要对可靠性工作过程、概念和工具进行充分的了解。在第Ⅱ部分,我们将揭开可靠性工作计划成功实施背后的秘密。

5.1 产品寿命周期的6个阶段

首先,我们将在这一章对可靠性工作过程进行概述。对所有开展可靠性工作的公司而言,工作过程都是一样的,该过程的规范化程度取决于公司的规模和上市时间(关于可靠性工作过程将在第Ⅳ部分详细介绍)。可靠性工作需要覆盖产品的全寿命周期,产品寿命周期分析法是一种从摇篮到坟墓的分析方法,在产品寿命周期的任何阶段所做的决策都将对产品可靠性、客户满意度、利润和公司形象产生影响。此外,还必须考虑这些决策对产品寿命周期的影响,产品寿命周期包括以下6个阶段:

(1)产品概念阶段;
(2)设计概念阶段;
(3)产品设计阶段;
(4)设计验证阶段;
(5)生产阶段;
(6)寿命结束阶段。

产品全寿命周期分为6个阶段,如图5-1所示。

可靠性过程是一项多规程的工作,在产品全寿命周期的各个阶段同步进行。可靠性工作应由具备多领域专业知识的团队完成,可靠性工作的实施需要借助

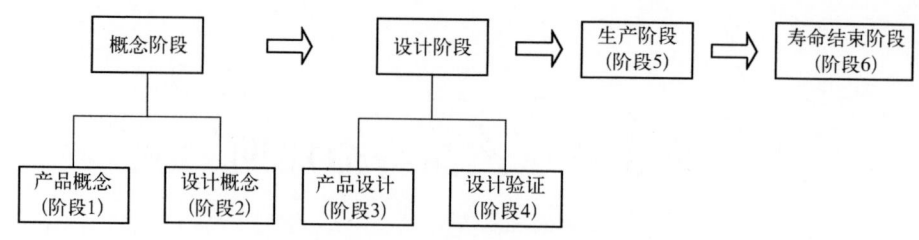

图 5-1 产品全寿命周期的 6 个阶段

实施人员从其特定职能工作中获得的知识、经验教训和专业知识。一般而言,并行工程是在产品寿命周期的设计阶段和生产阶段开展的多学科协同工作方法,并行工程、质量循环圈、持续改进和其他类似的项目已经被证明可以显著提高美国制造产品的质量。这些项目都是成功的,它们充分利用了所有产品相关方在设计阶段早期的经验和专业知识,而设计初期的很多设计决策将对产品质量产生深远的影响。

得益于这些项目的推广,美国制造商正在生产着全世界质量最好的产品。这些质量控制与提升工程项目已经有超过 30 年的应用历史,并且正逐步实现全球化。不幸的是,仅靠提升产品质量的竞争战略已不再具有竞争优势,现在的消费者对产品质量有了更充分的了解,可以准确地识别出哪些产品具有更高质量以及这些产品为何具备这种优势。同样的,已具备这种认知能力的消费者也会很快了解产品的可靠性特性,不久的将来,这些消费者将能够准确地识别出哪些产品具有更高的可靠性以及这些产品为何具备这样的特性。

互联网的普及进一步提高了消费者对产品质量和可靠性的认知水平。现在,有许多搜索引擎可供消费者对比要购买的产品,这些搜索引擎也提供聊天功能,消费者可以在这里讨论他们对产品的疑问和顾虑;部分搜索引擎提供产品评论功能,你可以在这些评论中了解到你感兴趣的特定产品。尽管互联网和比价购物搜索引擎对消费者购买决策的影响程度尚不清楚,但应将它们视为产品质量和可靠性的有效传播工具。互联网将在未来 10 年为那些能提供高质量、高可靠产品的人提供竞争优势。

设计和制造满足消费者期望的高质量产品的最佳方法是在产品全寿命周期中采取多学科、并行的工程方法,建立一个集成到产品全寿命周期中的可靠性工作流程是必要的。可靠性计划中应考虑与产品质量和可靠性相关的所有问题,以及可能影响计划执行的重大技术风险。在下一节中,我们将以产品寿命周期的 6 个阶段为中心,对可靠性项目进行概述。表 5-1 包含产品全寿命周期中可能的功能活动摘要,第 7 章将会进一步解释其中一些概念。

表 5-1 产品不同研制阶段实用可靠性技术矩阵

研制活动	概念阶段		设计阶段			生产阶段		
	产品概念定义	设计概念	产品设计	设计验证	生产初期	量产阶段	寿命结束阶段
市场调研	风险控制:外部 VOC,确定可靠性目标,故障案例分析	风险控制:内部 VOC	执行风险控制计划				
电性设计	风险控制:外部 VOC,确定可靠性目标	风险控制:内部 VOC,实施设计指南	HALT,执行风险控制计划,设计 FMEA	风险控制闭环,设计和产品运行状态确认,开展 FRACAS	ECO 验证		
机械设计		风险控制:内部 VOC,实施设计指南	执行风险控制计划,设计 FMEA	风险控制闭环,设计和产品运行状态确认,开展 FRACAS	ECO 验证		
软件设计		风险控制:内部 VOC,实施设计指南	执行风险控制计划,设计 FMEA	风险控制闭环,设计和产品运行状态确认	ECO 验证		
PCB 板设计		风险控制:内部 VOC,实施设计指南	执行风险控制计划,设计 FMEA	风险控制闭环	ECO 验证		
可靠性设计	风险控制,技术风险,确定可靠性目标,可靠性过程,故障案例分析	风险控制:内部 VOC,确定最低可靠性目标,定义可靠性设计指南,技术风险,可靠性资金预算	执行风险控制计划,设计 FMEA,可靠性预计,故障根本原因分析,实施设计指南,制定 FRACAS,HALT 计划	HALT,风险控制闭环,设计论证,面论证,故障根本原因分析,搜寻任早期故障案例的文本,运行 FRACAS	HASS,ECO 验证,FRACAS,可靠性增长,老炼,ARG,早期寿命试验(ELT)	HASA,FRACAS,可靠性增长	HASA,FRACAS,报废

(续)

研制活动	概念阶段		设计阶段		生产阶段		
	产品概念定义	设计概念	产品设计	设计验证	生产初期	量产阶段	寿命结束阶段
软件质量和可靠性	风险控制：外部VOC	风险控制：内部VOC					
质量控制		风险控制：内部VOC	执行风险控制计划，设计FMEA	风险控制闭环	HASS，FRACAS，SPC，6σ	HASA，FRACAS，SPC，6σ	HASA，FRACAS，SPC，6σ
试验阶段		风险控制：内部VOC	执行风险控制计划，设计FMEA	HALT，风险控制闭环，运行FRACAS	HASS，FRACAS，SPC，6σ	HASA，FRACAS，SPC，6σ	HASA，FRACAS，SPC，6σ
DFM		风险控制：内部VOC	执行风险控制计划，设计FMEA，实施设计指南	风险控制闭环，运行FRACAS	FRACAS，SPC，6σ	FRACAS，SPC，6σ	FRACAS，SPC，6σ
DFT		风险控制：内部VOC	执行风险控制计划，设计FMEA，实施设计指南	风险控制闭环，运行FRACAS	FRACAS，SPC，6σ	FRACAS，SPC，6σ	FRACAS，SPC，6σ
生产		风险控制：内部VOC	执行风险控制计划，设计FMEA	风险控制闭环，过程FRACAS	FRACAS，SPC，6σ	HASA，FRACAS，SPC，6σ	HASA，FRACAS，SPC，6σ
售后服务		风险控制	执行风险控制计划，设计FMEA	风险控制闭环	FRACAS	FRACAS	FRACAS
材料管理		风险控制	执行风险控制计划，设计FMEA	风险控制闭环	FRACAS	FRACAS	FRACAS
零部件管理			执行风险控制计划，设计FMEA	风险控制闭环	FRACAS	FRACAS	FRACAS，报废
安全性管理			执行风险控制计划，设计FMEA	风险控制闭环	FRACAS	FRACAS	FRACAS

注：DFM—面向制造的设计；DFT—可测试性设计；ECO—工程转阶段；FMEA—故障模式及影响分析；FRACAS—故障报告、分析和纠正措施系统；HALT—高加速寿命试验；HASA—高加速应力筛选；HASS—高加速应力抽检；PCB—印制电路板；SPC—统计过程控制；VOC—顾客反馈；ARG—加速可靠性增长；ELT—早期寿命试验

5.2 风险控制

风险控制通过 ICM 过程三个步骤达成闭环,如图 5-2 所示。首先,通过研究识别风险;其次,与所有相关人员就风险问题进行沟通;最后,制定一个风险控制计划。作为流程的一部分,团队成员需定期讨论以便更新状态和审查风险问题,闭环已解决的问题并在出现新问题时进行补充。下面将分别对这三部分进行详细阐述。

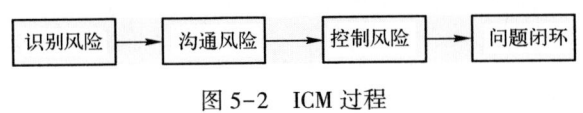

图 5-2 ICM 过程

5.2.1 识别风险

为识别技术风险,每个功能组的分析人员需审查产品概念,并识别在当前技术、方法、过程和工具下不能确保成功的问题。早期的风险识别有助于整个团队尽早关注产品可靠性的概念。在产品研制阶段,需要对所有的风险因素进行识别,无论该因素多么微不足道,低风险问题与高风险问题有不相同的重要度和优先级。为了确保在第一次产品交付客户之前完成所有工作,所有风险因素都应在概念阶段识别并记录下来,如图 5-3 所示,并针对每项因素制定风险控制计划。风险识别主要包括以下步骤:

(1) 风险说明;
(2) 控制风险所需活动的简要描述;
(3) 风险对程序和其他功能的影响;
(4) 风险的严重程度,按从基本无影响到灾难级的等级划分;
(5) 替代解决方案。

5.2.2 沟通风险

一旦确定了风险因素,就需要将它们传达给项目的主要成员,他们是组成并行工程团队的各功能组的代表,同时还应包括组织的高级管理人员。由于风险是由项目主要成员承担的,因此需要他们认可制定的每一项风险控制计划,并对措施的必要性进行确认。风险沟通过程最好在与所有主要成员的正式会议上进行,会议的唯一目的是提出风险问题,就哪些风险是必要的达成一致,签署正式协议,并在首次向客户交付产品之前解决关键的风险问题。该协议将为解决关

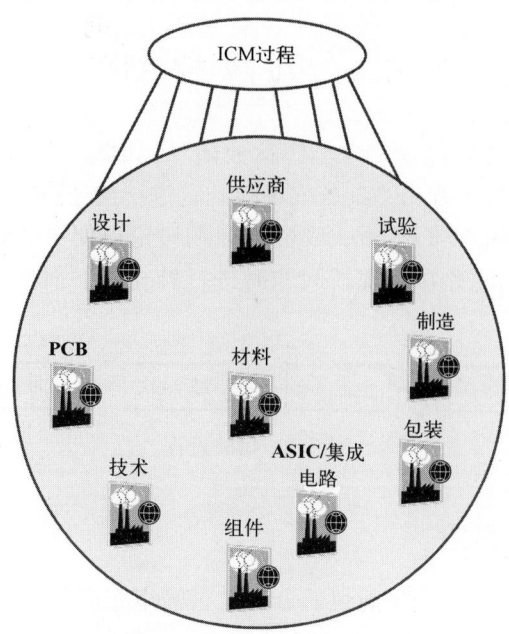

图 5-3 风险控制程序需考虑产品研发中各个方面的风险细节
(来源:Teradyne, Inc)

键的风险问题配备必要的资源,并将无法在预定时间内解决问题的风险传达给整个团队。

5.2.3 控制风险

风险的识别、沟通和控制(ICM)方法的最后一步是制定风险控制计划。风险控制计划是在顶层设计阶段需开展的工作,通过实施风险控制计划提高产品的可靠性,并按满足市场预期的数量进行批量生产。风险控制计划不应该包含实现产品交付的所有必需步骤,因为计划将由所有团队成员审阅,不同成员的关注点不同,过多细节可能会掩盖他们本该关注的重要信息。风险控制计划应包括将要开展的测试、环境应力试验、可靠性分析工具以及期望的结果等,计划还应该包括每项活动开始和结束的时间范围。

风险控制计划的最后一个必要组成部分是每项活动输出的可交付成果,这是令许多公司步履蹒跚的环节。对于每项风险因素,需要明确用什么交付物来闭环,需要对闭环过程进行清晰地陈述。例如,一份正式的报告,该报告需包含所有必要的信息,以使该闭环过程能够有效地重复,并达到同样的预期结果;极高风险的问题项目可能需要一个与主任务并行但资源级别略低的替代方案。一些风险控制活动可能需要不同的项目组协作开展,因为该风险对不同项目组的影响是相同的。在这种情况下,就需要进行团队合作,一方面避免重复性的工作,另一方面也能促进不同项目组对共同风险的控制措施及闭环情况达成一致,协同开展工作还能确保不会因为错误地假设另一个项目组正在进行该工作而遗漏。

ICM 程序需要经过正式的验收,才能允许流程流转到下一阶段,在验收过程中项目成员需要就风险可控程度达成共识。该过程既可由高级管理团队成员确认,也可由相关功能团队成员确认。验收报告中通常包括对强制性交付物的相关要求,该要求必须在与产品开发过程相关的时间范围内完成闭环。

5.3 小公司的 ICM 流程

小公司的可靠性工作可能与大中型公司有所不同,小公司往往组织关系更加简单,不存在众多产品功能部门,其沟通也比大公司更加顺畅。因此,规模较小的公司在开展可靠性工作时往往较少受到程序的限制,它可以以非正式的形式解决问题,并且可以花费更少的时间进行过程记录和报告生成。

在开发技术驱动型产品时,小公司可能面临与大中型公司相同的可靠性问题和风险。然而,由于小公司更加灵活,他们能够对变化做出更快速的反应,并能够承担额外的风险。无论公司大小,管理风险和确保产品可靠性的工作流程都是一样的,在产品概念阶段的早期,进行风险评估,以识别所有重大风险。小公司受限于财务资源、技术专长、技术人员数量和实验室能力等方面,其风险控制的能力与措施可能会与大中型公司有所差别。

在当今全球化的背景下,小公司获得了与大中型公司同台竞争的机会,公司想要赢得市场应当优先考虑市场,需要拥有有效的商业计划和可靠的产品。由于小公司面临的风险和技术挑战与大中型同行是相似的,因此它们也有必要使用 ICM 方法进行风险的识别、沟通,并降低所有重大的风险。小公司也需要将整个 ICM 过程详细地记录在案,以确保风险问题解决的全面性和可追溯性。

对于小公司而言,ICM 实施过程中最大的不同是风险控制的实施策略。在很多情况下,小公司无法在内部实现风险控制措施的闭环,因此有必要考虑向外部寻求帮助。风险控制的一些替代方法包括:

(1) 聘请该领域的专家做顾问;
(2) 将部分工作外包给大学;
(3) 雇用临时工;
(4) 技术授权;

(5) 外包给其他公司(不建议外包关键技术)。

5.4　设　计　指　南

可靠性过程成功实施的一个重要条件是设计准则的制定,这些准则包括面向制造的设计(DFM)、可测试性设计(DFT)和面向可靠性的设计(DFR)。产品使用并行工程进行开发的过程中,成功实施这三项指导方针将至少能确保产品满足生产、测试和可靠性的最低标准。在产品设计和开发中,任何"设计"方针的成功实施都离不开并行工程,并行工程是一种确保第一次就把事情做好,并能保证与参与设计的团队及时沟通的方法。并行工程促使产品开发人员考虑产品寿命周期内的所有要素,包括可制造性、服务性、测试性、成本、进度、用户需求、质量和可靠性等。

5.5　保　　　修

每销售一定数量的产品,均应预留一定的资金用于支付客户保修期内的维修及索赔费用。一般情况下,销售额越高,预留的金额也会越高。显然产品可靠性越低,就需要预留更多的资金用于兑现后续的保修索赔费用。保修索赔费用存在一定的随机性,想要预估这种随机性就需要认识到其实际上是由设计和制造过程造成的产品可靠性的降低导致的,保修索赔费用最终表现为产品收益的减少。

简化产品设计应该从精简不必要的紧固件开始,节省生产材料,控制生产成本。如果某种设计需要的螺母和螺栓比预期的多,那么生产这种产品的成本可能就会更高,通过简化设计减少紧固件的使用,可以达到降低制造成本、提升利润的目的。这样制造商有能力选择通过降低产品价格薄利多销的策略获取更大的市场份额,通过这样的选择有助于公司未来的长远发展。

保修期内的额外支出就像不必要的螺丝,产品越不可靠,预留用于支付保修费用的资金就越多,这就像是为购买生产产品的原材料额外多付了一笔钱一样。更加不幸的是,不久的将来,制造商甚至很可能没有机会为将要支付的保修费用和损失的销售买单了,因为客户可能已经选择了其他供应商的产品。

很少或从未将可靠性设计纳入新产品设计开发过程的公司,可能会需要预留高达年销售额 10%~12% 的资金作为质保费用(作者的经验);在产品开发过程中考虑了一些可靠性设计的公司,可以将这个数字降低到 6%~8%;只有那些在新产品开发过程中实施了跨领域、跨功能的完整可靠性工作流程的公司,才会将这一比例降至1%以下。

对于年销售额为1000万美元左右、可靠性管理较差的公司而言,其本质上有约100万美元被转移到了经营成本上,而为了收回这100万美元,需要考虑很多额外的问题,如需要额外雇用多少销售人员?采购部门为了保证产品成本的竞争力将会面临多少难题?需要裁掉多少制造人员才能保持盈利?而如果这些收入可以用来雇用更多的设计师来进行产品设计与开发,就可以缩短上市时间并增加利润。

每次你派一个售后服务人员为你的客户更换零部件,你都在为产品糟糕的可靠性设计付出代价,所有这些额外的支出,从仓储到售后服务人员,都出自应急保修索赔预留资金,产品可靠性越差,该预留资金越多;仓库里所有的材料都在消耗你的现金流,而这些现金流本可以用来赚取更多的钱、寻找更多的客户和雇用更多的员工。

可靠的产品可以帮助你降低在保修方面的开支,也就是说,要降低后续维修的开支,必须致力于提高产品的可靠性。每一项产品可靠性的改进都会赢回一部分质保费用;而多项可靠性改进措施将会产生积累效应,从而使大部分损失的销售收入有更好的用途。

延 伸 阅 读

可靠性过程

H. Caruso, An Overview of Environmental Reliability Testing, 1996 Proceedings Annual Reliability and Maintainability Symposium, pp. 102−109, IEEE (1996).

U. Daya Perara, Reliability of Mobile Phones, 1995 Proceedings Annual Reliability and Maintainability Symposium, pp. 33−38, IEEE (1995).

W. F. Ellis, H. L. Kalter, C. H. Stapper, Design For Reliability, Testability and Manufacturability of Memory Chips, 1993 Proceedings Annual Reliability and Maintainability Symposium, pp. 311−319, IEEE (1993).

Evans, J. W., Evanss, J. Y and Kil Yu, B. (1997). Designing and building-in reliability in advanced microelectronic assemblies and structures. IEEE Transactions on Components' Packaging, and Manufacturing Technology: Part A 20 (1): 38−45. IEEE (1997) & Fifth IPFA ,95 Singapore.

S. W. Foo, W. L. Lien, M. Xie, et al. Reliability By Design A Tool To Reduce Time-To-Market, Engineering Management Conference, pp. 251−256, IEEE (1995).

W. Gegen, Design For Reliability – Methodology and Cost Benefits in Design and Manufacture, The Reliability of Transportation and Distribution Equipment, pp. 29–31 (March, 1995).

Golomski, W. A. (1995). Reliability & Quality in Design, 216–219, IEEE. Chicago: W. A. Golomski & Associates.

R. Green, An Overview of the British Aerospace Airbus Ltd" Reliability Process, Safety and Reliability Engineering, British Aerospace Airbus Ltd., Savoy Place, London WC2R OBL, UK, IEEE (1999).

D. R. Hoffman, M. Roush, Risk Mitigation of Reliability-Critical Items, 1999 Proceedings Annual Reliability and Maintainability Symposium, pp. 283–287, IEEE (1999).

J. Kitchin, Design for Reliability in the Alpha 21164 Microprocessor, Reliability Symposium 1996. Reliability – Investing in the Future. IEEE 34th Annual Spring. 18 April 1996.

I. Knowles, Reliability Prediction or Reliability Assessment, IEEE (1999).

Leech, D. J. (1995). Proof of designed reliability. Engineering Management Journal 5 (4): 169–174.

S. M. Nassar, R. Barnett, Applications and Results of Reliabilityand Quality Programs, 2000 Proceedings Annual Reliability and Maintainability Symposium, IEEE (2000).

Novacek, G. (2001). Designing for reliability, maintainability and safety. Circuit Cellar, January 126: 28.

DFM

D. Baumgartner, The Designers View, Printed Circuit Design (January, 1997).

R. Prasad, Designing for High-Speed High-Yield SMT, Surface Mount Technology (January, 1994).

C. Parmer, S. Laney, DFM & T Guidelines for Complex PCBs, Surface Mount Technology (July, 1993).

第 6 章　可靠性概念

　　本章的内容主要服务于产品设计相关人员,包括项目经理、产品首席执行官、公司总裁、副可靠性工程师等,几乎涵盖了产品设计过程中除可靠性工程师外的所有人员;可靠性工程师需了解这些可靠性概念背后的数学原理,而这些数学原理对其他人来说并不重要。幸运的是,可靠性概念背后的数学原理超出了本书的范畴。相反,我们更关注可靠性的概念,理解它们是什么,如何应用它们以及如何解释结果。你不必成为可靠性工程师才能来讨论这些概念,通过理解这些概念和工具,你将提高对产品可靠性及其实现方式的认识。

　　对于想要开展可靠性工作的人而言,正确理解用于描述产品可靠性的所有相关术语、定义和概念是一个很大的挑战。许多可靠性概念是基于数学统计原理提出的,这些概念是高度理论化和抽象的;这使得除统计学家或可靠性工程师外,一般设计人员难以完全掌握这些概念,而在数学层面获得对可靠性概念的深刻理解超出了本书的范围。对可靠性术语、定义和概念具备有效的基本理解对顺利开展可靠性工作是至关重要的,因为当你在产品上实施可靠性工程时,对概念的有效理解有助于你雇用正确的人。一旦建立了系统的可靠性工作流程,可靠性的术语和概念将在讨论产品可靠性时被普遍使用。在某些情况下,为了避免数学问题对读者造成困扰,我们对有些概念进行了适度简化,在我们看来,理解这些概念是非常重要的,因为产品的可靠性与产品研发过程中的每个人都息息相关。随着组织对可靠性了解的加深,所设计的产品将更加可靠,并将为公司带来更多的利润。因此,我们提出这些概念,在不用费力理解概念背后数学原理的基础上,加深读者对这些概念的理解。在产品设计与开发过程中常用的一些基本可靠性概念包括:

(1) 浴盆曲线;
(2) 平均故障间隔时间(MTBF);
(3) 维修费用;
(4) 可用性;
(5) 可靠性增长;
(6) 可靠性验证试验(RDT);
(7) 维修性。

6.1 浴盆曲线

浴盆曲线是产品可靠性中最基本的概念,如图6-1所示,浴盆曲线是一种表征产品失效率随时间变化的方法。浴盆曲线是由图6-2所示的累积失效曲线推导而来的,图6-2是描述产品在一段时间内运行的累积失效数的曲线图。假设你交付了1000个不可修复的小部件,然后跟踪其在产品寿命周期中失效的小部件的总数,该图将类似于图6-2。通常在交付后的第一年,产品的失效率更高,造成该现象的原因主要包括制造过程的不稳定性、零部件公差、设计裕度不足或测试不充分等。该区域发生的失效被定义为早期失效,由早期失效引起的故障被认为与产品质量有关;故障曲线的下一阶段为产品的有效使用寿命,使用寿命区域的产品失效率已经稳定,其特征为该阶段具有相对恒定的失效率,该区域的失效是由于随机事件导致的;经过产品的随机失效阶段后,产品的失效率会大大增加,浴盆曲线的该区域称为耗损阶段,该区域产品已超过了其设计的寿命周期,应该进行更换或升级了。

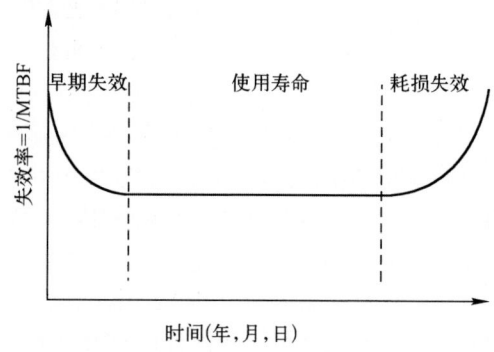

图 6-1 浴盆曲线

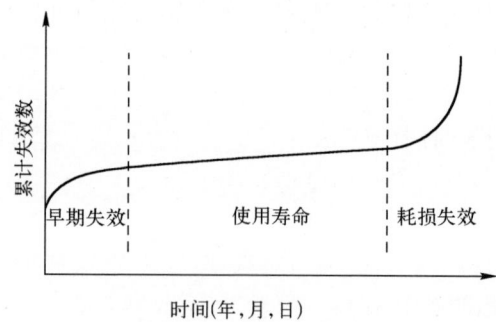

图 6-2 累积失效曲线

灯泡的失效率能很好地说明使用寿命区和耗损失效区内的不同。假设一个灯泡的寿命是2000h,规定2000h为灯泡的额定寿命(或平均寿命)。2000h代表了浴盆曲线中耗损失效的拐点,电灯泡预计将在2000h后不能正常工作。然而,白炽灯泡是非常可靠的,在这个例子中,我们假设它有100万h的平均故障间隔时间(MTBF),MTBF可以反映灯泡在其使用寿命期间的平均失效率。图6-3给出了图示说明。

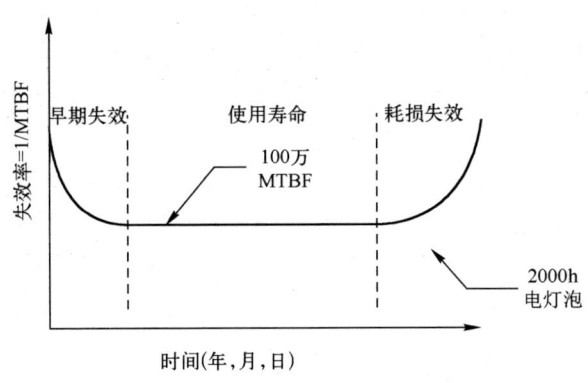

图6-3 灯泡失效分布的理论示例

现在假设设计了一个可容纳100万个灯泡的照明面板,该面板中所有的灯泡都是连接在一起,这样所有的灯泡就可以同时工作,就像圣诞节的灯光一样。在使用寿命(最初的2000h)期间,累计每100万h预估将会有一个灯泡出现故障(停止照明)。灯泡的故障是随机发生的,然而在现实中,根据统计在最初的2000h内100万个灯泡中会有2000个失效。这就是灯泡100万h平均故障间隔时间指标的计算方法。现在如果继续使用这个照明面板,灯泡的失效率将会迅速增大,再过400h,100万个灯泡中的大多数将会停止工作。这说明了在产品预期使用寿命期间,故障发生的概率很低,但产品一旦超过其额定寿命,灯泡故障的概率急剧增加。从产品设计上而言,灯泡失效的期望时间为使用2000h后,我们可以基于该指标制定维修与售后方案。然而,在使用寿命期内的产品失效是完全随机和不可预测的(每小时百万分之一)。

6.2 平均故障间隔时间

MTBF是描述产品可靠性最常用的术语,该术语衡量产品在正常使用寿命期间的失效率。还有其他方法可以描述产品的失效率,下面将对此进行描述。

6.2.1 平均修理间隔时间

平均修理间隔时间(MTBR)是描述可修系统可靠性基本度量的另一种方法,它是对现场所有系统修理之间的平均时间的度量。

6.2.2 平均维修间隔时间

平均维修间隔时间(MTBM)是描述可修系统可靠性的常用术语,它是对现场所有系统的维护(预防性维修和修理)之间的平均时间的度量。

6.2.3 平均事件间隔时间

平均事件间隔时间(MTBI)是一个不太常用的术语,用于描述可能需要用户干预才能修复的事件的频率。它可以用于自动系统,例如,系统传输或输送机上的手提袋可能会卡住,需要用户干预才能修复。MTBI也可以用来描述中断之间的平均时间,使用MTBI需要清楚地定义什么是事件。

6.2.4 平均故障前时间

平均故障前时间(MTTF)是描述不可修系统可靠性的常用术语。MTTF描述了系统在下一次故障之前的平均运行时间,这个术语通常用于产品无法修复的情况。因为它没有被修复,所以在正常的操作意义上,它不可能有"介于"故障之间的时间。

6.2.5 平均修复时间

平均修复时间(MTTR)是描述系统维修性最常用的术语。它是修复所有故障所需时间的总和除以故障总数。修复故障所需的时间通常包括故障排除、故障隔离、修复和验证问题已修复所需的所有测试。简单地说,它是从客户不能使用产品到客户可以再次使用产品的时间。

6.2.6 平均系统修复时间

平均系统修复时间(MTTRS)类似于MTTR,但它包括与获取部件修复问题相关的额外时间。

这些定义用于描述规定的环境和操作条件下事件发生的概率,对于不同的环境和操作条件,这些事件的发生概率可能会有很大的差异。描述产品的可靠性有许多不同的方法。跨国公司更关注MTTRS,因为它包括其现场服务和备件物流的有效性;生产一次性电子产品或使用寿命短的产品的公司更关心产品的

MTTF。你选择的衡量产品可靠性的方法应该是根据你的客户需求、市场和你收集有效数据的能力来决定的。

MTBF 定义为浴盆曲线"恒定失效率"部分失效率的倒数,MTBF 通常用平均故障间隔时间来描述。MTBF 不包括产品的早期失效和耗损期的失效,为了说明这一点,我们以一组打印机的可靠性数据为例进行说明。这组打印机可能有 10000h 的平均故障间隔时间(这个 MTBF 数字是虚构的,并不代表打印机的实际 MTBF 水平),这一说法意味着,这些打印机的平均故障率约为每 10000h 失效 1 次;但是,有些打印机的寿命要长得多,而另一些客户的打印机寿命远远低于平均寿命。事实上,客户的体验可能会有所不同,比如观察到打印机出现故障的时间间隔范围在 6000~30000h 之间;而一台有 10000h MTBF 的打印机实际上可能只工作了几百到几千小时,其原因与浴盆曲线有关。寿命周期包括早期失效期、恒定寿命期和耗损阶段,在这个时间轴上,最终所有的打印机都会失效;耗损期通常不被认为是产品使用寿命的一部分,尽管很难判断何时进入耗损期。MTBF 实际上应该只描述浴盆曲线的恒定失效率部分,因此在统计故障时必须小心,现场观测到的故障间隔时间可以在较大范围内波动,而 MTBF 通常由测试和现场经验确定。有些打印机的寿命比一般打印机长得多,有些则不然,MTBF 表示设备运行时间的平均值,该指标经常用来判断产品的一致性。

6.3　保修成本

当制造商对客户使用 MTBF 这个术语时,他们必须格外注意,客户通常将此数字视为某种程度的承诺,当某件产品在"规定的 MTBF 时间内"出现故障时,客户通常会向制造商寻求某种形式的补偿。一般来说,对于给定的产品和给定的 MTBF,会有一部分产品在 MTBF 或平均故障时间之前就失效了,还有一部分产品的运行时间会超过预期的 MTBF。而故障事件的发生是随机的,是无法预测的,它们只能被估计;那些产品的故障,尤其是早于预期 MTBF 的故障,通常会影响保修费用和客户的满意度。

制造商可以(并且应该)使用 MTBF 数字来预估他们的保修成本,如果一个产品的 MTBF 为 10000h,且该产品是连续运行,那么规定一年(8760h)的质保期可能是合适的。如果出现早期故障(即在保修期内的故障),制造商需承担一切维修费用,了解 MTBF 将为制造商预算产品的保修准备金提供基础。

接下来,我们将给出一个示例对该情况进行说明,以便读者更好地理解 MTBF 如何影响保修成本。

首先，MTBF 表示众多产品的平均故障率，这些产品并不是同时制造出来的，MTBF 表示的是平均水平。简单来说，我们可以假设有 100 件产品是在相同的短时间（比如一个星期）内生产出来并投入市场；假设它们将由许多不同用户在大致同一时间段内使用，因此它们各自累积的运行时间通常是相似的。

在这个例子中，该组产品的故障数据将能体现该产品的平均故障间隔时间（MTBF）水平，假设为 10000h，该组 100 件产品都将会发生故障（随机），其平均故障间隔时间为 10000h。然而，有些客户在产品规定的使用期内不会经历故障，而其他客户则会经历一次或多次故障，比如有 37 件产品不会在规定的 10000h 内失效，这些客户是由随机故障事件选择的幸运客户；而有些客户很不幸，在同样的 10000h 内可能出现两次、三次甚至四次故障。

下面是一个简单的示例。

假设有一个 MTBF 为 10000h 的产品，并且只销售了 100 件，在首个 10000h 内，可能发生的情况有以下几种：

（1）每 100h 就有一次故障，这是平均值。
（2）在 10000h 的时间段内总共有 100 次故障。
（3）故障的发生是随机分布的。
（4）有些产品（26 件）会有多个故障。
（5）有些产品（37 件）不会出现故障。

怎样才能避免这种悲剧呢？使用可靠性技术，使产品的平均故障间隔时间非常高。即使是 MTBF 为 100 万 h 的产品，也可能在大约 1 万 h 内（100 件产品）首次出现故障，但是会有 99 个非常满意的客户，因为下一次故障（统计上）不会在下一个 10000h 累积时间内发生。

保修制度要求产品在保修期内拨出一部分资金，用来承担保修期的费用。平均而言，每积累一个 MTBF 时间段，每个产品将经历一次故障，制造商必须考虑这种预期的故障积累，以便有足够的资金来承担这种预期的成本。

如果产品具有很好的可靠性，那么其较高的平均故障间隔时间通常意味着较低的保修成本。他们会因此获得满意度更高的客户，这些客户会持续地从制造商那里订购产品。我们在分析本例中的故障时，假设了所有故障单元都将被快速修复并重新投入使用。表 6-1 说明了 MTBF 与几个可修部件在保修期内的故障数之间的关系。

表 6-1　不同 MTBF 下保修期内的故障数

保修期/年	MTBF=8760h	MTBF=87600h	MTBF=876000h
1	100 例失效	10 例失效	1 例失效
2	200 例失效	20 例失效	2 例失效
3	500 例失效	50 例失效	5 例失效

6.4　可　用　性

当一个系统发生了足以对客户使用造成影响的故障时,解决该问题的时间就至关重要了。较长的修复时间会大大降低连续运行产品的使用效率,因此,拥有较短的 MTTR 是提升产品可用性的关键环节。简单地说,静态可用性可以表示为

$$可用性 = MTBF/(MTBF+MTTR)$$

例如:MTBF 为 10000h,MTTR 为 10h:

$$可用性 = 10000/(10000+10) = 10000/10010 = 0.999 \text{ 或 } 99.9\%$$

读者可以看到,更长的 MTBF 可以将可用性提高到接近 100%。即使使用相同的 MTTR 数据,小的 MTBF 也会降低产品的可用性。如果某个产品经常出现停机故障,那么该产品就需要具备快速解决问题的能力,如果 MTTR 很短(如不到一小时),那么其影响相对较小;但是当 MTTR 很长(如几天)时,产品可用性就会变得非常小,这会大大降低客户的满意度。高 MTBF 符合制造商的最大利益,同时他们也必须努力缩短 MTTR。由于部件的可用性是确保产品持续运行的主要指标,因此建议在可靠性改进计划中尽早解决可用性的问题。

产品的 MTBF 较低时,通过降低 MTTR 提升短期内的可用性是不可取的。有一些制造商生产的设备非常复杂,他们同时需要熟练的售后服务人员;即使他们的售后服务人员能在平均几小时内修复所有故障,但是由于有很多台设备在同时运行,他们将会经历一场艰苦的战役。假设某个客户拥有 100 台正在运行的设备,该设备的 MTBF 为 1000h,MTTR 为 4h,那么从概率上讲,平均每 10h 就会出现一次新的故障。售后服务人员必须及时修复这些故障,如果设备每周 7 天、每天 24h 持续运行,预期故障将会以每天 2.4 次的速度累积,维修人员需要平均每 8h 工作时间内修复 2 件产品,回家之前还要修 0.4 件产品。维修服务可能需要更多的售后服务人员,此外后勤方面的限制常常对产品 MTTR 提出要求的更高,因为从几个小时到几天甚至几周的备件采购周期都是有可能的。随着平均每天 2.4 次故障的积累,售后服务团队很快就会不堪重负。

当设备出现故障时,可能会导致客户产量的降低,这样客户下次选择生产线设备时就会考虑其他厂家。

较短的 MTTR 可以转换为快速解决现场故障的服务能力,这意味着需要具备训练有素的服务人员和随时可用的备件,服务/维修人员必须立即就能为客户服务。这可以通过以下 8 项措施实现:

(1) 派驻现场的维修服务人员;
(2) 为客户培训维修服务人员;
(3) 对客户维修服务人员进行制造商培训;
(4) 提供易于使用的服务手册;
(5) 产品具备快速故障诊断能力;
(6) 完善的维修和备件供应链;
(7) 快速响应客户的服务需求;
(8) 故障数据跟踪。

6.4.1　派驻现场的维修服务人员

有些客户,特别是新客户,通常不具备对新购设备进行故障诊断、筛查、制定维修措施和备件选择等相关知识,在现场为客户提供工厂维修服务人员将有效地缩短设备的 MTTR。

6.4.2　为客户培训维修服务人员

掌握客户需要经过培训的人员情况,客户的维修服务团队培训应该在产品交付之前完成。

6.4.3　对客户维修服务人员进行制造商培训

制造商应该对客户的维修服务人员进行培训,如果客户喜欢"发货前培训",可以在制造商的工厂进行;为了节省客户的资金,也可以在客户的工作现场提供一些带有原型系统的培训。客户通常希望享受这种附加的服务,但由于他们自己的产品还没有交付,则会以培训过程中没有具体产品进行实际操作为代价。

6.4.4　提供易于使用的服务手册

为提高产品的可靠性,新产品开发过程的一项重要工作是开展故障模式及影响分析(FMEA)。FMEA 的交付(输出)物是一份对产品如何发生故障的详细理解,这些信息对于服务手册编写者来说是无价的。他们可以使用 FMEA 创建一个服务手册,该手册考虑了设计团队讨论的所有问题;根据最终产品的不同,服务手册会有很大的差异,但 FMEA 过程始终是帮助开发服务手册的丰富信息来源。

手册应随时可以提供给客户,许多公司现在已经把手册放在网站上了。在网站页面上提供一个链接到这些手册的地址,将缩短最终产品的 MTTR,把手册保存在光盘上也是一种选择。

6.4.5 产品具备快速诊断能力

工厂培训和服务手册都非常有用,但是有一些特殊的故障可能很难诊断,这意味着需要特殊的工具、测试设备和软件来帮助加速故障诊断过程。服务手册中应该包括一个可用于快速诊断的推荐工具列表;昂贵的工具或只能从制造商那里获得的特殊工具常常会阻碍并降低 MTTR;即使是在美国几乎任何地方都能找到的普通工具,在世界其他地方可能也不太容易找到。

6.4.6 完善的维修和备件供应链

由于设备经常出现故障,客户可能需要配备一些备件,如过滤器、液体、润滑剂、计算机磁盘、磁带等,制造商应为客户提供一份设备配套工具包的清单,以消除寻找这些常用备件造成的延误。

其他零部件和集成系统应该始终在制造商的库存中,以便快速交付给客户,应建立一个完整的零部件订购、库存和运输系统,以满足业务的需要;拥有全球分散客户的供应商需要建立多个供货渠道来使产品快速交付到用户手中。

6.4.7 快速响应客户的服务需求

制造商生产的产品和服务部门的设计应有助于客户轻易地确定自己需要什么,并迅速获得必要的产品,定制的软件和互联网功能可能是该问题的解决方案,这就是产品命名和编号质量的重要性所在。客户在对产品系统的详细认知方面与制造商并不匹配,他们可能订购了错误的产品,这无疑增加了维修延迟并大大增加了 MTTR。因此,有必要完善产品的 ID 系统以便用户选择与使用;如果客户认为该系统有用,你必须向销售人员学习,找出需要改进的方面并做出相应的改变。

6.4.8 故障数据跟踪

从现场收集数据,了解产品的问题细节,并利用这些信息来解决问题。通常,这些信息会导致设计更改,从而改进产品,这些改进可能会在后续的产品开发过程中节省大量的金钱和时间。跟踪故障数据有助于快速发现和纠正故障,全面的故障报告、分析和纠正措施系统(FRACAS)将通过降低保修成本和增加平均故障间隔时间(MTBF)来降低现有 MTTR 的影响,最终使公司获得丰厚的回报。

图 6-4 说明了 MTBF、MTTR 与可用性之间的关系。

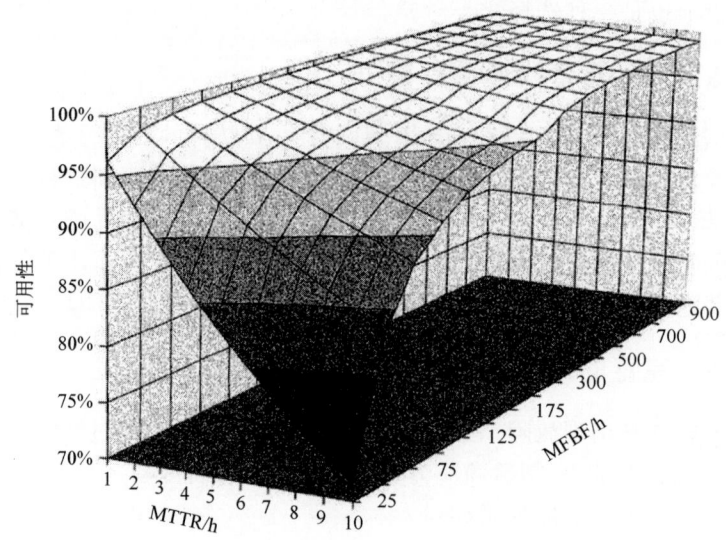

图 6-4　MTBF、MTTR 与可用性之间的关系

6.5　可靠性增长

可靠性增长是当故障机理完全消除后,衡量产品可靠性改进程度的一个过程。J. T. Duane 首先对此过程进行了描述,他推导出随着时间的推移,故障间隔时间会增加[1]。简单地说,产品的每项故障机理通过设计消除后,产品的 MTBF 都会增加。对于从系统中消除的每一个缺陷(意味着该故障不会在系统中再次发生),必然将导致产品 MTBF 的增加。

公司处理可靠性问题主要有两种方式:第一种,也是许多制造商常用的方法,即积累现场故障信息,当现场数据明确显示产品存在问题时,他们会进行调查,找到之前设计未能发现的故障根本原因,然后通过工程更改来改进设计并解决问题,同时希望设计的改进能为未来产品的设计积累经验。从确定问题到实现改进的整个过程可能会花费相当长的时间,有时甚至是几年,到那时,该问题对成本的影响可能会变得非常显著。由于解决某项问题可能需要数年的时间,在此期间很有可能相同的设计隐患会应用到新的产品设计中;同样的潜在故障被设计到新产品中,并将导致类似的问题发生,这是一种不包含故障分析和纠正措施的产品可靠性增长模式,通过修复的方式来解决发生的故障,通常会将产品达到设计成熟的时间推迟几年。理想情况下,在第一个产品交付之前产品就应达到相应的设计成熟度,产品召回是由于在发货前没有识别出在现场使用过程中可能发生的故障。第二种处理可靠性问题的首选方法是提前实施可靠性增长,其优势如表 6-2 所列。新产品开发过程应进行数据收集(FRACAS),以帮助设计人员在设计状态最终确定之前找到潜在故障机理。FMEA 和高加速寿命试验(HALT)是两个非常有用的工具,它们可用于设计过程早期识别潜在的可靠性问题。可靠性人员应该与设计人员一起学习和跟踪每个故障,直到找到根本原因并实现设计改进及验证有效为止。

表 6-2 提前实施可靠性增长的优势

提前实施可靠性增长	故障后实施可靠性增长
快速发现问题	数据难以获取
设计团队直接处理数据,失效数据利用更有效	数据可能被缺乏经验的售后服务人员忽略
故障可在产品上市前修复	修复故障代价昂贵(产品召回)
可降低故障首次发生的概率	相同故障可能需要多次发生
对制造商口碑无影响	有损制造商口碑

6.6 可靠性验证试验

可靠性验证试验(RDT)经常与可靠性增长试验混淆,6.5 节中,我们展示了在产品首次交付客户之前如何使用可靠性增长将设计推向成熟。产品上市时设计越成熟,保修成本越低,这是通过在设计早期分析所有的故障和跟踪落实故障纠正措施来实现的。

RDT 是在统计上确保早期设定的可靠性目标得到满足的一个过程。关于可靠性增长和 RDT 开展的顺序可能会有混淆,可靠性增长总是先于 RDT。一旦设计确定,我们就可以开始可靠性增长试验,通过 FMEA 和 HALT 识别问题,这些表面原因和随后的根本原因分析都将应用可靠性增长技术。RDT 在设计完成并有最终产品提交试验之前不能开始,换句话说,可靠性增长是一种改进产品 MTBF 的工具,这种努力的成果通过 RDT 得到验证。

在本章的前面章节,我们展示了即使系统有一个预期的 MTBF,实际系统使用过程中也会呈现出各种不同的 MTBF。我们所预期的 MTBF 是对所有系统的 MTBF 的平均度量,单个系统将在不同的时间、以不同的频率发生故障,并具有不同的 MTBF 值。平均故障间隔时间(MTBF)是指该类产品的累积运行时间除以该类产品所有故障数的总和,单个系统的 MTBF 因故障的随机性而变化,这些事件随机性的置信区间可以通过数学模型表示。置信区间表示可能的期望值范围,随着置信区间的增大,即测量值在置信区间之间的置信度增大,期望值的范围也随之增大。MTBF 的计算方法是基于指数分布假设提出的,置信区间的计算则是基于不对称的卡方分布提出的,置信上限和下限可能不会对称地分布在平均 MTBF 值两侧。

RDT 通过对产品的累积运行时间和故障数量的跟踪以验证产品是否达到了其 MTBF 目标。RDT 是一种通过产品试验来证明产品确实达到了所承诺的 MTBF 的方法,是验证设计满足合同可靠性要求的常用方法。可靠性工程师负责根据累计故障数据跟踪累计运行时间;要验证一个系统是否达到了其规定的 MTBF,我们需要积累更多的产品无故障运行时间,总运行时间总是大于期望的 MTBF 时间。

有一个经验法则可以应用到 RDT 中,这个法则给出了验证系统在 90% 置信度下达到指定 MTBF 目标系统必需的无故障运行时间,累计无故障运行时间需达到预期 MTBF 值的 2.3 倍。

如果一个系统正常运行 2300h 而没有出现故障,那么我们可以说该系统的 MTBF 达到了 1000h,置信度达到了 90%。回想一下,当我们讨论 MTBF 时,它有一些特定的不确定性,这个规则假设设计成熟目标已经达到了 90% 的置信度。如果我们想要更高的置信度,那么无故障运行时间将会增加;同样,如果设计成熟目标可以接受较低的置信度,则无故障运行时间将会减少。要深入了解置信区间对无故障运行时间的影响,请参阅表 6-3。通常,90% 的置信度可以被广泛接受。

表 6-3 无故障运行时间的 RDT 系数

置信水平/%	无故障运行系数
95	3.0
90	2.3
85	1.9
80	1.6
75	1.4
70	1.2

RDT 过程必须有一个相对应的置信水平,而置信区间是考虑系统随机性并确定其是否可接受的一种方法。假设一个产品的 MTBF 是 8760h,失效率服从

指数分布,则每年预期会有一次产品故障,当然,这并不是说每个产品每年都会发生一次故障,实际情况没有那么简单;有些客户在产品使用的第一年没有故障,而有些客户在同一年会经历一次、两次甚至多次故障。随机性通过置信区间来定义,置信区间考虑到并非所有用户对产品可靠性的体验都是相同的,通过置信区间可以计算 RDT 过程中的随机性。

当一个系统或同一区域内的多个系统已经证明了它们的累计无故障运行时间已达到至少 2.3 倍的 MTBF(1000h),从统计学上,我们有高度的信心(90%)可以承诺产品具备了 1000h 的 MTBF;通过在 RDT 中使用多个系统,制造商可以加速这一过程。然而,没有一个制造商能够准确地说出任何一个单独的产品在故障前能正常运行多久。

当设计成熟度验证试验中出现故障时如何验证产品的 MTBF 目标?如果发生这种情况,是否意味着无法实现产品的 MTBF 目标?下面统计数据可能会有帮助。

图 6-5 演示了 MTBF 为 1000h 的产品的设计成熟度验证试验接收或拒绝域曲线。

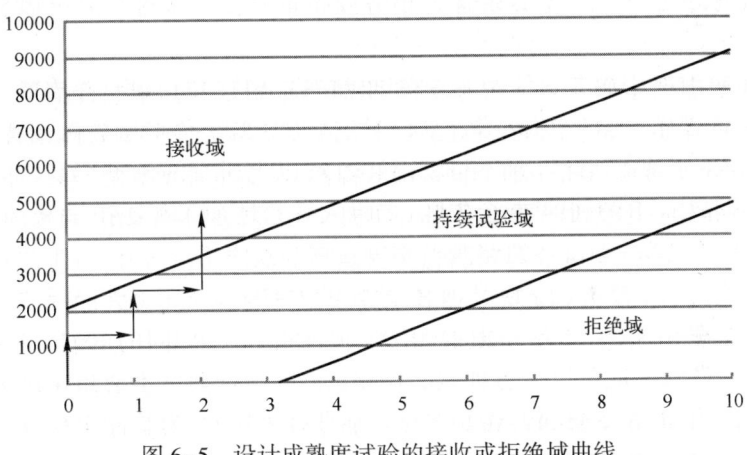

图 6-5 设计成熟度试验的接收或拒绝域曲线

图 6-5 中,横轴表示故障数量,该试验可选择一个或多个系统同时进行,产品越多越好,纵轴为累计运行时间,单位为 h。当使用多个系统来进行 RDT 时,必须为试验中使用的所有系统补充累积运行时间(h)和故障总数;如果在 RDT 中使用两个系统,累计运行时间(h)的收集速度将是单个系统的 2 倍,使用 5 或 10 个系统将加速 RDT 过程。

在图 6-5 中,小箭头描述了对一个 1000h MTBF 的产品执行真正的 RDT 时所发生的情况。RDT 从原点开始,零故障、零累计运行时间。为了进行说明,第一个箭头表示试验开始,此箭头延长并运行到大约 1500h 出现第一次故障,然后,第二个箭头指向第一次故障的"故障次数",修复产品并继续试验,第三个箭头向接收线攀升,满足条件可以接收;当机组运行到 2400h 左右时,出现了第二次故障,再次修复产品并恢复试验。当没有更多的故障发生时,机组大约在 3600h 通过"接收"线。这是统计上要求的累计运行时间点,系统在两次失效的情况下至少运行约 3600h,才能"证明"其 MTBF 为 1000h,置信度为 90%。如果系统没有故障,那么所需的累计运行时间只需 2300h。正如你所看到的,在执行 RDT 时产品可能会在箭头经过"接收"线之前发生故障,但如果故障发生得太频繁,并且跟踪线通过了拒绝线,那么就停止 RDT,因为该试验已经在统计上以 90%的置信度证明了产品的可靠性不能够在指定的 MTBF 下运行。

如果箭头从未高过接收线,那么在再次尝试验证最终系统 MTBF 之前,在可靠性增长方面还有更多的工作要做;如果箭头很快低于拒绝线,那么你一定是过早地决定进行 RDT,或者你只是大大高估了系统的 MTBF。

暂时在 RDT 中放置 5 件产品,然后撤出其中几件产品,仍然得到正确的结果吗?是的,只要记录了累计的运行小时数和故障总数,5 件产品可以加速这个过程,从 RDT 中撤出几件产品则会降低速度。

可以在 RDT 中放置 5 件产品并在试验中撤出其中的一些,并放置一些新的单元继续试验吗?是的,从数据上来说是这样,但实际操作起来有点复杂,必须确定新加入的产品已经经历了早期失效阶段,以上所有的例子都是如此。如果不剔除早期故障,RDT 很可能会失败;如果太频繁地加入和更换试验件,那么试验结果可能会无效。

那么执行一个持续的 RDT 以确保规定的 MTBF 符合规定吗?是的,在 RDT 中放置一组试验件,在试验一段时间后将它们撤出,在相同的 RDT 中放置新的试验件进行试验等就可以。这种做法在测试产品的同时并不会消耗过多产品的使用寿命。当 MTBF 很长时 RDT 试验非常具有挑战性,为验证 100 万 h 或更长的 MTBF,必须在没有故障的情况下累计工作 2300000h。

数字 2.3 有什么魔力呢?它仅仅是个统计修正数值,作为 90%统计置信区间的乘数;如果你想要更高的置信度,这个数字会更大,反之亦然。

6.7 维修和可用性

维修性是已发生故障的产品可以成功恢复到可操作状态的概率,维修可以是预防性的,也可以是反应性/纠正性的活动,维修方法的选择会影响维修成本和故障概率。预防性维修活动旨在防止或推迟机电系统的故障,如可修复的机电系统需要在某个时间点进行维护,以保持其正常运行。预防性维修可以基于固定的时间表、一次偶然的机会(如由于其他工作导致的计划外停机)、一个指标的预警或基于设计用于检测退化和磨损的传感器/反馈系统等。当出现需要修复的故障时,需要执行纠正性维修活动,纠正性维修活动可能需要更换部件或进行调整,以使机电系统恢复到正常工作状态。

维修性也是指为了保持系统的可操作性和可用性而进行维修的难易程度。MTTR 是每个故障单元的平均修复时间,是修复所有故障所需时间的总和除以故障总数。修复故障所需的时间通常包括故障诊断、故障隔离、替换不可用部件的等待时间、修复以及验证问题已修复所需的各种试验时间等。简单地说,维修时间是客户不能使用产品的持续时间。维修是指系统在发生故障后,为使其继续运行或恢复到正常运行状态而进行的与操作有关的活动。

可用性是系统启动和运行总时间的度量。

6.7.1 预防性维修

维修是将产品或系统恢复到其预定状态或运行状态的活动。维修的结果可能将系统恢复到类似新产品的状态,也可能恢复不到新产品状态,但肯定比进行维修之前更可靠,可恢复性描述了系统能够保持在工作状态的程度和未来发生故障的可能性。应该注意的是,预防性维修可能导致系统可靠性的降低,例如,实施了错误的维修操作或使用了有缺陷或假冒的零部件。

当维修是预定活动(维修计划)的一部分时,它被认为是预防性维修。维修计划可以基于日历时间或设备运行时间、距离、水表读数或具体事件。汽车在维修、更换零件或检查项目时遵循制造商提供的维修计划;预防性维修的理念是降低故障发生可能性,更换汽车机油是一个很好的预防性维修的例子,更换的机油无须进行测试以确定其好坏。通常,预防性维修计划或事件是基于历史故障数据给出的,历史故障数据通常基于从相似部件收集到,也可以基于以往经验。预防性维修往往非常保守,维修事件一般发生在潜在故障风险之前。

以一个额定使用寿命为 25000h 的风扇为例对预防性维修进行说明,该风扇在 25000h 内不会全部故障,这是风扇的平均使用寿命;如果假设故障时间服从正态分布,那么在接近耗损期时的故障概率可能如图 6-6 所示。很多机械磨损故障遵循对数正态分布,在开始发生与磨损相关的故障之前,有很长一段无故障时间。

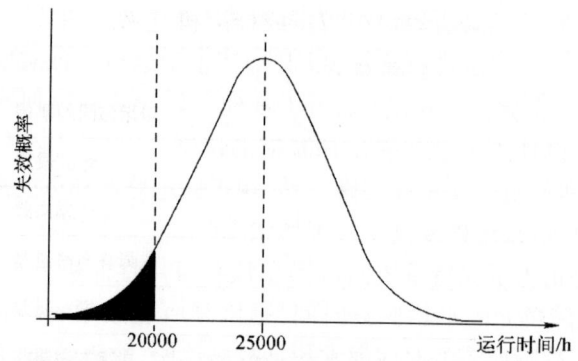

图 6-6 灯泡失效概率随运行时间变化曲线

使用预防性维修策略,需要决定何时更换风扇叶片。确定何时更换风扇叶片取决于你愿意接受的风险承受度,即允许风扇叶片在更换之前出现故障的概率。如果故障可能导致灾难性的损害,如导致安全性问题或由于计划外停机导致重大经济损失,风险承受能力将是很低的。故障的风险承受能力越低,更换风扇叶片的时间就应越早。

如果维修策略是在 2 万 h 后更换风扇叶片,那么在更换叶片之前可能出现故障的概率如图 6-6 中黑色阴影部分所示。风扇可能还有 5000~10000h 或更长时间的寿命,但预防性维修就是要在风扇仍然处在一个良好的状态下进行,很明显,这种方法将导致更高的维修成本。为了降低维修成本,需要一种故障诊断与健康管理(PHM)方法,如果故障是根本不能被容忍的,那么冗余策略就是必需的了。

6.7.2 预见性维修

预防性维修可以保证在需要替换的组件故障之前替换它们,然而维修决策是基于时间表而不是组件或系统的实际运行状态,例如,汽车制造商可能会建议每隔 12000 英里或 1 年更换一次机油,这两件事发生前机油可能仍然是好的,是不需要更换的。要知道机油是否开始降解,则需要进行分析,如果能够分析机油是否已经降解,就可以决定何时更换它。这就是预见性维修背后的理论。

预见性维修是一种基于组件或系统运行状态制定维修策略的技术。如果能察觉到哪些部件开始损伤了,就可以做出更明智的决定,决定什么时候应该更换或者维修它。这为维修系统和减少计划外停机提供了一种成本更低的方法。

预见性维修首先需要采用技术手段来确定磨损、退化和裂纹、脆化等潜在故障隐患,预见性维修要求用户通过度量以上隐患确定组件的健康状况。这些度量可以是一幅用于观察热点区域、高摩擦磨损或热流失迹象的热图像;也可以是分析振动的一种方式,通过振动分析确定轴承或齿轮是否磨损;还有很多其他更简单便宜的方法,如检查轮胎使用计量器测量胎面磨损,这是一种常见的预见性维修技术,可以确定何时需要更换轮胎。

6.7.3 故障诊断与健康管理

与预防性维修相比,预见性维修具有显著的成本优势,可以最小化维修成本和计划外停机时间,但是还有第三种方法可以进一步减少计划外停机时间并更好地管理维修成本,该方法被称为 PHM。其理论基础是:举例,大多数机电系统在规定的使用条件下运行时,不会立即从良好状态变为故障状态;相反,磨损或退化是逐步进行的,随着时间的推移直至退化导致故障事件。PHM 技术提供了一种方法来检测组件、子系统或系统的退化,PHM 定义了完整的过程和方法来确定退化时间及退化程度,估算故障时间或剩余使用寿命(RUL),确定产品退化到不可接受程度的阈值。要确定退化和故障时间,需要了解产品的故障模式、故障机理和测量或检测退化的方法,这个过程对于电气、机械和机电系统是相同的,如可以用车载传感器实时测量汽车操作和性能。与预防性维修或预见性维修方法相比,PHM 具有以下优势:

(1) 提供了退化开始时的早期提示;

(2) 减少了计划外维修事件的数量,提高了系统可用性;

(3) 降低了持有产品的综合成本。包括更短的维修周期、更低的库存成本、更少或可能没有的不必要的检查等。

以 6.7.1 节中描述的风扇为例,使用预防性维修方法,风扇叶片将在 2 万 h 后更换,如果该系统不能跟踪实际的风扇运行时间,那么估计风扇运行时间的计算方法是趋于保守的,可能导致风扇提早被替换了。

使用预见性维修技术,可以在带负载的条件下测量风扇的性能情况。如果风扇性能下降到阈值水平以下,将触发替换备件的预警。该方法需要设置监视风扇磨损的维修计划间隔,以使风扇不太可能在维修间隔期间发生故障;随着风扇运行时间的增加,可能需要减少维修间隔以防止风扇故障。

PHM 方法使用实时传感器数据和分析来监测和检测风扇磨损,有很多方法可以检测由于风扇磨损导致的退化。如果风扇磨损是由于轴承退化引起的,则会导致更大的风扇振动,风扇振动可以通过安装检测轴承振动区域的加速度计进行监测;随着轴承的磨损,风扇发出的噪声量级和频率也会增加,声传感器可用于监测噪声量和频谱,这也可以作为一种检测风扇退化特征的策略。当风扇开始磨损时,风扇的速度会变慢,所以可以根据不同类型传感器的数据,判断风扇的退化程度。

PHM 提供了一种将实时数据与预期的良好数据集进行比较的过程和方法，以便确定产品健康状况。PHM 过程可以指示设备运行状态是否发生变化，并为未来的健康状况提供预期。为机电系统开发的 PHM 过程需要确定产品故障或降级如何随时间演化，这可以通过故障模式、机理和影响分析（FMMEA）来实现。FMMEA 提供了一种系统的方法来研究产品将如何发生故障、什么原因可能导致产品故障，以及导致产品从好的状态变为坏的或退化的状态的机理。故障机理是物理上导致其健康状况改变的过程，可能是过应力或疲劳等，过应力可以是机械、热、电辐射或化学反应等（图6-7）;同样，物理磨损也可能是由于相同的机理，即机械、热、电、辐射或化学反应等。FMMEA 帮助确定哪些故障模式和机理是 PHM 过程的优先监控对象，并提供了关于如何监视其健康状况和确定何时需要维修操作的建议。对于 FMMEA 中出现的每个高优先级的项目，都需要开发一种故障检测、诊断和预测的方法。

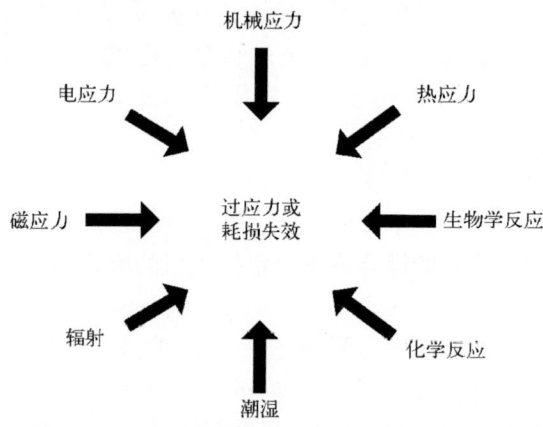

图 6-7　造成产品性能下降或失效的主要失效机理

对于前面风扇的示例，FMMEA 将确定风扇所有可能故障模式、导致故障的原因以及每个故障原因的机理。表 6-4 给出了风扇轴承的一个例子。

表 6-4　风扇轴承部分 FMMEA 示例

产品名称	故障模式	故障原因	故障机理	概率等级	严酷度等级	RPN
风扇滚动轴承	布式缺陷	机械过应力	材料屈服	3	3	9
	犁沟	潮湿	腐蚀	2	2	4
	剥落	循环过应力	疲劳	1	2	2
	咬死	热应力	润滑油过损耗或变质	5	4	20

PHM需要借助工具来实时监控系统的健康状况,通常可用传感器来监视系统的健康状况,有许多传感器可用于监视系统的健康状况(见表6-5)。FMMEA可用于确定随时间推移最有可能退化的组件、导致其退化的原因以及导致退化的机理。在确定了退化机理之后,可通过加速寿命试验获取产品从状态良好过渡到退化状态直到最终出现故障的试验数据。

表6-5 在产品耗损退化过程中监测过应力的传感器

过应力和耗损机理	传 感 器
生物学反应	电化学传感器
	磁性传感器
	压电传感器
	热传感器
化学反应	电化学传感器
	质谱仪
	光学传感器
	热化学传感器
电应力	电容式传感器
	霍尔效应变仪
	感应传感器
潮湿	电容式传感器
	电阻式传感器
	导热性能传感器
磁应力	霍尔效应传感器
	磁力计
	磁二极管
	磁阻传感器
机械应力	电容式应变仪
	感应阻抗应变仪
	压电应变仪
	压电电阻应变仪

(续)

过应力和耗损机理	传感器
光学应力	光纤角速度传感器
	光敏电阻
	光发射传感器
	光伏传感器
热应力	集成电路传感器
	电阻式热探测器
	热电偶

　　传感器可以安装在现有的设备上以收集基线数据和退化故障数据。加速寿命试验实施中需要选择一个或多个合适的传感器来监测组件的健康状况,需要确定最佳类型的传感器,以及是否需要多个传感器来监测组件的磨损和退化。有时可能需要使用多个传感器的数据才能更好地搞清楚组件退化规律及最终失效的过程。图6-8中给出了一个例子,其中圆圈表示一个良好系统随时间变化的基线数据,正方形和三角形是实时传感器数据,PHM使用数学技术和算法来处理这些数据。PHM技术涉及大量数据,这些数据在与基线数据进行比较之前可能需要信号处理和调制。通常情况下,第一步是将原始数据进行清理和归一化,得到一个更加友好的数据集。图6-8中的方形传感器数据需要进行信号处理,以消除数据中的噪声,多个符号表示方形传感器数据中的噪声;除了去除正方形数据中的噪声外,还需要进行额外的信号处理来对三角形传感器数据进行归一化。在本例中,使用正方形和三角形传感器数据创建新的数据集(以星形表示),以便与良好的健康状态进行比较;提取的数据与健康基线数据进行比较,一旦检测到异常,就可以确定发生故障前剩余时间内的退化量。从退化直到

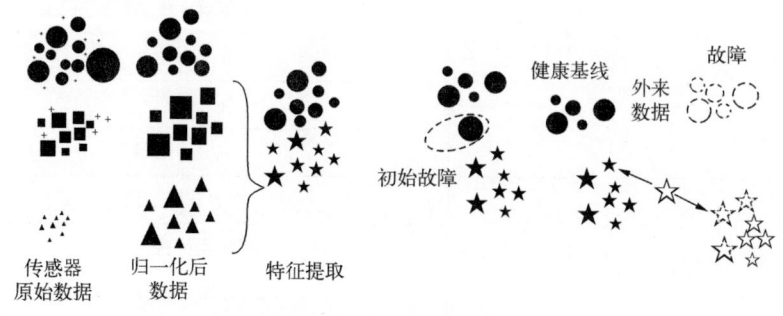

图6-8　PHM监测性能退化的数据收集与处理过程

最终故障的时间称为剩余使用寿命(RUL),故障前的时间应管理维修成本和防止计划外停机。

回到之前风扇的例子,FMMEA 将由于润滑油损失和变质导致的轴承故障确定为最高优先级的故障机理。轴承中的润滑油变质机理可以是物理的(由于蒸发造成的润滑油损失),也可以是化学的(由于氧化、聚合物分离、抗氧化剂消耗等造成的润滑油损失),还可能是由于机械载荷、温度、湿度或电场等环境条件导致的。在加速寿命试验中,利用机械载荷和温度建立了滚珠轴承由于润滑油的损失和变质而退化和失效的模型,当球轴承磨损时,振动、噪声、产热量和功率等都会增加,可以应用传感器来监测这些参数(表6-6),对振动和噪声传感器数据进行功率频谱变化评估,可以在频域和功率级检测轴承退化特征。

表 6-6 监测轴承退化的传感器类型

故障特征	传感器
振动	加速度计
噪声	噪声传感器
温度	热电偶
能量损耗	功率传感器

6.8 组件的降额设计

我们曾说过,在过去的 20 年里,大多数组件的可靠性提高了 10~100 倍,有证据显示,某些方面的改善甚至多达 1 万倍。在某些情况下,4 个数量级的改进可能是真实的,但只要正确使用组件且不让它们处于过应力状态对系统可靠性提升一定有显著的效果,这将使系统的可靠性薄弱环节集中到很小的一部分组件上。

通过提高产品可承受的额定应力或降低其工作应力的方法,可使产品的工作应力和额定应力之间存在明显的裕度,该方法称为降额设计。例如,电容器的一个重要指标是击穿电压,降额设计的思想是选择额定电压和温度值远远高于电路设计实际需要的电容器。二极管可以有峰值反向额定电压,选择额定值远远高于电路应用的二极管可降低二极管上的应力,有效延长器件的使用时间,有很多类似的器件,此处不一一列举。这里提到的器件通常有几个应该降低标准使用的参数,当然不局限于此处提到的几种,详细的降额实例可参考 MIL-STD-975、GJB/Z 35 等标准。

降额设计的例子随处可见,它类似于机械设计中使用的安全系数。有时是为了公共安全,例如,电梯的最大重量要求就是降额的一种形式。

简单地说,如果一个元器件,如电阻器,可以耗散 1W 的能量,如果在一个仅需要不超过 0.5W 能量的电路中使用,它就能获得更长的使用寿命;许多部件由于外加应力而产生累积疲劳,而减少这些应力的影响可以大大延长组件的寿命。当然降额也适用于负载,对应的性能也会提高。

在所有的工程专业中,每种零件都有规格说明,阀门有压力限制,电缆有负载限制,材料有温度限制,通过设计所有这些组件的使用方式,可以使它们不成为系统可靠性的薄弱环节。

所有的电子元器件都应该进行降额设计以优化元器件的使用寿命,降低元器件的故障率,提高生产效率,并降低潜在的安全隐患。制造商应该为每个电子元器件提供一个数据表,当需要在数据表规定的条件下使用时,可以通过数据表查询元器件的电气性能规格;组件制造商还应该给出设备使用的参数最大值,如果数据表中没有规定最大值,使用者应与制造商联系以查明该信息。

一般来说,一个电子元器件为在其规定的操作范围内使用时,应符合数据表中的所有规范。当一个组件的使用条件超过其额定限制,但低于绝对最大限度,其性能指标可能不再符合数据表中规定的所有规格;使用高于建议额定限制但低于绝对最大限制的组件会导致组件故障率的增加和使用寿命的降低,在任何时间内,组件的使用都不应超过其绝对最大限度。需要电子元器件在其额定限度以上,但又在绝对最大限度之下使用的方法,称为超额使用,下一节将对此进行讨论。

但有时部件制造商可能会使用不同的术语来描述其数据表规范中的电气性能和限额,这可能会导致误解。例如,考虑电子元器件的最高额定温度,如果没有特别说明,额定温度可以是环境温度、封装温度或连接温度,即使规定了是结温,也可能是整体结温或峰值结温,整体结温可比峰值结温通常低 10~20℃。

如果你所在的公司没有组件降额设计的指导文件,可以使用相关行业标准。可靠性分析中心(RAC)有一本名为 *Electronic Derating for Optimum Performance* 的书,此外还有许多其他的降额设计指南,每一个都针对不同类型的行业。降额设计指南是指导设计的最佳实践指导方针,但不应该作为强制的设计规则。当一个组件不符合降额准则时,应从系统的角度进行分析,确定其严重性和潜在风险,首先应联系制造商,看看他们是否能提供其对可靠性和性能影响方面的指导。有可能制造商已经做了相关试验,能够很好地回答这个问题;也有可能制造商为了获得更好的商业利润人为降低了他们的产品规格;制造商也可能有专门的降额图表,与通用行业标准相比,它将为组件降额提供更好的指导。如果在研究之后仍然不能满足降额的要求,你还有两个选择:一是可以选择满足降额要求的不同的组件；二是通过配备额外的资源来限定超出供应商建议的额定范围（超额）使用。

6.9 组件的超额使用

当所有替代解决方案都已用尽，且没有一个是可接受时，在充分评估的基础上，可以允许一个组件在超出其额定限制的情况下使用，这一过程称为超额使用。器件的超额使用需要在加速应力下进行大量的试验与分析，以确定超过额定使用可接受。应该提醒的是，许多制造商在器件或组件超额使用时将不再为此情况下的器件故障承担责任。

电子元器件分成很多类，今天使用的大多数电子元器件可以归类为"商用等级，或 COTS 器件"，商用等级通常是该元器件成本最低的版本；电子元器件的其他分类等级包括工业级、军用级和汽车标准等行业标准（表6-7）。一个电子元器件在几个不同的分类中作为可选项供用户选择，这是很常见的，重要的是要知道在两个不同的分类中同一元器件的不同之处。有时，不同等级间唯一的区别可能是允许使用的温度范围在商用等级和工业级分类中的半导体组件可能有略微不同的参数规范；参数差异将在数据表中显示出来，通常在一个表中并列给出以便进行比较。有时，同一制造商生产的商业版和工业版的唯一区别在于工业版是由制造商在较高的环境应力条件下测试的。

表6-7 不同元器件等级的温度范围

元器件等级	温度范围/℃
商业器件	0~70
工业级	-20~85
军用级	-55~125
汽车标准	-40~105 -40~125

只有在用尽了所有替代方案，还是难以找到符合制造商建议的额定要求和降额准则要求的解决方案后，才能考虑超额使用；超额使用的代价可能非常高昂，需要大量的资源和时间来确定一个组件在其推荐的使用条件之上的使用规范。建议与制造商一起讨论这些需求，因为无法保证该组件能够在其推荐的使用条件之上合格地运行。超额使用要求首先确定哪些参数不符合设计要求，当器件处于超额使用状态时，这些参数将需要被重新表征；鉴定过程需要确定适当的样本量、不同生产批次的数量、所需的试验项目和成功定义，以及达到预期要

求的置信水平。在试验开始之前,需确定哪些参数是关键性的,哪些参数是可以放宽处理的,然后定义每个要测试的参数所需的测试边界。确认过程需要形成完整的文档,包括所有的数据表,数据表是评估的重要组成部分;使用的设备,包括型号、序列号和校准;使用的传感器类型、安装位置等;执行的试验项目,包括测试日期、测试结果等。

如果器件的超额使用资格认证超出了公司的能力范围,则可以通过借助咨询师或专业试验机构来完成资格认证,这些试验机构具有在推荐使用限制之外应用合格元器件的经验。组件制造商也可能愿意对组件超出其推荐使用条件的实际运行情况进行评估,由制造商进行认证显然是可行的,因为他们有更专业的知识、经验、知识库、测试设备和测试程序来执行对超额使用条件下器件功能和参数的评估。元器件超额使用资格认证合格的期望输出之一是超额使用器件在超额定条件下的故障率和使用寿命满足需求。

参 考 文 献

[1] Duane, J. T. (1964). Learning curve approach to reliability monitoring. IEEE Transactions on Aerospace 2: 2.

延 伸 阅 读

O'Connor, P. D. (2002). Practical Reliability Engineering, 360. Wiley.
可靠性增长
H. Crow, P. H. Franklin, N. B. Robbins, Principles of Successful Reliability Growth Applications, 1994 Proceedings Annual Reliability and Maintainability Symposium, IEEE (1994).

J. Donovan, E. Murphy, Improvements in Reliability-Growth Modeling, 2001 Proceedings Annual Reliability and Maintainability Symposium, IEEE (2001).

L. Edward Demko, On reliability Growth Testing, 1995 Proceedings Annual Reliability and Maintainability Symposium, IEEE (1995).

G. J. Gibson, L. H. Crow, Reliability Fix Effectiveness Factor Estimation, 1989 Proceedings Annual Reliability and Maintainability Symposium, IEEE (1989).

D. K. Smith, Planning Large Systems Reliability Growth Tests, 1984 Proceedings Annual Reliability and Maintainability Symposium, IEEE (1984).

J. C. Wronka, Tracking of Reliability Growth in Early Development' 1988 Proceedings Annual Reliability and Maintainability Symposium, IEEE (1988).

可靠性验证

P. I. Hsich, J. Ling, A Framework of Integrated Reliability Demonstration in System Development, 1999 Proceedings Annual Reliability and Maintainability Symposium, IEEE (1999).

Lu, M.-W. and Rudy, R. J. (2001). Laboratory reliability demonstration test considerations. IEEE Transactions on Reliability 50:12-16.

K. L. Wong, Demonstrating Reliability and Reliability Growth with Environmental Stress Screening Data, 1990 Proceedings Annual Reliability and Maintainability Symposium, IEEE (1990).

故障诊断与健康管理

Pecht, M. (2008). Prognostics and Health Management of Electronics. Wiley.

第7章 FMEA

7.1 FMEA 的好处

故障模式及影响分析(FMEA)是仅次于高加速寿命试验(HALT)和高加速应力筛选(HASS)的故障模式分析与识别工具。FMEA 是一种非常强大的可靠性工具,它不需要昂贵的设备。在 20 世纪 60 年代后期,开始使用 FMEA 作为改进产品设计的一种方法。它是一个系统性的系列活动,旨在发现潜在故障并提出改进建议,这些潜在的故障模式通常在产品完全开发出来之前是不会被发现的。这个过程最重要的成果是,它将在无意中发现之前产品中的设计隐患,在这方面,它与 HALT 和 HASS 一样,在设计完成之前就能确定和发现设计中需要改进的内容。FMEA 与 HALT 和 HASS 一样,是设计过程中不可或缺的一部分。

FMEA 通过以下方式支持设计过程:
(1) 通过知识渊博的团队对设计进行客观评估;
(2) 在第一个原型机建成之前改进设计;
(3) 识别特定的故障模式及其原因;
(4) 跟踪风险控制情况直至闭环。

此外,FMEA 的输出可以为其他关键任务提供输入,包括:
(1) 试验和故障修复文档;
(2) 服务手册;
(3) 识别现场替换单位(FRU)。

FMEA 的成功实施有以下几点好处:
(1) 在发现安全问题的同时提高产品的可靠性和质量;
(2) 增加客户满意度;
(3) 减少产品开发时间;
(4) 跟踪纠正措施文件;
(5) 提高产品和公司竞争力;
(6) 提升产品形象。

FMEA 实施小组通常包括以下部门成员:

(1) 设计工程(机械、电气、软件、热等);
(2) 制造工程;
(3) 测试工程;
(4) 材料采购;
(5) 现场服务;
(6) 质量与可靠性工程。

7.2 FMEA 的组成部分

FMEA 由功能框图(FBD)、故障树分析(FTA)和 FMEA 电子表格三部分组成。

7.2.1 功能框图

FBD 是一个详细描述产品开发过程功能的分解图,该流程分为输入、过程和输出三部分(图7-1)。FBD 是一个顶层分解图,从每个输入、过程和输出环节对顶层设计过程进行详细描述;在输入、过程和输出项下标识的步骤不需要非常详细(图7-2),FBD 中确定的每个步骤都可以成为一个后续使用 FTA 评估的分析项目,因此,通过3~5个步骤足以描述任何输入、过程或输出。对于初学者而言,10 个或更多的步骤可能过于详细,有可能妨碍后续的 FMEA。

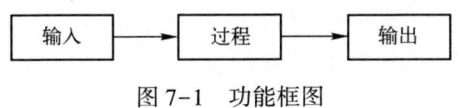

图 7-1 功能框图

FBD 详细描述了使用给定的输入进行的过程所产生的输出,输出是通过过程转换输入的结果。因此,在步骤 1 中,流程被描述为一系列事件。例如:

(1) 对于无线电接收器,把拨号盘转到无线电频率,通过电子程序就能听到声音。电子组件由一系列电路组成,一个接一个地把天线上的信号转换成扬声器发出的人类可听到的声音。这一系列的信号转换就是在 FBD 中所谓的"过程"。

(2) 直流电源有一个交流电源输入,通过一个转换电路获得一个直流输出电压,例如+12V(从墙上的电源插座的交流电转换成一个变化的直流电,通过滤波、调整,输出稳定的直流,这是一个简单电源的 FBD)。

(3) 汽车变速器有一个沿输入轴的旋转力,通过传动轴和机械差速器把这个旋转力传递给驱动轮(当发动机转动时,力通过传动轴传递,并通过离合器与

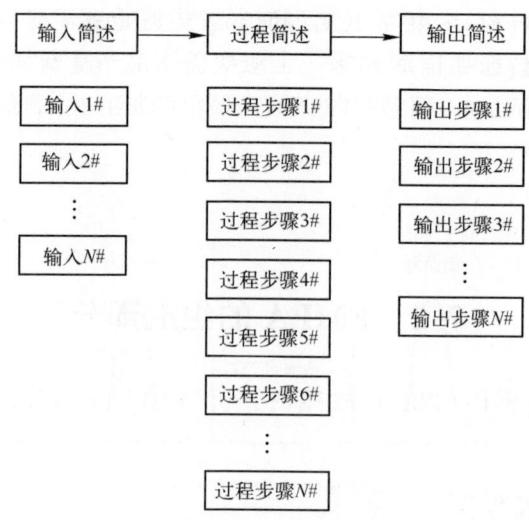

图 7-2 空白功能框图

变速器耦合,变速器通过齿轮选择传递给驱动轮功率。然后,动力从传动轴传递到差速器,最终将力与车轮连接起来,这是一个传输的 FBD)。

一个非常基本的 FBD 可以描述将玻璃杯装满自来水的过程,同时,复杂的 FBD 也可以是把核能转化为使用汽轮机的电能的过程。尽管这两个示例在复杂性上相差很远,但是都可以通过输入、过程和获得结果所需的输出来定义。

根据需要,FBD 可以是简单的,也可以是复杂的。需要注意的是,向下定义组件级的功能框图流程并不总是可取的,尽量将程序保持在一个比较高的等级,通常越简单越好。

7.2.1.1 功能框图的生成

在所有 FMEA 团队成员对设计(设计 FMEA)或过程(过程 FMEA)有充分的理解之后,才能开始 FBD 工作。团队领导者可以提供必要的详细信息,如示意图、机械图、操作原理、材料清单等,供团队成员理解设计。本书中,我们使用一个简单的手电筒作为示例,其示意图如图 7-3 所示。

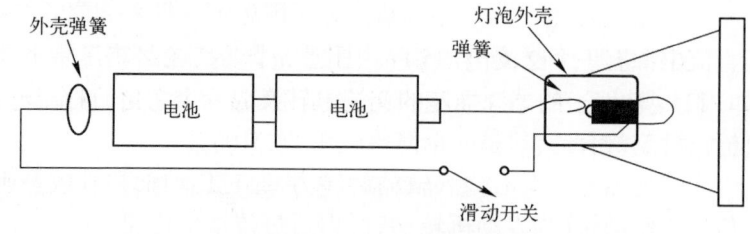

图 7-3 手电筒结构示意图

该示意图给出了一个简单手电筒的组成,包括两个电池、滑动开关、灯泡外壳、灯泡或灯、外壳弹簧、反射器、从灯外壳到电池正极的导体、电池的弹簧和手电筒外壳(未画出)。

分析团队必须确保他们能够充分理解团队领导所描述的设备和文档。

FBD 首先需要编写输入、过程和输出 3 个标签。标签可以写在便利贴上,也可以贴在墙上;便利贴是工具箱的一部分,有助于促进头脑风暴。列入工具箱的其他工具包括:

(1) 几包大号便利贴(它们在头脑风暴中很有用);

(2) 大空白墙或画架上大纸挂图;

(3) 几支彩色毡头马克笔;

(4) 一卷胶带。

FMEA 工作小组的组长首先需召集小组并确定他们希望开展 FMEA 的每个重要过程,这是一个团队共同努力,任务作为一个头脑风暴工作开展的,可以使用流程图作为辅助。从流程图中,识别每一个重要的过程。首先使用便利贴为所有重要的过程;然后,适当地将标签归类为常见的说法;最后,检查每个分组的标签,并决定应在哪些过程上进行 FMEA。

7.2.1.2 绘制功能框图

有几种常用的方法绘制 FBD,本节介绍其中的两个,这两种方法都是以相同的方式开始的,一种是正向开展,一种是反向开展。首先,确定设计中的顶层流程,设计示意图可以帮助识别这些顶层流程;接下来,详细介绍工艺步骤;最后,确定流程所需的输入和输出。第二种方法从每个顶层流程的输出开始从后往前开展。下面简要介绍这两种不同方法的基本细节,这两种方法都有很好的效果,方法的选择主要取决于个人偏好。

第一种方法,将前面确定的每个顶层流程作为功能框图的一个标题块,在便利贴上写上 3 个 FBD 标签(输入、过程和输出),把标签贴在每个 FBD 标题下面的墙上;描述在顶层标题下发生的过程,对于每个顶层流程,确定所涉及的流程步骤或事件序列,一旦确定了流程步骤,就要确定顶层流程所需的输入。输入是支持过程所必需的,将它们对齐到"输入"标签下;最后,写下流程产生的输出,将它们放在"输出"标签下。手电筒 FBD 的简单示例如图 7-4 所示。

第二种方法,首先确定顶层流程的期望输出是什么,将期望的输出语句写在黄色的便利贴上,并将其放在"输出"标签下;接着需要确定所有必要的输入,以及实现输入所需的输出,并将它们排列在"输入"标签下;最后写下获取输入和生成所需输出所需的流程步骤,将这些标签放在"过程"标签下。

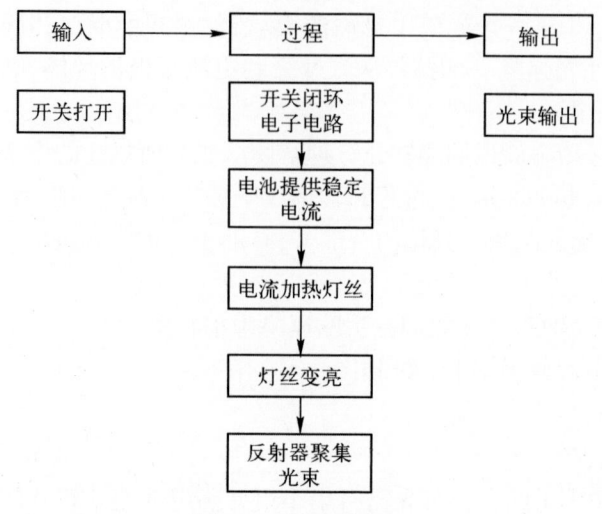

图 7-4　手电筒 FBD

FBD 是一项需要互动的工作,需要团队每个人的参与,团队成员在便利贴上写上标签,并将它们放在适当的 FBD 标题块下(输入、过程和输出),如图 7-5 所示。标签可以随意移动和重新排列,随着活动的开展,你会发现团队成员会重新安排许多便利贴,直到在每个顶层流程的 FBD 上达成一致。FBD 完成后,与团队一起检查每个标签,确保每个人都理解标签并达成一致,这一步通常称为"擦墙",目的是确保每个人都理解并同意 FBD 中的每一项。当所有人都同意功能框图时,就该开始故障树分析了。

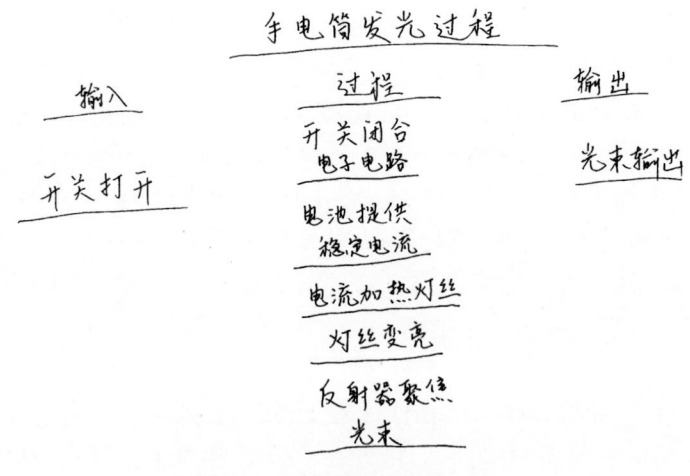

图 7-5　手电筒功能框图示例

第 7 章 FMEA

FMEA过程会消耗大量的工程资源,缩短FMEA时间的其中一个方法是提前准备FBD。总设计师或团队领导应在第一次团队会议之前准备FBD,这将节省设计时间并加快研制进程;最好在团队第一次会议前一到两周将FBD分发给团队成员审阅;如果FBD是预先开发的,则应在第一次会议上对其进行审查,对哪些设计内容将执行FMEA达成一致。

7.2.2 故障树分析

FTA是一种描述故障模式和故障原因间逻辑关系的图形化描述,FTA图形化地展示了系统、子系统、组件、印制电路板(PCB)或模块的所有故障模式。FTA使用标准的逻辑符号(图7-6),这些符号通常出现在流程图中,用于过程控制、质量控制、安全工程等,将事件按逻辑关系连接在一起。FTA的输出提供了对可能导致故障模式的各种原因组合,FTA的结果可以体现在FMEA表格中,FMEA表格使用FTA中的故障模式及故障原因,并确定每个故障原因对设计的影响。FMEA表格还可用于识别最可能发生的故障模式,该内容我们将在后面介绍。FMEA表格设置适当的故障处置措施,以降低或消除故障发生的可能性。

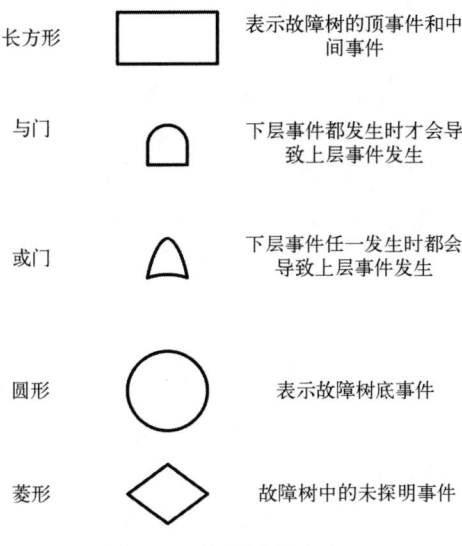

图 7-6 故障树图形含义

7.2.2.1 建立故障树

从功能框图中分析出的第一种顶层故障模式开始绘制故障树,该故障模式是从FBD中第一项(从输入、过程或输出)中获取的,通过将FBD第一项的事件描述转换为故障语句来定义,该事件通常称为顶事件。如果FBD的输出为"提供 24V 电源输出",则故障语句可描述为:无法提供 24V 电源输出。将"无法提供 24V 电源输出"的标签放在故障树的顶部,然后开始头脑风暴,创建一组输入,该组输入将可能导致"无法提供 24V 电源输出"。

7.2.2.2 头脑风暴

头脑风暴是每个人都能平等贡献的一个过程,其基本的概念是,每个人都安静地坐着,把想法写在黄色的便利贴上。显然,团队中的很多成员会有类似的想法,最初,这被认为是低效的,然而,让每个人都参与进来的好处是,更多的想法会从团队中浮现出来。头脑风暴的顺利开展需规定以下基本规则:

(1) 没人有坏主意;

(2) 每个人写两三个标签,并把它们放在故障树上。

在头脑风暴过程中,首先让每个人在便利贴上写下两三个想法,每个人都需要对自己提交的想法感到满意。当团队确信每个人都已经完成时,就该开始 FTA 过程了。

首先,将顶层(系统级)故障模式置于故障树的顶部,作为故障树的顶事件;其次,开始确定与上述故障模式相关的故障原因,可以将与上述故障模式相关的第二级、第三级,甚至可能是第四级故障原因向下逐级关联。使用便利贴上的内容将每个后续故障原因置于前一个故障原因之下,要进入下一个较低级别的故障原因时,可以问这样一个问题:必须发生什么事件才能导致更高级别的故障?通常,故障原因向下展开两到三层就足够了,我们的目标不是找出根本原因,而是找出设计中不能容忍的表层故障原因。各层之间要留有足够的空间,以便增加连接线和逻辑门。继续执行此过程,直到达到所需的分析级别。手电筒故障树示例参见图 7-7。

分析级别将显著影响开展 FTA 所需的时间。如果团队认为有必要深入到设计的最基本方面,那么就应该尽可能地细化故障树。然而,团队领导者应该从专业和设计方面把控,防止团队陷入无穷无尽的故障场景分析中,所有的故障模式都有原因,有时候太过关注细节意义不大。我们在 FTA 上找到的最低级别的故障原因,应该在 FMEA 表格中的故障原因(图 7-8)中有所体现。

根据设计的复杂程度,几种不同故障模式可能是由相同的原因导致,这是非常正常的,这种情况在 FTA 过程中很容易处理。创建几个相同的原因便利贴,并将它们作为输入放置在适当的故障模式语句中。当你真正动手建立故障树时,就能理解为什么我们建议使用一面大墙来粘贴便利贴了。

在建立故障树的过程中,最终会到达需要做出决定的阶段,决定你分析出的故障原因是否已经达到了足够的精度,是否可以用于评估其对设计的影响,这些故障原因是否可以被正式确定下来。当然,也有可能由于团队缺乏专业知识、经

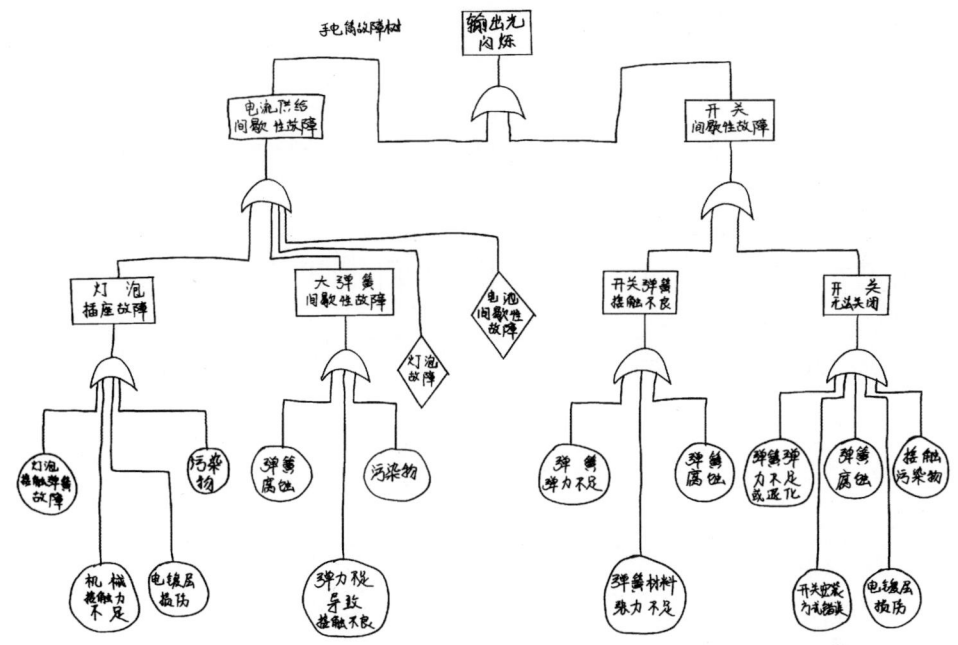

图 7-7 手电筒故障树示例

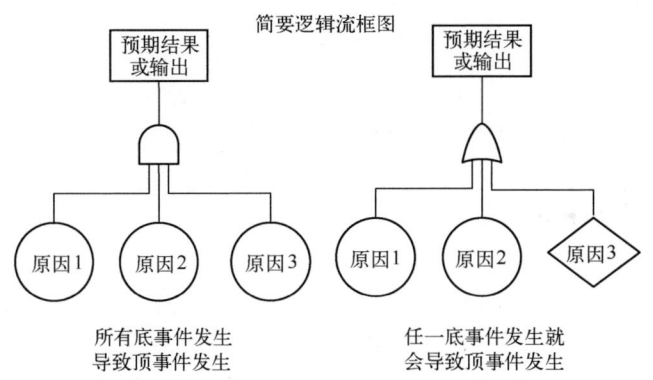

图 7-8 逻辑流框图

验或对该级别产品故障原因的理解等原因导致故障树无法继续深入,使分析这些故障原因遇到了瓶颈,这就需要借助外部专家的力量来解决。FTA 中所有最低级别的故障原因图例表示要么是圆形,要么是菱形,至此,你已经完成了 FTA。简单的故障模式和原因逻辑图见图 7-9。

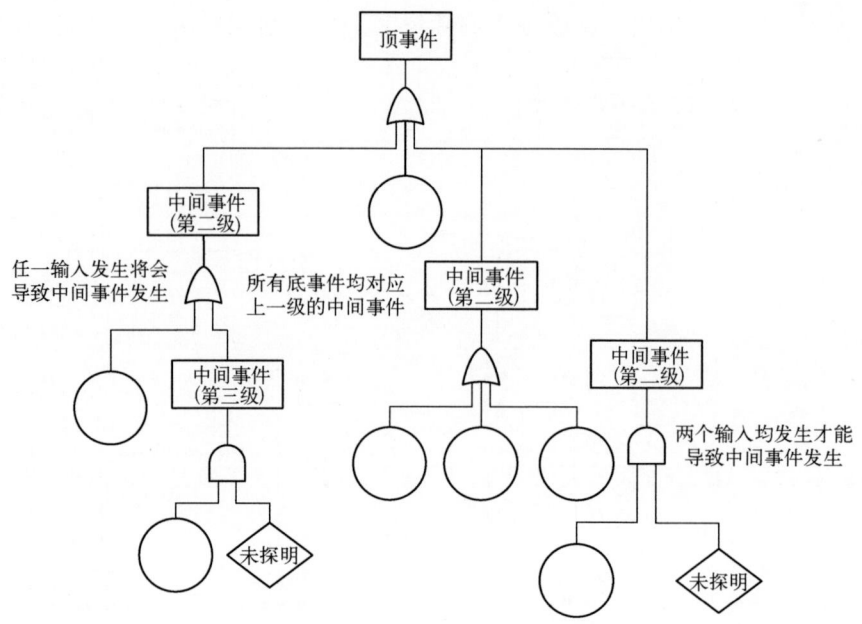

图 7-9　故障树逻辑框图

7.2.3　故障模式及影响分析表格

FMEA 表格是一种从功能框图获取流程步骤并研究每个流程步骤如何发生故障(故障树)的表单,包括故障的根本原因。

表 7-1 给出了一个 FMEA 表格示例。从团队中选择录入人员将信息输入到电子表格中,需要注意的是,录入人员要熟悉产品设计、专业术语和常用缩略语,以确保录入的信息清晰、无误。

FMEA 过程的下一阶段是将故障模式和故障原因、故障影响插入到 FMEA 电子表格中。这实际上是 FMEA 过程中比较容易的部分,因为故障树图例中矩形是故障模式,你只需将它们粘贴到故障模式列中。从第一行的 FBD 中插入最高级别的故障模式,然后,在下一列中输入故障树中的相关原因;每个故障模式可能有几个故障原因,所以一定要将它们都包括在特定的故障模式中;请记住,故障树中的矩形是故障模式,圆形和菱形是故障原因。下一列是由故障模式引起的故障影响,这里每个故障模式也可能有不止一种故障影响,如在手电筒的例子中"这个故障对系统或流程的其余部分有什么影响?"可能的故障影响是没有光输出、光线暗淡或在打开手电筒后光线很快变弱等。提醒此时不要再向右填充下一列,而是接着采集下一个故障模式,后续列的填写最好留在下一阶段完成。采集下一个故障模式并在下一行中同样地输入故障原因和故障影响;持续迭代,直到所有的故障模式都得到处理。此时,故障树中的所有矩形、圆形和菱形都已经处理完毕,示例见图7-10和表7-1。

表 7-1 FMEA 表格示例

故障模式及影响分析														
FMEA 编号:　　　　　　单位名称: 编者: 日期: 团队成员:														
#1	故障模式2	故障原因3	故障影响4	故障检测方法5	S6	O7	D8	RPN9	H10	FRU11	故障补偿措施12	执行人员13	时间14	A15

S:严酷度等级;O:发生概率等级;D:被检测难度等级; RPN:风险优先数;H:危险或安全;FRU:现场可替换单元;A:审核。

1. 行号或列号:提供一个查找问题的方法。
2. 故障模式:简要描述低级故障模式。
3. 故障原因:什么会导致故障。
4. 故障影响:这个故障对顶层设计或流程有什么影响。
5. 故障检测方法:应该采取什么措施检测故障的发生。
6. 严酷度等级:1~10级,1为小,10为大,严重性是从客户或最终用户的角度考虑的。
7. 发生概率等级:1~10级,其中10是最频繁的,1是最不频繁的。它是对故障可能发生的概率的估计。
8. 被检测难度等级:1~10级,1表示故障模式被检测到的概率非常高,10表示故障模式不被检测到的概率非常高。(这可能令人困惑,更大的数字表示更难以检测到。)
9. 风险优先数(RPN):该度量是发生可能性、严重程度和检测等级的乘积(只要将这三者相乘就可以得到RPN),这个数字的范围在1~1000之间。RPN数越高,故障模式的风险越大。
10. 是否存在安全性问题:此故障模式是否造成危险,这种故障模式会造成安全问题吗?
11. 现场可更换单元(FRU):为现场服务部门生成FRU提供推荐。
12. 建议故障补偿措施:简要描述FMEA团队为降低故障发生概率及故障严酷度提出的建议。
13. 执行人员:具体实施补偿措施的人员。
14. 时间:建议补偿措施的实施时间。
15. 审核:表明所推荐的补偿措施已经完成,并得到FMEA团队认可。

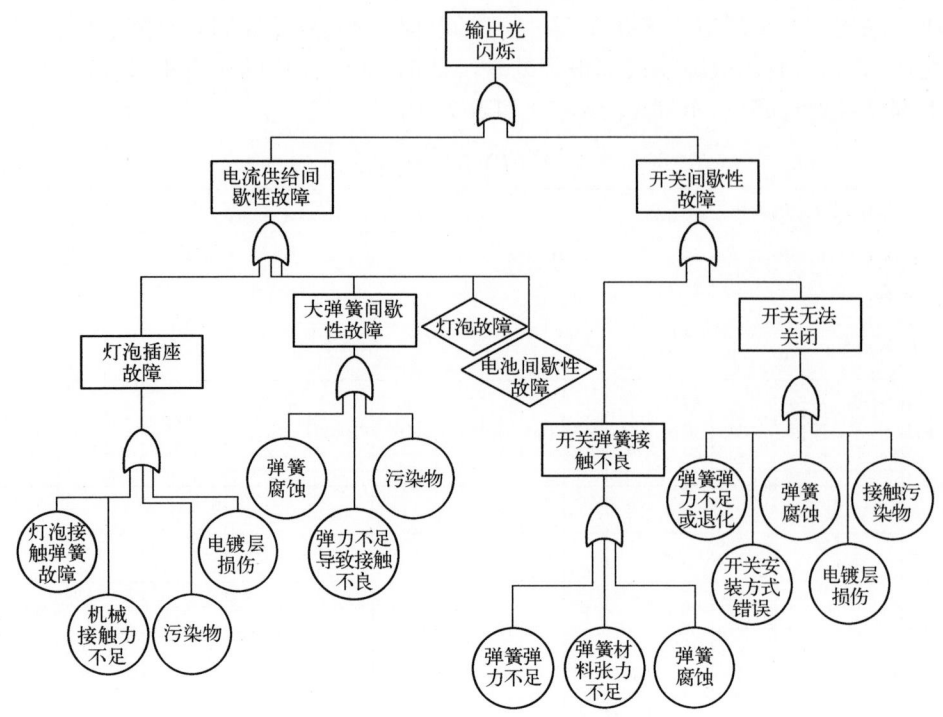

图 7-10　灯泡输出光闪烁故障树逻辑图

完整填写故障模式、故障原因和故障影响列,然后开始故障检测方法列。

现在从顶部的故障检测方法栏开始,输入可以检测故障模式的方法。例如:客户反馈灯变暗得太快,或者针对设计 FMEA 结果开展的试验室环境寿命测试、验证测试或供应商资格鉴定等。把这一栏逐行填到表格的最下面。

下一列是严酷度等级,如果严重程度小,则分配小的数字;会严重影响客户满意度的故障,则分配较大的数值,逐个进行故障模式分析,直到完成该列。严酷度排名决定风险优先数(表 7-2 中的风险优先数编号(RPN))。

表 7-2　RPN 等级评分准则

发生概率等级	严酷度等级	被检测难度等级
1. 几乎不可能	1. 基本无影响	1. 完全确定
2. 小于 1/100000	2. 不会被用户发现	2. 非常高
3. 小于 1/10000	3. 可以被识别能力强的用户发现	3. 高

(续)

发生概率等级	严酷度等级	被检测难度等级
4. 小于 1/2000	4. 会被大部分用户发现	4. 中等偏高
5. 小于 1/500	5. 减低用户满意度	5. 中等
6. 小于 1/100	6. 部分指标恶化	6. 低
7. 小于 1/20	7. 性能降级	7. 非常低
8. 小于 1/10	8. 部分功能丧失	8. 微小
9. 小于 1/5	9. 主要功能丧失,引起客户不满	9. 非常微小
10. 小于 1/2	10. 全系统功能丧失,引起客户极度不满	10. 完全不能确定

在此我们再次强调一次填写一列数据的重要性。当 FMEA 团队判断各种故障模式发生的级别时,如果思维能够保留在规定的情景中,他们对每个数字含义的解释将趋向于统一;如果团队人员的思路发生了混淆,则对发生可能性、严重程度、可检测性等不同参数的解释会不同,因为这是一个非常主观的度量,所以最好避免因此影响团队判断力。

第一列是发生概率等级,或者说发生可能性,指定 1~10 之间的数字表示此特定故障模式的概率(表 7-2)。如果设定的发生概率等级不适合你的具体需要,可以对其进行必要的改动。请记住,这是整个 FMEA 中统一使用的评判尺度,逐项判断每个故障模式的发生概率,直至确定了所有故障模式的概率等级。

按类似的方式完成被检测难度等级这一列,容易被探测的故障模式分配较小的数值,而如果故障模式被检测到的概率很低,则分配较大的数字。

在完成严酷度等级、发生概率等级和被检测难度等级各列之后,下一步是通过将这三个指标相乘来计算 RPN,RPN 的范围可以是 1~1000。在计算输入完所有的 RPN 后,FMEA 开始成形。通常会有许多 RPN 数字低于某个水平或基线,比如 200,也会有一些数字高于这个基线。RPN 数值可以反映哪些是需要考虑改进的最重要区域。

是否存在安全性问题,这一列是用来考虑故障模式是否会损害或导致人员伤亡。如果 FMEA 团队认为这种故障模式是一个安全问题,则在本专栏中填写"Y"表示是的,继续分析所有故障模式直到完成该列。不需要在这里分配数字,这不是一个作为 RPN 部分乘积的度量;这是一个安全问题,应该进行适当的处理,应该提出建议以消除这一安全隐患。

在 FRU 中,你可以选择是否可以通过现场直接替换故障单元来修复该故障模式,如果可以,请在 FRU 列下面打个钩。FMEA 不是用来生成 FRU 列表的工具,它只是一个辅助工具,可以为现场服务部门生成 FRU 列表提供借鉴。

下一列是建议故障补偿措施,这是FMEA工作比较困难的一部分。在这里,团队提出降低故障模式发生概率或严酷度等级的更改建议;团队不需要当场确定设计更改建议,每个建议都会分配给能最有效地处理这些故障模式的设计人员。通常该人员是团队的一员,同时也是下一个设计改进的执行人员,可以同时填写修订表7-1中的3列工作,"故障补偿措施""执行人员"和"时间"3列一般是同时讨论的。FMEA团队的"分析人员"与"执行人员"应在此达成共识,并设定一个完成日期。FMEA组长可以管理每个成员的活动,"时间"通常是项目完成的建议日期。

审核栏一般由可靠性部门填写,以便跟踪FMEA建议改进措施的闭环情况,这确保了所有建议的操作都能闭环并让FMEA团队满意。注:在ISO 9001中,公司非常重要的一项工作是建立一个闭环跟踪系统。

图7-11给出了一个与这些描述相匹配的FMEA表格的示例。组长应填写表格的对应部分,他们可以对自己填写的内容进行补充解释。

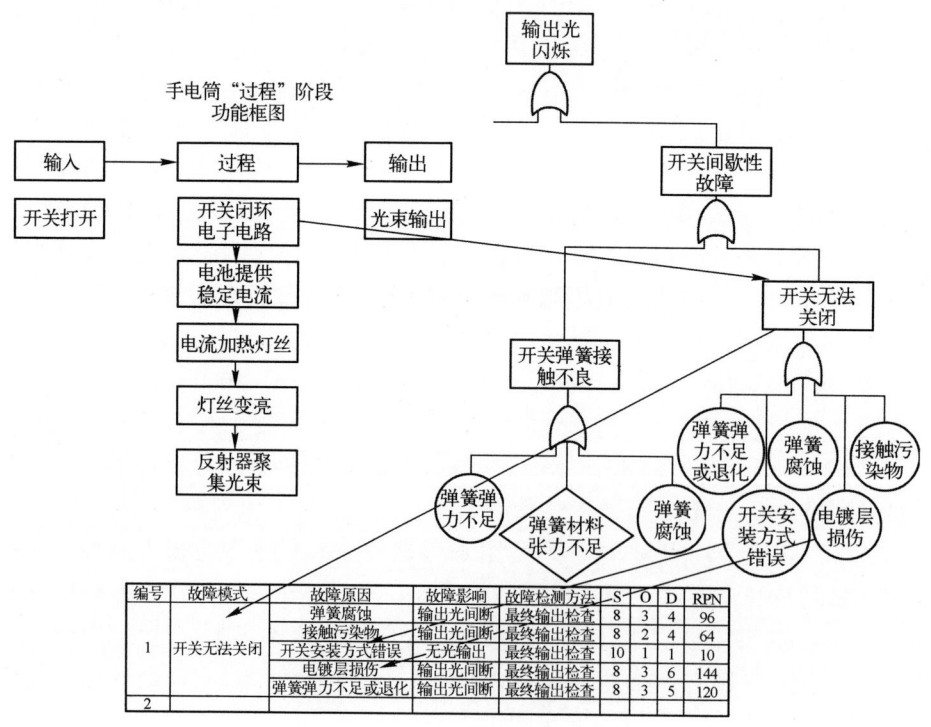

图7-11 发光过程的功能框图

7.3 FMEA 准备阶段

要启动 FMEA,团队需要一个熟悉 FMEA 流程的领导者,不一定是技术人员,他的首要目标是组织团队,引领团队走向成功。在设计发布之前,他们将协作确定潜在的故障模式及其原因,并纠正问题;在准备第一次会议时,领导将收集描述设计或过程的文档,在会前或会议期间将文档分发给每个团队成员,最好是提前一周或更长时间提交此文档,以便让成员有更多的时间熟悉设计。以下是编制设计 FMEA 所需文件的清单:

(1) 机械设计图纸;
(2) 电子/电气示意图;
(3) 设计过程算法/软件;
(4) 标识输入和输出的过程文档;
(5) 描述产品及其功能的项目;
(6) 操作或功能框图。

FMEA 应在设计定型前完成,当产品交付生产时,FMEA 小组给出的所有建议和操作都应该完成闭环并形成文档。因此,在设计流程中留出足够的时间来完成 FMEA 过程是很重要的,根据产品的规模,FMEA 过程通常需要(每个组件) 12~28h 才能完成;对于大型和复杂的产品,如飞机,则需要更长的时间。FMEA 小组应由受过 FMEA 培训的跨职能部门的成员组成,不建议吸纳没有接受过 FMEA 培训的成员,以免造成任务延误。如果全队需要进行 FMEA 培训,那么熟练的培训导师可以在大约 4h 内完成培训任务。

FMEA 的第一步是由团队领导描述产品的功能,简便的方法是为团队提供一个 FBD;然后审查 FBD,并就产品的工作方式达成一致。

下一步是团队确定故障模式及其原因,最好通过头脑风暴来实现。可以使用以下过程工具中来提升团队工作效率:

(1) 鱼骨图或因果图;
(2) 过程流程图;
(3) 故障树分析。

FTA 是最常用的故障模式识别方法,因此,下面重点介绍使用故障树来识别故障模式及其原因的过程。

故障树流程从顶层故障(顶事件)开始,然后是二级故障、三级故障,依此类推。顶层故障表示最高或最基本的故障级别,可以是最基本的功能丧失,就像打开一个电灯开关,但灯却不亮;第二级和第三级故障表示由于试图打开灯而发生的事件。逻辑门(AND、OR、NOR 逻辑)将较低级故障模式连到高一级别故障，从而将整个流程连接起来。在每一层，故障模式可能有一个或多个原因，这些原因可以通过设计更改、制造过程控制、改进材料选择等来减少。在某些情况下，团队不能解决的原因，应该留给外部专家。确定的故障模式及其原因一般对产品会有一定影响，故障模式总有让客户不满意的地方，当这些原因被识别和纠正时，将极大地提高客户满意度。

故障树完成后，就可以构造故障模式及其原因列表，此时，FMEA 工作已经完成大半。下一步是填写 FMEA 电子表格，电子表格的示例如图 7-11 所示。

在图 7-4 和图 7-10 中，我们为手电筒 FMEA 构建了一个 FBD 和故障树。接下来，我们发现在图 7-11 中演示从 FTA 获取故障模式和故障原因并将其放入 FMEA 表格是多么容易。

团队为严重性、发生概率和可检测性分配适当权重可以确定 RPN 数字。简单起见，这里不再说明 FMEA 电子表格的其余部分。

当团队完成了 FMEA 电子表格时，团队负责人要么为每个高 RPN 结果和任何与安全相关的条目设置适当的处理操作。该决策基于可用于修复问题的工程资源及该故障模式的严重性。我们发现，二八规则是一个很好的指南，可以帮助我们决定需要优先解决的问题；二八规则假设，RPN 指数前 20% 的问题可以代表产品 80% 的潜在问题。记住，所有建议的安全问题都需要解决，所有建议的操作项都应该在产品发布之前完成闭环并形成文档。

在本章开始时，作者指出 FMEA 过程是仅次于 HALT 和 HASS 的分析工具。需要注意的是，FMEA 与 HALT 和 HASS 相比有几个优点，HALT 过程是非常昂贵的，而 FMEA 除了团队使用的时间外，只需很少的花费就可以完成，在设计评审过程中使用的所有文档都可以在 FMEA 中再次使用。

无论公司规模大小，引入和执行 FMEA 工作的成本都是相同的。FMEA 最大的优势是实现它的成本很小，与业务的规模无关；此外，执行 FMEA 所消耗的资源将通过减少总开发时间追回。

7.4　FMEA 实施过程中的障碍

通常，实施 FMEA 过程的最大障碍是说服设计团队从系统到细节全面接受可靠性设计的理念。大多数设计人员认为他们设计的产品非常可靠，原因之一在于他们对自己的能力非常有信心；另一个原因是大多数产品设计师很少接触到由于设计所导致的实际使用故障。通常，设计人员在一个设计任务完成后会转向其他设计任务，而专门的运营工程师负责解决生产和使用过程中出现的质量问题。运营工程师和产品设计师之间的脱节是造成错误设计在新产品中重复出现的主要原因,如果产品设计师参与解决了最初的设计问题,这些设计问题将不会重复。

有一次,我向一位设计师指出,他为了节省电路板的空间,没有正确地垂直安装一个组件,这将有可能会导致由于运输或长期振动引发的疲劳失效。工程师回答说,在过去的20年里,他一直以同样的方式设计那个特殊的部件,并没有出现任何问题。我问设计师是否看过他过去设计产品的故障报告,他说从来没有,那不是他的工作。然后我问他故障的频率,他说"到目前为止,从来没有""我一直是这样做的"。这是一个非常大的障碍,这是大多数经验丰富的设计师内心深处的障碍,每次必须说服一个设计师克服这个障碍。越有经验的高级设计师越难以向可靠性设计的思维方式转变,但这并不意味着应该优先选择经验较少的设计师,相反,还是应该优先从高级设计师开始。他们终将会改变,当他们完成改变的时候,你的团队成员已经受到了其他员工的高度尊重,当你得到他们的支持时,更改将更容易实现。

缺乏经验的工程师和刚毕业的大学生更容易被说服,他们不固守自己已有的工作模式,更容易接受FMEA过程;有经验的工程师往往比较难对付,但他们的支持将会说服其他工程师使用新方法。在FMEA过程中,有一个细微的优势通常发生在FMEA过程的第一天或第二天,心理学家称之为"α经验"。

我举一个换轮胎的简单例子。更换轮胎时,人们会把车先顶起来,然后开始松开螺母,但这时轮子就会转动;然后他们需要经历一场"手上"的战斗,他们一只手稳住车轮,以防止它往一个方向旋转,同时往另一个方向拧松螺母;最后把凸耳螺母取下来,把漏气的轮胎卸下来,装上备胎,重新装上凸耳螺母。这种情况经常发生的原因是人们很少接受换轮胎的培训。然后有一天,我们有了"α经验",当看到别人松开螺母时,我们观察到他首先将轮子放低,接触地面,然后将每个螺母拧松开一点,通过这种方式,他们可以用双手握住扳手,让轮胎还在地面的时候借助重力把它固定住。一旦所有的凸耳螺母都松了,汽车就可以抬起,使轮胎不再接触地面;现在可以用指尖轻松地将螺母旋开。这就是"α经验",在FMEA过程中也会发生。

在这个过程中,设计师会识别到一种从未考虑过的故障模式和原因,这将是一个惊喜,这是预期的"α经验",它通常来自团队中最有经验的设计师,这个黄金时刻将是设计师发生转变的时刻。这并不意味着他完全同意,但在接受FMEA过程中,他的态度已经朝着更有利的方向转变了。

另一个障碍来自管理层,他们认为FMEA过程会推迟产品的发布,这种看法并不符合事实,如果FMEA是在设计早期完成的,它不会影响完成日期。在

FMEA中发现的一些问题终将会在设计验证过程中出现,并导致项目延迟。过去,当FMEA过程没有推广时,这些问题预期将会在设计验证中暴露。然后,开始工程更改过程,对产品进行问题修复,这往往导致产品发布日期的推迟。FMEA过程可以节省时间,因为设计师可以把更多的时间花在产品开发上,花更少的时间来解决以前的设计问题。设计问题最终都能得到解决。成本最低的方式是在产品第一个原型机完成之前解决问题,当然也可以等到消费者使用反馈之后再进行更改,但那将付出更多的时间、经济成本。

还有一个大的障碍是在最初实施阶段,FMEA过程需要很长时间才能完成,这是正常的,这个过程非常复杂,可能会有一个与实现相关的学习曲线。在FMEA结束时,让团队成员提出实施过程中的优点和缺点,以便改进分析过程;在你完成了几个FMEA并实现了流程改进之后,流程将会更快、更顺利。

有人认为设计评审的目的就是发现所有设计所疏忽的方面,因此认为FMEA是多余的;还有人认为FMEA过程可以替代设计评审过程,他们认为两者只需开展其一;而项目经理的任务则是保证如期交付,认为设计评审和FMEA这两个过程都是不必要的。实际上设计评审和FMEA是两个完全不同的过程,有不同的目标和目的,两者都是需要的。设计评审的目的是确保满足设计要求,文档完整且正确;FMEA过程的目的是发现潜在的故障模式和安全问题,并实施设计更改以确保这些问题不会出现。为了开发高可靠的产品,这两种方法都需要采用。

必须将FMEA过程纳入产品开发计划中,以便在产品开发过程中明确FMEA工作的实施及完成时间。设计FMEA可以在产品开发体系的第2阶段就开始,如果硬件或软件平台和/或体系是新的,则体系结构FMEA将安排在阶段2中。FMEA旨在及早发现潜在的故障模式,在早期发现潜在的故障模式可以以最小的成本解决它们,等到产品完全设计好之后,可能会对故障模式的解决与否产生一些妥协,而如果在开发周期的早期就解决了这些问题,则不会出现这些妥协。在产品设计之后发现故障,鉴于开发成本和上市时间等重要决策因素,可能会采用折中的解决方案,因为,随着用户对FMEA过程经验的积累和衡量FMEA努力获得回报次数的增加,有多少项目需要实施FMEA以及何处执行将变得清晰起来。

7.5　FMEA的基本规则

首要规则是保持FMEA团队的全程参与。由于FMEA过程通常需要几天或更长时间,许多团队成员可能会认为有必要先回去处理其他任务,在每次召开的

FMEA会议过程中,如果参会人员不时需要离开去处理其他工作,那么在FMEA过程中出现的某些问题,将会由于他们的缺席而无法得到满意的解答;根据墨菲定律,当需要他们解释某些事情时,他们就会离开。从长远来看,如果每个人都承诺只做FMEA而不分心,这个过程将会更快。要做到这一点,你可能需要设定一些基本规则,尽量减少干扰。在公司中,大多数设计师都很忙,经常被打断,因此最好在日常工作场所外执行FMEA,或者选择一个不受外部干扰的工作地点,最好关闭所有手机,不要使用笔记本电脑,以确保最少的中断;同时,确实应该留出足够的时间让团队成员完成其他工作,所以我们应该将会议限制在较短的时间内,马拉松式的FMEA努力是徒劳的。FMEA过程对团队成员在精神上要求很高,所以每次的FMEA会议最好能控制在2~4h之内,以保证团队人员能够保持参会的专注力,4~6h后,团队可能会精神疲惫,效率低下。将FMEA会议限制在2~4h内,然后中断,这种做法效果更好,这样团队成员既有时间处理日常业务事项,也不必从FMEA过程中分心。

会议期间对休息和午餐时间也要进行最佳管理,会议应该安排休息时间,但休息时间应该足够短,这样成员才不会走神;午餐应该准备好,这样每个人都可以很快重新投入,而不会因为迟到而耽误时间;人们很容易在不相干的事情上分心,陷入争论或者急于解决问题,当讨论转变为观点之争时,应该寻求外部信息或帮助,不要陷入无休止的观点之争,在FMEA中不允许这样的事情发生,必须保持专注。

FMEA的目的是识别可以根据优先级进行分析的潜在故障模式,可以利用现有的数据确定故障模式的重要度级别,如果没有数据也不要停止,而是应该利用FMEA团队的经验推进工作。在得到改进建议之前,记住一次只完成一栏,这将有助于避免匆忙下结论或做出不正确的建议,并大大加快这一过程。

使用二八规则。FMEA可以识别数百个潜在故障模式,然后根据RPN数的结果对它们进行优先级排序。使用二八规则(前20%)确定需要深入分析的问题的最小数量。FMEA团队可能会决定进一步深入分析更多的问题,不要对此气馁。

为问题创建一个"备用表格"。当跨职能团队集思广益地讨论故障模式、故障原因和故障影响时,问题的细节将会浮出水面,这非常重要,但这不属于FMEA的一部分。抓住这些问题非常重要,但不能让它破坏FMEA的进展。可以通过在FMEA(表7-3)的开头设置一个"备用表格"来填写那些表面上很重要或需要解决但与当前FMEA无关的问题。例如,在进行设计FMEA时,可能会出现有关制造所需的特殊定制工具的问题,这个想法应该作为一个后续待办项目包含在FMEA过程中。

表 7-3 FMEA 过程备用表格

备用表格项目：	人员：	时间：
1		
2		
3		
4		
5		
6		
7		
8		
9		
10		

7.6 使用宏来提高 FMEA 的效率和有效性

一项 FMEA 工作可能需要很多的时间和人力资源来完成，因此，它应该是产品持续改进计划的一部分，在这个计划中，组织应该不断地寻找使 FMEA 过程更有效的方法，即在不牺牲效率的前提下，寻找简化分析过程的方法。当我第一次完成设计 FMEA 时，整个过程花了整整一周的时间；通过多年的努力，我找到了简化流程的方法，现在完成一个 FMEA 通常只需要 9~10h。我发现，创建宏可以提高工作效率，使用宏开发工具，可以设计宏并创建宏按钮实现自动冗余和重复过程，启用筛选可以提高文档建立效率，Microsoft Excel 也是开展 FMEA 的有效工具。以下是我们多年来为提高 FMEA 效率积累的经验：

(1) 在严酷度、可检测性和发生概率的定义过程中，建议一次只关注一个项目（严酷度、可检测性和发生概率）。创建一个宏按钮，当你选择一个项目进行定义时，其他项目是不可见的，这样就能阻止团队成员根据其他项目的结果对本项目进行权衡；在所有定义结束之前，成员不应该看到 RPN 的结果，这也最大程度降低了对每个问题定义指数时判断错误的风险。

(2) 指数定义可以通过键入一个数字或使用在每个单元格中创建的下拉菜单来完成。除了编号刻度，无论是刻度 1~5 还是 1~10，如果团队决定解决故障问题或确定故障问题不会发生，应该有一种方法来简化定义过程，我们用字母 Y 和 X 作为选项来解决这个问题。在决策过程中，当需要对一个项目进行投票时，无论 RPN 分数是多少，团队都认为这个问题非常重要，需要解决，这种情况并不少见。在这些情况下,将表格中内容从数字刻度改为 Y,这表明团队已经决定深入解决这个问题。一旦你选择 Y 作为权重因素,其余项目的权重比例(如可检测性和发生可能)都将被消除。这样,该团队就不需要为其他 RPN 分类花费额外的时间来对这个问题进行排序。也有可能在决策的时候,团队发现问题已经解决,设计改变了,所以它不再适用,或者认为这不是一个真正的问题,在这些情况下,选择字母 X 来确保团队不会花更多的时间来定义或讨论这个问题。

(3) 根据产品和 FMEA 类型的不同,可以对可检测性、严酷度和发生概率的定义过程进行自动化处理。让我们从可检测性开始,一个宏按钮将把所有的故障检测选项拉到新工作表的单个列中,然后运行一个删除重复项的程序,以便删除故障响应中的所有重复项。使用这个简化列表,团队将故障检测分组,以获得权重因子;如果团队决定使用刻度 1~10,那么团队将有 10 个组来区分每个故障的检测难易程度;在团队将故障检测放入 10 个组中之后,团队应该检查结果以确保每个人都同意权重分配结果。完成之后,宏可以交叉引用每个故障检测,并输入适当检测难度等级;根据产品的不同,也可以预先以加权形式定义所有可能的故障检测选项;然后,每个故障问题的故障检测单元可以是一个带有可用检测选项的下拉菜单。当为每个问题输入检测信息后,可以自动填写检测权重值。

(4) 同样的过程也可以用于严酷度等级定义。为了确定严酷度的权重因素,将所有影响程度的列表移动到新工作表的单个列中,每项都有自己的单元格;与以前一样,删除所有重复项,然后开始将每个唯一的严重程度分配到 10 个选项;完成之后,团队将检查这 10 个选项并进行必要的调整;一旦完成,定义过程就会自动进行,并且每个问题的严重程度值都被填充到单元中。

(5) 同样的方法也可应用于发生概率等级的定义中。在本例中,用与每个故障模式相关的原因来将它们归类到可能的概率分类中,这样比使用预定义的发生概率等级更容易实现。

(6) 开展头脑风暴时,团队会发现一个故障模式经常会有多个"原因"。每个故障原因都应该有相对应的"行"项目,具有严酷度、可检测性和发生概率的等级定义值;当头脑风暴分析故障原因时,最好能够在单个单元中识别所有故障原因,而不是为每个新的故障原因插入新行。FMEA 不应该因为管理 FMEA 电子表格等后勤式工作而限制思维创意过程;解决方案是将所有的原因输入到单个单元中,每个原因由独特的字符(如井号符)分隔,这样可以快速输入所有的头脑风暴想法,而不会因为不断向电子表格添加额外的"行"而耗费精力。一旦所有的想法都被识别,Excel 宏可以搜索"I"并插入下一行,直至没有更多的故障原因。

7.7 软件 FMEA

在产品开发中开展设计 FMEA 的应用由来已久,并取得了巨大的成功,设计 FMEA 主要关注产品开发的物理硬件、体系结构、安全性和制造流程等。然而,很少有人将设计 FMEA 的成功经验应用到软件开发过程中;这在电气或机电系统的公司中是合适的,因为这些系统只需要很少的软件或固件。然而目前产品开发所需的软件和固件数量正在迅速变化,很多公司都发现开发下一代产品所需的软件和固件正在迅速增加,但软件开发资源没有以同样的速度增加,从而难以满足这一日益增长的需求。这种变化如此之大,以至于产品开发不再需要软件和硬件设计师的组合。随着产品开发所需的软件和固件水平的不断提高,软件缺陷的数量也在增加,而且所占的比例也要大得多,软件和硬件缺陷的比例很容易达到 50∶1 或 100∶1,甚至更高。部分原因是因为硬件更容易应用可靠性设计的准则、几十年来建立的使硬件产品更加可靠的设计理论,以及吸取的教训;同时,还可以编写硬件需求,以便对硬件进行完整的功能测试。然而,软件质量却还达不到这样。

那么,为什么组织不将硬件设计和 FMEA 过程所取得的成功经验应用到软件产品中呢?一个原因是缺乏实施软件 FMEA 的培训材料,这可能看起来很奇怪,因为软件 FMEA 已经存在很长一段时间了,但是它们主要是由大软件公司执行的。

软件的故障模式被定义为任何偏离子系统、模块或组件级别上可描述的预期结果的情况,故障模式描述子系统、模块或组件如何可能不满足设计意图或产生期望外的输出。要识别潜在的故障模式,可以问这样一个问题:"子系统、模块或组件是如何失效的?"组件的故障模式可能分为以下四种:无法正常工作、部分正常工作、间歇性工作或导致意外功能。表 7-4 列出了软件常见的故障模式。

表 7-4 常见软件的故障模式

软件故障模式	软件故障模式
算法错误	无预警
计算错误	虚警
数据处理错误	功能失效
决策逻辑缺陷	无效操作
故障检测失效	无效状态

(续)

软件故障模式	软件故障模式
标签错误	重置故障
逻辑错误	取整错误
逻辑丢失	序列故障
循环逻辑错误	同步错误
内存比特错误	时间错误
内存错误	键入错误
内存溢出	附加逻辑
指令故障	连接错误
恢复故障	

如果软件以非预期的方式使用,遇到意外情况、意外的环境或缺乏经验的用户(操作性错误)等,软件也可能失效。软件的故障模式有各种不同的原因,表7-5列出了常见的软件故障原因,表7-6中列出了如何将故障模式分解为故障原因。

表7-5　常见的软件故障原因

软件故障原因	软件故障原因
计算错误	多任务锁死
计数器翻转	多线程锁死
分母为零	不可重入的代码被重入
有限精度误差积累	数值溢出
无限循环	输出失序
初始化误差	输出提前
执行无效代码	输出延迟
无效操作	堆栈或堆阵尺寸不足
零取对数操作	存在异常未处理
逻辑缺陷	临界区未受保护,其中使用的数据可能被中断
内存泄漏	临界区未受保护,其中使用的数据可能被其他任务修改
内存未清理	执行错误代码
数据缺失	公式错误
多进程锁死	单元错误

表 7-6 故障模式及故障原因

故障模式	故 障 原 因
数据输入错误	数据颠倒或错位
	数据冗余
	数据缺失
	数据精度有误差
	数据超限
	数据格式错误
	输入正确但未录入
	数据范围正确,但数据内容错误
数据输出错误	输出不准确(太小、太大、有噪声或损坏)
	意外的非数值结果
	指针或索引输出不正确(错误的地址/索引,空值等)
	无输出或输出缺失
执行流错误	提前返回/完成
	延迟返回/完成
	返回/完成失败(挂起、停止、终止)
	转移执行(例如执行不正确的分支、函数调用引发异常或中断)
时间序列错误	数据/信号提前
	数据/信号延后
	数据/信号超时
	数据/信号频率异常
	按顺序输出

软件 FMEA 是一种自顶向下的方法,将软件从子系统分解为模块,再分解为组件,这些组件被视为黑盒,用来描述组件的功能。

一旦定义了体系结构(对于软件体系结构 FMEA),或者有足够的信息可以为正在开发的子系统、模块和组件构建流程图时,软件 FMEA 就可以启动。

软件 FMEA 团队必须包括软件开发人员和设计人员,以及以下部分或全部功能组：

(1) 应用工程师；

(2) 客户；

(3) 设计工程师；

(4) 可靠性工程师；

(5) 软件设计工程师；

(6) 软件测试工程师；

(7) 系统工程师；

(8) 硬件测试工程师；

(9) 其他要求的人员。

在开始软件 FMEA 之前，需要以下信息：

(1) 要评估的子系统的功能框图，从子系统分解到模块和组件级别；

(2) 正在开发软件的详细流程图或序列图；

(3) FBD 或类似框图中对每个方法或功能的描述，包括组件级别所需的输入和预期的输出；

(4) 软件流程图和 FBD 接口及交互的说明。

软件设计细节应该细化到团队将考虑的最低分解级别，包括有关顺序、数据和控制流、状态转换图、消息传递、逻辑描述和通信协议的信息。软件设计细节应包括软件项目与外部系统之间的接口信息，包括软、硬件接口。

7.8 软件故障树分析

软件故障树分析(SFTA)与 FMEA 一样，是预测故障及其潜在原因的工具。SFTA 是一个有效的工具，作为缺陷预防的质量保证计划的一部分。SFTA 可以应用于需求分析、设计阶段、体系结构设计、安全性分析，以及提高软件验证/验证测试计划的有效性等；SFTA 通常不应用于底层代码，它应用于组件/模块级别或更高级。它是一个有效和高效的工具，可以识别设计和规定要求中的薄弱点、安全隐患和潜在的故障等；SFTA 可以识别单点故障、遗漏的组件、模糊性、不确定性和具有可变值或条件等问题；如果给所有低级别原因分配故障概率，那么 SFTA 可以用来计算顶事件发生的概率。图 7-12 给出了一个这样的示例，它基于表 7-6，顶事件为运算流错误。

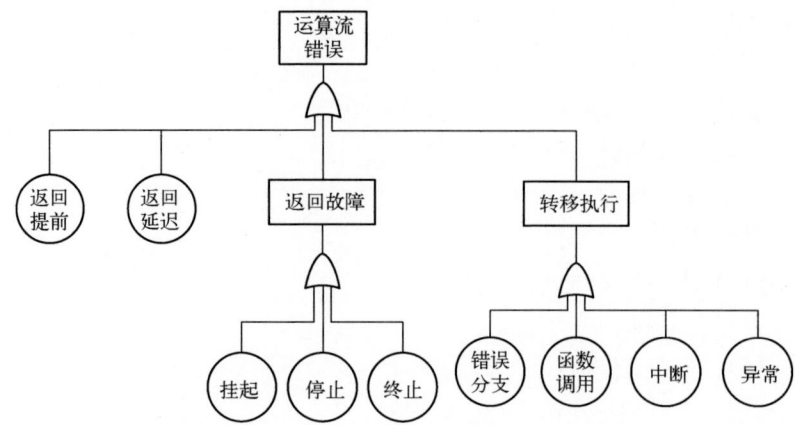

图 7-12 顶事件为"运算流错误"的 SFTA 示例

7.9 过程 FMEA

过程 FMEA 的第一步是描述期望的结果,从正在评估的过程中期望产生什么?按顺序列出为了产生所需输出而需要的过程步骤。对于每个流程步骤,列出流程所需的输入和输出,每个流程步骤都必须清楚地定义所需输出成功实现的要求。假设每个输入都处于良好状态,那么它不应该成为故障模式的原因;如果输入可能是输出错误的原因,那么应该将该输入作为流程步骤之一包括进来,以便对潜在的故障模式进行评估。

通常希望将流程的分析保持在较高的抽象级别。过程 FMEA 应该包括所有关键的过程,包括任何新的或以前没有做过的事项。这些关键流程可以包括客户要求、行业标准、产品和操作人员安全、产品和操作人员责任以及法规和法规的执行性等。

过程 FMEA 应该从产品开发的第 4 阶段开始,可以在原型机的第一次组装之前开始,也可以在第一个原型机完成后启动过程 FMEA,这是最好的;在第一次样机构建之后开始 FMEA 的优点之一是可以将制造问题和获得的经验教训合并到 FMEA 流程中。重要的是,参与过程 FMEA 的所有团队成员都应该是第一个原型机构建的参与者。过程 FMEA 的目标是识别关键的需求,包括质量、可靠性、成本、生产力、维护性和可服务性等,这些都是产品成功制造过程所必需的。

过程 FMEA 与鱼骨图的过程非常相似,过程 FMEA 可以包括相同的鱼骨标题作为过程评估的一部分;过程 FMEA 考虑与材料、测量、方法、环境、人力和机器相关的故障模式;过程 FMEA 研究过程、功能、工具或设施如何产生故障。通常应该由制造工程师领导过程 FMEA。

过程 FMEA 团队包括以下领域的人员：

(1) 客户；

(2) 设计师；

(3) 工业工程专业人员；

(4) 领班或主管；

(5) 制造工程师；

(6) 材料工程师；

(7) 运营商；

(8) 工艺工程师；

(9) 可靠性工程师；

(10) 安全工程师；

(11) 软件工程师；

(12) 模具工程师；

(13) 测试工程师；

(14) 其他人员。

7.10　FMMEA

故障模式、机理和影响分析(FMMEA)与 FMEA 非常相似,只是增加了识别与每个故障原因相关的故障机理的步骤。该过程与 FMEA 相同,首先识别潜在的故障模式,故障模式是用户观察故障的物理方式;故障原因是导致故障模式显现的驱动力,故障原因是内部或外部的应力,是故障机理背后的驱动力;故障机理是驱动故障原因的过程,故障机理可能是由化学、电气、机械、物理、热或辐射应力导致的,它可以是单一应力也可以是多个应力共同作用而导致的;最后,故障影响是从用户的角度来评价故障模式的影响。FMMEA 表格与 FMEA 表格相同,只是增加了故障机理一栏。

FMMEA 可作为故障诊断与健康管理(PHM)过程的一部分,可用于开发一种监测退化规律并估计故障发生前时间的方法,PHM 在 6.7.3 节中进行了讨论。故障原因和机理可用于开发故障诊断(PHM)策略,确定传感器的类型或数量以监测产品磨损和退化程度,并可用于制定加速寿命试验方案,确定加速应力及加速因子,故障原因和故障机理描述了产品从正常到失效的转变过程。加速寿命试验得到的退化数据可以与正常使用时传感器测量的数据进行比对,指导故障诊断,关键是要确定是什么因素造成了损害,以及应监测哪些参数以便进行故障诊断。了解潜在的故障机理或故障机理导致性能恶化的作用机制,有助于降低这些故障机理的危害,以延长产品使用寿命和减少停机时间。故障机理可以用来改进设计和指导部分设计试验验证过程。

以下故障机理可以导致过应力和磨损,包括化学、电、机械、辐射或热应力等。

(1) 化学应力的例子有腐蚀、污染、晶须生长和金属间生长。

(2) 电应力的例子有介电击穿、导电丝形成(CFF)、电过应力(EOS)、静电放电(ESD)、电迁移、热载流子注入(HCI)、热电子捕获、相互扩散、二次击穿、射频尖峰、表面电荷、随时间变化的介电击穿(TDDB)和捕获电荷。

(3) 机械应力的例子有热膨胀系数(CTE)、蠕变、疲劳、界面脱附、冲击、磨损和屈服。

(4) 辐射应力包括 α 粒子、γ 粒子、氧化物中的俘获电荷和紫外线。

(5) 热应力包括玻璃相变、电阻加热、应力驱动扩散和热失控。

第 8 章　可靠性工具箱

8.1　HALT 过程

毫无疑问,高加速寿命试验(HALT)是产品开发和制造过程中最重要的可靠性工具。多年来,许多方法可用于提高产品可靠性,但是 HALT 方法已经成为提高产品可靠性最有效和最快捷的方法。

HALT 是一种加速试验技术,目的是在产品首次交付前发现使用过程中可能出现的故障。它是一种在产品还处于设计阶段时就对其施加应力的试验方法,这种方法会暴露产品的潜在缺陷、设计错误和设计能力边界,确定了这些设计问题之后,就可以通过重新设计来纠正它们;然后重复 HALT 过程,以验证设计更改是否有效,并且确认设计更改不会带来新的问题。HALT 过程非常简单,但是很少有公司完全执行这个过程。

事实上,许多公司并没有相应的可靠性计划,他们认为他们的质量管理程序足以达到产品的可靠性要求。这些公司使用传统的产品开发方法,比如,产品通过设计评审等"权衡"策略完成设计,通过设计评审确认并验证设计是否完成。例如,通过设计评审确认完成产品系统所需的零部件是否已经完成,设计评审也可以确认材料清单是否是制造过程定义的那种"标准格式"。设计评审通常通过覆盖所有相关专业的一系列并行活动来完成,验证设计的完整性、确认文档包的完备性和验证设计是否已完成。以下是设计评审所涵盖的部分内容的示例。

工程:
(1) 图表;
(2) 方框图;
(3) 操作理论;
(4) 轮廓图;
(5) 输入/输出描述;
(6) 热设计;
(7) 组件降额;
(8) 功能描述。

制造：

（1）制造设计（DFM）指南；

（2）印制电路板（PCB）指南；

（3）物料清单；

（4）装配图；

（5）汇编指令；

（6）生产成本。

试验：

（1）试验设计（DFT）指南；

（2）试验设计成本；

（3）测试软件；

（4）固定装置。

供应商：

（1）合格供应商；

（2）材料成本；

（3）交货期；

（4）替代货源。

软件：

软件调试和验证。

设计评审中涉及的项目可能很多，大多数公司还在使用某种形式的持续改进机制来改进和简化设计评审过程。但是设计审查中通常会遗漏的一个重要部分是可靠性，特别是现场的可靠性信息，设计评审可能包括一些可靠性问题，但是这些问题仅仅是基于经验教训的，诸如降额、DFM 和 DFT 之类的可以提高产品可靠性的项目有时也会在设计评审中涉及；因此，可靠性应该是设计评审过程中更重要的组成部分。

识别设计中可靠性问题的最佳方法是 HALT。初步设计完成后，一般通过研制原型机来验证设计的符合性，通常，原型机并不能满足所有的需求，需要进行重新设计；在完成了设计更改之后，重新设计的原型机将再次进行测试以验证设计，验证设计符合规范的过程称为设计验证试验（Design Verification Test，DVT），此时，设计已经完成，可以投入批量生产了。如果在 DVT 之前执行了 HALT，那么很有可能在第一次就通过 DVT；HALT 并不是用来代替 DVT 的，通过对第一个具有功能的样机执行 HALT，可以在开发周期的早期识别和修复可靠性问题，最终的结果是缩短总的研制时间和一次通过 DVT。

在传统的方法中，产品制造出来并交付给客户，在产品上市的头一两年，现场故障消耗了大量的维修费用,并经常造成客户的不满;然后公司组成专门调查组调查现场故障,确定其根本原因并制定纠正措施;之后,会有无数基于故障调查结果的工程变更单(ECO)用来消除产品设计隐患。设计问题可能需要数年的时间才能解决,并最终推迟产品达到设计成熟的时间,这种长时间的推迟,将对产品盈利能力和客户满意度产生不利影响。实际应用已经证明,HALT过程缩短了产品设计周期,并显著减少了早期生产中常见的现场故障数量。

HALT过程是一种加速试验技术,它会在较短的时间内激发潜在故障,一旦确定了这些故障模式,就可以通过重新设计来消除它们;然后,重新设计后的产品再次进行HALT,以保证产品在没有因为新设计引入新的故障模式的前提下,对设计更改情况进行验证,结果是得到一个没有缺陷的最终产品,同时在保修上节约大量的成本。HALT是通过对产品施加一种可加速故障的应力条件,以便在第一次交付前激发故障并完成修复;HALT在第一次产品交付之前就使产品达到了要求的设计成熟度,因此HALT被认为是"设计成熟度加速器"。

HALT要求设备在试验过程中持续通电运行,以便诊断程序能够监视设备在实际应用状态下的运行情况。通过实时监控试验设备,可以在设备不符合规范要求时,及时发现故障点和对应的环境应力条件;一旦发生故障,受试设备(DUT)将从HALT试验箱中取出,然后测试下一个设备;对下一个设备施加与故障产品类似的应力条件,以了解它是否以类似的方式发生故障。在下一个设备上执行HALT时,将评估先前故障的设备,以确定其故障的根本原因;然后,该设备被修复并返回到HALT过程的下一个步骤的循环中。当5~6个设备完成HALT试验后,可以创建一个故障帕累托图(图8-1),帕累托图描绘了5个(假设的)隐藏故障,以及在5个测试单元中分别发现了多少个隐藏故障。

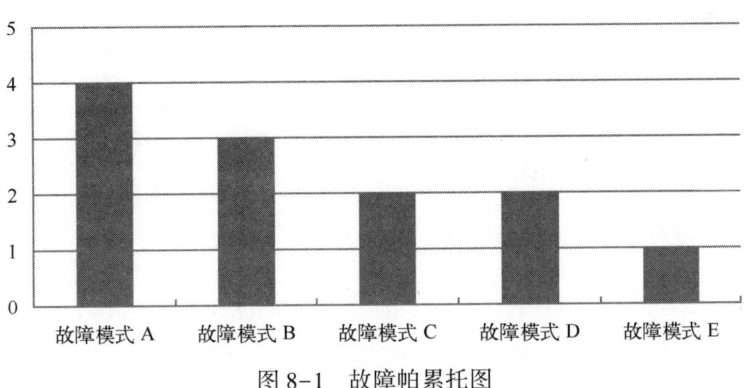

图8-1 故障帕累托图

在图8-1中,设计团队可能会考虑不处理故障模式E,因为它只发生在5个子样中的一个上,他们可能会认为这种只发生一次的单一事件或异常是不重要的。这种认识是非常错误的,如果有30台产品参加HALT,A~E列可能就会出现更多的故障,甚至可能出现更多新的故障模式。

这里的重点是,有了更多的受试子样,故障模式E可能就不再显得微不足道了;故障模式E可能会在更多的设备上发生,因为只有5个子样开展了HALT,所以即使是单一故障模式E也很重要。每一个HALT激发的故障都需要对其根本原因进行故障分析,因为它们都是可能的故障模式。

HALT过程的目的是发现故障,运用诸如失效分析等技术将有助于深入分析故障的根本原因,揭示其真正的故障机理,一旦发现了这些原因和机理,就可以通过重新设计来弥补。

找到故障的根本原因是至关重要的,仅仅修复故障是毫无意义的。一家大型汽车制造商发现,有些汽车在交付给经销商时电池已经完全没电了,而同一辆运输车上的其他汽车却安然无恙。通过更换电池解决了问题后,随即允许经销商继续销售该产品,但是是什么导致了一些电池失效呢?如何才能解决电池额外消耗的问题呢?解决办法原来很简单,有的汽车装载到运输拖车时,恰好处在一个合适的角度,如那些在运输拖车尾部有陡坡的位置,这使得汽车后备箱盖传感器激活了后备箱灯,也就是说,因为传感器的角度激发了箱盖的操作,导致这些汽车箱盖上的传感器打开了灯,箱盖上的灯一直亮着,所以只需在发货前断开电池就能很好地解决这个问题。知道了故障模式,发现了根本原因,纠正措施从短期和长期来看都是可以接受的,取下一根电池线然后重新接上远比在经销商处更换电池要容易得多。

许多年前,收音机和电视机内部都有真空电子管,它们是相对不可靠的,因为它们的灯丝会烧断,这是其主要故障模式,更换灯管的服务人员可以解决这个问题,但这不是根本原因。经过多年的努力,设计师通过找出灯丝故障的根本原因并做出改进来延长了灯丝的使用寿命。尽管如此,电子管还是过时了,被之后发明的晶体管取代,晶体管解决了灯丝故障的根本原因,晶体管里压根没有细丝会失效。

8.1.1　HALT的应力类型

HALT试验箱能够对产品施加两种不同类型的应力,即振动和温度。为了使HALT有效,这两个应力(至少)是必需的;然而,这些并不是加速产品失效的唯一应力组合。其他可以结合温度和振动施加的应力包括:

(1) 电压裕度;

(2) 时钟频率;
(3) 交流电源裕度(电压和频率);
(4) 通电循环;
(5) 电压时序。

上述应力可以先单独施加,然后与其他应力联合施加。应用哪一种应力是由经验和产品的应力敏感性决定的;最低要求的 HALT 中,振动和温度应力是必须施加的。图 8-2[2]说明了这一点,该图来自 HALT 专业机构 Qualmark 公司,这是对来自 33 家公司和 19 个不同行业的 47 种产品试验得出的结论,试验以低温步进应力开始,顺时针方向进行,以振动和快速温度变化的组合结束。如果只进行温度试验,就只能发现 35% 的潜在设计缺陷;同样地,如果只做振动测试,就只能发现 45% 的潜在设计缺陷。组合应力识别潜在设计缺陷的能力是显而易见的,温度或振动仅能单独识别不到一半的可靠性设计问题,应用温度和振动应力组合,可以达到在相对较短的时间内加速识别最多的故障,这是关键所在。

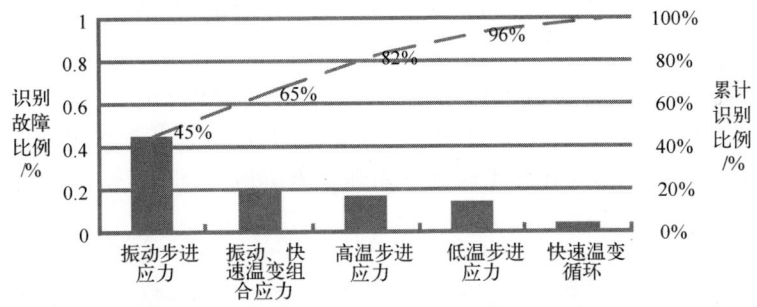

图 8-2 不同类型应力 HALT 识别的故障直方图

使用加速应力,应遵循先单应力、后组合应力的方式,这有利于发现可以通过重新设计消除的可靠性设计问题。重新设计在设计周期的早期执行成本最低;设计修正后,有必要重新进行 HALT,以确保修复工作和新设计没有将新的故障模式引入最终产品中。

8.1.2 HALT 过程的理论基础

在产品设计时,必须通过试验验证其是否符合所有的设计规范。设计规范可能包括:输出性能、温度、振动、冲击、电源等级、占空比、频率、失真度、电源限制、海拔、湿度、温度等。我们将用一个单一的规范(即温度)来说明这一点,假设产品规范要求的温度范围有一个上限和一个下限(图 8-3),这是产品正常运行和满足设计规范所必须达到的工作温度范围。

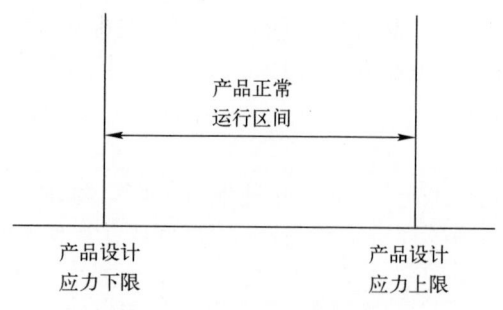

图 8-3 产品设计规范要求范围

图 8-3 所述的设计正常工作范围可适用于所有设计规范,它是在工作范围内,最终产品设计要求的正常功能范围;也是开发团队测试产品时,以确保通过 DVT 验收的范围。理想情况下,该产品的实际功能应能超出规定的上、下限,超出的部分通常称为设计余量,设计余量提供了一定的安全范围,允许组件、设计和工艺在一定范围内漂移,否则会降低产品在生产中的成品率。在实际应用中,产品性能随时间会有一定的漂移,最终导致系统故障,设计余量有助于维持产品的长期运行。这一点在图 8-4 中进行了说明,阴影曲线显示了产品样本失效的分布,从图中可以看出,当样品的应力达到规范的极限时,并没有出现故障,事实上,第一个产品故障出现在超出设计上限和下限的区间。

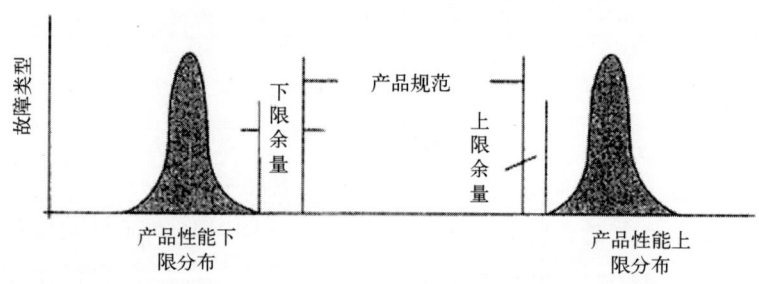

图 8-4 设计余量

你可能想知道为什么阴影分布没有超过上限和下限的范围。为了解释这一点,我们假设要对 1000 个子样进行应力试验,以找出产品的应力上、下限;我们会发现,所有子样不会同时出现故障,而是存在一个应力点,大多数产品会在此应力点出现故障;当我们在该应力点上下移动时,会发现发生故障的子样数量会减少,最终会变为零。

第一个原型机进行试验时,通常不能满足所有的设计规范,有时甚至几乎没有安全的余量。图 8-5 说明了产品上限和下限的分布落在设计规格范围内,在这种情况下,不是所有的产品都能达到设计要求,在制造业中这一问题会通过低的一次合格率和高的早期故障表现出来。

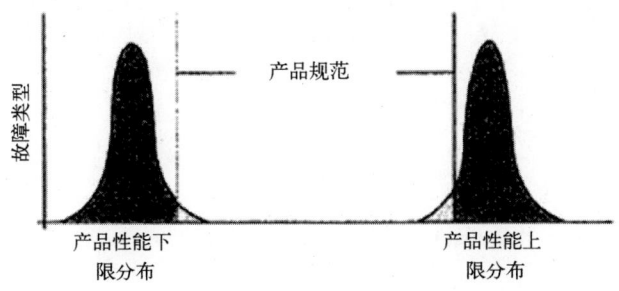

图 8-5　某些产品上下限分布落入产品规范内

HALT 将通过提高设计安全裕度来提高产品可靠性、DVT 通过率和一次产品合格率,图 8-6 给出了图示说明。

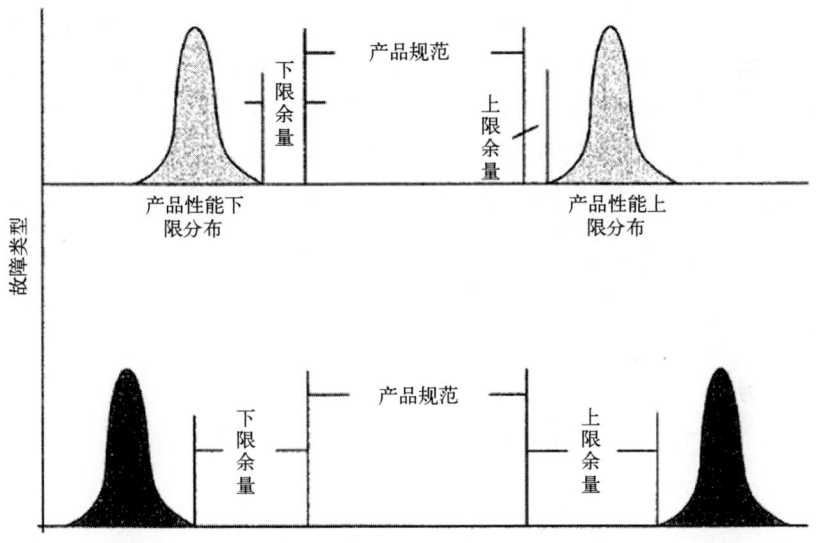

图 8-6　通过 HALT 提升设计余量

在 HALT 中,我们强调产品性能应超出其设计规格。有些时候,应力水平会增大以至产品无法正常工作,这也是一种常见的故障原因。然而,HALT 中有两种可能的故障类型——软故障和硬故障,如图 8-7 所示,它们也被称为可恢复故障和不可恢复故障。要确定故障类型,可以先将应力水平降低到正常范围,如果产品恢复正常运行,则为软故障;如果产品仍然不能运行,那就是硬故障。有时产品可能需要重新设置才能恢复正常操作,这种情况仍然被认为是软故障,因为此时修复产品不需要返工。硬故障需要通过故障排除来确定具体是什么部件故障,并在试验后研究所有的硬故障,进而确定造成故障的根本原因。

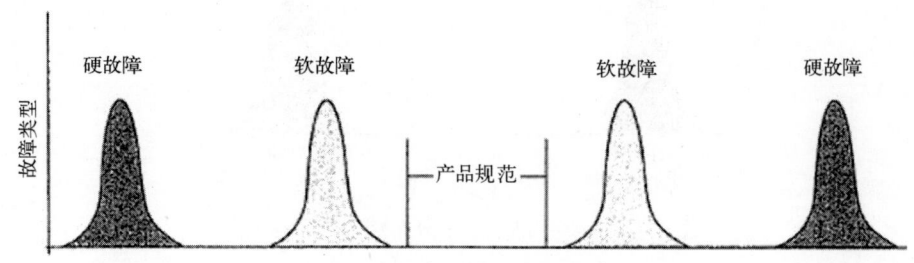

图 8-7　软故障和硬故障

在 HALT 中,确定产品的硬故障及其根本原因,并实施适当的设计更改是我们的工作重点,当然对软故障也需要进行设计更改。为了验证设计更改的有效性,我们执行第二次 HALT,如果能证明再设计消除了原有故障模式,且没有新的故障模式引入,则认为设计更改是有效的。那么,HALT 是如何提高产品的可靠性、DVT 通过率以及产品的合格率的呢?

在 HALT 过程中产生的硬故障和软故障都是产品设计出来的,通过改进设计可以增加产品承受应力的能力,即增加了产品的设计裕度。修复硬故障和软故障会使设计边界变宽,通过纠正 HALT 中发现的问题,图 8-6 中的灰色阴影区域被外推,在设计规范和引发故障的应力点之间留下更大的设计空白,因为提高了对生产过程不确定因素的容限能力,最终起到提高产品的可靠性和生产效率的目的。

HALT 特意强调让产品承受超出规格限制的应力以激发故障,然后更改设计以消除潜在故障。由于在设计中识别了可能的故障,并进行了设计改进,因此交付给了用户更加可靠的产品;该产品就可以在超出设计规范的应力条件下运行,图 8-7 和图 8-8 进一步说明了这一点。

产品正常工作区在产品规格范围内的上、下限之间,理想情况下,该产品将有一些设计余量,在这些余量范围内它仍将正常工作,不会出现故障。衡量设计余量的标准是针对上下限的裕度,当对产品施加超过这些边界的应力时,就会开始发生软故障,持续增加应力会导致产品硬故障。

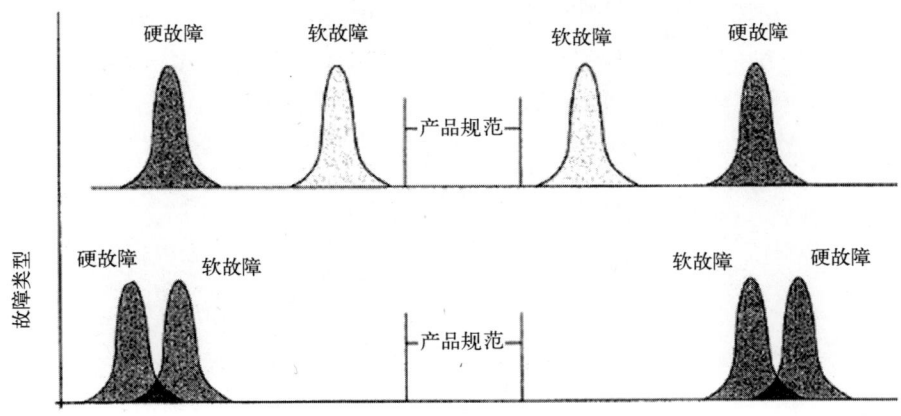

图 8-8 HALT 对产品设计裕度的影响

8.1.3 液冷产品的 HALT

HALT 试验箱使用强制气流对受试产品进行加热和冷却,加热一般由电阻线圈实现。试验箱使用风扇强迫空气通过电阻线圈来加热空气通过将储存在容器中的液氮转化为蒸气实现冷却。使用 PID(比例、积分和微分)控制电路,试验箱通过对空气加热和冷却的切换达到控温的目的。对于那些可以用空气流动调温的产品,这种方法非常有效。

当受试产品需使用液体冷却来控温时,上述方法就不起作用了,液体冷却可以通过冷板传热,冷板通过热接口板与电路紧密接触;该类产品也可设计为浸入式冷却,惰性液体在产品中循环以调节温度。在这两种情况下,使用强制空气对流施加热应力是不可行的。

上述问题的一种解决方案是使用腔室空气来调节液体冷却剂,这是试验中一种有效的热调节方式。液体冷却剂流经热交换器,热交换器置于腔室强制出风口前(图 8-9),腔体强制空气通过换热器将循环液体温度调节到腔体设定的温度。液体冷却剂在泵的作用下在热交换器和储液罐中循环,外部泵必须根据燃烧室的温度范围进行设定,该功能通过冷却剂分配单元(CDU)实现。该过程最重要的是要确保所使用的液体不会在产品的温度范围内沸腾,你可以选择更高沸点的冷却液体,我们通常使用 HFE 7500 材料,它的沸点在 128℃。

图 8-9 腔室强制出风口前的热交换器

8.1.4 HALT 计划

在产品开展 HALT 之前,制订详细的试验计划是有必要的。在 HALT 实施之前,需要大量的准备工作,可靠性工程师和产品首席工程师应该协同工作,在 HALT 开始前把所有的准备工作都做好。以下是试验中需要准备的项目列表:

(1) 试验样品,通常期望有 3~5 个试验样品和 1 个备用样品。备用样品通常被称为"黄金子样",它不用于应力试验,而是当存在细微的试验问题,并且很难判断是 DUT 还是试验设备故障时才使用它。加入"黄金子样"将验证问题是否与 DUT 相关,这样可以大大加快故障排查进程。因此,通过使用这个子样得到的信息被称为"黄金"。

(2) 试验设备,这可能是列表中除产品本身之外最重要的一项,试验的目的是发现和纠正故障,而糟糕的监视可能会遗漏一些故障,并使 HALT 过程的效率降低。

(3) 受试设备和监测仪器的输出规范。

(4) 文件,如示意图、装配图、流程图等。

(5) 将受试设备固定在试验台上的机械装置(试验工装)。

(6) 输入和输出电缆。

(7) 特殊设备,如液冷装置、风管、电源、其他支撑装置等。

(8) 各种软件。

（9）拟施加于 DUT 的应力水平（HALT 小组需达成一致）。适用于产品的应力极限是什么？如果产品有内置的温度保护电路，是否可以覆盖温度保护范围，是否允许承受更高的热应力？HALT 计划应包括验证温度保护电路的工作是否会导致控温范围超出检测仪器的测量范围。把确定的试验应力限值记录在表 8-1 中。

表 8-1 HALT 应力极限

输入检测时间和应力限值	温度/振动	运行时间
振动		10min
功能性能检测		5min
其他检测（需详细描述）		0
输入低温限值	−40℃	
输入高温限值	120℃	
输入振动应力上限	60Grms	
检测总时间		15min
总试验时间/DUT		10.4h

注：环境温度设定为 20℃。

（10）试验所需时间。

（11）首席工程师需要跟踪整个 HALT 过程。

（12）试验工程师协助进行故障分析。

（13）可靠性工程师和 HALT 试验箱操作员——可靠性工程师通常撰写最终的 HALT 试验报告。

HALT 团队首先将 DUT 放置在 HALT 试验台上，并将其与电源、负载和监测仪器连接；然后，DUT 被通电并监控，以验证其是否正常工作，这一步是确保试验设置正常运行所必需的。这里的运行时间取决于验证子样是否正常运行所需的时间，它通常是测试软件运行一个或两个完整的诊断测试周期所花费的时间为自变量的函数。

一旦完成试验状态设置，确认可以进行试验，HALT 试验箱门就会关闭，并在室温下启动低水平的振动试验。振动水平应设置为超过 6 个自由度，每个方向 5 Grms 的随机振动量值（表 8-2 和图 8-10）；该试验的目的是验证设备的连接性，及测试监控设备是否有效连接且不易松脱；需要运行 1~2 个试验周期来验证试验是否准备好开展 HALT。

表 8-2　HALT 确认试验剖面流程

试验步骤 (必做项目:确认试验剖面)	单项时间/min	累计时间/min	累计时间/h
1. 设置试验箱温度至 20℃,在正式开展 HALT 前运行测试软件	2	2	
2. 确认 DUT 和试验设置状态满足要求	8	10	
3. 施加 5Grms 的振动应力,同时监测 DUT 性能参数,确保 DUT 与试验设备有效连接	15	25	
4. 停止振动	1	26	
总时间		26	0.4

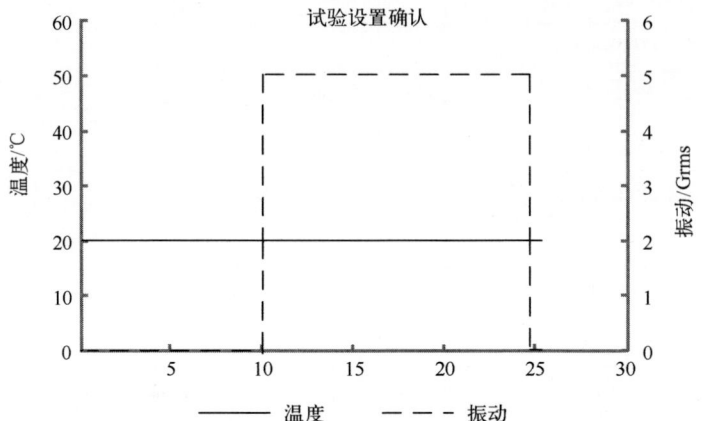

图 8-10　验证受试设备连接和测试设备有效性的试验剖面

HALT 第一组应力通常是温度步进应力和通电循环(表 8-3 和图 8-11),建议试验时首先降低温度,直到达到下限,然后再升高到上限温度。

表 8-3　温度步进应力和通电循环剖面

试验步骤 (必做项目: 综合高低温启动(-40~80℃)和温度步进 应力(-40~120℃)试验①)	时　　间		
	单项时间/min	累计时间/min	累计时间/h
1. 设置试验箱温度至 20℃	2	2	
2. 每步梯度设置为 20℃,每步静置时间为 10min	11	13	
3. 启动检测程序,确认设备是否正常运行。开展高温启动试验,关机至少 1min 后启动设备	15	28	
4. 重复步骤 2 和 3,直至达到低温极限	78	106	

(续)

试验步骤 (必做项目: 综合高低温启动(-40~80℃)和温度步进应力(-40~120℃)试验①)	时间		
	单项时间/min	累计时间/min	累计时间/h
5. 以40℃的步长升温,静置时间为10min	2	108	
6. 开展关机/启动试验	3	111	
7. 启动检测程序,确认设备是否正常运行	15	126	
8. 以20℃的步长升温,每步静置时间为10min	11	137	
9. 启动检测程序,确认设备是否正常运行	15	152	
10. 重复步骤8和9,直至达到高温极限 提示:不要超过120℃	130	236	
11. 试验箱温度设置回20℃,让系统冷却10min	13.33	249	
12. 开试验箱前对空气进行净化		249	4.2

① 为减少试验时间,建议在温度步进应力试验最后开展高低温启动试验。一旦DUT温度稳定了(一般静置10min),立即启动检测程序进行功能、性能检测。检测完成后开展启动试验,确保高、低温下能稳定启动

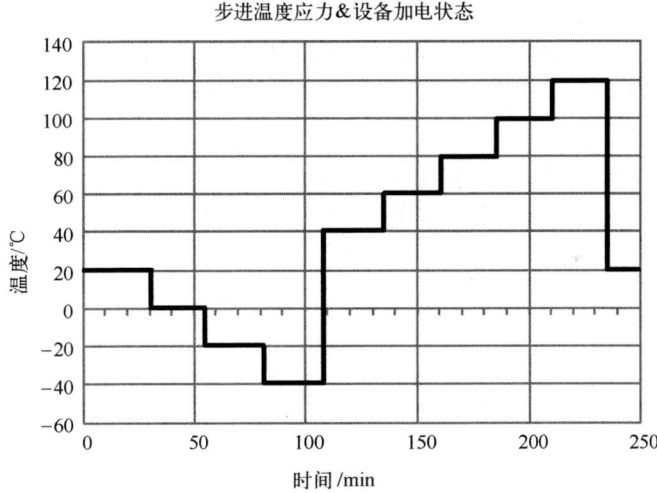

图 8-11 温度步进应力和通电循环剖面

如果试验在低温下结束(如-20℃时出现硬故障),在打开舱门之前应先将DUT恢复到室温,试验箱温度可能很快达到室温,但重要的是要等待产品达到室温。这将防止产品中水汽凝结,试验箱门在产品仍处在低温时开启,很容易在产品内部产生水珠凝结。

温度试验开始时,逐步降低到较低的温度,建议以10~20℃为一个增量阶梯,每个温度的停留时间一般为10min。该理念是从对产品损伤最小的应力开始,随着应力试验的继续,逐步向损伤更大的应力过渡。这样,细微的故障就不会因为过度的应力试验而被掩盖。停留时间取决于产品达到90%的目标温度所需的时间和完成完整功能、性能测试、程序诊断/检查运行时间等。

将热电偶安装在受试产品热流密度较高的区域,可以更有效地监测产品温度,确保产品在检测/诊断开始之前达到预定温度。大多数HALT试验箱提供一种选项,用户可选择控制试验箱内的空气温度或产品的温度;当产品热流密度较高时,应优先选择控制产品温度。其中一个原因是当温度设定值与产品或空气的温度之间存在显著差异时,试验箱内会产生冷热气流;当产品或空气温度接近设定值时,由于温度导致的压差就会降低;当达到设定值时,压差最终达到零。如果将试验箱设置为控制空气温度,产品热容量大(即产品温度变化缓慢),即使产品仍然需要很长的时间才能达到设定值,气室空气也会迅速达到设定值,从而切断设备继续升降温。这就是为什么最好根据产品对环境应力的反应来控制试验箱温度。

受试产品在每一个温度步进应力开始或结束时要进行通电循环,建议在步进应力结束时进行。记录下DUT无法启动时的下限值和上限值,研究DUT在温度上、下限值无法启动的根本原因,可以从电源、定时和温度敏感问题等方面进行考虑,继续温度步进应力试验直至找到设备可承受的温度极限(表8-1)。

完成低温步进应力试验后,开始高温步进应力试验。高温步进应力试验的第一个温度设定值应高于室温,开始以类似的方式增加温度(如10~20℃为一个阶梯),直到达到设备的高温极限。记录试验过程中的所有软故障和硬故障,如果故障发生在温度步进期间,建议立即停止试验并分析故障原因,确定故障的根本原因;如果是软故障,研究如何与故障共存,以便继续完成高温步进应力试验,这通常涉及将外部空气引入试验箱,以调节温度敏感元件,使其继续工作。完成高温步进应力试验后,将试验箱调至室温,直至产品温度稳定;在完成高温步进应力试验之前,运行检查程序/诊断程序来验证DUT是否仍然正常工作。至此,HALT试验的第一个试验件的温度步进应力试验完成了。

温度步进应力试验完成后,开始振动步进应力试验。振动步进应力试验在室温下运行,一般为20℃。在试验开始之前,应定义带有振动步进应力上限(如果需要)的应力试验计划(图8-12和表8-4)。每5~10 Grms为一个试验阶梯,直到达到试验箱能力的极限或测试计划中规定的极限。

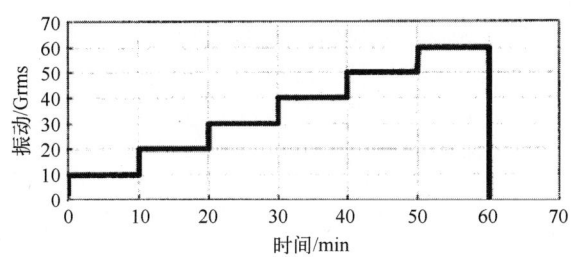

图 8-12 振动步进应力

表 8-4 振动步进应力剖面

必做项目 (振动应力条件:最大 60Grms/min 每步 10Grms)	时间		
	单项时间/min	累计时间/min	累计时间/h
1. 设置试验箱温度至 20℃	5	5	
2. 将振动量级设置到 10Grms,振动 10min,同时监测设备功能性能参数	10	15	
3. 按照上一步要求进行下一量级试验,直至达到振动应力上限	50	65	
4. 停止振动,确认 DUT 完好性	15	80	
总时间		80	1.33

注:试验计划中规定的振动试验极限一般为试验箱振动极限。一些 HALT 实施人员会在每一个振动步进应力试验完成后,将振动降低到扫频振动 (5Grms) 一个测试周期,这样做是因为由振动引起的故障在较高的振动水平下可能不会被检测仪器发现,但在较低的振动水平下可能会被检测到。

继续振动步进试验,直到达到试验规定的最高应力水平。因为设计团队一直在支持 HALT 试验,所以故障发生后需记录故障、排除故障并找出根本原因。附注:若提前判断有些部件将在振动下出现问题,需要对其进行提前处理。振动敏感元件主要有机械继电器(它们能在振动下产生振动和共振)、压电效应元件(即振荡器、滤波器等)。

一旦温度和振动阶段的应力试验完成,产品在每种类型的环境应力下的软、硬故障应力极限(也称为工作极限和破坏极限)就已知了,由这两个试验确定的极限可用于后续的 HALT。

必选的 HALT 项目的最后一项是温度和振动组合步进应力试验(表 8-5 和图 8-13),这种应力试验结合了温度和振动步进应力,是受试产品所承受的最严酷的应力。本试验的上、下应力极限是基于振动和温度步进应力试验得到的上、下破坏极限。一般的经验法则是在温度步进应力确定的硬故障极限(或软故障极限)之上和之下10℃处设置高、低温极限。

表 8-5 振动步进应力剖面

必做项目 (温度步进/振动步进应力条件:-40~120℃ (每步20℃),20/40/60Grms,60℃/min)	时间		
	单项时间/min	累计时间/min	累计时间/h
1. 设置试验箱温度至低温极限(-40℃),静置5min	5	5	
2. 从20Grms开始施加步进振动应力,每步20Grms,直至振动应力上限(60Grms),每步振动10min,振动过程中监测设备功能性能参数	30		
3. 以每步20℃的步幅升温至温度上限(120℃),在每个温度条件下重复上一步的振动试验	210	210	
4. 设置试验箱温度至20℃,静置5min,检查DUT完好性	10	10	
总时间		225	3.8

注:规定温度区间,以满足快速温度变化要求(在高、低温各外扩10℃)。试验从低温开始,如-40℃

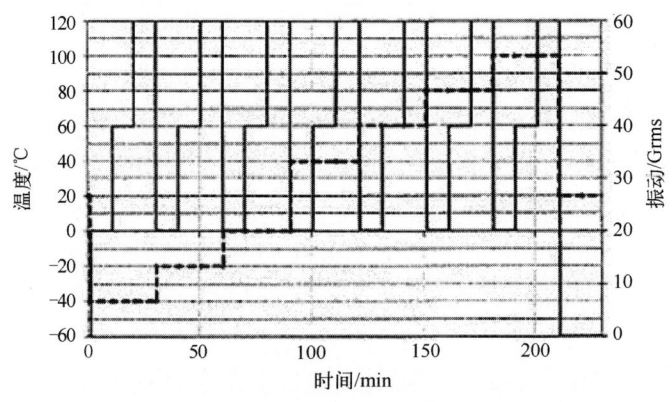

图 8-13 温度/振动组合步进应力试验

应力条件应始终低于硬故障极限(也称为破坏极限),如果软故障导致产品无法自我恢复,产品无法正常运行或关机,则使用软故障极限来确定组合步进应力的最大应力。如果软故障的结果是导致某项参数漂移,导致产品性能不符合规范要求,那超过软故障极限是允许的。我们不期望DUT在超出其操作规范范围的应力下所有的参数都满足规范要求,但期望它能正常工作。同样的理论和过程也适用于设置振动应力上限,如前所述,振动步进应力限值设置为低于硬失效限值或软失效限值10Grms。

许多从业者随后可能会开展一项快速温变循环应力试验(表8-6和图8-14),该试验使试验箱温度尽可能快地变化。本试验的温度限值应低于温度步进应力试验确定的高温故障限值10℃(基本与温度和振动组合步进应力试验使用的温度限值相同)。

表 8-6 快速温变循环试验剖面

选做项目 (快速温变循环试验 60℃/min)	时间		
	单项时间/min	累计时间/min	累计时间/h
1. 规定温度变化速率以满足快速温度变化要求(高、低温各外扩10℃)			
2. 确认DUT的完好性	15		
3. 关闭试验舱门,温度设置为20℃	5		
4. 用氮气清理舱内空气2min	2		
5. 开展高、低温快速温变循环试验(高低温限值在试验条件中规定),产品达到温度设定值后静置10min,在此期间进行性能检测	33		
6. 输入循环次数5,按第2~5步骤重复开展试验		165	
7. 温度恢复20℃,静置5min	7		
8. 确认DUT完好性	15		
9. 开试验箱前对空气进行净化			
总时间		187	3.1
注:降温时需切断一切空气来源,空气中水蒸气可能会导致冷凝			

快速温变循环(60℃/min)

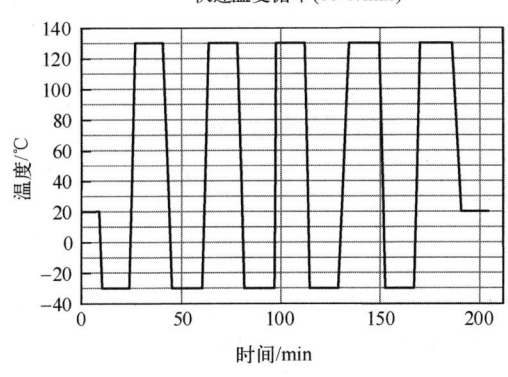

图 8-14 快速温变循环试验剖面

试验至少应该经历 3 个周期,当然 5 个周期是最好的。试验目标是从一个极端温度迅速过渡到另一个极端温度。还有一点也很重要,一旦达到了目标温度,通常要根据产品的热容量停留 10～15min 不等,以确保产品达到目标温度;这是特别重要的,如果产品热容较大,试验箱的温度变化通常比产品温度变化快得多。

因此,有可能在试验箱设定的温度循环范围内,箱内温度发生了预定的循环变化,但产品温度却不会变化太大。这是因为没有为产品预留足够的停留时间,产品温度达不到温度设定值。以下几种方法可以避免这种失误:将试验设备设置为由产品温度控制,而不是由试验箱温度来控制,在这种情况下,需要将试验箱的热电偶安装在产品热容较高的位置;另一种方法是手动调整,在产品热容较高的位置安装一个热电偶,直到它达到温度,再开始下一个温度梯度试验。快速温度循环试验可以暴露出与温度变化敏感性相关的设计缺陷。

较小的温度梯度试验是识别温度敏感产品性能不稳定性的有效方法(表 8-7 和图 8-15)。本试验的温度限值应高于或低于温度步进应力试验确定的低温和高温极限 10℃(基本与温度和振动组合步进应力试验使用的温度极限相同)。缓慢的温度变化将识别与温度相关的性能不稳定性,这些不稳定性要素在你不了解它们发生的具体温度窗口时,是很难被发现的;这种不稳定性可能发生在一个非常窄的温度范围内,因此缓慢的温度梯度可能是观察这种异常的唯一方法。此外,最终用户报告中由温度敏感性引起的故障信息,可能包含不了重现该故障所必需的所有相关要素。相关性能不稳定性可能是振荡、噪声增加、输出增益降低、电源不稳定、自动增益控制(AGC)不稳定、缺相或相位噪声增加等,上述只是少数几种可能在较窄温度范围内发生的故障模式。此外,由于该类故障只发生在很窄的温度范围内,步进应力可能难以识别到这类故障模式,缓慢的温度梯度试验为你提供了一个识别与温度相关的性能不稳定性或其他不可接受行为的机会。

表 8-7 缓慢升温试验剖面

选做项目:缓慢升温试验设置温度变化范围	时间		
	时间/每步	累计时间/min	累计时间/h
1. 温箱温度设置为 20℃,静置 5min	5		
2. 振动量级 0Grms,振动期间进行性能监测	0		
3. 逐步冷却至比低温极限(如-40℃)高 10℃,降温速率 60℃/min。在低温段(温度稳定后)增加 10min 停留以防结露	11		

(续)

选做项目:缓慢升温试验 设置温度变化范围	时间		
	时间/每步	累计时间/min	累计时间/h
4. 在比低温极限温度高 10℃ 条件下静置 5min 或保持上述条件稳定	5		
5. 设置温度变化速率	0		
6. 逐步升温至比高温极限(如 120℃)低 10℃,升温速率 1℃/min	142		
7. 在整个升温过程中同步进行性能检测	0		
8. 温箱温度设回 20℃,静置 5min,降温速率 60℃/min	1	162	
总试验(必做和选做项目)时间		162	2.7

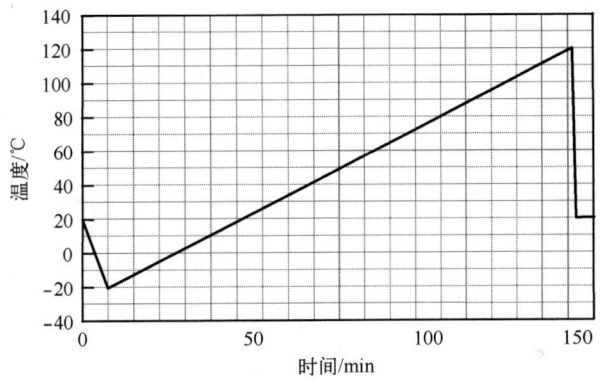

图 8-15 缓慢升温试验剖面

缓慢升温试验包括连续的温度变化(增高或降低)和小幅度的振动(表 8-8 和图 8-16)。本试验的温度限值应低于温度步进应力试验确定的高温和低温限值 10℃(基本与温度和振动组合步进应力试验使用的温度限值相同)。振动步进应力极限设置在 50% 的硬故障极限(破坏极限)或软故障极限(工作极限),具体判断方法如前面所述。在软故障与硬故障关联大的情况下,故障模式研究技术就具有很高的价值了。该试验温度最快以 1~2℃/min 的速率缓慢升高,振动应力一直施加,产品处于连续监测状态。

表8-8 缓慢升温 & 扫频振动试验剖面

选做项目:缓慢升温和扫频振动试验设置温度变化范围	时间		
	时间/每步	累计时间/min	累计时间/h
1. 温箱温度设置为20℃,静置5min	5		
2. 振动量级10Grms,振动期间进行性能监测	0		
3. 逐步冷却至比低温极限(如-40℃)高10℃,降温速率60℃/min。在低温段(温度稳定后)增加10min停留以防结露	11		
4. 在比低温极限温度高(如-30℃)10℃条件下静置5min或保持上述条件稳定	5		
5. 设置温度变化速率	0		
6. 逐步升温至比高温极限(如120℃)低10℃,升温速率1℃/min	152		
7. 在整个升温过程中同步进行性能检测	0		
8. 停止振动,温箱温度设回20℃,静置5min,降温速率60℃/min	1	174	
总试验(必做和选做项目)时间		174	2.9

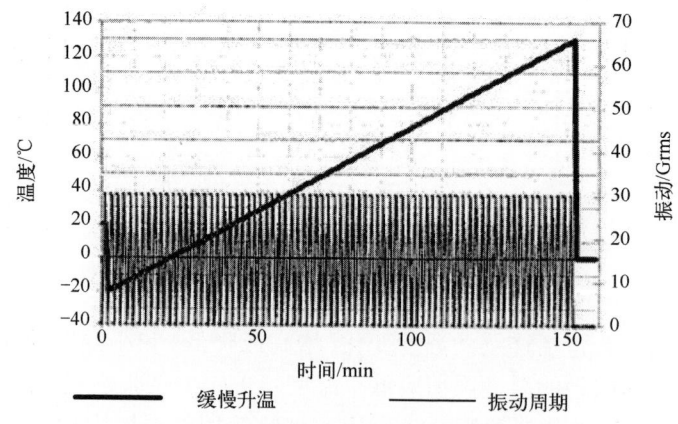

图8-16 缓慢升温和扫频振动试验量级

在下一个DUT上以相同的顺序重复这些试验,并仔细观察不同样本试验的相似和不同之处;继续操作,直到所有DUT都完成试验并记录了试验数据。在某些情况下,最好是保留一些DUT并尽早停止试验,这将给分析故障的根本原因留下充足的时间,并可将故障修复措施应用到新产品中以便补充验证。

记录软故障和硬故障发生应力水平是非常重要的,如果之后进行了设计改进,这些极限应力水平也会随之增加,这些努力最终都将促进营业利润率的提升。

到目前为止,为加速产品故障所施加的应力本质上都是环境方面的,即温度和振动,除此之外也可以用同样的方法施加机电应力来加速产品故障。例如,电源电压可以基于其标称值进行上下调整,这应该是硬件设计验证的一部分,但通常在室温或标称环境温度下进行。在HALT期间,这是一项包含环境应力,特别是温度应力的重复性的试验工作,如果产品设计使用了多个电源或电压基准,则HALT应包括电压裕度和变电源接通时间策略。这种试验应包括在温度上、下限内所有允许工况下负载的增加,包括单独测试供电的增减以及供电与极限范围内其他所有运行工况的组合;需综合供电上、下限和温度上、下限创建一个试验矩阵,所有的供电应该不会同时打开。

有些元器件需要多个电压才能正常工作,这对于有特定应用的集成电路(ASIC)表现是尤为明显的;根据电源打开的顺序,验证组件工作状态是非常重要的。有时制造商会在数据表中说明这一点,但这点有时会被设计团队忽略。组件制造商可能不掌握在组件启动时组件可能已经处于损坏或锁定状态的情况。如果该设备是一个使用多个电源电压的专用集成电路,它可能不知道在所有情况下其禁止的电源组合输入;还有其他的电应力的裕度也应该单独和联合测试,这些应力包括交流输入电压和交流频率、时钟频率等。

8.2 高加速应力筛选

一旦通过HALT确定并修复了产品的可靠性设计问题,产品就可以投入生产了。然而,好的设计只是成功的一半,产品可靠性是通过良好的设计和制造过程实现的。糟糕的制造工艺与设计缺陷具有同样的危害,制造过程的不确定性因素也可能造成产品潜在薄弱环节,最终导致现场故障。HALT过程关注的是导致现场可靠性问题的设计缺陷,是否可以将HALT过程应用到生产中,以防止产品在运输等过程中产生不可接受的变化呢?

HALT过程只是可以间接应用于制造过程,而专门用于制造过程的技术称为HASS。HASS可以防止临界和有缺陷的产品上市,HASS的目的是在产品上市前识别出与工艺相关的缺陷和制造过程中引入的缺陷。当供应商提供了可能有缺陷的零部件时,HASS也有助于将其识别出来。

HALT和HASS使用类似的加速应力来识别故障,这两个过程都强调产品在试验过程中应加电并模拟实际操作状态,但相似之处也仅限于此。HALT是对设计进行过应力试验的一种手段,强调试验的"T";HALT 旨在揭示与设计相关的故障,它是一个主动改进产品设计的工具,由设计部门来执行;HALT 揭示了如果设计不稳定,客户将会在使用过程中经历故障。

  HASS 以类似于 HALT 的方式对产品施加应力,但降低了应力水平,HASS 是一种比较温和的 HALT 形式。另外,HASS 是一个筛选过程,最后一个"S"强调筛选。产品生产完成后,通过 HASS 验证生产过程处于受控状态,HASS 作为产品验收的一种手段在制造过程中执行。HASS 会对工艺变化进行跟踪,并可以立即进行纠正,以防止不合格的产品上市。HASS 是一种反应性工具,用于确保制造过程可控,制造过程越复杂,制造缺陷进入产品的机会就越大,进而降低产品的可靠性。生产过程控制至关重要,即使有了最佳的制造实践,如统计过程控制(SPC)、持续改进、静电放电(ESD)保护和培训等,由于过程控制参数漂移和供应商问题导致的制造缺陷也会不时出现。HASS 的目的是将不合格产品"筛选"出来,在生产线的末端增加一个试验箱,对产品施加较低等级的应力条件,这是执行 HASS 至关重要的步骤。HASS 和 HALT 的试验设备可以是同一个,这取决于外包制造过程或低产量生产产品的小公司的选择。许多公司通过为 HALT 和 HASS 配备独立的试验设备来避免设计和制造之间的时间冲突。对于批量处理任务,HASS 试验设备应该更大。

  通过 HALT 识别出的产品的工作极限和破坏极限将应用于 HASS 中,在 HASS 中,对产品施加的应力水平应介于工作极限和破坏极限之间。HASS 试验剖面由激发剖面和检测剖面两部分组成。试验首先从激发剖面开始,激发剖面的应力水平应低于破坏极限,高于工作极限,参见图 8-17。需要确定应用于产品的 HASS 剖面应力级别,一个良好的温度应力水平应该在破坏极限的 50%~80%之间,初始振动应力水平设置为破坏极限的 50%,必须保持在破坏极限以内,否则很可能会对产品造成损伤。激发剖面的目的是充分激发所有潜在的缺陷(意味着它是坏的,但还不能作为坏的检测出来),以便在以后的检测试验中检测到它。但是,激发剖面应力不能损伤或让合格产品性能降级,一般来说,如果施加了适当的应力水平,有缺陷产品的性能衰退速度将比好产品快得多。通过剖面的验证(POS)(在 8.2.1 节中讨论)将会把过于严酷或无效的激发剖面识别出来。

  设计的初始应力应足以损伤存在缺陷的产品,同时把优质产品筛选出来。通过检测剖面识别劣质产品,检测剖面应力介于工作极限和产品规格极限之间。将温度应力设置在产品规格极限和工作极限之间,振动水平设置在 3~5Grms。HASS 剖面通常很短,一般 3~5 个周期的激发和检测剖面循环就足够了。

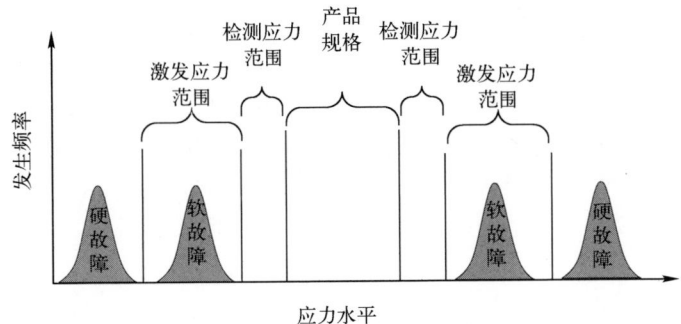

图 8-17 HASS 应力等级

8.2.1 剖面验证

HASS 对产品施加的环境应力会降低产品的寿命,这是不可避免的。HASS 的目标是提供足够高的应力水平以识别制造缺陷,同时还不需要消耗过多的产品使用寿命。在 HASS 中有多少产品的寿命被消耗可以通过一个 POS 的过程来评估。

POS 过程非常简单,重复 HASS 试验剖面,直到产品故障。反复施加 HASS 应力会导致产品加速退化,最终由于应力的累积效应造成产品故障。如果需要 20 次循环才能使产品停止运行,那么可以合理地估计,每个 HASS 剖面可以减少 5% 的产品寿命。如果 DUT 只经过 4 次 HASS 剖面就发生故障了,那么可以假设每次 HASS 剖面都消耗了产品寿命的 25%。一些公司希望至少 20 个周期没有故障,也就是在产品故障发生之前的最小应力循环数。试验应该在足够大的样本上进行,以确保正常的制造过程偏差被覆盖到。另一方面,如果运行了 100 个周期的 HASS 测试产品仍未发生故障,那么 HASS 应力级别可能设置得太低了。

有人建议在产品中植入故障,以确定 HASS 剖面是否能够有效地识别缺陷产品。产品中植入故障需要人为在产品中增加制造缺陷,然后对产品进行试验,以确定 HASS 过程能否发现潜在的缺陷。植入缺陷的问题在于很难植入真正反映产品故障的潜在缺陷(即制造过程偏差或供应商变更)。

有替代 HASS 的方法吗?HASS 是检查产品缺陷的唯一方法吗?不,还有其他方法,但 HASS 是最有效的。替代方法是老炼、环境应力筛选(ESS),当然还有完全不施加环境应力的电性能测试。

8.2.2 老炼

老炼过程可以作为最终验收测试应用于组件和最终产品。回忆一下第 6 章中的浴盆曲线,如图 8-18 所示,产品的早期故障率通常高于其使用寿命期间的故障率,这就是为什么有些人更喜欢买一辆用了一年的汽车,因为"问题已经解决了"。老炼是为了加快早期故障,使产品的故障发生在销售之前。通常,早期故障发生在产品使用的第一年,产品失效率较高,可靠性和质量问题也比较突出。从理论上讲,可以在产品销售前一年通过内部操作来避免较高的早期失效率,但这显然是不切实际的。然而,如果能在第一年加速产品的使用,即"产品老炼",那么早期失效将在老炼试验期间发生。为消除早期使用中的大多数故障,老炼时间必须足够长。

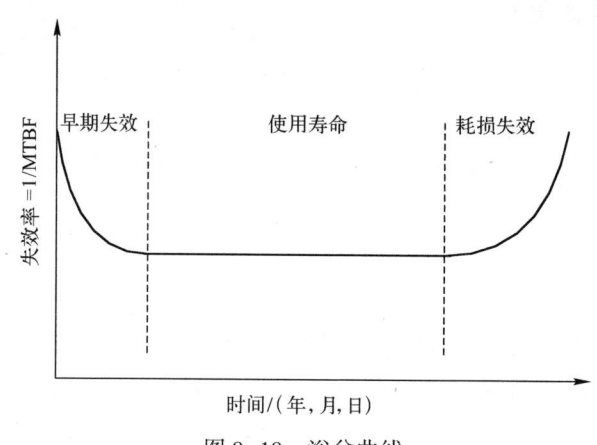

图 8-18 浴盆曲线

老炼过程应在所有的产品上执行,通常包括在运行测试诊断时打开和关闭产品电源;老炼试验通常需 24~48h,产品还需要通过高温箱使其保持在一个较高的温度,该温度一般为产品规格范围的上限。

老炼过程通常需要 1~2 天的试验时间,也可能会更长。为了避免长时间的试验,老炼试验室往往很大,因此许多产品子样可以同时进行试验。这降低了试验成本并增加了试验效率,大的老炼箱可能需要花费几十万美元。

老炼试验有时称为高温烘烤试验,旨在加速产品的老化过程。在 20 世纪 70 年代和 80 年代,早期失效率很高的产品并不少见,因为它们使用的配件的性能离散性比较大。并行工程、设计指南和质量程序(如全面质量管理(TQM)、持续改进和 SPC 组件质量)的出现改变了这一切,如今,零部件的可靠性已经提高了好几个数量级。今天几乎所有的零部件制造商都能提供可靠的配件,零部件问题已经不再是"最坏的部分"了,产品的可靠性不再取决于零部件的质量,而是取决于设计和制造过程的质量。这并不意味着零件的选择不再是问题,如果你选择了错误的零部件,产品仍然存在可靠性问题。

此外,有研究表明,老炼不是消除早期故障的有效技术。研究表明,在部件层面上的老炼弊大于利,虽然能识别出损伤部件,但更容易损坏好部件(通过ESD、搬运和电应力)。

8.2.3 环境应力筛选

另一种常见的"老炼"技术是 ESS,ESS 是一种环境应力试验,旨在加速有缺陷产品的故障,试验是在产品运行和监控状态下进行的。ESS 与常规老炼的主要区别在于 ESS 对产品施加多重应力。这些应力可能包括:

(1) 温度循环;
(2) 温度浸泡;
(3) 振动。

然而,与 HASS 不同的是,ESS 应用于产品的应力通常低于产品规格。

根据不同的试验应力类型,传统的 ESS 试验可以短至 2~4h,也可以长达 24h。传统的 ESS 试验过程如下:将成型的产品放入 ESS 试验箱(温度/振动试验箱),打开电源,从温度循环剖面开始,其中温度升高到刚好低于产品的设计规格;达到最高温度后,将产品浸泡 1~2h,监控设备将检测产品性能是否合格;产品经高温浸泡后,开始低温段试验,即使此时产品性能有所偏差也不能中止试验,该过程仅需设备正常使用;当达到较低的工作温度时,再次冷浸 1~2h;在完成温度浸泡剖面之后,再进行快速温度循环试验;在持续监视设备运行状态的同时,温度以重复的周期升高和降低。

通过这个连续的过程,可以将 ESS 总时压缩减到 1 天。然而,如果生产过程控制不好,当 ESS 应力水平较低时,部分与制造过程相关的故障可能难以在 1 天的试验时间内识别出来。通过 ESS 老炼过程,将该类故障充分激发出来可能需要一周的时间,这意味着在此期间制造商已经又生产出许多不符合要求的产品,而这些产品都需要进行更改。

这是一种进退两难的局面,缩短 ESS 周期可以保持低的过程成本和降低 ESS 所消耗的资源;延长 ESS 周期可以有效识别短 ESS 周期无法检测到的制造过程缺陷。综合而言,缩短 ESS 窗口存在很大的风险,ESS 方案提供了一个糟糕的选择。

例如,通过 ESS 技术识别出的故障列表中有一项重要内容,是识别出由焊接失效和连接引线引发的故障。这些从原理上都是可以通过温度循环检测到的故障,但是实际上其中的大多数故障都不是通过仅有的几个循环就能被检测出来的,即使是开展连续 5 天的 ESS 也未必就一定能发现故障。这就是为什么客户在几个月或几年后才发现这些故障的原因,这种类型的故障通常需要几千次循环才能识别,所以不能使用 ESS 过程来发现这些故障。

8.2.4　HASS 的经济影响

HASS 能容纳的试验样本很少,因为试验箱相对较小(一些 HASS 试验箱制造商会根据用户的具体需求提供定制的箱体),如果 HASS 过程采用快速温变循环,则必须限制试验箱内试验子样的数量,以便所有 DUT 的内部温度能够快速达到预定温度。由于 HASS 通常可以在很短的时间内完成,如 30~60min,所以每天可以通过 HASS 处理大量的产品。而且,HASS 过程也可以针对更小的样本进行,它可以更实时地接近缺陷可能被引入的过程及时间。因为在制造中发现的大多数缺陷是与生产过程相关的缺陷,而不是与设计相关的缺陷,因为检测和改进导致的生产过程延迟要短得多,所以实施 HASS 时,可以转化为更快的修复过程。一旦通过 HASS 过程有效控制了产品的制造过程技术状态,将显著降低成本并确保产品具有较高质量。

生产量的提升曲线显示,最开始生产的产品一般很少,随后产量会逐渐增多,最终达到全部产能。HASS 需要应用到每个单元,直到没有新的与生产过程相关的故障为止。至此可能没有必要继续开展 HASS,因为由于 HASS 的发现,整个生产过程在很大程度上都处于控制之中,但是完全限制 HASS 也是不明智的,因为过程参数漂移和变更可能会对系统可靠性产生负面的影响,因此抽检过程是必需的。

8.2.5　HASA 过程

高加速应力抽检(HASA)是一个 HASS 抽检过程,它定期检查生产过程的稳定性,并且在只有进行抽检时才临时性的增加额外成本。

我们有理由假设,所有的制造过程不会永远处于控制之中,而只会持续一段时间。一旦 HASS 确认过的生产过程处于过程控制之下,筛选就可以转移到批次抽检过程中。在没有 HASS 的情况下可以生产的产品数量取决于生产过程的效率,如果每天可以生产并运输 100 个单元,HASS 过程可以通过抽检实现。将 100 个单元分为 4 组,每组 25 个单元,并对每组产品进行抽样,结果如图 8-19 所示。

如果第一个批次检测出故障,而接下来的三个批次都很好,则跳过下一批,从再下一批进行取样检测。如果该批次检测出故障,回去检查跳过的那个批次;

接下来,从下面的两个批次中取样检测,下一批有故障存在,第二批是好的;再接下来的两个批次都很好,则跳过下一批,从再下一批取样检测;该批次是完好的,则跳过下一批,在后面一批中取样;后面一批也被认为是好的,则跳过接下来的三批。在三批后一批中取样检测,如果该批被检测完好则继续跳过接下来的三批。继续这样做,直到有一个故障,并回到任意批次,直到找到连续三个好的批次。这是一个标准的抽检过程。

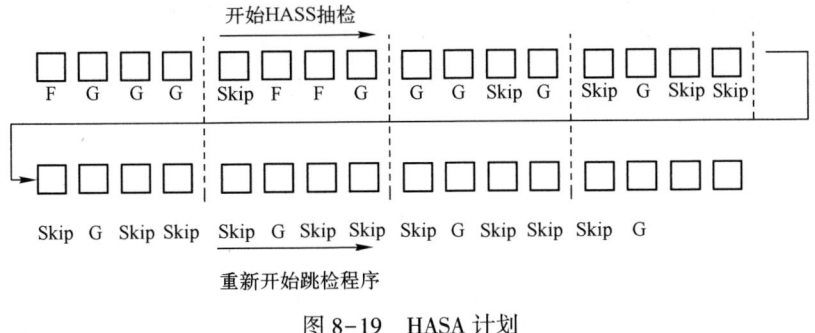

图 8-19 HASA 计划

正如你所看到的,在 HASS 抽检(HASA)之间生成的单元数量是一个多变量函数。理想情况下在一个 HASA 剖面之间产生的单元数量应该尽可能多,同时又要兼顾成本损失要尽可能小。

关于 HALT、HASS、HASA 和 POS 优势的总结:
(1) 提升电子产品设计水平,提高利润率;
(2) 改进包装设计;
(3) 改进零部件选择;
(4) 改进生产流程;
(5) 改进软件实现;
(6) 实现快速设计和促进工艺成熟;
(7) 减少总工程时间和成本;
(8) 降低保修成本;
(9) 提高平均故障间隔时间;
(10) 快速实现过程纠正措施。

8.3 HALT 和 HASS 试验箱

简要描述一下 HALT 试验箱,让我们用许多产品制造商开展的典型老炼试验过程来说明,典型的试验箱具有提高和降低箱内温度的能力,腔体通过电阻丝通电加热,冷却通常是用一种空调机来完成的(有些试验箱使用液氮)。使用电阻丝可以快速提高试验箱的温度,但不能快速冷却,空调制冷系统不具备迅速降低箱内温度的能力。这样开展试验的缺点是导致标准的试验箱的温度控制过程需要很长时间的控温周期,从环境温度到140℃,再回落到-40℃并驻留1h的一个高低温温度循环,大概需要五六个小时才能完成。由于传统老炼炉的这种能力缺陷,使得制造商非常不愿意对产品开展温度循环试验。

HALT试验箱是为了快速提供两种环境应力而设计的试验设备,典型的HALT试验箱可以在-100~200℃范围内控制温度变化。通过使用巨大的电阻组和特殊调谐的液氮低温系统,这些腔室可以产生60℃/min的温度变化率。一些采用先进低温管理技术的腔室可以实现80℃/min的温度变化率。通过一种特殊的设计,液氮可以非常迅速地吸入试验箱,而且试验箱中装置的反应速度要比老炼箱中的装置快得多。在HALT试验箱中,大量的通风口和软管将大流量的冷却或加热空气导向DUT,以实现非常快的温度变化。位于DUT内部的热电偶将确保快速检测设备内部温度,使总循环时间最小化。

HALT试验箱的振动台具有很强大的能力,它可以在三个方向上线性和旋转移动,实现了六自由度(图8-20)。

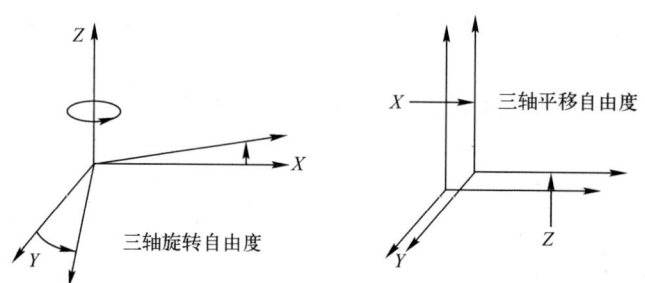

图8-20 拥有六自由度的HALT试验箱

由压缩空气驱动活塞的执行机构安装在试验台面下的许多角度和方向,这些执行机构按随机顺序工作,它们把能量传递给试验台面。因此,工作台的移动与执行机构协调一致。控制电路随机选择执行机构及其运行时间、运行量级等。试验台面下安装有8~16个微型空气锤,它们安装在各个方向,由微型操控机构控制其在同一时间随机运行。这个试验台面安装在带弹簧的垫子上,这样它就能以六自由度进行移动,安装到台面上的测试设备以类似的方式移动。驱动器的频率响应使DUT具有宽广的频率范围,典型的台面振动频率范围为2~10000Hz。通常情况下,台面能对约454kg(1000lb)或更重的受试设备施加高达60Grms的振动谱。

8.4　加速可靠性增长

第 4 阶段的可靠性工作主要是提高产品设计的可靠性。在第 4 阶段结束时,产品已经通过了设计确认和验证。第 1 版和第 2 版产品的试验正在进行中,而此时工作的重点正在转向产品的生产和制造。然而,在产品验证试验完成后,很可能会出现硬件可靠性问题和软件质量问题,这些问题将在产品转移到制造部门后浮出水面。当客户反馈了硬件可靠性和软件质量问题时,工程支持团队(由硬件和软件工程师组成)将迅速确定根本原因并实施纠正措施。此活动是反应性的,并基于最终用户通知你的问题。因此,挑战就变成了在第 5 阶段可以做些什么来将客户的体验转移到在公司内部完成,如何在最终用户体验之前识别潜在的可靠性和质量问题?根据我的经验,许多硬件可靠性和软件质量问题都可以在第 5 阶段发现,那时运营团队正在验证生产准备就绪的情况。有几个工具可以帮助你实现这个目标,而达成此目标的两个更有效的工具是 ARG(加速可靠性增长)和 ELT(早期寿命试验)。

在早期的电子产品中,由于缺乏质量控制,元器件质量很差。部分问题是电子元器件的制造商压根不知道控制元器件质量应关注的关键工艺、材料和尺寸等。因此,在这一时期,制造商在制造和试验过程中加入老炼试验来早期识别和检测潜在缺陷的情况并不少见。然而,元器件老炼并不是一个完美的过程,有缺陷的元器件仍然会被流转到消费者环节。当消费者开始要求更高质量的零部件时,这就迫使制造商提高质量控制能力。因此开始了长期的质量改进项目:全面质量管理、六西格玛、零缺陷(ZD)、质量管理小组、ISO 9000 和其他行业标准,以及质量功能展开(QFD)、持续改进、防错设计、PDCA 过程等,这里仅举几例比较流行的项目。

随着时间的推移,元器件制造商们学会了如何生产高质量的电子元器件,这些元器件的缺陷水平非常低,以至于元器件老炼时间过长导致试验中新增的损伤甚至比识别出的潜在缺陷还要多。这时,像"摆脱老炼"(GOBI)这样的策略变得流行起来,制造商转而采用"可接受的质量水平"(AQL)这样的抽样计划。AQL 程序是必要的,它可以确保工艺不失控,并阻止低质的材料和零件进入生产流程。

在第四阶段的产品开发接近尾声时,重点转移到产品制造准备阶段。预期在第 5 阶段完成时,产品已准备好进行大批量生产,设计成熟度已达到可接受的水平。

可靠性增长是通过故障报告、分析和纠正措施系统(FRACAS)发现和永久消除故障,从而评估产品可靠性改进的过程。如前所述,可靠性增长计划开始时,产品已经开始交付最终用户。在此之后,必须等待最终用户发现并报告可靠性和质量问题。客户报告的问题将引发故障调查,这可能会导致重大的改造成本、客户不满和产品品牌退化。当产品交付给最终用户后开始的可靠性增长程序是一个昂贵而低效的反应性过程。确定产品故障的根本原因通常需要更长的时间,因为设计团队的精力已经转移到新项目上了,而无法全力支持故障细节的排查。这也是导致设计团队不能从过去的错误中吸取教训的主要原因。

可靠性增长不必是一个反应性过程,而应该从第 4 阶段的第一个生产单元开始。ARG 项目的目标是以一种允许在大批量生产之前发现设计和质量问题的方式在公司内部模拟客户使用体验。这可以通过施加加速应力,积累足够的样本和运行时间,以提前发现使用中可能的可靠性和质量问题。可靠性增长试验在生产阶段进行,对象为已通过制造和试验过程并准备交付给最终用户的产品(图 8-21),在该项扩展试验中发现的任何质量或可靠性问题都将被视为现场故障并记录到 FRACAS 中。

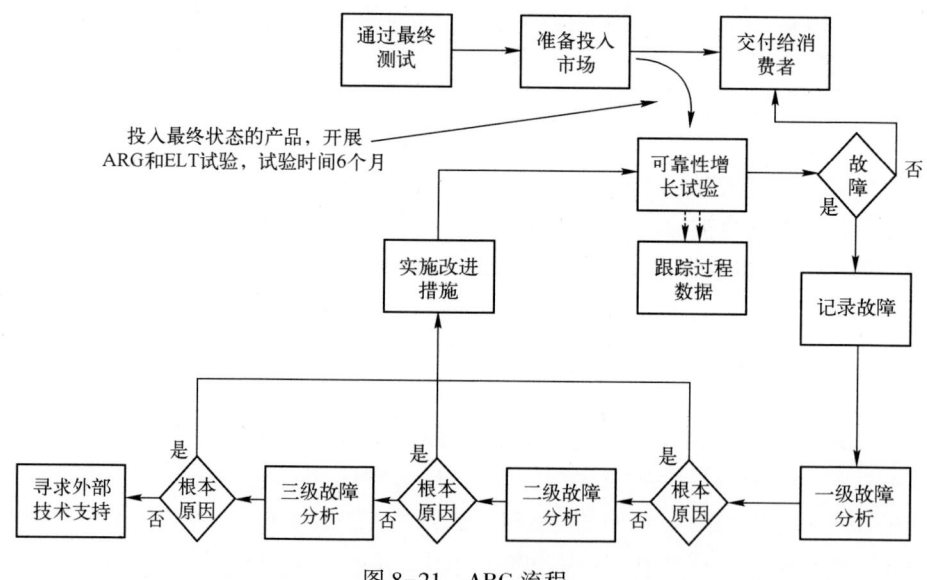

图 8-21 ARG 流程

当以激发已知的故障模式和机理为目标时,老炼试验是最有效的。可以通过调整应力来加速故障机理演变过程并有效检测故障,如果知道失效机理模型,也可以计算出加速因子。ARG 协议是一个扩展的老炼项目,其中的故障模式和机理是未知的,是有待研究的。在 HALT 期间,我们识别到了产品的工作极限和破坏极限。ARG 应力被设置在产品规格之外,但是在产品的操作余量之内(图 8-22)。对于继承性产品,回顾过去的设计和质量控制方法将提供一个合适的加速方案。图 8-23 显示了一个 ARG 和 ELT 加速试验计划的示例。对于高产量和低产量的产品,ARG 程序的需求应该是不同的。风险还需要成为决策过程的一部分,通过 ARG 程序确定循环多少时间和多少生产批次需要考量风险的因素。

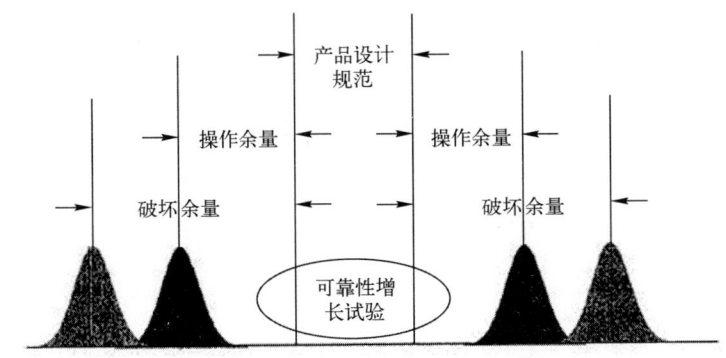

图 8-22 加速可靠性增长

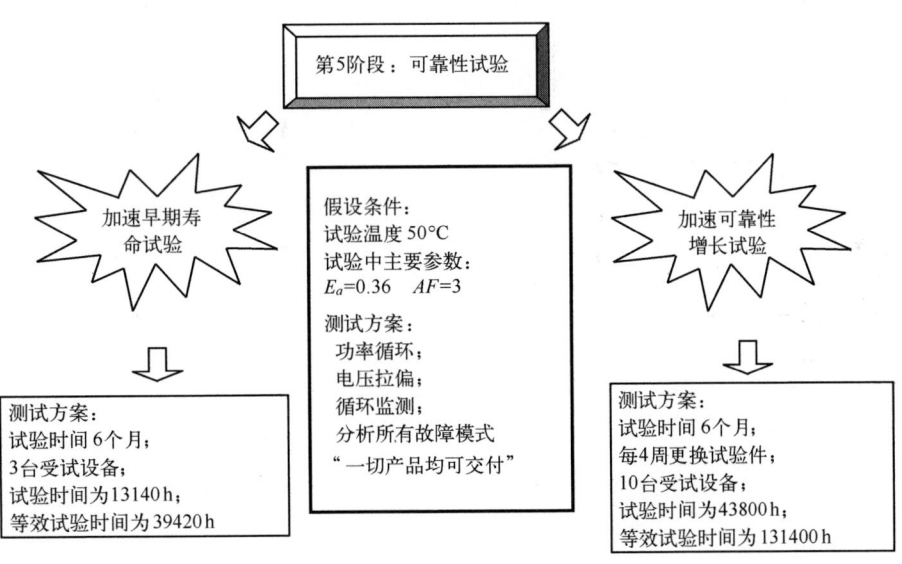

图 8-23 ARG 和 ELT 加速试验计划

由于环境加速应力选择的是温度,因此 Arrhenius 方程式(8.1)可以提供加速因子的计算方法,加速因子是描述两个应力之间差异的常数乘子。该例中,两个应力都是温度,加速应力的温度为 50℃,产品正常工作温度为 25℃。当存在多种可能的故障模式时,每种模式都有其自身的破坏机理和加速因子,这些机理和加速因子可能与温度有关,也可能与温度无关。因此,为系统分配温度应力的加速因子需要是保守的,并且只提供对加速运行时间的估计。在这个例子中,选择了保守的激活能 $E_a = 0.36$。

Arrhenius 加速模型,加速因子计算公式为

$$AF = \frac{L(T_0)}{L(T)} = \exp\left[\frac{E_a}{K}\left(\frac{1}{T_0} - \frac{1}{T}\right)\right] \tag{8.1}$$

式中:L 为绝对温度 T 下的寿命(失效时间);A 为常数;E_a 为激活能;K 为玻耳兹曼常数,$K = 8.625 \times 10^{-5} \text{eV/K}$。

8.5 加速早期寿命试验

加速早期寿命试验的目的是识别意外的早期寿命耗损机制,这些故障在本质上是系统性的,因此可能会影响整个系统的产品。意外的早期寿命耗损机制是可靠性过程可能未识别到的一项潜在因素,也可能是由于组件运行的温度比预期的要高,导致产品的使用寿命明显缩短。它可以是一个大的组件和它的安装电路板间存在的热膨胀系数(CTE)不匹配性问题。当产品加热时,CTE 失配会产生显著的应变能,这将导致产品在使用寿命早期出现焊接裂纹。一旦产生了焊接裂纹,额外的热循环会导致裂纹处的应力因焊接裂纹处产生的应力集中而增大。结果是焊接裂纹继续扩展,直到焊接接头完全分离。非故意使用的超过其建议的绝对最大极限的组件可能会过早损耗,这可能是由于对绝对最大极限和建议的工作极限之间的差异产生了误解。如果幸运的话,这些类型的设计错误会在 HALT 时被检测到。然而,如果没有被 HALT 检测到,它很可能由于早期耗损故障而失效。

加速 ELT 可以用与 ARG 试验(ARG)相同的试验条件,但它运行的时间要长得多。样本量不必很大,因为我们希望检测到的失效机理是由于耗损类的。通常,ELT 使用与 ARG 相同的试验方案运行 6 个月。

8.6 SPC 工具

可靠性是"随时间变化的量",在本书的开头,讨论了可靠性和质量之间的区别;在这里,将说明如何使用一个易于理解的质量工具来提高产品可靠性。统计过程控制(SPC)是一种用于制造过程最小化偏差控制的工具,该工具用于定期监视给定的过程,以确保产品参数没有偏离规范。SPC 过程首先需建立受控

参数不能被超出的高、低限值,当制造过程参数在这些限值附近漂移时,操作员将指示进行调整,使制造过程回到这些参数的中心控制点或理想的位置,以保持产品质量和一致性,如图 8-24 所示。

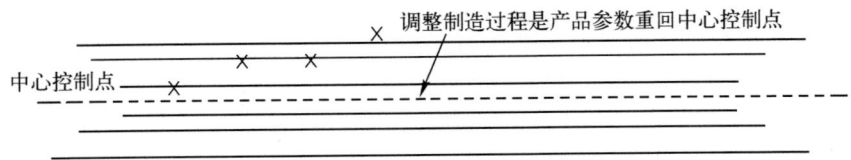

图 8-24　统计过程控制(SPC)

考虑到整个生产过程可能都处于 SPC 控制之下,并且在任何给定的时间内,许多此刻被监控的过程参数都将往统一方向偏离。如果用该时间段内流程生产的产品组装最终产品,组装成的产品虽然各单项指标均在质量标准范围内,并符合所有的设计规格,但其总体性能很有可能超限,这是 SPC 过程难以监控到的问题。与任何一个由所有 SPC 控制点都接近中点的零部件组装成的产品相比,很明显,都在控制中心点的产品将在所有参数超出正常工艺漂移或累积磨损的公差范围之前,按照设计规范稳定运行很长一段时间。而前一个产品的很多初始参数处于临界状态,较小的环境应力和很短的运行时间就可能使一些参数超出其设计规格。该产品的可靠性较低,可能会被 HASA 测试识别出来,更大的设计裕度可以转化为更高的可靠性。

考虑两个初始状态均满足质量规范的产品,但是只有各项加工参数接近设计中值的单元具有高可靠性。离设计标称值越远的产品,后续用于维修的费用越高,这是田口损失模型的基础。解决该问题所面临的最艰巨的挑战是确定在制造过程中可以被经济地控制的几个重要参数,以便使产品保持在可接受的质量和可靠性标准之内。SPC 工具已用于生产符合规格的产品,通过对关键的少数工序的上、下公差进行监控,可以生产可靠性更高的产品。当按上述要求开展 SPC 时,SPC 可以成为更有效的可靠性和质量工具。

8.7　FIFO 工具

通过库存流转使在货架上留存时间最长的单元被首先使用是一个完善的业务工具。FIFO、先进、先出等会计术语也适用于产品生产以便提高可靠性。多数电子元器件需要引线,通过引线可以将元器件连接成一个更大的组件。通常,这意味着它们将被连接到电路板上,或者通过表面安装、通孔技术,或者通过面-

面(连接器)的配合进行连接。这些元器件在货架上的时间越长,其导线就越有可能发生氧化和腐蚀。这种氧化过程大大降低了引线的可焊性。典型的电子组件有成百上千的电气连接,如果组件中使用了引线有问题的元器件,组件的可靠性将可能大大降低。

减少铅氧化的一种方法是把所有单元存放在充满氮气的袋子或容器里,通过减少组件接触氧气环境,可以大大减少组件的铅降解。作为采购过程的一部分,易被氧化的材料可以在充氮容器中购买,但这比使用 FIFO 来控制库存要昂贵得多。

由于没有使用 FIFO 方法,大量的旧零件和材料被安排在库房货架的后排。最近购买的材料放在货架的前排,通常也是第一批被消耗掉的材料。有时,为了完成订单,库存架上的所有材料都是必需的。在这种情况下,很有可能在制造过程和后续使用时会出现焊料可靠性问题。通过控制订单数量和优先使用仓库中存放最久的材料,可以使焊料和连接可靠性保持在较高的水平。同样重要的是,你不知道这些组件在被发送到你的公司之前,在分销商的货架上究竟存放了多长时间。

集成电路也是一个关键组件,它们的引线和大多数其他组件一样也易被氧化,但它们还存在其他问题。塑料封装的集成电路在最终焊接成型之前,会从大气中吸收水分,这可能是集成电路制造的一个真正问题。当元器件进行焊接时,它通常会被加热到远高于水沸点的温度。组件中的水分变成水蒸气,来自蒸汽的内部压力有时会大到足以造成微裂纹,甚至造成分层。很多时候,这些潜在的故障不会在试验期间被识别出来,它们经常表现为早期的现场故障和高额的保修费用。这种失效机制被称为爆米花效应,因为故障的原因就像爆米花一样。

建议对于易受爆米花效应影响的集成电路和其他塑料封装设备的采购和储存应在充氮容器中进行。此外,这些组件在焊接前,应该在温箱中进行 24~48h 的预处理。这种预处理是为了将集成电路内部的水分慢慢去除掉,进而消除爆米花效应。

有时很多原计划用于生产的材料可能临时用不上了,它们需要储存起来以供以后使用。他们应该被返回到充氮容器或最初的存储环境中,以便在下次进行焊接前可以再次进行预处理。未使用的材料经常被设置在标准的制造循环之外,所以注意到这个细节是很重要的。预处理的完成时间和焊料的准备时间可能每次都是不同的,这取决于组件状态和当地具体的环境条件。预处理所需的温箱也有不同的规格,但都可以从元器件制造商那里购买到。

参 考 文 献

[1] Silverman, M. (1998). Summary of HALT and HASS Results at an Accelerated Reliability Test Center. Santa Clara, CA; Qualmark Corporation.

[2] Mike Silverman "HALT and HASS Results at an Accelerated Reliability Test Center," IEEE Proceedings Annual Reliability and Maintainability Symposium. (© 1998 IEEE)

延 伸 阅 读

R. J. Geckle, R. S. Mroczkowski, Corrosion of Precious Metal Plated Copper Alloys Due to Mixed Flowing Gas Exposure, Proc. ICEC and 36th IEEE Holm Conference on Electrical Contacts, Quebec, Canada, 1990, and IEEE Trans. CHMT (1992).

Gore, R., Witska, R., Ray Kirby, J., and Chao, J. Corrosive Gas Environmental Testing for Electrical Contacts. Research Triangle Park, NC: IBM Corporation.

FMEA

S. Bednarz, D. Marriot, Efficient Analysis for FMEA, 1998 Proceedings Annual Reliability and Maintainability Symposium (1998).

M. Kennedy, Failure Modes and Effects Analysis (FMEA) of Flip-Chip Devices Attached to Printed Wiring Boards (PWB), IEEE/CPMT International Manufacturing Technology Symposium, IEEE (1998).

M. Krasich, Use of Fault Tree Analysis for Evaluation of System Reliability Improvements in Design Phase, 2000 Proceedings Annual Reliability and Maintainability Symposium (2000).

K. Onodera, Effective Techniques of FMEA at Each Life-Cycle Stage, 1997 Proceedings Annual Reliability and Maintainability Symposium, IEEE (2000).

Prasad, S. (1991). Improving manufacturing reliability in IC package assembly using the FMEA technique. IEEE Transactions of Components, Hybrids and Manufacturing Technology 14 (3): 452-456.

D. J. Russomanno, R. D. Bonnell, J. B. Bowles, Functional Reasoning in a Failure Modes and Effects Analysis (FMEA) Expert System, 1993 Proceedings Annual Reliability and Maintainability Symposium, IEEE (1993).

SAE International (2012). Recommended Failure Modes and Affects Analysis (FMEA) Practices for Non-Automobile Applications. SAE. https://www.sae.org/standards/content/arp5580/.

R. Whitcomb, M. Riox, Failure Modes and Effects Analysis (FMEA) System Development in a Semiconductor1 Manufacturing Environment, IEEE/SEMI Advanced Semiconductor Manufacturing Conference, IEEE (1994).

HALT

J. A Anderson, M. N. Polkinghome, Application of HALT and HASS Techniques in an Advanced Factory Environment, 5th International Conference on Factory 2000, April, 1997.

C. Ascarrunz, HALT: Bridging the Gap Between Theory and Practice, International test Conference 1994, IEEE (1994).

R. Confer, J. Canner, T. Trostle, S. Kurz, Use of Highly Accelerated Life Test Halt to Determine Reliability of Multilayer Ceramic Capacitors, IEEE (1991).

N. Doertenbach, High Accelerated Life Testing – Testing With a Different Purpose, IEST, 2000 proceedings (February, 2000).

General Motors Worldwide Engineering Standards (2002). Highly Accelerated Life Testing. GM.

R. H. Gusciaoa, The Use of Halt to Improve Computer Reliability for Point of Sale Equipment, 1998 Proceedings Annual Reliability and Maintainability Symposium, IEEE (1998).

Hnatek, E. R. (1999). Let HALT Improve Your Product. Nelson Publishing.

Hobbs, G. K (1977). What HALT and HASS Can Do for Your Products. Nelson Publishing Inc.

Hobbs, G. K (1997). What HALT and HASS can do for your products. In: Hobbs Engineering, Evaluation Engineering, 138. Qualmark Corporation.

Hobbs, G. K (2000). Accelerated Reliability Engineering. Wiley.

Joseph Capitano, P. E. (1998). Explaining accelerated aging,. Evaluation Engineering 46.

McLean, H. (1991). Highly Accelerated Stressing of Products with Very Low Failure Rates. Hewlett Packard Co.

McLean, H. W. (2000). HALT, HASS & HASA Explained: Accelerated Reliability Techniques. American Society for Quality.

Minor, E. O. Quality Maturity Earlier for the Boeing 777Avionics. The Boeing

Company.

M. L, Morelli, Effectiveness of HALT and HASS, Hobbs Engineering Symposium, Otis Elevator Company (1996).

D. Rahe, The HASS Development Process, ITC International Test Conference, IEEE (1999). D. Rahe, The HASS Development Process, 2000 Proceedings Annual Reliability and Maintainability Symposium, IEEE (2000).

M. Silverman, Summary of HALT and HASS Results at an Accelerated Reliability Test Center, Qualmark Corporation, Santa Clara, CA, 1998 Proceedings Annual Reliability and Maintainability Symposium, IEEE (1998).

M. Silverman, HASS Development Method: Screen Development, Change Schedule, and Re-Prove Schedule, 1998 Proceedings Annual Reliability and Maintainability Symposium, IEEE (1998).

Silverman, M. A. HALT and HASS on the Voicememo IFM. Qualmark Corporation.

Silverman, M. (n.d.). Summary of HALT and HASS Results at an Accelerated Reliability Test Center. Santa Clara, CA: Qualmark Corporation.

Silverman, M. Why HALT Cannot Produce a Meaningful MTBF Number and Why this Should Not Be a Concern. Santa Clara, CA: Qualmark Corporation, ARTC Division.

J. Strock, Product Testing in the Fast Lane, Evaluation Engineering (March, 2000).

Tustin, W. and Gray, K. (2000). Don't let the cost of HALT stop you. Evaluation Engineering 36-44. www.evaluationengineering.com/dont-let-the-cost-of-halt-stop-you.

HASS

T. Lecklider, How to Avoid Stress Screening, Evaluation Engineering, pp. 36-44 (2001).

Rahe, D. (1998). HASS from Concept to Completion. Quality Reliability Engineering International 14: 403-407. https://vdocuments.site/hass-from-concept-to-completion.html.

D. Rahe, The HASS Development Process, 2000 Proceedings Annual Reliability and Maintainability Symposium, IEEE (2000).

M. Silverman, HASS Development Method: Screen Development, Change Schedule, and Re-Prove Schedule, 2000 Proceedings Annual Reliability and Maintainability Symposium, IEEE (2000).

质量

Gupta, P. (1992). Process Quality Improvement – A Systematic Approach. Surface Mount Technology.

Carolyn Johnson, Before You Apply SPC, Identify Your Problems, Contract Manufacturing (May, 1997).

G. Kelly, SPC: Another View, Surface Mount Technology (October 1992).

Lee, S. -B., Katz, A., and Hillman, C. (1998). Getting the quality and reliability terminology straight. IEEE Transactions on Components, Packaging, and Manufacturing 21 (3): 521–523.

C-H. Mangin, The DPMO: Measuring Process Performance for World–Class Quality, SMT (February, 1996).

Minor, E. O. (n. d.). Quality Maturity Earlier for the Boeing 777 Avionics. The Boeing Company.

S. M. Nassar, R. Barnett, IBM Personal Systems Group Applications and Results of Reliability and Quality Programs, 2000 Proceedings Annual Reliability and Maintainability Symposium (2000).

Oh, H. L. (1995). A Changing Paradigm in Quality. IEEE Transactions on Reliability 44(2): 265–270.

T. A. Pearson, P. G. Stein, On-Line SPC for Assembly, Circuits Assembly, (October, 1992).

D. K. Ward, A Formula for Quality: DFM + PQM = Single Digit PPM, Advanced Packaging (June/July, 1999).

老炼

T. Bardsley, J. Lisowski, S. Wislon, S. VanAernam, MCM Burn-In Experience, MCM ;94 Proceedings (1994).

D. R. Conti, J. Van Horn, Wafer Level Burn-In, Electronic Components and Technology Conference, IEEE (2000).

J. Forster, Single Chip Test and Burn-In, Electronic Components and Technology Conference, IEEE (2000).

T. Furuyama, N. Kushiyama, H. Noji, et al. Wafer Burn-In (WBI) Technology for RAM's, IEDM 93-639, IEEE (1993).

R. Garcia, IC Burn-In & Defect detection Study, (September 19, 1997).

C. F. Hawkins, J. Segura, J. Soden, et al. Test and Reliability: Partners in

IC Manufacturing, Part 2, IEEE Design & Test of Computers, IEEE (October–December, 1999).

T. R. Henry, T. Soo, Burn–In Elimination of a High Volume Microprocessor Using I_{DDQ}, International Test Conference, IEEE (1996).

Jordan, J., Pecht, M., and Fink, J. (1997). How burn-in can reduce quality and reliability. The International Journal of Microcircuits and Electronic Packaging 20 (1): 36–40.

Kuo, W. and Kim, T. (1999). An overview of manufacturing yield and reliability modeling for semiconductor products. Proceedings of the IEEE 87 (8): 1329–1344.

W. Needham, C. Prunty, E. H. Ye oh, High Volume Microprocessor Test Escapes an Analysis of Defects our Tests are Missing, International Test Conference, pp. 25–34 (1992).

Pecht, M. and Lall, P. (1992). A physics-of-failure approach to IC burn4n, Advances in Electronic Packaging, 917–923. ASME.

A. W. Righter, C. F. Hawkins, J. M. Soden, et al CMOS IC Reliability Indicators and Burn–In Economics, International Test Conference, IEEE (1988).

T. Sdudo, An Overview of MCM/KGD Development Activities in Japan, Electronic Components and Technology Conference, IEEE (2000).

Thompson, P. and Vanoverloop, D. R. (1995). Mechanical and electrical evaluation of a bumped-substrate die-level burn-in carrier. Transactions On Components, Packaging and Manufacturing Technology, PartB 18 (2): 264–168, IEEE.

ESS

H. Caruso, An Overview of Environmental Reliability Testing, 1996 Proceedings Annual Reliability and Maintainability Symposium, IEEE (1996).

Caruso, H. and Dasgupta, A. (1998). A fundamental overview of accelerated-testing analytic models. In: 1998 Proceedings Annual Reliability and Maintainability Symposium, 389–393. IEEE.

M. R. Cooper, Statistical Methods for Stress Screen Development, 1996 Electronic Components and Technology Conference, IEEE (1996).

Epstein, G. A. (1998). Tailoring ESS strategies for effectiveness and efficiency. In: 1998 Proceedings Annual Reliability and Maintainability Symposium, IEEE, 37–42.

S. M. Nassar, R. Barnett, Applications and Results of Reliability and Quality Programs, 2000 Proceedings Annual Reliability and Maintainability Symposium, IEEE (2000).

提升等级

Das, D., Pecht, M., and Pendse, N. (2005). Rating and Uprating of Electronic Parts, CALCE EPSC Press.

第 9 章 软件质量目标和指标

9.1 设定软件质量目标

从软件中剔除所有缺陷是不现实的,即使理论上有可能,在经济上也是不可行的。软件质量目标应基于对质量投资的投资回报率(ROI)分析,通过检查软件质量需求来设置。

不同的产品,软件质量的需求也不尽相同,甚至对于一个产品的不同组成部分都可能不相同。那么,开发方应如何确定在软件质量上投入的预算?甚至如何决定在产品的哪些部分上投入预算以确保获得最大的收益呢?

在确定质量目标时,需要考虑缺陷的影响和修复缺陷的成本。在一些产品(或产品组件)中,缺陷对客户的影响很小或修复成本不高,这些产品可接受的质量目标可以降低;而对于缺陷影响很大或修复成本很高的产品(或组件),则应该设定高质量目标。

譬如,某处网页上的文字错误可能就是一种影响很小、易于修复的缺陷,开发人员可以轻松地进行更改,并且在很短的时间内纠正缺陷,在大多数情形下,这种文字错误也不会有任何实质性或财务方面的影响。

相反,医疗设备上的缺陷可能会导致用户死亡,这种潜在缺陷的代价很高,可能会导致法律诉讼、业务损失,并会对品牌资产造成负面影响,在最极端的情况下,它甚至可能导致业务失败。另一个例子是在开发过程后期才发现的严重设计缺陷,在极端情况下,这种缺陷可能导致之前的所有产品开发工作都被废止,而开发方届时则会失去资金投入。同样,关键任务组件或功能中的缺陷可能会导致技术或产品出现彻底失败,例如,火星漫游者的缺陷可能导致整个任务失败。

改善软件质量会带来一定的成本,但应将其视为一项投资,这种投资的回报就是交付高质量软件对未来收入产生的积极影响。提高软件质量的成本至少应进行非官方的成本效益分析。

避免或消除产品缺陷的成本可能很高,而发布保证毫无缺陷的软件产品是不可能实现的。随着产品剩余缺陷密度的降低,查找和剔除软件缺陷的成本也随之增加。也就是说,剔除第一个缺陷的成本低于剔除最终缺陷的成本。随着时间的推移,成本会逐渐接近。相反,随着产品缺陷密度的降低,剩余缺陷对财务的影响也会降低。一个有重大缺陷的产品很可能彻底失效,最终导致投资彻底失败。在大多数情况下,单一缺陷对财务的影响是有限的。

因此,在项目过程中,剩余缺陷对财务的影响逐渐减小,而去除剩余缺陷的成本则逐渐增加。当然这也不是绝对的,并非所有产品和所有缺陷都如此,某些单一缺陷可能带来灾难性的影响,而其他缺陷可能对产品最终的财务表现根本没有影响。

产品和技术开发方通常只有有限的预算,在项目进行期间,提高软件质量的成本会不断增加,而潜在逃逸缺陷的财务影响会随着预期的逃逸次数的减少而降低。逃逸造成的财务影响可以通过评估以下内容来确定:

(1)修复估计的逃逸缺陷的成本。修复缺陷的成本会随着项目的进行而增加,对于产品开发结束时发现的缺陷而言,修复成本是最高的。

(2)逃逸的缺陷可能导致收入损失。有重大缺陷的产品将无法进行销售,客户可能会因此要求退款,而公司其他产品的未来销售也将受到不利影响。

(3)由软件故障引起的责任问题、诉讼等。

(4)任务失败的风险。

假设可以绘制一条曲线来显示剩余逃逸缺陷造成的潜在财务影响,还可以通过另一条曲线来描绘剔除剩余缺陷的成本。对于给定的技术、产品或组件,这两条曲线交叉的位置即是达到质量目标的最佳位置,对每一个产品都不相同。对于缺陷对财务影响非常大的产品(如医疗仪器的致命缺陷),需要对产品质量加大投入力度;对于财务受剩余缺陷影响较小的产品,提高质量的投资能获取的价值就偏低。以下两个图显示了缺陷剔除成本与缺陷逃逸影响之间的一些假设分析,图9-1显示了缺陷逃逸对财务的影响较低的情况(如先前引用的网页示例),图9-2显示了潜在的逃逸缺陷对财务影响较高的情况(如先前引用的医疗仪器软件示例)。在这两张图中,曲线交叉处周围区域是适合于确定为软件质量目标的范围。在第一种情况下,可以容忍较少的投资并且以较高的缺陷密度发售产品;在第二种情况下,需要进行更大的投资来将软件质量提高到更高的水平。

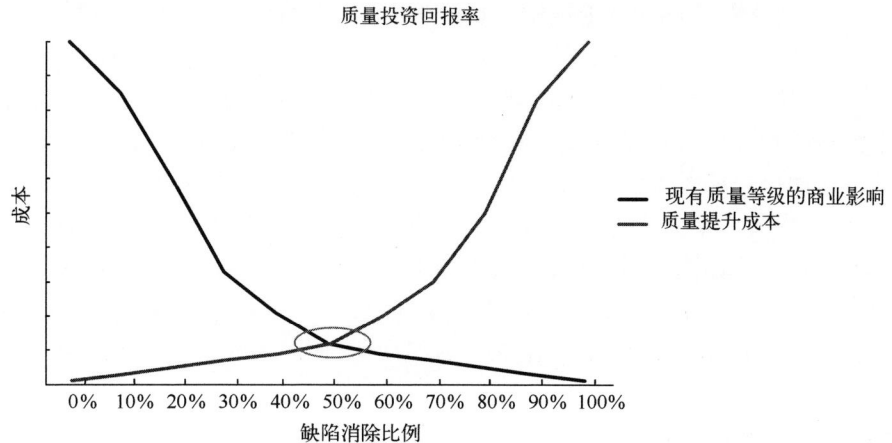

图 9-1　质量投资回报率图表(逃逸的最终影响是比较低的)

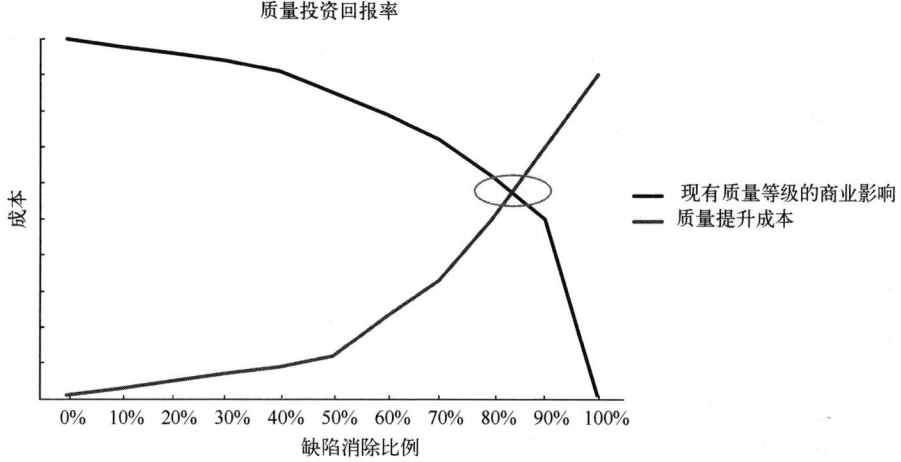

图 9-2　质量投资回报率图表(逃逸的最终影响是比较高的)

9.2　软 件 指 标

Peter Drucker 说过:"如果无法衡量,就无法改进。"如果软件的健康状况和质量状况未知,则软件质量无法提高,软件开发过程也无法控制。因此,随着时间的推移,有必要收集合适的软件度量指标,以确定质量目标是否达到、质量过程是否有效,有一些重要的适用指标可用于软件质量管理。

仅仅有指标度量并不是万能的,收集和跟踪软件质量衡量指标只是改进过程的第一步,这些度量标准应该用于软件版本管理并指导软件过程改进工作。

有软件开发人员认为,软件度量指标会分散他们的注意力并产生误导,因此不予采用;还有人则担心度量指标将用于衡量开发人员的个人绩效,因此是一种令人沮丧的管理实践。正如反对者对于任何主意都会挑出问题一样,对于度量指标的使用也是如此。大多数的软件开发指标都是估计值,当期望值设置不正确,而管理层又期望实际项目绩效完全符合指标时,就存在风险;同样,试图确定或解释项目为何偏离度量指标,又会浪费大量的管理时间。当这些度量指标被不恰当地用于衡量单个开发人员的生产率时,会因为鼓励其错误行为而造成问题。这是一个非常常见的问题,正如著名的迪尔伯特(Dilbert)漫画中描述的那样:老板为员工发现并修复缺陷提供奖金,但却导致开发人员创建了更多的缺陷[1]。

尽管不当地使用度量指标可能会带来不良后果,但也不可良莠不分地全盘否定。收集数据和跟踪度量指标是确定项目状态、指示项目何时可能出错,以及评估流程改进的有效方法。正确使用以下指标,将体现出它们的巨大价值。

9.3 代码行数

代码行数(LOC)是指软件中源代码的行数,是用于生成其他指标(如缺陷密度)的基本指标,通常作为确定软件工作量的基本要素。

代码行数通常以1000为单位进行汇总,称为KLOC(千行代码)。代码行数看起来像一个简单的数字,但是可以用几种不同的方式来计算。代码行数通过以下定义来确定:

(1) 源代码中的文本行总数(基本上是新行的计数);

(2) 源代码的所有行,包括注释和空白行;

(3) 逻辑代码行数:逻辑代码行指的是单个软件指令语句,无论该语句在文件中具体使用了多少物理行,如下面的伪代码语句是一行逻辑代码:

```
If(myVariable = = TRUE) then
setSomeState = xyz;
```

(4) 物理代码行数:物理代码行是指直到新行或回车的指令的行。上面列出的伪代码被视为两行物理代码。

选择其中一个定义并对代码进行一致计数是非常重要的。为了计算代码行数,建议仅使用非注释、非空白的物理 LOC。

有许多工具可用于计算代码行数,并且许多 IDE 软件也提供 LOC 计数。大多数工具都可以基于一个或一组文件夹运行,以提供整个项目的 LOC 计数。这些工具大多数都适用于多种不同语言编写而成的源代码。

此外,还有许多其他的行计数工具可用。典型的线性计数工具输出如图9-3所示,在此示例中,"代码"列总和即是非空白、非注释的物理代码行数。

```
C:/tmp>cloc.
      7 text files.
      7 unique files.
github.com/AlDanial/cloc v 1.76 T=0.50s (14.0 files/s, 3416.0 lines/s)
```

语言	文件	空白行	注释行	代码行
C	3	55	174	880
C++	4	8	62	529
总计:	7	63	236	1409

图 9-3 线性计数示例

9.4 缺陷密度

缺陷密度是每个软件度量单位下的缺陷数,通常软件单位以 1000 行代码(KLOC)进行度量。预测软件项目的预期缺陷密度十分重要,主要有以下两个原因:

(1)估计项目的预期缺陷数量将为缺陷模型提供输入,该模型可用于确定项目进度与其质量目标之间的差距;

(2)对软件项目中预期缺陷数量的估计,可用于预计开发软件所需的工作量。

通常,预期缺陷密度是基于历史数据得来的。软件开发方应跟踪产品发布前每个项目发现的缺陷数量,以及产品发布后用户报告的软件缺陷数量(即逃逸缺陷),将已发现的缺陷和逃逸缺陷求和,除以软件发行版本的容量,可获得该发行软件的缺陷密度。缺陷密度通常表示为缺陷数/KLOC。

对于每个项目或产品版本,应跟踪缺陷计数和 LOC,这将为准确估计缺陷密度提供重要数据。持续跟踪缺陷和代码量,为衡量软件质量随时间的提高提供了一种有效手段。

缺陷密度还可以按功能、产品组件或技术进行跟踪。这些更具体的数据不仅有助于改进工作量预估,而且有助于深入了解要改进的产品或过程所涵盖的领域。当需要预估工作量时,已知产品的某些部分因高于平均缺陷率而需分配更多的工作量,这一点是非常有益的。在确定产品的哪些部分需要改进时,同样可以考虑差异化的缺陷率数据。

缺陷密度并非在所有项目中都是一致的,以下三个关键因素会影响缺陷密度:

(1) 该软件的编码语言。通常,Java 和 C#等高级语言就比 C 或汇编语言等低级语言具有更高的缺陷密度。

(2) 代码复杂度。较复杂的代码通常具有较高的缺陷密度。例如,多任务或实时软件往往具有更高的缺陷密度,较早的旧版软件通常也属于此类。

(3) 应用程序尚处在开发阶段的软件。较高级别的软件(如数据库或 Web 应用程序)往往具有较低的总体缺陷密度;较低级别的软件(如处理硬件或设备驱动程序)通常具有较高的缺陷密度。

在大多数情况下,软件公司可以收集整个软件历史版本的缺陷密度指标,而不必担心既定项目因不同的缺陷密度比率而产生的差异化。但是,如果同一软件公司交付的不同项目的缺陷密度差别极大,则有必要针对每种类型的项目使用不同的缺陷密度指标进行估计。同样,如果最初是使用行业数据创建初始缺陷密度估算值,那么将其与正在开发的项目类型进行匹配会非常有用。

当首次使用缺陷模型时,历史缺陷密度数据可能无法使用,在这种情况下,可以使用通用的行业缺陷密度数据作为起点,随着实际数据的收集,估计的缺陷密度度量将不断完善,如果没有自身的历史数据,则可以使用行业数据代替。根据 Capers Jones 等人[2]的研究,美国软件行业的缺陷清除率平均为 85%,也就是说,一般的美国软件公司会在发布前消除大约 85%的软件缺陷。如 9.4 节所述,最佳的软件公司根据语言的不同,每 KLOC 的缺陷逃逸率为 1.3~2.6。因此可以合理地假设,一个非常好的软件开发小组在使用低级语言时,平均缺陷注入率约为 9 个 KLOC,使用高级语言时大约 18 个/KLOC。可以假设,同类最佳的软件小组也将具备良好的缺陷预防技术。这些供参考的行业数据值很低,在使用它们来估计软件质量控制初始时期的缺陷率时,应将其四舍五入。如果没有历史数据可用,本书建议对低级语言采用 10 个/KLOC 缺陷,对高级语言采用 20 个/KLOC 缺陷。

9.5 缺陷模型

缺陷模型用于预计在项目期间注入和/或发现的缺陷的预期数量。一些缺陷模型可能非常复杂,可以预测在项目的每个阶段将注入和发现多少缺陷;简单的缺陷模型仅可估计特定组件或项目创建的缺陷总数。

基于历史数据构建缺陷模型为最佳方案,如果没有历史数据,则可以使用行业数据构建初始缺陷模型。

乔治·博克斯(George Box)提出关于缺陷模型管理的警告:"所有模型都是有误差的,但模型也是有用的。"[3]不应将缺陷模型过于神化,缺陷模型仅仅提供一个预计值,因此本质上是不准确的。缺陷模型无法预测任何给定时间里代码缺陷的确切数量,而只是给出一个大概的估计,因此应该将其用作项目近似质量的一般准则。只要管理层不期望所有给定的项目指标完全匹配模型,缺陷模型将是管理项目的一个非常有用的工具。

缺陷模型使开发方可以更有效地计划项目所需的工作。项目经理可以使用缺陷模型的估计值来计划工作,以确保有足够的时间和资源来查找和补救足够的缺陷,以实现所需的质量目标。管理人员可以合理安排工作,以免缺陷堆积。最具生产力的方法是,随着项目的进展,保持开放(Open)的缺陷数量很少并受到严格控制。非常推荐使用此方法,因为如果在任何时间点都允许开放的缺陷数量过多,那么软件测试将变得更加困难,并且更难以隔离单个缺陷。当单个缺陷要花费更长的时间来确定根本原因并进行修复时,总体生产率会下降,项目也将花费更长的时间和更多的费用。更严重的是,如果缺陷数量过多,说明新的开发工作是在有缺陷的基础上进行的,随着开发的继续进行,这将导致更多问题出现。

9.6 缺陷运行图

缺陷运行图显示了在软件产品的开发和测试过程中以及产品发布时,软件发布质量随时间变化的状态,通过它管理人员可以确定软件版本是否已达到其预期质量目标。

缺陷运行图由几个数据序列组成,第一个是在软件发行过程中预期发现并修复的缺陷总数,此数据由缺陷模型确定,第二个是在软件开发和版本测试期间发现的缺陷总数,第三个是软件发行期间在任意给定时间内开放缺陷的数量。缺陷运行图1如图9-4所示。

假设该项目的新代码开发已完成,则当报告的缺陷总数达到预期的缺陷数量且未解决的数量达到零时,可假定该软件已达到其质量目标。在解释缺陷运行图时需明确:当前开放的缺陷数量本身无法充分说明软件发行的准备就绪情况,即使报告的总数等于(或大于)预期的缺陷数量,也同样无法充分说明。

预期缺陷的总数是一个估计值,本质上是不准确的。预期的缺陷数只能用作

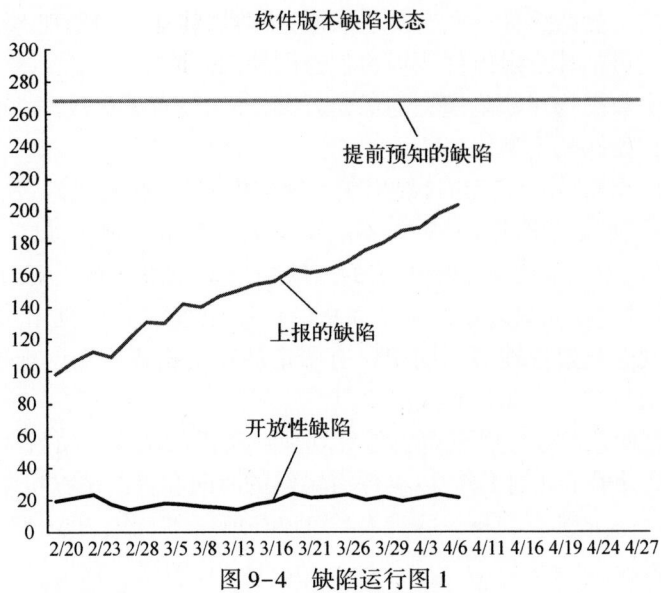

图 9-4　缺陷运行图 1

粗略的衡量标准,而不是一个明确标准。此外若开发团队能够有效地发现所有报告的缺陷,那么在发布软件准备就绪之前,未解决缺陷的数量就可以降低为零。

在使用缺陷运行图评估软件质量准备情况时,除原始数字外,管理人员还必须考虑开发和测试工作的状态。如果开发或测试未完成,即使数字看起来不错,软件也尚未准备就绪。为了帮助显示开发和测试的状态,可以将软件里程碑添加到缺陷运行图 2 中,如图 9-5 所示。

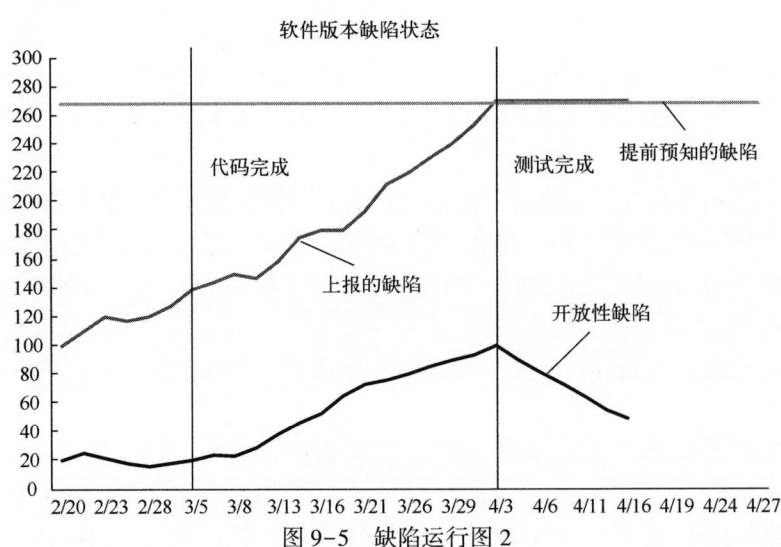

图 9-5　缺陷运行图 2

缺陷运行图还提供了一种用于评估开发和测试团队在满足计划方面表现的机制。如果指标未收敛到预期目标，则可能需要采取更多的纠正措施，例如，如果在系统测试阶段（编码完成后）发现的缺陷率未达到预期应满足的总预期缺陷率，则应延长软件开发时间；同样，如果按缺陷闭合速率估计，在期望的软件发布日期无法实现零缺陷，那么应该采取延后措施。

9.7 缺陷逃逸率

逃逸的缺陷是指产品交付后由终端用户发现的缺陷。尽管无法从软件包中剔除所有的缺陷，软件质量工作的目标是最大程度减少逃逸缺陷的数量。

缺陷逃逸率是每1000行代码（KLOC）的归一化逃逸缺陷数，每个软件发行版本都应对此进行跟踪。这意味着每个软件版本的新代码和修改代码的行数都将记录在案，此外还必须在每个版本的基础上跟踪终端用户报告的缺陷数量，报告的重复缺陷不纳入递增计数。建议使用缺陷逃逸率来确定软件质量是否随着时间的推移而提高。逃逸率应该设定为工作目标，逐个检查软件发行版本，如果软件质量正在改善，则缺陷逃逸率应该得到改进。然而，计算目标逃逸率并非易事，主要因素之一是开发软件所使用的语言，与C或汇编语言等低级语言相比，Java和C#等高级语言在每行代码中提供了更多的功能，因此，高级语言的预期逃逸率将高于低级语言。

为了消除采用LOC计算软件代码规模带来的问题，研究人员使用功能点（FP）代替了LOC，功能点是一个中立的度量标准，用于说明软件的功能数量。

Jones[2]的研究表明，同类行业中最佳的缺陷逃逸率约为每个功能点0.13。根据定量软件管理（QSM）的研究[4]，C语言的每个FP平均有97个LOC，C++的每个FP有50个LOC，C#的每个FP有54个LOC，Java的每个FP有53个LOC。通常，QSM数据显示每个FP的LOC大致为双峰的；对于高级语言，大约为50 LOC／FP；对于低级语言，大约为100 LOC／FP，上下偏差约10%～15%。使用QSM和Capers Jones的数据，业内最好的软件开发团队可以提供达到以下缺陷逃逸率的代码：

    C   ~1.3个缺陷/KLOC
    C++、C#、Java ~2.6个缺陷/KLOC

需要注意的是，缺陷逃逸率不应与预期缺陷密度相混淆，这些度量标准衡量的是不同的缺陷率。

需要仔细考虑跟踪每个软件发行版本的实际缺陷逃逸率，有几个因素会影响上报的缺陷逃逸率，其中包括采用新版本的客户数量以及使用该版本的时间长度。通常,使用量增加会导致更多的逃逸缺陷被更快地上报,因此随着更多客户使用该产品,上报的缺陷率将增加,随着时间推移,逃逸的缺陷总数也将增加,这种情况将一直持续到随后的软件版本发布并被客户采用为止。

为了比较各个发行版本的改进情况,缺陷逃逸率必须在固定时间段内进行比较。时间间隔可能会有所不同,具体取决于发布节奏和客户采用率,通常最好将其限制为从软件发布之日起一年内,以便进行准确比较。缺陷逃逸次数可以在每个版本发布后的一年内逐月对各个版本进行绘制,缺陷逃逸率比较如图9-6所示。

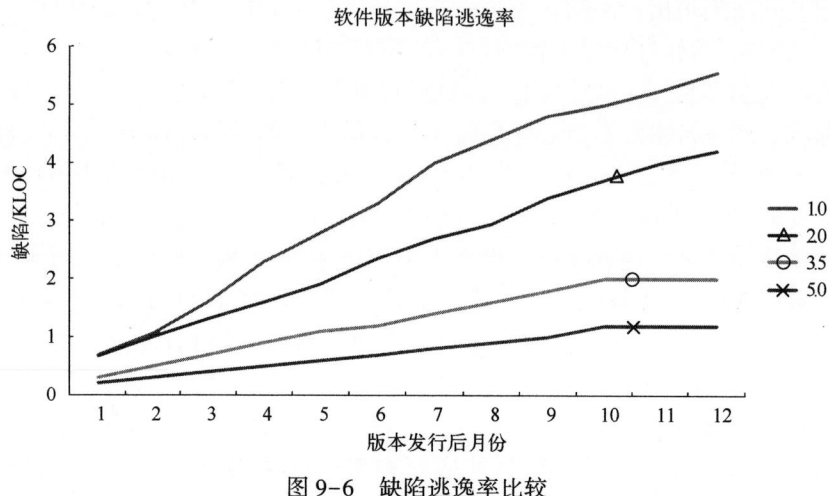

图9-6 缺陷逃逸率比较

软件开发小组可以通过跟踪各个发行版本的缺陷逃逸率,来衡量其在提高软件质量提升方面的进度。在本示例中,从图9-6可以看出,缺陷逃逸率随着每次发布而上升。

9.8 代码覆盖率

单元测试应尽可能多地覆盖产品代码。理想情况下,单元测试可以覆盖100%的产品代码,但是,实际上并非所有代码都可以通过单元测试进行测试。大多数单元测试框架在执行时,可以生成有关单元测试所涵盖的LOC的报告,覆盖率标准应作为单元测试是否充分的度量。如何设定覆盖率目标有些争议,因为实现100%的覆盖率是不可行的。通常根据经验,通过单元测试获得90%或更高的代码覆盖率是较好的结果,少于80%的代码覆盖率可能不足,而尝试实现100%的代码覆盖率会带来越来越少的回报。

需要注意的是,仅靠单元测试不足以保证产品代码没有缺陷。由于软件有不同状态,仅执行一行代码不足以在所有状态下测试该代码,因此,即便使用单元测试获得了 100% 的代码覆盖率,被测代码也可能并非完全没有缺陷。但是即使如此也仍然强烈建议度量代码覆盖率,因为代码覆盖率度量标准是衡量代码是否全面测试的最佳方法之一。通过自动化构建和计算测试覆盖率,可以生成有关测试代码覆盖率的连续报告,而无须软件开发组织中的个人增加额外工作。

代码覆盖率通常由运行单元测试时植入单元测试框架的工具来衡量。对于 Visual Studio,代码覆盖率分析内置在单元测试功能中,不需要其他工具;还有许多可与常见的单元测试框架(包括 Visual Studio)一起使用的商业和开源工具,包括 Jcov for Java、gcov(GNU 代码覆盖率工具)和 Google Test(gtest)等免费工具,它们可用于 C/C++。在网络中通过快速搜索能够找到许多这类工具,可以选择最适合开发环境的一种。

除了代码覆盖的百分比之外,代码覆盖率工具还可报告哪些 LOC 未被执行,这有助于测试人员添加更多的单元测试范围,直到测试尽可能多的代码;如果代码覆盖率工具已集成到 IDE 中(如 Visual Studio 代码分析),则会直观地显示 IDE 中涵盖和未涵盖的特定 LOC;其他工具也可以生成报告,以行号显示每个分析模块的代码覆盖率。

单元测试不太可能也没有必要使用每一行代码,总有一些代码很难测试;最难测试的代码通常是错误处理代码,因为测试中很难模拟或创建所有的错误条件;在确定可以安全地从单元测试中省略哪些代码时,必须考虑相应的风险。是否跳过一些代码的单元测试应遵循 4 个通用规则:

(1)非错误用例的所有代码都必须包含在单元测试中;
(2)必须测试所有针对常见错误情况的代码;
(3)应该测试需大量恢复处理的错误情况代码;
(4)对于处理非关键和难以复制的错误代码,可以省略测试。

除考虑风险外,还应根据 ROI 评估,为难以执行的 LOC 添加单元测试的工作量。如果这样做的成本太高,则为此类代码增加单元测试覆盖范围可能是不合适的。但这并不意味着单元测试无法覆盖的代码可以不进行验证,对于单元测试未涵盖的所有代码,应采用其他验证方法,该代码可能在系统测试中被覆盖,或者在代码审查中需要格外注意。

参 考 文 献

[1] Dilbert © 2018, Andrews McMeel Syndication, November 13, 1995, https://dilbert.com/

strip/1995-11-13.

[2] Jones, C. and Bonsignour, O. (2012). The Economics of Software Quality. Pearson Education Inc.

[3] Box, G. E. P. (1979). Robustness in the strategy of scientific model building. In: Robustness in Statistics (ed. R. L. Launer and G. N. Wilkinson), 201-236. Academic Press.

[4] Quantitative Software Management, Function point languages table, version 5.0 http://www.qsm.com/resources/function-point-languages-table.

延 伸 阅 读

Ann Marie Neufelder, Current Defect Density Statistics, SoftRel, LLC 2007 http://www.softrel.com/Current%20defect%20density%20statistics.pdf.

第 10 章 软件质量分析技术

10.1 根本原因分析

根本原因分析(RCA)技术可以识别整个开发过程中的薄弱环节,并随着时间的推移加以改善。通过该方法,在开发过程中就可以发现缺陷并将其修复,且一开始不需要花费很多时间来了解缺陷是如何产生的。应该在特定项目开发的过程之外进行 RCA 分析,以识别存在的所有组织、过程和技术薄弱环节。RCA 是推动开发过程改进工作最重要的分析技术之一。

许多重要的 RCA 技术源自 20 世纪 60 年代制造过程中的质量改进工作,随后被其他工程学科采用,并已成功使用了几十年。RCA 可采用许多工具和技术,本章介绍了三种功能强大且常用的方法。

员工的充分参与对于所有 RCA 技术都很重要,参与者应包括从事该项目的团队成员、其他的专业领域专家和过程专家。如果团队规模太小或不包括具有必要经验和专业知识的团队代表,则任何 RCA 工作都不可能足够充分。

10.2 5 个为什么

"5 个为什么"是一种迭代技术,用于确定任意给定缺陷的根本原因。与分析大量缺陷的 Pareto 图不同,"5 个为什么"技术一次只能用于分析一个缺陷。

正如其名字一样,"5 个为什么"方法中,在分析缺陷的原因时,会反复问"为什么会这样?"的问题共计 5 次。那么"为什么"问题的每次迭代都可以更深入地探究根本原因?应用"5 个为什么"寻找缺陷根本原因的示例如下。

缺陷:机器人拾取器停止。
(1) 为什么? 因为机器人的视觉系统无法检测到要拾取的零件。
(2) 为什么? 因为视觉算法无法检测到零件的边缘。
(3) 为什么? 因为光线成一定角度,在零件上产生阴影。
(4) 为什么? 因为视觉系统未在不同的照明条件下进行测试。
(5) 为什么? 因为视觉系统测试计划尚未审查。

显然,"为什么"问题可以无限地继续进行,然而实践发现,一般而言,5次迭代足以达到最终的根本原因。

"5个为什么"技术(以及其他 RCA 方法)的目标是最终确定可以修复的过程薄弱环节,以避免将来再次出现类似问题。注意,在此示例中,最终的根本原因是流程(具体为测试开发流程)的不足,纠正此缺陷的过程改进将提高所有软件的质量,而不仅是防止单一类型的逃逸缺陷。

10.3 因 果 图

因果图可以有效发现缺陷的根本原因,因果图显示了影响(缺陷)与其可能原因之间的关系,因果图按类别组织输入,并允许用户探索可能的根本原因。因果图的发明者是石川薰(Kaoru Ishikawa),也称为鱼骨图(因为它们类似于鱼的骨架)或石川图。

在因果关系图中,要分析的影响位于关系图的右侧(与"5个为什么"方法一样,影响是指由根本原因引起的缺陷),在左侧绘制一条水平线,原因类别以水平线上方和下方并与其连接的斜线绘制,详细的根本原因将添加到每个类别行,如图10-1所示。

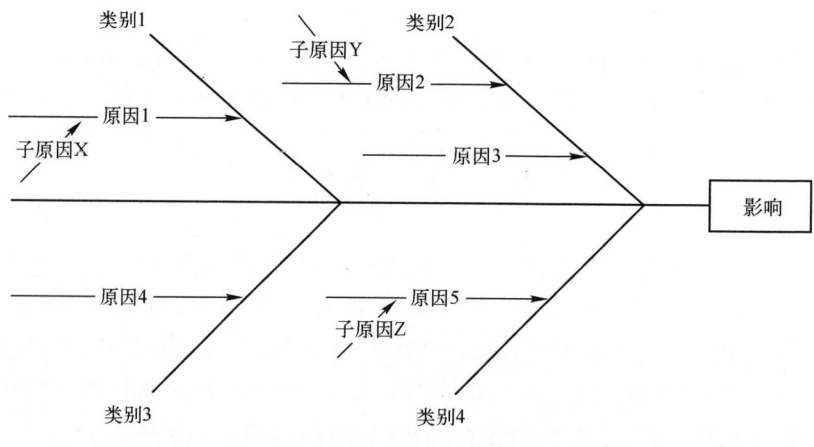

图 10-1 因果关系图

因果分析过程开始时,首先是与 RCA 团队进行头脑风暴会议,以确定根本原因;然后将这些根本原因类别分组,可以包括工具、基础结构、流程、方法和人员等。传统方法是让团队的每个成员在便签上写下他们的想法,然后将便签贴在墙上,并由团队将相似的项目放在一起,将其分类。一旦团队就原因和类别达成一致,则将它们记录在因果图中。图10-2中显示了完整的因果关系图示例。

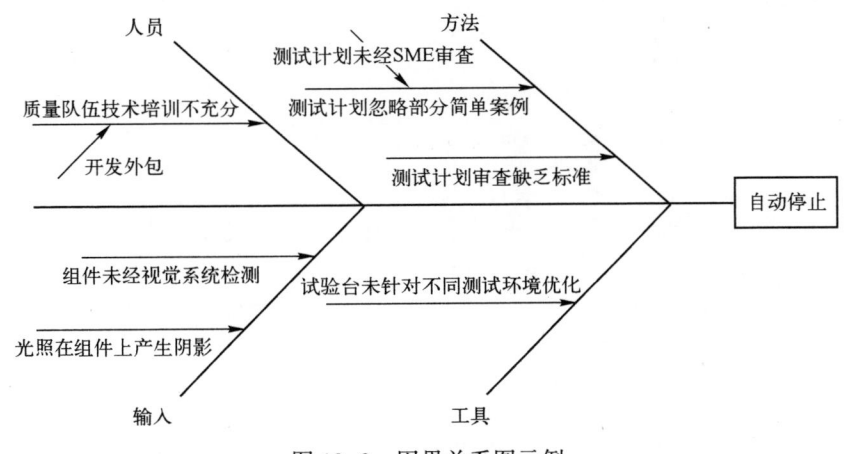

图10-2 因果关系图示例

10.4 帕累托图

任何任务的关键都是知道从哪里开始,首先必须解决最主要的问题,才能最大程度地发挥作用。帕累托图通常用于识别最常见的缺陷类别(尤其是逃逸缺陷)或最常见的缺陷根本原因。

帕累托图是一种对数据分组以便优先考虑改进工作的方法。在帕累托图中,将每个类别的项目数排序并放入条形图中,其中数据量最多的一条最靠近纵轴,而较小的类别则按递减顺序在横轴上向右排列。通常,要使帕累托图分析有意义,就需要提供许多缺陷数量。每个类别的百分比均以图形表示,因此所有类别的总和为100%。

帕累托图中的类别可以按技术领域、组件,甚至由工程师来分类,可以创建具有不同分类的多个帕累托图,以探索不同的薄弱环节区域。同样,对于缺陷数量最多的类别,可以创建派生的帕累托图以进一步了解薄弱环节。图10-3是一个帕累托图的示例。

帕累托图并未显示根本原因,而是用于确定需从何处进一步挖掘。使用帕累托图分析缺陷数据之后,最大的类别应定为根本原因,此过程需定期重复。通常,在每个软件版本发布后的几个月,可以将先前版本的缺陷数据放入帕累托图表中,以查看下一个重点。如果正在进行充分的过程改进活动,则可以观察到类别图中百分比随时间的变化。

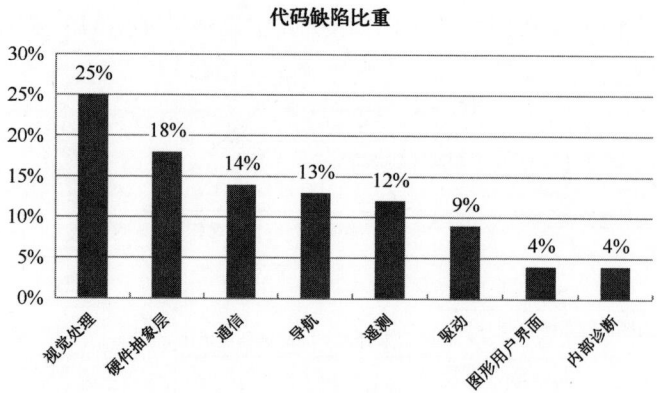

图 10-3　帕累托图的示例

在分析了缺陷的根本原因后(使用"5 个为什么"或因果图之类的技术),也可以将其放入帕累托图中,以便确定要进行的最重要的过程改进。例如,表示代码审查根本原因的帕累托图可能类似于图 10-4。

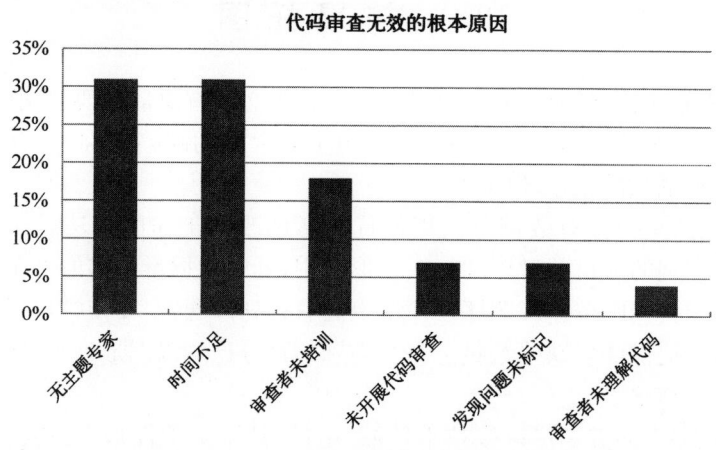

图 10-4　代码审查根本原因的帕累托图示例

从该帕累托图分析示例中可知,至少需要进行两项更改以提高代码审查的有效性:专业领域专家需要参与代码审查,且应分配更多时间进行代码审查,开发人员也可以参加一些有效代码审查的培训。

10.5　缺陷预防、缺陷检测和防御性编程

简单来说,缺陷预防指一系列避免引入早期缺陷的技术。缺陷检测是一种

用于发现软件中已存在缺陷的技术。从生产率、成本和质量的角度,软件不产生错误比查找和修复错误要有效得多。本书已经讨论了用于预防缺陷的大多数技术,包括故障模式和影响分析(FMEA)、RCA 和代码审查。主要的缺陷检测技术也包括之前讨论过的各种测试方法,另一种缺陷预防技术称为防御性编程。

防御性编程是一种可以预测在软件执行过程中可能出问题的地方,并添加代码来处理那些错误和异常的实用技术。在任何编写良好的软件包中,包含很大一部分用于处理错误和意外行为的代码。目前尚无关于该主题的确定性研究,但据估计,编写的所有代码中有多达 80% 是为了处理错误和异常。错误或意外行为可能包括错误的用户输入、硬件错误、数据错误、代码错误、位错误等。另一类异常来自系统资源分配失败(如软件尝试分配内存块,却没有可用的内存)。

在代码设计和实施期间,应提前预示潜在错误,并且必须进行适当的错误处理,可以使用 FMEA、故障树分析(FTA)和 RCA 等技术来识别潜在的错误或异常。

每当某个代码与用户、外部数据、另一段代码或硬件交互时,该外部实体就有可能出现错误或意外行为。因此,应尽可能编写能够处理意外或错误响应的代码。错误代码处理的编写方式因情况而异,可能与显示错误消息并等待用户指令一样简单,也可以设计为尝试从错误中恢复并按预期继续运行。

某些编程语言具有可用于错误和异常处理的特定构造。使用其他语言时,开发人员必须通过自己的编程结构以实现错误检测并进行处理。在各种情况下,开发人员都必须编写代码,以便在检测到错误时实际执行相应操作。

目前大多数面向对象语言都支持"throw"和"try-catch"结构,以使开发人员更容易开发代码处理错误。例如,可以采用一种检测到异常,即可以"引发"错误的方法,再调用代码可以"捕获"错误并进行处理,这称为 try-block。图 10-5 中的伪代码显示了使用 try-block 和 throw 的示例。

容错指的是代码从错误中恢复并保持正常运行的能力。大多数软件不必具有容错能力,即使必须具有容错能力的软件也不一定在其运行的所有方面都提供容错能力。容错技术包括备份、冗余的硬件和软件,以及用于将硬件(和软件)重置回既定工作状态的代码。容错不是本书的主题,因此不作进一步阐述。

除了包括适当的错误处理代码之外,一种不太明显的防御性编程技术是编写足够大的代码文档。大多数代码在整个寿命周期中都不止被处理一次。大多数软件的使用和修改时间长达数年,有时甚至数十年。应用程序中的代码可能会在很长一段时间内被许多工程师扩展或修复。有据可查的代码易于理解,因此在以后的某个日期进行修订时,不太可能被破坏。充足的代码记录是一种重要的防御性编程技术,可以避免将来出现缺陷注入。即使代码的原始作者在以后进行了修改,这一点也很重要。当最初的工程师重新接触他们编写的某些代码时,他们对代码的理解将会减弱。因此至关重要的是,在最初编写代码时,要充分记录所有方法或函数签名。代码审查者应将代码注释评估作为审查期间的关键标准。

```
//the demoTryCatchMethod() calls another demoThrowMethod() which can throw an exception

#include <iostream>
#define FrontSensorPin 10;

void demoTryCatchMethod()
{
  float pinValue = 0;

  try{
    demoThrowMethod{ FrontSensorPin, pinValue };
  }
  catch{ const char * msg} {
    //code to handle the exception
    cerr << msg << endl;
  }
}

//demoThrowMethod{} thorws an exception if it detects an error

#define MaxPin 100;
#define MinPin 0;

void demoThrowMethod{int, pin, float value}
{
  //check to see if pin has a legal value
  if {pin >= Minpin && pin <= MaxPin)
  {
    value = readPin{ pin };
  }
  else //throw and error message
  {
    throw "Invalid pin number";
  }
}
```

图 10-5 " try-catch"代码示例

10.6 工作量估算

有人可能会问,为什么有关产品可靠性和软件质量的书中会包含有关工作量估算的部分。答案是,如果项目的规模大小不合适,特别是没有足够的时间或人员分配来交付产品,那么为了最终期限,就会牺牲产品质量。更糟糕的是,该项目可能会因进度落后或陷入困境,以致被彻底取消。根据 Standish Group 的研究[1],31%的软件项目在完成之前被放弃,另外52%的软件项目的成本接近其最初估计的两倍。软件项目失败率如此之高的原因有多种,其中之一是该项目最初预计的工程规模不合适。

有多种方法可以估算开发软件项目所需的工作量,但是它们都使用相同的经验法则——计数法,即项目估算者枚举项目中的一些标准,并将其乘以时间因子。要统计的一些常见项目包括估计的代码行数(LOC)、需求数量和功能点(FP)数量,然后将这些计数乘以历史上开发和测试类似规模的项目所需的工作量。例如,如果新项目估计为5个新代码的 KLOC,并且历史数据显示,要实施和完全测试1个 KLOC 需要40人/天的工作量,那么新项目将需要200人/天的工作量。

顺便说一句,乍看之下,似乎花了40人/天的工作量来编写1000个 LOC 耗费了太长时间。毕竟,当开发人员编写代码时,他们每天通常要编写数百个 LOC。但是当考虑高质量软件产品所需的所有工作量时,实际上编写代码时间并不是开发人员花费在软件上的主要时间。其他任务,包括编写需求、设计框架、审查、测试、调试和修复软件,所有这些加起来比编写代码花费更多的时间。在确定开发软件包所需的工作量时,必须考虑以上所有任务。

如果历史工作量数据尚未被跟踪,则估算初始估计值并不难。假设当前软件项目不是组织实施的第一个软件项目,那么提供一些历史数据将是可行的。可以通过在当前代码库上运行 LOC 计数工具来确定现有的 LOC。开发该代码的人/天工作量也可以估算出来,这将使开发方可以得出每 KLOC 的人/天因子。

为了改进未来的估算精度,应在每个项目的基础上跟踪总劳动力和 LOC 的度量指标。随着时间的推移和输入数据变得更加准确,工作量估计的准确性将进一步提高。

估算项目工作量的另一种方法是"相似性"方法,通过该方法,工程师可以选择与新项目相似的已完成项目,然后通过历史项目中的工作量来估算新项目的工作量。估算值可以向上或向下修改,通常结合已计算的数据。例如,工程师可能会确定新项目 X 与历史项目 Y 相似,只是项目 X 多出10项输入和输出。

因此，项目 X 的工作量将在历史项目 Y 的实际工作量基础上，加上实施和测试额外 10 个输入和输出的工作量预估。

与所有估计一样，工作量估算中也存在固有误差。开发方要想更准确地进行估算，需要使用多种估算方法，并比较不同的估算值以整合总的估算工作量。使用不同的方法创建多个工作量估计，可以避免因只有一个估计带来的不准确性。例如，一个项目的大小可以通过估计 LOC 和每个 LOC 的工作量、估计 FP 和每个功能点的工作量，以及通过类似的项目进行估计。可以将这三个估计值平均起来，以得出用于计划项目的工作量估计。一般来说，除非需要非常高的工作量估计精度，否则无须使用多种不同的估计技术对工作量进行三维估算。

参 考 文 献

[1] The Standish Group, CHAOS Report, 2014. This report can be purchased from the Standish Group from here: https://www.standishgroup.com/store/services/chaos-report-decision-latency-theory~10-package.html.

延 伸 阅 读

Cohn, M. (2006). Agile Estimating and Planning, 1e. Pearson Education.

Florae, W. A. and Carleton, A. D. (1999). Measuring the Software Process: Statistical Process Control for Software Process Improvement. Pearson Education.

Galorath, D. D. and Evans, M. W. (2006). Software Sizing, Estimation, and Risk Management: When Performance is Measured Performance Improves, 1e. Auerbach Publications.

Hill, P. (2010). Practical Software Project Estimation, 3e. McGraw-Hill.

Pfleeger, S. L., Wu, F., and Lewis, R. (2005). Software Cost Estimation and Sizing Methods, Issues, and Guidelines. RAND Corporation.

Stutzke, R. (2005). Estimating Software-Intensive Systems. Addison-Wesley.

第 11 章 软件寿命周期

软件开发本质上是迭代的,与硬件不同,软件永远也不完备。一旦软件发布了某个版本,开发人员便会着手进行该软件下一个版本的新功能开发和缺陷修复。所有软件开发寿命周期都符合这一规律,各个寿命周期的主要区别仅在于每次迭代的持续时间。一些寿命周期倾向于短而频繁的迭代,一些寿命周期倾向于较长持续时间的迭代。在这些迭代中,大多数寿命周期基本上执行相同类型的开发和验证活动。

本章将介绍两个最常见的软件开发寿命周期模型:瀑布寿命周期模型和敏捷(Agile)寿命周期模型。此外还描述了软件能力成熟度集成模型(CMMI),这是用于确定组成软件寿命周期过程有效性的框架。

11.1 瀑布寿命周期模型

瀑布寿命周期模型(有时称为软件开发的经典模型)于20世纪70年代提出,瀑布是从更高的位置开始,然后向下游流动,瀑布寿命周期模型通过模拟瀑布流动来描述软件开发寿命周期。它是线性软件过程的级联,从系统级需求开始,一直到软件需求,然后是软件设计、软件实现、软件集成、验收测试、软件发行和软件维护。瀑布只能单向流动,不能流回上游(图11-1),最初的瀑布方法不包括将反馈提供给前一阶段进行更改的过程或方法。

瀑布寿命周期模型之所以被广泛使用,是因为它一开始就定义了软件要求和交付成果,因此易于计划和实施。但是,这还要求软件在实施之前,必须完全了解软件需求。由于缺少反馈,因此在继续进行下一阶段之前,需确保该过程的每个阶段都是完整的,不存在问题、缺陷或更改。而实际操作中通常允许附带条件的阶段过渡,这些条件使这些未完成操作项的完成进度可追溯。通常,这种方

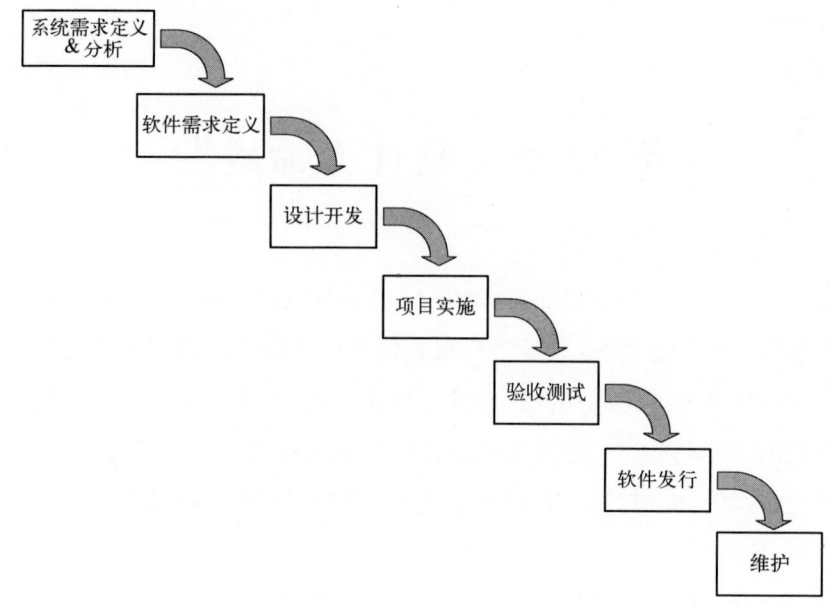

图 11-1　瀑布寿命周期模型

法在需求明确并且不太可能改变的项目,或者功能定义明确且有严格交付期限的项目中应用效果最好。

因为软件需求不是一成不变的,瀑布寿命周期模型通常包括正式的管理程序变更,管理程序变更允许在瀑布项目期间更正流程。

瀑布过程易于管理,软件开发遵循事件的逻辑顺序进行,发展进度很容易衡量,并易于向参与者报告其状态。瀑布方法与硬件产品开发类似,因此很容易进行相关性匹配。

但是,很难在进行下一阶段之前就保证所有阶段的正确性。比如,软件需求可能没有被完全理解或模棱两可,新的客户需求或市场机会可能导致需求变化。而软件测试在开发周期的后期进行,这时软件缺陷可能会带来更严重的后果,并对开发进度产生更大的影响。公司可以通过各个阶段的进度来衡量项目进展,却难以衡量开发阶段的内部进度。这些因素导致的低效率会导致开发周期变长且更难预测。

根据 Barry Boehm[1] 的理论,瀑布寿命周期模型需要以下基本前提假设:

(1) 软件需求事先可知;
(2) 软件需求不包含未解决的高风险问题;
(3) 在项目期间软件需求不太可能变更;
(4) 正确理解用于实现需求的体系结构;
(5) 有足够的时间可以顺序开展。

图 11-2 显示了在瀑布寿命周期内,各种软件开发质量活动的开展时期。

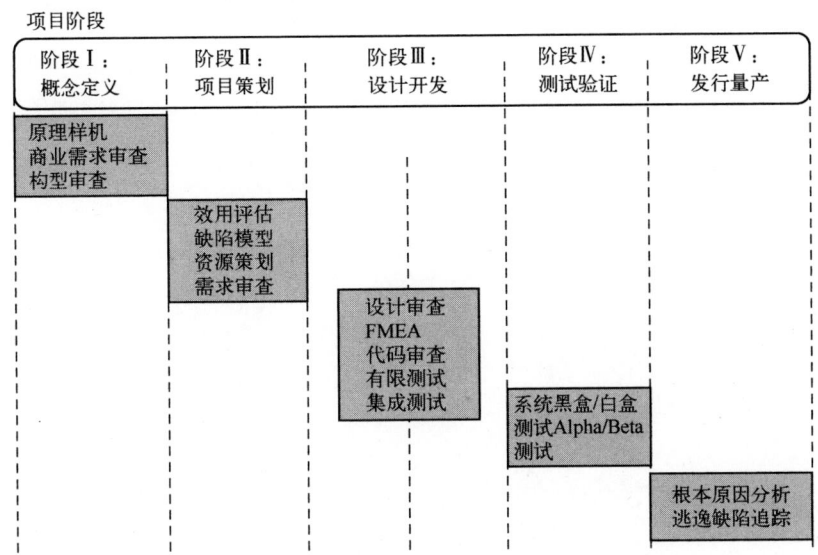

图 11-2 瀑布寿命周期模型中的质量控制过程

11.2 敏捷寿命周期模型

敏捷(Agile)寿命周期模型强调了一系列称为"冲刺(Sprint)"的迭代式短开发周期,每个周期都提供了一组功能齐全的软件功能供最终用户使用。每个冲刺周期都会为之前的冲刺周期中交付的软件逐步增加功能。冲刺周期通常持续 2~6 周,尽管对其具体持续时间并无要求。每个冲刺周期开始之前,会有一个计划阶段为冲刺周期做准备。每个冲刺周期完成之后,会进行一个回顾性分析会议,该会议对冲刺周期进行审查,其目的是确定如何改善后续的冲刺周期。

每次冲刺期间,每个团队每天应举行一次简短会议,以便协调当天的工作。该会议通常称为每日非正式短会议,不应超过15min。此会议的目的是确保每个团队成员都知道当天的计划工作,并确定可能妨碍该工作的任何问题。为了使会议专注于协调,应避免该会议陷入尝试解决所有问题之中,可通过召开其他工作会议来处理已确定的问题。

敏捷流程背后的普遍哲学思想是,正式文档和度量标准应尽可能简化,以便加快开发周期。但是,每个冲刺周期都包括需求、设计、代码和测试活动的完整执行,正如瀑布等其他寿命周期中所发现的。图11-3显示了典型冲刺周期中的活动。

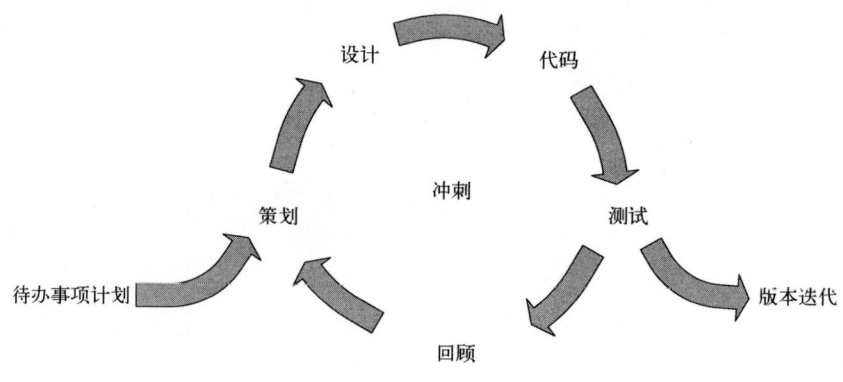

图11-3　冲刺周期中的活动

有几种软件的开发寿命周期属于敏捷过程的范畴,包括Agile、Scrum、Kanban和极限编程(XP)。这些软件开发寿命周期中的每个寿命周期都存在一些稍有不同的做法,但是它们都采用冲刺周期迭代的通用敏捷原则,并在每个冲刺周期结束时提供功能齐全的可交付成果。

图11-4显示了在敏捷寿命周期中,各种软件开发质量活动的开展时期。

第 11 章 软件寿命周期

- 可在经历一个冲刺（Sprint）或一个周期（包含多个冲刺）后生成发行版本；
- 缺陷模型和运行图适用于冲刺循环以外持续进行；
- 待办事项管理在冲刺循环以外持续进行；
- 用户故事优化作为待办事项管理的一部分会同时有发生；
- 根本原因分析作为待办事项管理和周期管理的一部分，在冲刺循环以外持续开展

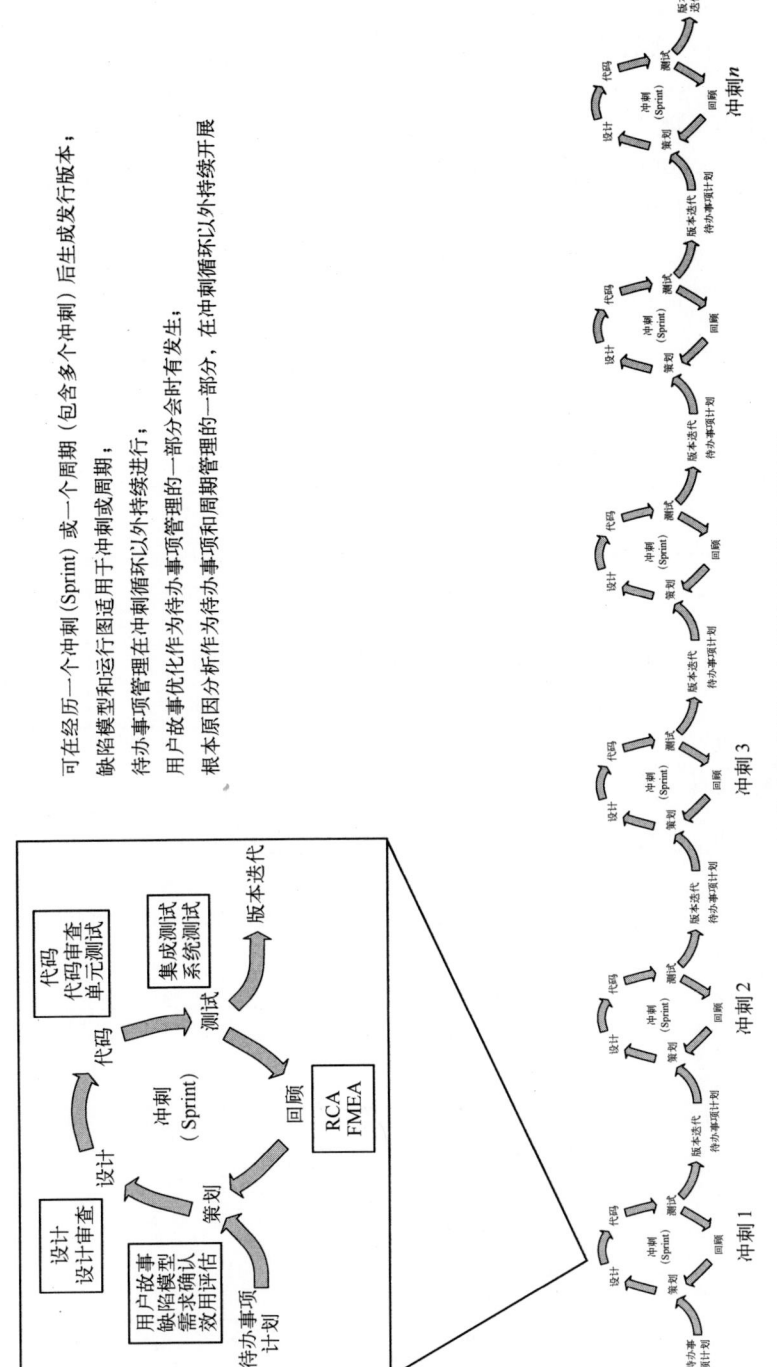

图11-4 敏捷寿命周期中各质量活动的开展时期

163

11.3 软件能力成熟度集成模型

软件能力成熟度集成模型(CMMI)实际上不是一种软件寿命周期或过程集。CMMI是一种模型或框架,可以描述成熟的软件寿命周期中需要哪些软件过程,并为每种过程类型指定属性。CMMI可以应用于敏捷或瀑布式软件寿命周期,CMMI最初是由卡内基-梅隆大学的软件工程学院开发的,现在由CMMI研究所管理。其最初是为软件开发定义的,现在也开发出用于服务、交付和获取的CMMI模型。

用于软件开发的CMMI模型描述了22个过程域和5个过程成熟度级别。并非所有成熟度级别都需要所有过程域,较低的成熟度级别要求覆盖的处理区域更少。表11-1描述了CMMI过程域。

表11-1 CMMI过程域

缩写	名称	描述
CAR	原因分析与解决方案	通过过程改进措施对结果进行根本原因分析的过程
CM	配置管理	控制和审核对工作产品的更改,如需求文档、源代码等
DAR	决策分析与解决方案	正式的分析决策过程
IPM	集成化项目管理	所有利益相关者参与管理项目
MA	度量分析	定义和跟踪用于衡量项目绩效的指标
OPD	组织过程定义	选择寿命周期和项目应用的过程
OPF	组织过程焦点	流程改进过程
OPM	组织绩效管理	组织绩效与整体业务目标保持一致并进行管理的过程
OPP	组织过程绩效	过程绩效指标和度量分析
OT	组织培训	使组织和项目技能与组织和项目目标保持一致的过程
PI	产品集成	集成产品组件的过程
PMC	项目监控	监视和管理项目进度和状态的过程
PP	项目规划	用于创建项目计划的过程,包括创建工作量估算、进度表等
PPQA	过程和产品质量保证	监控流程执行情况的过程
QPM	定量项目管理	定量项目管理过程
RD	需求开发	创建需求的过程
REQM	需求管理	管理需求的过程,包括确保需求和工作产品之间的一致性
RSKM	风险管理	识别和管理项目风险、创建缓解措施并执行计划的过程
SAM	供应商协议管理	供应商管理流程,包括外包和第三方

(续)

缩写	名称	描述
TS	技术方案	确定适当的技术解决方案（设计、实施等）以满足项目目标的过程
VAL	确认	证明所定义的产品契合目标，即它是正确的产品
VER	验证	证明所制造的产品符合规定的要求

成熟度最低的级别是临时性的软件开发方法，它没有太多可重复的过程和步骤。成熟度最高的级别适用于已经定义了软件开发和重复流程的公司，其采用了复杂的统计控件来度量和管理所有流程以及流程演变。每个成熟度级别都需要覆盖一部分过程区域。随着成熟度的提高，该子集逐渐增加。表 11-2 列出了 CMMI 的 5 个成熟度等级。

表 11-2　CMMI 成熟度等级

等级	名称	描述	过程域
1	初始级	临时开发活动，开发方通常响应被动	无
2	管理级	已定义面向项目的基本流程。开发方仍然比较被动	CM, MA, PMC, PP, PPQA, REQM, SAM
3	定义级	已定义和管理核心开发流程。开发方积极主动，可以调整流程以适应需求	DAR, IPM, OPD, OPF, OT, PI, RD, RSKM, TS, VAL, VER
4	量化管理级	开发过程已得到度量和控制	OPP, QPM
5	优化级	专注于持续优化开发流程	CAR, OPM

开发方由 CMMI 研究所认证的评估师进行正式评估。评估需要数周的准备工作，然后进行为期两周的现场审查，结果发布在 CMMI 研究所登记处。

一个软件开发方可能需要几年的时间才能从成熟度 1 级和 2 级发展到 3 级。如果开发方在 3 级成熟度运行，其表现已相当不错。若想把成熟度提升到 4 级和 5 级，从投资回报率（ROI）角度可能难以通过。任何软件开发方的成熟度完全取决于公司目标，即使软件开发小组不选择进行评估，但熟悉 CMMI 模型要求，可以成为确定后续软件改进方向的一种有效手段。

11.4　如何选择软件寿命周期

软件寿命周期是一种工具。没有一种工具能适合所有项目，同样，也没有一种软件寿命周期能适合所有项目。每种寿命周期都有其优点和缺点，请注意，这里讨论的每种寿命周期都有很多变化。每种寿命周期的高级从业人员都以自己的方式扩展了寿命周期,以使其更广泛地适用于不同的项目类型。通常,用来确定哪个寿命周期最合适的项目标准是:①项目的规模,②开发团队的规模,③开发团队的地理位置,④对需求、技术和体系结构的了解程度,⑤对需求、技术或体系结构进行更改的可能性有多大,⑥返工的成本。

表 11-3 列出了本节中讨论的基本软件寿命周期的优缺点,总结如下:

(1) 对于那些项目需求和技术要求明确、开发团队规模庞大或分散各地的大型项目,瀑布式是最好的选择。

(2) 敏捷寿命周期最适合那些需要变革且团队位于同一地点的小型项目。

表 11-3 寿命周期比较

寿命周期	优 点	缺 点
瀑布寿命周期	1. 当需求被很好地理解或预先发现时,交付项目的进度和成本可以有很好的预期; 2. 对正式文档的重视使其与大型和/或地理位置分散的开发团队的合作更加容易; 3. 对于大型项目更易于管理; 4. 更适合于返工成本高的项目	1. 如果需求经常变化或先验知识不清楚,可能会导致客户流失; 2. 小型项目可能会有过多间接开销
敏捷寿命周期	1. 当用户能接受递增版本时,可以更快地交付功能软件; 2. 当需求可能会发生变化或无法很好地被理解时,更适合软件开发; 3. 如果预先不了解最终的软件架构,则寿命周期的风险较小; 4. 开发团队位于同一地点的项目可以较低的成本交付软件	1. 需要与客户或代理进行持续沟通; 2. 如果客户不愿意获取频繁发布版本,则可能没有真正优势; 3. 如果开发团队规模庞大或地理位置分散,可能会变得非常繁琐且容易出错; 4. 若返工成本高,可能会很昂贵

参 考 文 献

[1] Boehm, B. (2000). Spiral Development: Experience, Principles, and Refinements. University of Southern California Center for Software Engineering, http://csse.usc.edu/csse/event/2000/ARR/spiral%20development.pdf.

延 伸 阅 读

Beedle, M. and Schwaber, K. (2002). Agile Software Development with Scrum. Pearson. Boehm, B. (1988). A spiral model of software development and enhancement. IEEE Computer 21 (5): 61-72.

Chrissis, M. B., Konrad, M., and Shrum, S. (2011). CMMI for Development: Guidelines for Process Integration and Product Improvement, 3e. Addison-Wesley.

Kniberg, H. and Skarin, M. (2010). Kanban and Scrum – Making the Most of Both. C4Media Inc.

Martin, R. C. (2003). Agile Software Development, Principles, Patterns, and Practices. Pearson.

第 12 章 软件过程和技术

12.1 收集需求

刘易斯·卡罗尔(Lewis Carroll)在《爱丽丝梦游仙境》(Alice's Adventures in Wonderland)一书中写道,爱丽丝与柴郡猫之间的交流是:

"你能告诉我,我应该从这走哪条路?"

"这取决于您想去的地方。"猫说。

"我不在乎——"爱丽丝说。

"那么走哪条路都没关系。"猫说。

"——只要我知道我在哪里。"爱丽丝补充说。

猫说:"哦,您一定会这样做的,如果您只走了足够长的时间。"[1]

卡罗尔的话常常被概括为:如果你不知道要去哪里,那么任何一条路都将带你到那里。在软件开发中,记录文档和验证需求是唯一可以了解目标的方法。软件需求确定了软件必须执行的操作,正确满足需求是交付成功产品的最重要的一环。如果需求是错误的,无论产品的实施和测试有多好都无用;该软件由于无法实现其功能目的,终将是失败的。因此,很明显,高质量的软件取决于获得准确详尽的软件需求。

记录软件需求的方法有很多种,并且不同的软件开发寿命周期通常更倾向或禁止使用某些特定方法来记录和审查需求。传统的瀑布寿命周期倾向于在过程开始时制定需求文档,该文档详细描述了所有用例和需求。敏捷流程则创建具有接受标准的用户案例,用户需求是在迭代的基础上创建和管理的。在瀑布寿命周期中,需求文档重在确定性,并期望在继续进行任何软件设计或实现之前进行验证。在敏捷寿命周期中将创建初步用户故事的待办事项,在策划冲刺周期时,需要为该冲刺周期选择一组用户故事,然后在冲刺周期内对其进行详细说明。在敏捷寿命周期中,通常会随着时间的推移,将新的需求添加到待办事项列表中。

不管哪一种寿命周期,无论其如何记录归档,在实施之前开发方都应与利益相关者一起审查这些要求,收集和验证软件需求并非易事。用户和客户常常不确定他们想要什么,即使他们确实知道自己想要什么,用户也往往很难清楚表达他们的要求。有很多技术可以用来获取软件需求,包括调查、访谈、对最终用户的观察、与主题专家进行头脑风暴和原型设计。为了获得完整的软件需求,建议使用上述多种技术,并对结果进行合并和交叉引用。

除了客户需求之外,还需要确定内部需求。内部需求可以由约束(如实施成本或需要适应现有体系结构的成本)或非功能性需求(如购买对构建指令)组成。

当涉及多个目标客户时,选择合适的需求比将软件用于特定最终用户要困难得多。不同的用户可能有非常不同甚至矛盾的需求。在确定面向多个目标客户的产品需求时,必须部署分类程序。通常,这将涉及需求优先级排序过程,如通过为每个需求分配投资回报率(ROI)或市场份额来进行加权分析。

软件需求应涵盖产品的各个方面,既包括外部的最终用户需求,也包括内部需求。在确定任何给定产品的要求时,必须考虑以下方面,尽管并非适用于所有领域的各种产品。

(1) 功能性:交付给用户的功能是最正确、最必要的一组需求。如果产品没有按照客户的要求去做,那么产品将不会成功;若功能集合不正确,其余要求都将无关紧要。

(2) 安全性:必须确定产品所需的安全级别。某些用途的产品,如银行应用程序显然要求高级别的安全性,其他应用程序可能不太明显。如果产品是可连接到网络或可远程访问的医疗设备或电动机控制器,则与设备的连接安全至关重要,以避免恶意滥用而导致有害后果。即使该产品是如 IOT(物联网)设备之类的连接设备,其本身并不会造成危害,但如果它不安全,则可能会被黑客入侵,用作攻击其他系统的平台。

(3) 性能:某些产品要求快速执行其功能。在某些情况下,性能可能是一项竞争功能,如制造零件的产品如果制造的速度比其他类似产品慢,则可能没有竞争力。衡量性能的时间单位可能相差很大,如网络交换机需要在几微秒内传输数据包,而用户界面只需要在 1s 内做出响应。但是,无论哪种情况都必须定义并满足性能要求。

(4) 可用性、用户接口、用户体验:如果用户与产品进行交互,则该产品必须具有足够的可用性且易于学习使用,必须明确目标用户以及他们打算如何使用该产品,如主要为新手设计的用户界面会使高级用户感到沮丧。

(5) 体系结构和工具:产品可能需要适合现有的基础架构或技术。产品可能是现有产品的附加组件,因此需要能在其基础结构中工作,或者产品可能打算用于现有的部署环境,如特定的手机操作系统。如果产品打算在多个环境中使用,则通用的体系结构要求是对软件可移植性的需求,许多产品都要求与其他系统能交互操作。

(6) 合规性:要求产品遵守有关安全、隐私、报告等方面的各种法规或工业标准。

(7) 商业性:通常有各种各样的商业需求,需要制定时间表以满足市场窗口或客户承诺,并且产品总是需要盈利或符合预定预算。

(8) 兼容性:向现有产品添加新功能时,通常需要与历史版本向后兼容,可能有使用以前发布的文件格式或现有硬件等功能的需求。

开发软件需求时,应考虑所有上述类型的需求,必须对最终的一组需求进行优先排序,并将其缩减为可行产品所必需的子集。

记录非需求也可能十分有用,特别是在这几种情况下。首先,对于存在争议的需求,可能最终的决定是不将其包含在产品或发行版本中,记录下这些不会执行的内容,可以避免后来的指责和歉疚感。记录非需求的另一个主要原因是,对隐形需求的推断可能不正确。例如,软件现在决定不支持向下兼容,而在历史版本中却具备兼容性。记录下某些非需求可以防止执行不必要的或次优的设计决策。

12.2 记录需求

可以通过多种方式记录软件需求,最常见的方法是使用案例、用户场景、用户故事和统一建模语言(UML)用例图。

用例描述了一组"参与者"为完成任务而采取的一系列步骤,参与者可以是人员、系统软件或硬件组件,步骤的顺序称为"流程"。用例中可以包含多个流程来描述其他步骤,用例还包括任务和前提条件的描述。这种需求文档通常可以在瀑布寿命周期中找到。图12-1显示了带有需求用例的简单示例。

在敏捷过程中,需求不像瀑布寿命周期那样形式化,但这并不意味着需求在敏捷方面不那么有效。敏捷需求用具有接受标准的用户故事来表达,用户故事和接受标准旨在保持简短。传统上,它们被记录在索引卡上。如今,用户故事和待办事项通常使用工具进行管理;但是,这样做的目的是使其更简短,但好像仍在索引卡上。如果本例中的需求集作为具有判据的用户案例被记录为敏捷式,则可能如图12-2所示。

```
用例1:机器人避免与障碍物相撞
本用例描述了机器人如何移动,以避免与障碍物相撞.

角色:
    机器人

前置条件:
PRE1 机器人正在移动;
PRE2 机器人检测到障碍物

事后保证:
POST1 机器人转向或停止移动

主要流程:
B1 机器人正在移动;
B2 机器人前方传感器检测到前进方向15cm以内有障碍物;
B3 机器人左侧传感器未检测到障碍物;
B4 机器人转向270°.

选择性流程(前方和左侧有障碍物):
A1.1 步骤B3 机器人检测到左侧有障碍物;
A1.2 机器人右侧传感器未检测到障碍物;
A1.3 机器人转向90°.

选择性流程(前方、左侧和右侧有障碍物):
A2.1 步骤A1.2 机器人检测到右侧有障碍物;
A2.2 机器人后方传感器未检测到障碍物;
A2.3 机器人掉转方向.

选择性流程(四周均有障碍物):
A3.1 步骤A2.2 机器人检测到后方有障碍物;
A3.2 机器人停止移动,并蜂鸣报警.

选择性流程(传感器故障):
A4.1 步骤B3 机器人无法读取左侧传感器数据;
A4.2 机器人停止移动,并点亮故障指示LED.

需求:
R1 机器人应在0°、90°、180°和270°方向布置4个近距离传感器;
R2 近距离传感器应检测到距离机器人15cm以内的物体;
R3 机器人检测到前进路径上有障碍物时,应向左转向;
R4 机器人检测到前方和左侧有障碍物时,应向右转向;
R5 机器人检测到前方、左侧和右侧有障碍物时,应掉转方向;
R6 机器人检测到0°、90°、180°、270°方向有障碍物时,应停止移动;
R7 机器人无法向任何方向移动时,应蜂鸣报警
```

图12-1 需求用例

> 用户需求:
> 需要机器人在使用环境中避免与任何物体相撞,以防止机器人或附近物体受损.
>
> 验收标准
> 1. 机器人在靠近前进方向15cm内的障碍物时能够转向;
> 2. 当超过一个方向有障碍物时,机器人能够尝试转往其他方向移动.
>
> 用户需求:
> 需要机器人因障碍物无法移动时告辞用户,以便机器人无法完成任务时进行处置.
>
> 验收标准
> 机器人所有方向都有障碍物阻挡时,能够停止移动,并蜂鸣报警.
>
> 用户需求:
> 需要机器人遇到硬件故障时告知用户,以便进行维修.
>
> 验收标准
> 机器人无法读取传感器时,能够点亮故障指示LED

图12-2 用户故事示例

请注意,与传统的用例和针对瀑布寿命周期的要求相比,敏捷的用户故事往往更短、更详细。

一旦收集并记录了需求,便可以使用一些标准来确定所记录的需求质量是否良好。如ISO/IEC/IEEE29148[2]中所述,每个良好要求必须符合以下条件。

(1) 正确:每个需求都准确地描述了系统的属性或功能。
(2) 明确:每个需求只有一种解释,所有读者都可以共享。
(3) 可实施:每个需求都有一种经济有效的实现方法。
(4) 可验证:编写需求是为了使人们能够确定所实施的系统是否满足需求,此外,还应有一种经济有效的方法来验证需求是否满足。
(5) 一致:没有别的需求与该产品的任何其他当前需求相冲突。
(6) 完整:这组需求完全满足了初始用户的需要。

此外,必须对需求进行优先排序,以便项目经理和开发人员可以选择最重要的需求,并将其纳入任何项目范围。

通常,需求优先级仅限于一些类别,如"必须(must)"(或"shall")、"应当(should)"和"想要(want)"。

（1）必须(must)：项目成功所必需的最高优先级要求。

（2）应当(should)：如果时间允许，应该执行中等优先级的要求。"应当"的要求为产品增加了可观的价值，但如果不包括在内，也不会阻止软件的发布。

（3）想要(want)：最低优先级要求类别。仅当所有"必须"和"应当"要求均已实现时，才应包括"想要"类别中的要求。

不同的开发组织可能使用不同的术语来标识每个需求的必要性。例如，某些组织可能使用"shall"而不是"must"。为避免混淆，开发团队应将特定的术语标准化，并确保每个小组成员都理解用法。

12.3 文 档

与衡量指标一样，文档在软件行业专家内部也会受到贬低。某些人会抱怨"文档或注释一经编写便已过时"，而"代码才是真理的穹顶"。尽管他们所说的内容部分正确，但创建良好的文档和代码注释的好处大大超过了此类文档并不完美的事实。

创建准确的文档有很多好处。文档使审查成为可能，没有适当的文档，就没有任何内容可供审查。文档提供了相关的工作原理以及做出选择的原因的记录，尤其是设计文档。即使文档已过时，它仍然可以作为快速理解软件的一个初始途径。文档提供了一种机制，通过该机制，不同的小组可以有效地进行交流，当开发组不在同一地点或跨学科团队开发产品时(如产品由硬件和软件组成时)，这一点尤为重要。

软件行业文献涵盖了先前已讨论过的优质文档的所有好处。但是，记录文档的一个重要的原因经常被忽略，即用其他人可以理解的方式，来表达设计或代码描述的行为，可以使开发人员更充分理解自己的工作。

在我职业生涯的早期，曾有过一段经验教训，当时我无法决定采用哪种方法来解决程序中的技术问题，无奈之下，我向同事求助，我的同事耐心地看着我在白板上写下各种解决方法，同时偶尔说"是，继续"或"那又是什么？"当我完成对每种方法的所有利弊的解释时，我自己就明白了哪一个更好。

正如 Hunt 和 Thomas 在著作 *The Pragmatic Programmer*[3] 中所描述的，这是一种非常普遍的经验，被称为小黄鸭调试法。当不得不向其他人解释问题时，可以使人更清楚地考察了所有选项，从而使正确的选择更显而易见。没有人能充分解释他并不理解的东西，强迫开发人员编写文档并进行审查是一种机制，可确保开发人员真正了解他们打算做什么。

好的文档有助于团队之间进行沟通,并在开发团队或客户之间达成牢固的协议。通常,不同的团队会对构建的内容有不同的看法,有效的文档编制是帮助解决此问题的一种工具。记录良好的软件需求提供了一种管理来自客户的不可避免的范围扩大的机制,使得开发团队可以清楚地记录需求变更情况,从而更好地描述需求更改如何导致进度表和/或成本更改。

同样,充足的设计文档,尤其是关于接口定义的文档,可以减少不同开发团队提供无法按预期交互操作的组件。如果开发团队整合合作记录并审查其设计,则集成将更加顺利。

文档至少应包括需求、体系结构/设计和测试计划,在本书的后续部分,我们将讨论这三种类型的文档。文档不必特别复杂,但需要编写清楚,一些开发方对于如何编写此类文档有非常正式的规范。不同类型的文档制定相应开发标准很有必要,这将更易于查看各种文档,但最重要的是创建文档并进行审查。在开发寿命周期的每个步骤中,评审需求、设计、代码、测试等都是至关重要的。

在包含硬件和软件的项目中,由软件团队审查硬件设计尤其重要,反之亦然。每个工程团队孤立地工作是很普遍的。通常,由硬件或软件团队单独做出的设计决策会导致不必要的复杂化,导致产品过于复杂,开发成本更高,并且更容易出现质量和可靠性问题。为避免这种情况,一种有效方法是让软件工程师在设计之前就参与审查硬件设计方案,并让硬件工程师在软件设计过程的早期做出回应。硬件和软件设计不同步的问题应通过创建跨职能团队来整体解决,该团队将产品作为一个整体,而非单个的技术孤岛来监督检查。

例如,从纯硬件的角度来看,两个硬件设计在复杂性和开发成本上可能是等效的,但是,其中一个设计可能会使软件设计的复杂度大大降低,让软件工程师参与到硬件设计中,能够更好从整个产品的角度去理解需求并做出更合适的决策。

不管一个工程师多么富有智慧或才华,都比不上一群工程师的集体智慧。当工程师创建一组需求或设计,或编写一些代码和测试计划时,重要的是至少让一个其他工程师(最好是几个)来审查该工作项目,审查者应包括具有该技术领域专业知识的人员,以及至少一名熟悉最终用户用例的人员。

文档不必花哨,只需简洁明了,它们可能是文本、PowerPoint 幻灯片、白板会议等,重要的是要对其进行记录和审查。

12.4 代码注释

软件工程师通常会修改其他人最初编写的代码,可能是为了修复"缺陷"或添加功能。代码注释缩短了开发人员(而非原始作者)在该代码上的学习时间。正确注释的代码使后续工程师可以更轻松地理解代码的工作原理,并在代码中找到适当的位置进行修改。良好的代码注释甚至可以提醒原始作者,当其经过一段时间后必须对代码进行修改时,注释会很有帮助。

许多软件产品都有公开的应用程序编程接口(API)。工程师可能会在开发系统中的其他模块时调用其中一些 API。正确的代码文档将促进外部开发人员使用 API,并且大大降低调用 API 时出错的可能性;许多产品的软件开发工具包(SDK)中都包含 API,以供客户使用。通常这些 SDK 的文档是由技术作者编写的,即使技术作者是软件开发人员,如果代码中有适当的注释,文档编制过程也将更加容易且效率更高。

注释块应在源代码文件的顶部,包含文件中每个方法或函数的注释,还可以描述变量、结构或有意义的代码流。文件开头的注释块应包括:

(1) 文件中代码的总体目的和内容;
(2) 版权声明;
(3) 文件中代码的修订历史。

每个方法或函数的注释块应包括:

(1) 方法或功能的描述(即做什么);
(2) 功能方法概述;
(3) 每个参数的说明;
(4) 输出或返回码说明。

有一些工具可以将使用特定文档格式的注释处理为外部用户文档,常用的有 Sandcast、Doxygen 和 Natural Docs。常见的两种是 Microsoft 标记格式和 Doxygen 格式。Microsoft 格式基于 XML 标签,包含 Microsoft XML 标记的注释可以轻松地在 Microsoft 帮助文本中打开,也可以使用 IntelliSense(Microsoft Visual Studio 的一组功能)进行查看。Doxygen 是一种广泛使用的工具,可根据 GNU 通用公共许可证(GPL)免费获得,包含 Doxygen 标记的注释可以提取到独立的 HTML 文档中。

图 12-3 是一些有效归档的伪代码示例。

```
//
//This file contains code to read proximity sensors.
//
//Copyright (C) 2018 Jonathan Rodin.All rights reserved.
//
//Revision History:
//Date            Name      Notes
//2018 Apr 11     J.Rodin   Refactored after code review
//2018 Mar 27     J.Rodin   Initial creation

//read the ultrasonic proximity sensor to find range to nearest object
//
//Parameters:
//    eSensor -sensor to read
//    range -distances to detected object
//
//Output:
//    sets range to detected range in cm
//    if no object in range, sets range to -1
//
enum ESensor { Front=0, Right, Back, Left };
#define baseTriggerIO 10
#define baseEchoIO   13
#define errorLedIO   100

void proximitySensorCheck { ESensor eSensor, flost range }
{
  float duration;

    //pulse sensor for 10 seconds
    digitalWrite { baseTriggerIO+eSensor, HIGH };
    delayuSecs {10};
    digitalWrite {baseTriggerIO+eSensor, LOW };

    //get the echo time
    duration= digitalRead {baseEchoIO+eSensor, HIGH };

    //return -1 if nothing is in range
    range = convertToRange { duration }
}
```

图 12-3 伪代码示例

12.5 评审与检查

设计、代码和测试计划均应进行审查,进行审查的主要好处是,它是查找错误和缺陷的最便宜的方法。在评审过程中尽早发现问题可以防止重大的返工,甚至可以防止后续产品故障。对于项目后期系统测试阶段才发现的设计缺陷,由于需要大量的返工,直到此时才修复设计缺陷可能会对时间表产生重大影响。更糟糕的是,如果需求不正确并且在项目的早期没有发现,那么整个产品可能会毫无价值。

评审的另一个主要优点是可以促进技术人员之间的知识转移,如果有更多的工程师了解某产品如何工作,那么在需要维护时就更容易提供支持。

个人无法像精心挑选的团体那样聪明,也没有任何一个设计师或程序员熟悉每种可能的设计模式、平台、技术等,一个小组始终具有知识优势,并且能发现个人无法理解的事物。一组审查者可以发现作者遗漏的问题,更不用说作者或编码人员很难识别自己工作中的错误[4]。与作者相比,第三方读者更容易发现错误。如前所述,进行审查的另一个理由是,通过向其他人解释一个话题,可以迫使作者通篇考虑整个计划。

每个技术工作产品的审核过程都有一些共同的特征。评审应包括所有利益相关者的代表,并且评审应频繁且尽早进行。技术审查的利益相关者应该包括几个不同的专业领域,他们应包括负责与受审产品有交互的任何其他产品的工程师,如果所检查的软件产品与硬件交互,则应包括硬件工程师,相反,为特定硬件产品编写代码的软件工程师应参加硬件的设计审查,审查还应包括待审查的技术或功能的领域专家。测试计划评审,尤其是系统测试计划的评审,应包括一个或多个客户代表,根据开发方和要测试的产品,这可能包括产品营销人员、产品所有者、软件质量保证(SQA)人员,甚至是实际客户。对于需要多少审查人员参与没有标准限制。

为了最大程度地提高生产力,评审应该开展多次,并尽早开始,划分成可管理的小模块,最好先进行非正式评审或检查,然后再进行可能需要签字的正式审查。例如,早期的设计审查可能只是白板会议,用于收集反馈并基于设计概念达成共识。工程师花费大量时间来开发设计文档,却在后来的审查过程中才发现设计存在缺陷时,设计审查的效率就大大降低。进行多次非正式评审,也好过不这样做并最终出差错。

进行小范围的代码检查很有益处,这样在任何一次检查期间都可以检查少量代码。代码审查应尽快开始,等到项目结束才要求审查者阅读、理解并提供有关大量代码的反馈,是非常困难且效率低下的。不仅如此,要求审查者在项目后期检查大量代码,将无法保证检查合乎标准,因为审查者很可能会极其匆忙,无法全力以赴审查。

审查者应专注于产品的功能方面。设计评审重点应放在设计是否涵盖所有用例并满足要求,包括隐性要求(如性能目标)。代码审查者应集中精力确定代码是否实现设计,代码是否涵盖所有错误和异常情况,以及代码是否正确实现。审查者也会花费大量时间来纠正文档错别字、格式错误和编码违例。弥补软件格式化问题和违例是一件好事,但对于评审而言,确认需求、设计和代码的正确性更为重要。虽然代码注释不是可执行代码的一部分,审查者也应检查足够多的注释,以及这些注释是否充分描述了代码。

对代码和设计进行安全性评审也很有用。产品如果连接到网络或通过其他方式远程访问(如仅在网络上的计算机中运行),则可能会受到篡改或用作进一步攻击的媒介。软件安全性是一个专门的知识领域,因此进行专门针对产品安全性的特定检查通常非常有用。安全性是一个可以让外部顾问参与审核或进行安全测试的领域。

代码检查的方式和次数可能会根据情况而有所不同,至少一名高级审查者应审阅代码。但在以下情况下,需要开展更详细的代码检查。

(1)程序员是新手或缺乏经验;

(2)技术特别复杂,或者对于编码人员或开发方而言是新技术;

(3)产品有较大的外部依赖性,或者其他产品也依赖于它;

(4)需要进行知识转移。

在这种情况下,代码审查小组应尽可能扩大范围。同样,参与审查的开发人员可能会在代码的实际检查之前开展代码演练,在代码演练期间,开发人员将代码块描述为独立单元,并讨论其目的和依赖性。在代码演练之后,将进行实际的代码检查。

审查者应注意常见的错误类型,列出清单是确保注释完整且不会被忽视的有用工具。检查表应列出适用于每个工作产品的常见错误类型(需求、设计、代码和测试计划)。无论是否在清单中,检查期间都应检查产品是否存在以下常见潜在错误。

1) 需求评审

(1)是否列出了所有类型的需求(功能、安全性、性能、可用性、体系结构/工具、合规性和商业需求),并确定了优先级?

(2)需求是否正确、明确、可实施、可验证、一致且完整?

2) 设计评审

(1)设计是否满足所有要求?

(2)设计是否强调技术而非用户?例如,设计人员是否选择了一项技术,只因为它是熟悉的或流行的新工具,而非最能满足项目需求的技术?

（3）用户界面设计是否关注外观而不是可用性？
（4）设计是否涵盖错误和异常处理？
（5）产品之间是否有太多的相互依赖关系？设计是否过于复杂？
（6）各组成部分之间职责是否明确分开？
（7）设计是否对硬件做出了错误的假设？例如，当设计需要跨硬件移植时，设计是否会有针对特定硬件的功能？
（8）设计需要便携式植入时，是否将软件锁定在特定平台上？例如，当设计需要在多个操作系统上运行时，是否会需要特定的操作系统功能？
（9）是否已确定系统的哪些部分需要演示？这些部分在设计时就考虑了演示吗？
（10）设计是否考虑了多线程或并行操作，以防止出现竞争情况、数据损坏和死锁情况？
（11）设计能否通过更多的硬件、用户和/或数据进行扩展？
（12）是否考虑了互操作性标准、法规遵从性以及行业标准的遵从性？
（13）设计的某些部分具有高风险吗？若确实如此,则需要制定风险控制计划。

3）代码审查
（1）所有设计元素都已编码了吗？
（2）代码中有错别字吗？
（3）代码是否完整记录？
（4）访问数据结构是否满足边界条件，如读取或注销数组的末尾？
（5）是否存在一对一错误？
（6）是否存在潜在的零作为除数的错误？
（7）代码能否用完所有可用内存？
（8）所有Locks都被释放了吗？信号量清除了吗？标志位是否设置？
（9）是否有上、下溢出的条件？
（10）是否存在运算符顺序错误或公式错误？
（11）是否正确初始化了所有变量？没有进行重新初始化，是否可以重复使用数据结构或内存块？
（12）有没有内存泄漏？
（13）有死循环吗？
（14）错误或不必要的代码是否可以优化？
（15）是否没有正确使用全局变量？
（16）是否不小心使用了赋值而不是比较(如用"="代替"=="）？

4）安全性评审

(1) 用户通过了认证吗？外部组件和服务是否经过认证？
(2) 密码是否安全管理？
(3) 验证后是否授权访问？
(4) 数据存储和访问是否安全？
(5) 操作系统安全功能是否正确使用？
(6) 通信或数据中使用加密了吗？
(7) 产品中是否有硬编码的密钥、密码或不安全的后门？
(8) 系统上是否打开了不必要的网络端口？
(9) 能否在未经适当授权的情况下运行第三方代码？
(10) 是否有可能跨站点编写脚本？
(11) 该代码是否可以被第三方或客户篡改或修改？
(12) 代码库是否签名？

5）测试计划审查

(1) 是否有针对每个需求的测试用例？
(2) 是否有边缘/边界条件的测试用例？
(3) 是否有针对错误和异常情况的测试用例？是否具备创建或模拟错误条件的机制？
(4) 有性能测试吗？
(5) 是否有用于数据、用户和硬件可扩展性的测试用例？
(6) 有渗透测试吗？
(7) 有可用性测试吗？

12.6 可追溯性

可追溯性是一种验证开发计划执行中是否遗漏任何需求、用例、功能或测试用例的方法，这是确保产品按预期交付的关键步骤，可追溯性验证了需求、设计、运行、质量保证之间的联系。

软件产品形成一个层次树。需求是最重要的，下一个层次是架构和设计，再下面是代码，底部则是测试用例。可追溯性确保针对每个需求，都存在设计、代码和测试用例，这样可以确保所有需求都经过设计、实现或测试。

可追溯性既是其自身的过程步骤，又集成到每个工作产品的审核过程中。可追溯性矩阵可以列出每个需求及其衍生的设计、代码和测试用例。在每次评审期间，该矩阵都会进行更新，列出相关的工作产品。当所有其他评审都完成后,将对可追溯性矩阵本身进行最终评审,以验证没有缺失的联系。

可追溯性审查似乎是一个繁琐的官僚过程,第一次听说时通常有这种感觉;但在可追溯性审查期间,发现一个项目遗漏了几个需求时,就能了解可追溯性审查的作用。

12.7 缺陷追踪

毫无疑问,不跟踪软件中发现的缺陷,则无法了解软件的质量。如果没有保留每个缺陷的记录,则无法知道软件中究竟发现了多少缺陷,也无法知道所有重要缺陷是否已修复。缺陷跟踪对确保软件质量至关重要。

缺乏缺陷跟踪会导致软件质量不可知。如果没有进行某种程度的缺陷跟踪,就无法创建本书中提到的统计数据,除非记录并监视每个缺陷以解决问题,否则代码的缺陷逃逸次数、逃逸率和缺陷密度都是未知的。

缺陷跟踪系统(DTS),也称为错误跟踪系统,是一种记录和监视缺陷(错误)状态的应用程序。有许多开源代码和商业 DTS 可用来促进缺陷跟踪,一个好的缺陷跟踪系统应具有以下功能:

(1) 缺陷的状态应使用户可以知道缺陷是否是开放的、已修复的或已验证的,对其他缺陷状态的了解可以更好地支持软件开发和验证过程。

(2) 缺陷应分配给工程师,任何确定的缺陷都可以根据其状态分配给其他工程师。

(3) 缺陷应与特定的产品或其元件相关联。

(4) 缺陷跟踪系统应该支持工作流,以便在对缺陷采取措施时,缺陷的状态和缺陷的分配可以自动转换。例如,开放的缺陷可能会被自动分配给特定的开发工程师,修复后,它可能会自动分配给适当的软件质量保证工程师。

(5) 当缺陷处于开放或过渡状态时,缺陷跟踪系统应向分配的工程师提供通知,此外,缺陷跟踪系统应该允许通知其他相关方,如相关经理。

(6) 缺陷跟踪系统应该允许用户向错误报告添加注释和附件(如日志和屏幕截图)。

(7) 缺陷跟踪系统应提供丰富的报告集,以用于确定缺陷数量、开放的缺陷和闭环率以及根本原因分析。

部署和使用缺陷跟踪系统,将确保每个工程师都知道及时修复缺陷来提高生产率。此外,通过将信息添加到错误报告中,以促进缺陷的修复。例如,当缺陷处于开放状态时,报告可以指定复现缺陷所需的步骤,这将使复现、修复和测试变得更加容易。

跟踪产品质量需要良好的缺陷跟踪系统,部署缺陷跟踪系统后,要求工程师在其中输入错误报告,并使用缺陷跟踪系统跟踪每个缺陷的解决方案。

12.8　软硬件集成

提高生产率的最好方法之一,就是创建重复使用的软件。对通用功能进行编码,使其可以在不更改的情况下用于之后的项目,这不仅可以节省后续项目的工作量,还可以依靠测试过的可靠代码来提高产品质量。新代码可能有新的错误,并且必须在发布之前经过彻底的测试。重复使用的代码已经测试,并且可以在生产环境中使用。额外的软件质量保证仅限于回归测试。

代码的可重复使用使其可以应用于硬件和软件集成。通常,硬件会公开用于软件的寄存器映射,以便与硬件交互,但是寄存器通常会在不同的硬件中变更。这给代码重复使用带来了挑战:要么代码必须随着每次寄存器映射的更改而更改,要么硬件设计人员因寄存器保持不变而受到限制,解决此问题的方法,是创建一个称为硬件抽象层(HAL)的软件层。硬件抽象层在功能或方法级别公开硬件的功能接口,可以由更高级别的软件调用。通常,软件和硬件团队共同设计该功能接口。硬件抽象层在上层代码中隐藏了硬件实现细节,因此可以在项目之间重复使用上层应用程序代码,而不必担心实际硬件的寄存器分配。硬件更改时唯一需要更改的代码是硬件抽象层代码本身,并且通常对该代码所做的更改更易于测试。实际上,创建和维护硬件抽象层还通过允许重复使用设计验证(DV)代码和应用程序代码,使在硬件本身上执行设计验证的效率更高。因此,当硬件和软件集成任务开始时,硬件团队也能更有效地向软件团队提供更稳定的硬件。

通常,硬件团队会创建和维护硬件抽象层。由于硬件开发人员可能会在项目之间更改寄存器映射,甚至在开发特定组件的过程中也会更改,因此对于他们来说,结合硬件更改来更改硬件抽象层的方式也是最有效的。

为了获得最大的回报,应该为许多硬件实现所共有的功能创建 HAL。这包括通用的功能,如总线和通信接口(USB、JTAG、UART 和 SPI)。对于硬件共有的功能,硬件抽象层也将非常有益,如开发硬件抽象层来控制电动机、执行脉冲宽度调制(PWM)、控制电源等,都可能会带来良好的投资回报率。

图 12-4 给出了一个用于读取或写入 UART 的示例硬件抽象层接口。以下是创建良好硬件抽象层的 3 个指导原则:

(1)硬件抽象层接口应使用明确的名称命名,以使其易于理解并供高级软件使用,如果硬件抽象层函数名称隐晦,则可能会使硬件抽象层的使用者感到困惑。

（2）大多数硬件抽象层应该支持初始化参数，或在软件和硬件之间传递参数值。

（3）硬件抽象层应该尽可能位于高的抽象级别上，而不应包含任何应用程序代码级别的逻辑。

```
//bool UartRead{} reads date from the UART.
//returns TRUE if successful, FALSE if read falls.
//int datalength:          Size of read buffer.
//out String receiveBuffer:    The date read from the UART.
//out int returnLength:    The length of the returned data.
//out String errorMessage:     Error message if call fails. Empty if successful.
//bool UartRead{int dataLength, out String receiveBuffer, out returnLength, out String errorMessage};

//bool UartWrite{} writes date to the UART.
//returns TRUE if successful, FALSE if read falls.
//int datalength:          Size of data to write.
//out String writeBuffer:    The date to write to the UART.
//out String errorMessage:     Error message if call fails. Empty if successful.
//bool UartWrite{int dataLength, out String writeBuffer, out String errorMessage};
```

图 12-4　UART 的示例硬件抽象层接口

有时需要使用更高级别的代码来读取或写入特定的寄存器。通常，设计验证代码是先执行测试，再读取寄存器以确认是否正确。硬件抽象层可以用于一般性地读取或写入寄存器。即使读取或写入寄存器的代码很容易编写，但重复执行此类代码也可能引入缺陷。

重复使用代码是提高软件开发效率和软件质量的最佳方法之一。与硬件交互的软件重复使用的最有效技术是创建硬件抽象层，以将软件与硬件隔离。使用硬件抽象层的好处包括：减少在相似硬件之间移植软件的工作量，减少测试相似硬件的工作量，以及提供质量更高的软件。

参 考 文 献

[1] Carroll, L.（1865）. Alice's Adventures in Wonderland, first printed. New York Millennium 2014.

[2] ISO/IEC/IEEE 29148 Systems and Software Engineering – Life Cycle Processes –

Requirements Engineering, 2011.

[3] Hunt, A. and Thomas, D. (2000). The Pragmatic Programmer: From Journeyman to Master. Addison Wesley Longman, Inc.

[4] Stockton, N. (2014). What's Up with That?: Why It's so Hard to Catch Your Own Typos. Wired.

延 伸 阅 读

Cockburn, A, (2001). Writing Effective Use Cases. Addison-Wesley.

Doxygen home page, http://www.stack.nl/~dimitri/doxygen.

Freedman, D. P. and Weinberg, G. M. (1990). Handbook of Walkthroughs, Inspections, and Technical Reviews: Evaluating Programs, Projects, and Products. Dorset House.

Microsoft Inc., How to: Insert XML comments for documentation generation, https://docs.microsoft.com/en-us/visualstudio/ide/reference/generate-xml-documentation-comments.

Microsoft, Inc., Recommended Tags for Documentation Comments (C# Programming Guide), https://docs.microsoft.com/en-us/dotnet/csharp/programming-guide/xmldoc/recommended-tags-for-documentation-comments.

Wiegers, K. and Beatty, J. (2013). Software Requirements, 3e. Microsoft Press.

第 13 章　硬件可靠性和软件质量改进工作失败的原因

将可靠性过程和工具纳入系统,愿望很好但仍然可能会失败,还会遇到其他严重阻碍工作的问题。第 2 章讨论了实施可靠性过程会遇到的阻碍。本章,我们将考察缺乏执行力与未跟踪问题闭环情况是如何导致可靠性工作无效的。

13.1　可靠性过程缺乏保证

积极投身任务未必能确保成功,但是缺乏承诺必然导致失败。对可靠性计划的承诺必须来自最高管理层,但是,仅仅承诺本身仍然不能保证成功。最高管理者必须了解他们正在授权产品经理负责的工作,这是对可靠性过程、成本、要求、全面实施所需要的时间、期望成果等所需要素的更高层次的认识。可靠性工作的实施者应当相信最高管理层具备通向成功的资源,日常管理活动(如签署设备和材料的采购订单)将使管理者的承诺更加可信。必须认识到,达成可靠性目标的成本很容易计算,但是,所有这些工作的短期收益确实是难以衡量的。

有一种对可靠性保证的短视观点,即专注于现场故障分析和纠正措施来努力地纠正产品故障。当然,这是可靠性工作的一部分,但工作重点必须是重塑流程,可靠性保证必须可以更改流程,以便在产品出厂前就发现并纠正故障。管理层必须致力于开发改变流程的专有技术。首先,这种专有技术来自于可靠性工程师、专家和顾问,他们会将自己的知识传授给其他设计师。一段时间后,这些流程将作为公司日常活动的一部分而得到良好的建立、理解和实施。

重塑流程必须是团队的努力结果。比如,一支橄榄球队有高层管理人员、总教练、助理教练、支持人员、各种各样的资源,还有球员;球员通过实施高层管理人员和教练的战术才能成功,球员们必须依赖比赛计划(过程);要赢得比赛,教练们必须使队伍跑得快、能传出欺骗性的传球,并且有多种得分手段。

如果边线教练在防守线的右侧发现弱点,他将研究比赛和球员以了解其弱点;如果进攻教练发现四分卫可以将球传入由欺骗性奔跑创造的空当,并完美地阻击接球手,但是球却无法落地,那么他知道球员必须提高能力。通过观察,教练可能会发现接球手的视线不在球上,这会导致球员的双手还没准备好在准确的时刻抱紧橄榄球;最后一个细节,每一个看似微不足道的环节都需要控制,以完成传递,要想成功赢得比赛,需要每个队员的参与。

故障模式和影响分析(FMEA)过程与橄榄球比赛中的传球类似。它是由一群为确定设计中的薄弱环节的人共同完成的。在典型的 FMEA 中,分析团队可能会发现如果一个小电阻器开路,则会导致电源电压翻倍,从而导致周围的元器件故障。作为 FMEA 过程的一部分,分析团队很容易确定,由于电阻可靠性非常高,这种故障是不太可能发生的。但经过进一步调查,团队中的一名成员指出,电阻器被安装在电路板拐角安装孔附近,当安装和拆卸印制电路板时,电路板在安装孔处和安装孔附近会发生弯曲变形,如果电阻安装位置非常靠近电路板发生弯曲变形的位置,电阻引脚上的焊锡将发生大的弯曲变形,进而断裂。此类故障可能在第一次弯曲时或随着时间推移而发生,在这种情况下,断开的电阻器将导致电源电压过高,并造成很大的故障,针对此分析结果,应该提出建议,确保电阻器不被安装在发生弯曲变形的位置。这意味着将有一名团队成员会分配到该任务,他必须确保将信息准确地提供给电路板设计人员,并且使其了解电阻可安装的区域,在制造完电路板之后,该 FMEA 团队成员必须确认电阻位置合理。这是对分析结果的闭环跟踪,同样也是确保可靠性的关键。

在橄榄球比赛中,缺乏跟进可能导致传球不完整,阻击失败,甚至是跑错方向,太多这些错误会导致丢掉比赛和赛季损失。知道应该做什么并执行每个细节才可能成功,在橄榄球或商业活动中进行跟进直至结束,将确保结果的可靠性。

高加速寿命试验(HALT)的后续操作也基本相同。通过 FMEA 发现的问题是基于理论和概率上的,HALT 发现的问题则是真实存在的。在 HALT 中发现的故障将与现场发现的故障密切相关,目的是在产品上市前对其进行纠正。在 HALT 期间发生故障后,第一步是查找实际故障;然后必须进一步调查,确定导致故障的根本原因和实际物理原因;至此试验已进行了一半,此外还必须确定需要采取哪些措施来防止此故障再次发生,很有可能需要设计更改。因此,HALT 过程的结果之一是形成可执行的由故障和根本原因分析组成的建议列表。此时仍没有结束,还必须确定设计更改建议已实施并重新测试,以确保更改正确执行。同样,如果这是试验的后续步骤没有完全闭环,HALT 过程将不会提高可靠性。

无论产品中发现多少个需要改进的项目,如果不进行跟踪闭环,可靠性工作都会失败,找到问题只是任务的一部分。

13.2　无法控制技术风险

为了在竞争中领先,公司一般很难精通所有新技术,而这会带来风险。通常,新技术没有经过时间检验,如果未采取措施来控制风险,则公司将有可能回报不佳。例如,随着电子元器件变得越来越复杂,对大插接量连接器的需求也在持续增加,如果公司仅计划将新的高密度、高针数的连接器用于其产品设计,希望它够用,那么无疑会导致灾难。首先,这种新型连接器必须被认为是潜在的高风险组件,事实上仅仅因为它是新的就足以将其归类为高风险组件;之后,需要对连接器进行研究,定义其物理特性,确定如何在制造过程中安装,确定如何在产品中和各个现场使用,只有确定了使连接器成为高风险组件的参数,并采取措施控制风险(即环境应力筛选(ESS)测试)后,才可将该连接器用于新产品中。忽略新产品的任何风险,公司都将遭受低可靠性的困扰。

有时,单个元器件可以是产品的致命弱点,这通常是由于公司选择了以前未使用过的元器件,并且没有识别该元器件的故障。因此需要组建团队来识别组件上的所有风险,这将发现一系列的风险,有些风险程度较高,团队必须确保所有风险项目成功通过验证后,该组件才能被采用。显然,仅开展部分试验是不够的,为确保验证充分,团队必须调动内外部资源来制定正确的试验项目和试验条件。实际上,组件中的每个元器件都有其自身的风险,许多产品属于低风险产品,可以暂不考虑,这样就可以在高风险产品上倾注更多时间。风险可以是质量、易燃性、易损耗或工作温度范围,风险应对小组应识别和控制每一种风险,同样,必须对每个识别出的风险项目进行跟踪以降低影响。

以连接器为例,风险应对小组可以确定最终用户在产品 20 年的使用寿命周期内将使用该连接器 100 次,并且连接器制造商也明确该连接器承受 100 次插拔的可靠度可接受。假设该连接器将用于印制电路板上,在生产和测试过程中,就会进行 20 次插入和移除操作,从而给最终用户只剩余了 80 次使用额度。如果最终用户在产品 20 年的使用寿命周期内仍然需要全部 100 次插拔操作,那么这种疏忽可能会在产品寿命末期增加意外的故障风险。风险应对小组必须找到更好的连接器,或者开发一种不必消耗插拔次数的生产和试验流程。定义确保产品成功的明确需求对新技术的质量保证来说是非常有必要的,不开展此项工作是公司无法确保其产品可靠的另一个原因。

13.3　选择了错误的人来实施可靠性工作

许多一流的公司会优先考虑从内部晋升。公司可能会聘请设计工程师,并对其进行制造工程师的交叉培训;公司可能会聘请系统架构师并对其进行培训以进入市场部,也可以培训财务分析师成为项目经理;当公司拥有表现非常出色的个人时,可能会将其转入到更富有挑战性,同时公司又能获益的领域,这会使个人保持兴趣并增加员工保留率。如果公司中有人能胜任培训师的角色,将员工领入他所从事的新岗位,这是一个好主意。但是,如果缺乏适当的培训,晋升的员工可能会进步缓慢,甚至可能永远无法胜任新岗位。数字电子工程师可以像程序员一样接受培训,因为工作相似性很高。此外,如果与其他程序员一起工作,也可能加速成长,但是培训才是关键,对于可靠性工程来说尤其如此。如果没有人来培训这些人才,那么他们将很难兑现其期望,如果要求他们独自开展工作,可能无法完成工作所需。

可靠性工程是很容易陷入此类情况的工作之一。没有可靠性项目的公司通常会从制造、测试或设计中挑选出几名最好的工程师,让他们担任可靠性工程师或可靠性经理。尽管这些人勤奋、有才华并受到同龄人的尊重,但他们缺少工具来识别可靠性薄弱环节并推动流程更改,这是在公司内部选拔可靠性人才的缺点之一。如果雇用经验丰富的可靠性工程师,将获得更好的成效。

可靠性工程师必须对开发和提升产品可靠性所需的过程和概念有深刻的理解。即便向每个人介绍新方法可能受到抵触,可靠性工程师也必须主动在公司中推广新流程。这是一项艰巨的任务,需要奉献和毅力。可靠性工程师必须具有适应其周围人的个性,他/她必须获得管理层的全力支持;同时,可靠性工程师还应该是一名教员。较小的公司可能只能负担一名可靠性工程师,但需要此人具备所有技能,一位工程师不能完成所有任务,但必须能够将可靠性知识传授给每个员工,这个过程可能需要几年时间,但如果进展顺利,将对其他员工完成可靠性工程方面的培训。试图在没有外部帮助的情况下自行开展可靠性工作的公司,可能会失败。

13.4　资金不足

当一家公司选择将可靠性作为其新产品开发的一部分时,它必须考虑取得成功所需的前期资金。公司甚至在可靠性人员上任之前,就必须花费资源来确定和找到可靠性人才,管理层必须承诺增加工资支出,这是起步的最低要求。随

第13章 硬件可靠性和软件质量改进工作失败的原因

后,新的可靠性工程人员将向管理部门提交预算以及实施时间表,预算项目包括可靠性试验室、工具和测试设备、测试室成本(内部或外部)、电气和机械装置以及培训,这仅仅列举了几个主要项目。预算按时支出应由公司持续运营来提供资金,财务计划必须包括满足这些需求的准备金。在此前提下,公司需要明白现在将大部分资源用于可靠性工作,但要等到产品发布后才能实现投资回报,这需要公司兑现承诺,并且认识到回报不是即时的。

在承诺阶段的早期,管理层会对结果寄予厚望,随着时间的推移,管理层的确看到了很多进展,比如关于产品改进、开发成本增加以及可靠性提升的许多报告。这时,给他们的感觉是钱花出去了,却没有收益,这是导致公司经常放弃承诺的一项主要因素。在此阶段,管理层已收到有关先前开发产品的现场故障的报告,以及有关保修费用方面的财务报告,在这些报告中,可靠性成本不断增加,但是,却看不到可靠性的提高。尽管管理层最初了解到只有在发布新产品之后才能获得回报,但随着时间的流逝,他们很容易说服自己这笔支出是个坏主意。管理层必须相信可靠性工作会带来回报,如果他们不遵守承诺,那么启动可靠性工作肯定不会成功。

管理层的主要误解之一是他们可以衡量增加的产品开发时间和成本,而新的可靠性过程正在延迟交付给客户的时间。通过接受这种延迟,产品开发将较少返工;新的可靠性过程大大减少了多次电路板重新设计和软件修复的支出,由新的可靠性过程引起的这种延迟将只发生一次;由于新产品更加可靠,工程师不需要像过去那样对现场故障进行纠正。对于下一个产品,相同的工程师将在新产品开发上花更多时间,而只需很少的时间来解决旧产品中存在的问题。管理层必须耐心等待整个产品开发周期的完成。

如果公司没有采取后续措施就启动可靠性计划,那么它们仍然可能会失败,只是比他们什么都不做要晚一些。简单来说,如果一家公司无法向客户提供高质量高可靠的产品,竞争者就会抢占市场,市场将向高质量、高可靠产品的制造商靠拢。如果缺少有效的软件质量和产品可靠性流程,公司可能会倒闭。如果可靠性和质量过程放任自流,则需花费更长的时间,产品市场份额将会随之减少。没有自上而下的承诺,任何提高产品可靠性和软件质量的努力注定会失败;如果没有自上而下的承诺,投入大量资金和工程资源来提高软件质量和产品可靠性,将不会取得成果;同样,做出不坚定的承诺甚至比没有承诺更糟糕;而做出承诺却未能坚持到底,也是公司失败的主要原因。

HALT 需要消耗大量硬件资源,就电路板数量而言,考虑到电路板成本和其他资源,需要 3~6 块电路板才能正常执行 HALT。在早期的产品开发中,工程设计师需要第一批原型机,以了解其设计性能,经过分析,这些电路板通常会进行一些修改,此时,电路板的开发与以往方法没有什么不同。在经过对原型机的评估学习之后,通常会进行一些工程更改。此时,设计团队通常会认为产品的可靠性是完善的。更糟糕的是,在预算紧张的情况下,管理层可能会要求可靠性团队必须对原型产品开展 HALT,而这个决定是灾难性的。

有时,在产品原型机修补完成并制造出最新版本之后,会将其打包给其他产品开发人员、程序员、测试工程师、制造工程师等。可靠性工程师没有获得最新的或产品最终版本就开始了 HALT,而正确的流程是,他们必须等到这些二级开发人员完成所有活动后再开展 HALT。因此对 HALT 的资金投入至关重要,即使在 HALT 之前已经知道设计不完整,也必须为 HALT 流程保留预算。只有当设计人员认为产品即将最终完成时才能开展 HALT,而这也是验证包括 FMEA 结果在内的闭环情况的时间节点。新设计中唯一不需要在此阶段暴露的问题主要是那些由产品的应力测试和高加速应力筛选(HASS)发现的故障。可靠性过程不能容忍这种支出失败,在此关键时刻不能缺乏预算支出,否则将导致可靠性过程无效。

HALT 过程完成并且所有更改都在新设计中落实,至此所做的所有可靠性工作基本上都是为确保通过现有流程可以设计出最佳的产品。产品现场故障数据表明,很大一部分故障原因与制造过程直接相关。对制造过程的可靠性控制主要通过 HASS,如果工程管理人员认为他们拥有非常好的产品,而且如果确实制造过程完美无缺,则无需 HASS。(需要接受由于制造过程可能不完美,而应进行可靠性筛选过程的可能性。)

在生产过程中加入 HASS 会增加成本和生产时间,通过适当的计划,可以显著减少这些资源损耗。决定开展 HASS 则需尽早计划,购置环境试验室并在生产线末端附近安装;将测试产品固定到测试台的机械固定装置也是一项重要的设计任务;仪器和测试软件也必须作为该过程的一部分进行开发,因为过程中将对产品进行动态应力筛选。加入 HASS 工艺会减慢生产速度,这是一个额外的生产步骤,如果没有坚定的信念,管理层可能会认为不需要 HASS。(作者认为,如果生产过程受到良好控制且产品设计可靠,则 HASS 可能不是必需的。乍看之下这似乎矛盾,但对现场故障数据的复查可以表明制造过程是否合理可行。)

需记住,HASS 流程有多个目的,除了作为生产筛查外,它还可以用作现场故障的筛查,电路板在维修后可以通过 HASS 确保它们满足生产过程的筛选标准,HASS 流程可识别流程中的薄弱点,还会发现修复过程中的薄弱点,维修中的所有固定内容 HASS 筛查都将进行验证。当 HASS 被简化为抽检过程时,由于生产过程处于控制之中,因此恰当的高加速应力抽检(HASA)将确保没有批次质量问题。如果生产线加入了导致现场故障的原因,那么可靠性过程将无法达到其最初的期望。忽视 HASS 和 HASA 的公司很可能在可靠性方面失败。

新产品的设计师与现场可靠性数据之间存在很大的脱节。大多数工程师只知道他们的设计在相对较短的时间(通常是 1 年左右)内是否有效工作,他们不知道随着时间的推移,生产和现场故障会逐步累积。即使向他们提供了现场故障报告,工程师仍然很难将其设计工作与实际的现场故障数据相关联。实际上,大多数公司并不向设计工程师提供现场故障数据,他们通常会有专门解决该领域问题的部门。这种联系的中断会导致不完善的设计不断重复。公司必须将现场故障信息传达给新产品设计师,以便他们不断进步;工程管理人员必须将此信息提供给设计人员,可以使用故障报告、分析和纠正措施系统(FRACAS),以帮助其了解故障问题。

这将导致管理层要求设计人员秉持面向可靠性的设计(DFR)的思想开展产品设计,而大多数工程师认为他们已经在这样做了,当设计人员没有收到现场故障信息的反馈时,他们没有理由认为自己的设计不可靠。工程师对于可靠性设计尚不十分了解,且 DFR 信息也不容易获得,已开发 DFR 工具多年的工程团队不会随意公布,因为这种专业知识来之不易。可靠性工程师必须在培训课程中提供此信息,以使设计人员意识到好的设计也可能出错,收集现场故障信息并将其以可理解的方式呈现给设计人员,将极大地帮助他们消除新产品中的设计缺陷。

设计完成后,通常会对其进行测试以确保性能符合规范,但这可能还不够。产品设计验证通常不包括设计裕度测试,而这可以在试验台上或作为 HALT 过程的一部分来完成。在试验过程中,正常操作条件下产品将运行良好。但是,如果未在设计裕度边界对产品进行测试,则永远不会知道它是否会表现的不稳定,无法满足指标要求甚至失效。应当进行设计更改以扩大产品裕度边界的范围,失效通常可归因于设计导致产品运行非常接近极限或裕度边界;通过研究设计裕度,可以提高可靠性,减少现场故障。不重视此工作将导致可靠性工作失败。

设计太过靠近裕度边界通常是导致现场故障的根源,而这些故障在工厂维修中心无法复现,这些故障通常称为未发现故障(NFF)。客户将产品送回维修,而工厂却无法复现现场故障,此故障设备可能被认为已修好而直接返回现场。现场的实际环境可能刚好在产品经过基准测试合格时的环境条件之外,因此没有发现任何问题。由于工厂测试环境和条件不同于客户使用环境和条件,因此在现场故障的产品返回工厂后可能会工作良好。如果将这种"未发现故障"的产品返还给客户,则很可能会一次又一次地出现故障,直到有人决定报废该设备。FRACAS 可以定位此重复现场故障的设备,并关注其为何不断重复发生故障。

当管理层着手提高产品可靠性和软件质量时,通常是由于他们意识到成本过高和客户不满意的程度很高。在本书的前面,我们指出了保修成本可能很高,制定切实可行的产品可靠性和软件质量目标,对于确定满足业务需求的折衷方案非常有帮助。使用冗余来增强可靠性的复杂设计,会增加产品成本,但这是初始成本并非长期成本。成本/保修/可靠性/质量/冗余分析的权衡应该在产品开发过程中进行,并应予以理解。

不知道自身实际保修成本的公司,不会知道损失了多少钱,这些预算费用可以通过提高可靠性来抵消(请参阅第 1 版前言中表),这笔钱实际上是可用于可靠性预算的资金来源。最初要做的事情之一(当管理层朝着他们对可靠性的承诺努力时)是制定一个保修指标,随着可靠性过程的进行,该指标可以被跟踪。显然,最初的可靠性开发资金必须来自于损失的保修费用以外的来源,直到进行可靠性改进之后,这些费用才可能被抵消。但是,随着可靠性的提高,此指标将以保修金的形式表明公司可以少损失多少资金,保修费用的衡量是可靠性计划成功的有力指标。如果不使用该指标,公司可能会失败,因为它可能已经进行了很多根本没有结果的可靠性实践。

开展可靠性活动应该合乎逻辑,可靠性预算和估计应在产品开发的早期进行。设计 FMEA 应该安排在产品开发开始或结束时,通常在所有生产设计评审之前进行;在对原型机进行改进之后,应该开始 HALT 过程。这些只是可靠性过程中的一些主要步骤,需确保所有可靠性工作以正确的顺序进行并定义明确,如果没有明确定义的过程,过高或过低的可靠性要求将难以达成最终目标。

可靠性分配和可靠性预计是定义明确的可靠性过程的一部分,应该分别在产品开发的第二阶段和第三阶段开展。可靠性分配是指为系统、子系统、模块以及可能的关键组件分配平均故障间隔时间(MTBF)指标,在产品开发的第二阶段还需要确定其他可靠性预算(人员配备、测试材料成本、计划活动的项目时间表(如 FMEA、HALT 等))。但是,这里指的是可靠性指标 MTBF 的分配,这是按照可靠性 MTBF 分配条款对产品所有主要部分失效率的估计,可靠性分配应支持更高级系统 MTBF 指标。可靠性分配来自对每个组件的可靠性分析,如果设备包含的元件和材料与上一代现场产品非常相似,则新产品的可靠性分配将类似于上一代现场产品所用的预计值,如果不做新的改变,则上一代产品的可靠性是设定期望值和衡量可靠性提高的好指标。这些可靠性预计结果基于客户现场体验的跟踪数据库,同时内部数据也是准备可靠性预计的最佳信息。

还有另一种对可靠性预计值建模的方法,但这种方法不太可靠,即采用过期的行业和军用标准进行可靠性预计。许多公司仍在使用它们,并且一些采购方指定要求使用这些标准,将可靠性预计作为购买规范的附加要求。作者认为,可靠性预计对提高产品的可靠性作用不大,可靠性预计仅用于得出预计的数据和判断一样好;在自己的业务和行业中,准确收集的制造和现场故障数据(来自FRACAS)是可用的最准确的可靠性信息,使用自己的供应商数据进行的预计更适合于确定哪些组件的失效率最高,据此分析,公司可以判断失效率是否可以接受,是否可以设计出组件,或者通过使用更少的组件来减少影响。使用这些过时标准的公司终将发现,专注于可靠性活动,例如 FMEA、HALT、加速寿命试验(ALT)和加速可靠性增长(ARG)试验,将会更有用,浪费资源绝不是成功的秘诀。另外,有几项研究也表明,可靠性预计值的变化范围是评估结果的 0.5~5 倍,由于可靠性预计值和观察到的 MTBF 之间有如此大的差异,因此很难看到它们的好处。

13.5 资源不足

关于人员配备和资源不足可分为两类:第一类是资源太少,第二类是资源错误。如果分配给项目的人员太少,则结果将是工作范围、质量和进度之间的折中;将错误的资源应用于项目可能会导致质量失控,这在完善费用和进度表方面会付出巨大的代价。

如果分配给软件开发项目的人员太少,同时要求遵循所有质量流程,则该项目将花费较长时间。尽管如此,该项目可能已经完成了一些里程碑节点,即使里程碑并非固定不变,管理层通常也倾向于满足期望的进程。最常见的做法是在项目人员太少而无法支持所需的工作时采取捷径,这种做法肯定会导致软件质量下降,因为快捷方式通常会跳过必需的软件质量活动,如审查或单元测试。项目后期进行的另一个常见的不利做法是执行了所有软件开发活动,但交付到软件质量保证(SQA)的时间较晚,并且没有足够的时间来充分验证软件功能,这也会导致发行版本的软件质量较差。如果没有足够的资源并且项目进度至关重要,那么一种更安全的选择是缩小项目范围。发行具有较少功能的软件版本比发行劣质产品更好。请记住,被剪裁的功能可以在后续版本中更新。

如果软件人员不够专业,则会对软件质量产生更加严重的影响。如果员工中没有对技术或预期用途具有专业知识的人员,则该软件极有可能无法实现其目标。由于在设计和实施过程中应用的专业知识不足而引起的各种质量问题,可能会导致软件发行版本无法充分执行预期的任务。无论多充分的软件测试和缺陷修复都无法纠正此类问题。通常，应用专业知识不足的结果是需要退后一步，重新设计和重新实现产品的某些部分，这可能会导致重大的计划延误，并大大增加项目成本。

当软件发布推迟时，公司通常会希望投入更多人力以弥补失去的时间，这是可以理解的反应。但是，这可能对项目更加不利。当然，大多数项目可以通过增加少量人员来一定程度上加快进度，如果在确定进度风险后，就相对较早地将其他开发人员分配给项目，效果会很好。但是，在项目后期，尤其是在项目寿命周期的后期中加入较多员工，肯定会影响项目进度。弗雷德·布鲁克斯（Fred Brooks）对此问题进行了描述，他将问题概括为："9名妇女一个月内无法生育婴儿。"众所周知的《布鲁克斯法》(Brooks's law)指出："在一个推迟的软件项目增加人力资源会使它更加滞后。"[1]将人员添加到已推迟的项目中具有三重影响，首先，新员工通常会有学习曲线，因此他们将无法立即为项目做出贡献；其次，为了使新员工能够更好地学习，他们将依赖于该项目开发人员的帮助，这会降低当前项目人员的生产率；最后，大多数项目都有一个依存序列，在开始后续任务之前必须完成一些前置工作，此依存顺序决定了可以有效处理任何给定项目的自然人数上限，超过该上限将导致精力的浪费。

总而言之，最好的行动方案是使项目配备适当数量的人员，以实现所需的时间进度和所需的适当专业知识。如果一开始没有这样做，最好的补救计划应该是延长进度或缩小项目范围以保证质量。省略质量流程步骤或在项目后期增加大量员工，几乎必然导致项目推迟甚至错过其质量目标。

13.6　MIL-HDBK 217 为什么过时

当美国政府开始购买产品时，要求制造商满足的指标之一就是可靠性，该可靠性指标实质上是对产品满足规格要求且不会失效的时间的度量。在产品启动时，尚无确定产品寿命的可接受方法，因此必须对其进行定义。

可以理解的是，组件越复杂，越有可能更快地失效；还应理解的是，可以用确定成品组件失效率的合理数字的方式，来构成各个部件的失效率，具有更多组件的系统应该具有更高的失效率和更低的预期寿命。但是存在一个问题，当时并没有建立典型电子组件中所有元器件的失效率数据库，因此，政府着手从其来源收集数据以生成失效率信息。

军方从其遍布世界各地的现场维修站、移动维修站和仓库维修地点的许多维修设施中，收集了有关组件故障的故障数据：设备如何使用、何时发生故障、在什么环境下以及其他参数；对使用环境进行分类，如办公室等良好环境，以及舰船、坦克、直升机、加农炮和导弹等高应力环境。基于收集到的数据回归,建立了经验模型,并用于反证各种环境条件下的 π 因子;环境条件包括应力因素,如温度、湿度、冲击、施加的电压等,收集的应力因素最终形成统一的文档,现在称为美军 MIL-HDBK-217,也称为《电子设备可靠性预计手册》。

手册中的"预计"一词表明:在列表和公式中列出的一组指导原则,可用于将成千上万个元器件供应商和各自产品的预期寿命组合成一个总和,称为失效率预计。

这种方法存在很多问题。在大多数情况下,数据是从军队收集的,所有收集的元件都被添加到故障元件的数据库中,这是有问题的。因为,通常他们需要尽快修复故障产品,所以在确定维修之前一线维修人员通常已经开展了维修工作(作者是 1961—1965 年美国空军的一名技术人员),对产品更换许多元件。这些人员尽管接受过程技术培训,但流动性较大,常常会在短短几年内被解雇,这意味着会由相对缺乏经验的技术人员进行维修,他们的任务是尽快修复产品,最终结果就导致很多不需要的部分被替换,仅仅因为与进度有关,这会产生错误的数据,因此报告的故障元器件比实际数量要多。

MIL-HDBK-217A 初始版本的元器件失效率数据是 20 世纪 60 年代收集的,并于 1965 年 12 月由海军发布元器件单点故障。然后从 MIL-HDBK-217B(这是一次大修订)开始,每个元器件都包含了环境因素;1965—1975 年之间总共进行了 6 次修订,随着 1991 年 12 月 MIL-HDBK-217F 的发布,元器件的失效率和可靠性预计方法得到了显著修订;MIL-HDBK-217F 还有另外两个修订版,即 1992 年 7 月发布的公告 1 和 1995 年 2 月发布的公告 2。即便使用已更新的元件库列表,问题之一是文档中可能还没有包含最新元器件,因此不能提供失效率信息。该标准已尽量定期更新以反映技术进步,并包括未涵盖的元器件,但大多数情况下它始终是滞后的,元器件技术的发展永远比覆盖新技术的行业标准快得多。

该标准被高度评价为可靠性预计的基础。预计方法由两部分组成:一个用于元器件计数;另一个用于元器件应力。元器件计数法为系统提供了过于保守的失效率估计,可以通过考虑诸如元器件复杂性、元器件技术和制造质量的成熟度、施加的应力、环境应力因素和温度等应力因素来调整元器件的失效率;校正应力因素后的可靠性预计通常仍比较保守,这会导致可靠性预计偏低的产品可能具有较高的可靠性。另有一些研究表明预计值过于保守了,通常很有可能造成可靠性预计值是错误的。

MIL-HDBK-217 是在 20 世纪 90 年代开始失去认可,因为许多消费产品实际比该标准所预测的要可靠得多;一些产品使用标准指标的 1.4~10 倍来计算最终预计值的原因是,预计随着时间的推移可能是错误的。MIL-HDBK-217 可靠性预计与可靠性表现情况不相符合，MIL-HDBK-217 预计的 Pareto 图故障分布与实际的现场故障缺乏关联，所以当使用可靠性预计来计划维修备件库存时，那肯定会有问题的。当高估支持维修所需的元器件数量的库存，并且库存中的元器件与发生故障的实际元器件不相关时，可能会非常昂贵。此外，该标准没有考虑人为因素，因为元器件可以设计为非期望用途或超出制造商建议的操作规格。最后，温度校正因子可能与元器件失效率没有关系，并且可能是由如湿度和机械冲击等未考虑因素引起的(仅举两个例子)。即使这样，对标准的神话仍然存在。

现在通过制造质量控制程序所生产的元器件要比本文档首次发布时的 20 世纪 60 年代制造的元器件好几个数量级，甚至比 1995 年发布的最新更新(公告2)还要好。元器件可靠性增长一直在快速发展，从本质上讲，该标准已落后于这些变化。

还有其他正在使用的行业标准可能会比 MIL-HDBK-217F 稍好一些，但它们也有许多相同的缺点。

Telcordia SR-332(以前为 Bellcore)是常用的标准，尤其是在欧洲。Telcordia SR-332 最初是由 AT&T 贝尔试验室基于 MIL-HDBK-217F 开发的，Telcordia 文档允许根据三种不同方法进行可靠性预计。第一种基于使用 Telcordia SR-332 提供的通用失效率的标准方法，该方法没有基于 MIL-HDBK-217F 的通用标准那么保守；第二种方法允许将试验室测试数据与通用失效率结合；第三种方法允许将通用失效率与现场失效率数据结合。最后，该标准为如何补偿较高的首年失效率(早期失效)提供了指导，并允许应用老化策略消除早期失效。

此外，还有 IEC 62380 TR 第 1 版(以前为 RDF2000 和 UTEC 80810)、PRISM、国内的 299(GJB/Z 299)、西门子 SN29500、217Plus 和 Nippon NTT 程序。

所有这些文件标准都涉及电子和机电元器件，不包括机械组件，如泵、密封件、弹簧、压缩机、电动机、阀门、轴承或皮带等，而有一个由美国海军水面作战中心开发的非电子组件标准数据库 NSWC-06/LE10(基于 NSWC-98)，涵盖了这些组件。该标准具有许多相同的缺点，例如，很难根据标准预测弹簧何时失效；RAC 还发布了"非电子零件可靠性数据"NPRD-95，Quanterion 已将其更新为 NPRD 2016。

很多软件程序使用这些可靠性预计标准及其通用失效率数据来进行可靠性预计，其中一些程序允许选择不同的可靠性预计方法，如 MIL-HDBK-217F 或 SR-322，以进行可靠性预计，这些可靠性预计程序中的大多数都允许使用公司自身的可靠性失效率数据。这些程序仍然很受欢迎，并且由专门从事可靠性预计的可靠性顾问使用，但在提供合理的可靠性预计结果方面也常常不准确。在制定业务和工程决策时使用不正确、不可靠的信息,并非开展可靠性项目的成功之道。

13.7 发现但不解决问题

HALT、HASS、HASA 和 FMEA 都揭示了需要注意的问题,如果不予解决,所有这些问题都可能导致可靠性降低。必须仔细研究每个问题的根本原因,并提出解决这些问题的建议;必须跟踪每个建议的纠正措施直至最终闭环,并由可靠性工程部门进行审核以验证其完整性。以下通常是导致可靠性工作失败的原因。

当急于发货时,纠正问题和进行设计或工艺更改所需的时间会严重推迟产品交付的时间,这些延迟对底线影响非常明显,没有人希望因延迟发货而受到指责,很多时候,只是因为急于发货而跳过所需的纠正措施,这可能导致可靠性灾难。

容易忽略的是,尚未解决的可靠性问题可能导致现场的早期故障,低可靠性和糟糕的客户满意度会抵消尽快发货、击败竞争对手并抢先进入市场的驱动力,尽早交付市场获得的收益可能由于过多的保修索赔而丢失;如果故障严重到需要设计更改的程度,那么由于在现场(市场)有很多产品,进行设计更改的成本就会大大提高。在开发阶段的早期解决问题是最低廉、最快速的方法,如果不解决所必须处理的问题,所有的可靠性工作都将被完全浪费掉。

13.8 非运行试验

多年来,产品可靠性试验不断发展,已经包括温度试验、振动试验、冲击试验等。当产品具备运行条件时,大部分试验是在最终成品上完成的。如果要花费时间和资源来对产品进行可靠性试验,应在产品运行状态下开展;非运行试验很少激发故障,因为当应力被消除时,故障模式通常会消失;只有在系统运行时才会发生现场可能的故障,即如果要激发现场故障,必须在应力条件下运行系统。

13.9 振动试验难以实施

振动试验通常会更加困难。振动试验通常需要设计一种机械设备或固定装置,用于将被测产品固定在振动试验台上,振动试验夹具必须将产品机械耦合到振动台上,以确保力确实作用在产品上。这意味着将产品安装到振动试验夹具、运行试验以及从试验夹具中取出产品的时间成本过高,同时意味着一次性只能将较少的单元放入振动台上,这就降低了试验效率。

在振动应力试验过程中操作产品需要专用试验设备,并可能需要测试软件。试验设备会增加成本,开发测试软件增加了测试过程的成本,并消耗了可在其他地方使用的编程资源。

避免这些费用通常可以节省资金,但错过的可靠性问题可能会花费更多;进行彻底的应力试验将返还更多的可靠性发现和更多的保修费用;缺乏产品运行状态下的试验是可靠性过程无法成功的地方。

13.10　软、硬件设备推迟交付的影响

应力试验所需的软件十分关键,如果推迟将无法完成运行状态下的试验,应力试验不正确会导致可靠性降低;在应力试验准备时确保测试软件准备就绪,对于成功至关重要,准备不充分的测试软件将是导致可靠性工作失败的主要原因。

13.11　供应商可靠性

当公司开始进行改革时,对于供应商也需开展同样的操作,采购小组的一项附加任务是确保供应商在所有可靠性问题上都进行了加强。

为实现更高的可靠性和更高的客户满意度,改革产品开发过程需要实施许多策略,只做一半不会带来成功。

参 考 文 献

[1]　Brooks, F. (1995). The Mythical Man-Month, 2e. Addison-Wesley, First published Department of Computer Science, University of North Carolina, Chapel Hill, 1974.

延 伸 阅 读

Peter, A., Das, D., and Pecht, M. (2015). Appendix D: Critique of MIL-HDBK-217 National Research Council. In: Reliability Growth: Enhancing Defense System Reliability. Washington, DC: The National Academies Press https://doi.org/10.17226/18987.

Relyence Corporation, A Guide to MIL-HDBK-217, Telcordia SR-332, and Other Reliability Prediction Methods, Relyence.com July 16, 2018, https://www.relyence.com/2018/07/16/guide-reliability-prediction-methods/.

Weibull Reliability Engineering Resources, Military Directives, Handbook and Standards Related to Reliability, Weibull.com, Copyright © 1992-2018 HBM Prenscia Inc. All Rights Reserved, https://www.weibull.com/knowledge/milhdbk.htm.

第 14 章 供应商管理

14.1 采购衔接

影响产品底线的众多因素之一是供应商质量,能否具备按指定的数量和质量,以及按时、按规格接收采购物料的能力,对公司业务开展至关重要。许多公司都有采购部门,但他们实质上是采购员和稽查员。不同的采购方法之间存在巨大差异,购买用于生产的材料看起来很容易,似乎就是一个人拿起电话,打电话给供应商的订购台,下订单,使用信用卡、支票或采购单,然后等着准时交货。如果供应商具有所需数量的指定物料,则可以期望迅速交货。但是,如果公司的供应商缺货,怎么办?

公司只能向第一个供应商道谢,然后致电给另一个供应商。可以继续执行此操作,直到找到所需的材料,该操作可能会以相应数量和价格获得所需的材料;然后,再次为下一个需要的项目进行操作,在购买产品所有材料时会重复此循环;在最终订购了生产所需的全部物料后,公司不一定就能放心,因为事情仍然可能会出错。

公司需要了解以下内容:所有采购的物料是否都能按时到达并投入生产运行?物料是全部还是分批装运?公司的供应商会完全按照指定的顺序执行订单吗?供应商是否会因为库存缺货而替换其他组件?购买的材料价格是否会在公司所需的范围内,以保持成本利润范围?以上这些问题都是实际可能会发生的,从而对生产运行产生负面影响。所有这些问题都会增加公司的成本并降低整体质量和可靠性。

当订单开始出现并且公司意识到存在偏差时,买方将被转换为稽查员。买方将停止一切交易,并争先恐后地获取能尽快运送的材料,原本用于生产的购买时间变成了恐慌状态;即使公司有幸通过后续的考察获得了所需的材料,当前的混乱状态也可能会引起问题,并且最终会通过返工、报废和累积保修成本而导致成本上升。所有这些问题本来是可以通过更好的采购物料计划来解决的。

采购物料计划是建立目标、政策和程序的基础,这些目标、政策和程序可以协同工作,以满足公司业务需求的价格,按时提供连续不断的优质物料。这就是不同采购之间的区别,有许多影响生产的差异因素,公司需要明确这些差异,以便利用资源来最大程度减少对业务的影响。

一个明显的计划差异是销量。公司的业务是周期性的、季节性的还是持续增长的?公司是否有某些产品的销量下降而其他产品却在增长?公司是否有一些刚刚完成开发的产品,并且正在增加产量以填补营销工作中的预期订单?公司是否已经从一些客户那里订购了一些订单,而其他一些则错过了?销售差异是确定材料需求的主要驱动力。当销售和市场部门可以生成准确的销售预测时,就可以满足生产水平,根据生产要求,公司可以确定产品中使用的材料及其数量。公司销售预测的范围和准确性越好,越能准确地计划物料采购,这可以让公司在物料计划中发挥很大的作用。

14.2　识别关键供应商

识别那些至关重要的元器件和原材料非常重要,以便可以尽早进行规划以降低风险。根据经验,通过顾问、参考期刊和行业报告,公司可以了解长交货周期、未生产的新元器件、初始/未发布的数据表、几乎没有生产历史的小型初创公司等供应商风险问题,以及已知质量和可靠性问题的供应商;对于那些存在异常长交货周期的供应商,公司能够为关键项目提前下订单,这对公司的工程开发或制造过程至关重要。当然,也存在一系列的临界点,产品中使用的许多元器件仍需要计划,但通常交货周期较短;当本公司业务蓬勃发展时,对别的公司来说也是一样,这通常会导致供应商的多个客户都有巨大需求,进而增加交货周期延长的风险。请记住,公司的供应商之间也有差异,比如,公司可能会需要一个专门设计并由某一家供应商独家制造的元器件,能否确保此关键部分按时进行,对公司的业务至关重要。

根据公司的业务规模,可以从制造商或其分销商那里购买原料。与供应商建立良好的关系是绝对必要的,毫无疑问,当公司收到与订购的物料完全相同的物料时,对发票全额付款以保持良好的供应商关系就显得非常重要,实际上,这是"业务上的握手":公司可以获得所需的原料,供应商可以按时收款,因此维持良好的供应商关系十分重要。但是在此之前,选择能够满足公司当前和未来需求的供应商,就相当关键也非常耗时。

14.3　制定全面的供应商审核流程

作为采购物料计划的一部分，公司必须在开始选择流程之前了解对供应商的需求。公司可通过创建一个供应商审核列表，标识对供应商需要的重要参数，这些清单可以在涵盖采购主题的杂志中找到，也可以在美国质量协会提供的材料和手册中找到，以及有关公司的特定业务及其需求的知识中找到；通过输入的组合，可以构建供应商审核列表，该列表将成为大多数或所有供应商选择的通用模板。

供应商选择的主要部分是流程本身，当公司拜访可能提供一种物料的几个供应商时，过程的一致性很重要。

在审核了多个供应商之后，公司可以公平、严格地将它们与统一的标准审核列表进行比较，供应商审核的结果可用于识别供应商的优势和劣势。供应商有可能没有意识到自己的弱点；他们甚至可能不知道需要提供哪些产品作为客户产品的一部分，在此方面，公司作为客户，可以与供应商"合作"。

合作伙伴关系的概念始于20世纪80年代，当时全面质量管理（TQM）蓬勃发展，最简单的想法是利用两家公司的优势来发现并改善另一家的劣势。例如，公司可能会进行零星的采购，而供应商则很难完成这些订单，但采购公司可能不会将此视为问题。另一方面，供应商不可能先满足小订单，再满足大订单，这样会积累大量库存，并承担不符合供应商自身最佳业务利益的风险。在这种情况下，供应商可能非常愿意与采购公司合作以改善其原料采购计划。另外，供应商所交付的产品可能并不总是符合采购公司所需的质量标准，基于此类情况，采购公司可以派遣质量工程师给供应商，以确定和改善输出产品的质量。合作伙伴概念几乎可以应用于所有业务部门。随着采购商和供应商之间更加紧密的合作，他们可以最大程度降低业务风险，高质量地建立并维持低成本运营。

14.4　开发快速不合格反馈机制

即使有最佳的业务关系，有时采购者也会从其供应商那里收到不合格的原料，对不合格原料进行全面、快速的识别，将有助于降低质量成本。在流程（故障报告、分析和纠正措施系统（FRACAS））中越早发现不合格材料，恢复成本和时间就越低；当识别出不合格材料时，应将其收集并放置在受控制的区域中，以使材料不会与准备投入生产的材料混合。

可以通过一种正式程序来识别差异,例如,审核小组或材料审查委员会(MRB)可以每天通过与采购、制造、工程和任何其他利益相关方举行会议,讨论原料的差异;差异材料可以存放在指定的位置(MRB 槽);有时也可能只是对差异物料的标识不正确,如确实如此,则 MRB 可以将其放回库存中以准备投入生产。

如果原料不合格但价格便宜,最好的处置方法是将其报废,此时,与供应商的合作就很重要,因为供应商或购买者都必须为报废买单。如果采购公司与供应商建立了良好的合作关系,则可以允许采购商以供应商的成本报废该材料,只要供应商在后续审查该物料时,明确不增加将物料运回供应商处由其自行报废的成本。不合格材料还有其他几种处置方式,它可能部分不合格,需要进行少量返工后仍使用。此时,合作关系有助于消除困难,若有足够的时间,可以将原料发送回供应商以采取纠正措施,如果两家公司之间没有牢固的工作关系,这可能就会是一个棘手的情况。

14.5 建立材料审查委员会

无论如何,最重要的是材料审查委员会(MRB)流程可以在供应商的配合下,迅速识别出不合格的原料,并尽力扭转这种状况。此时,供应商也会非常有兴趣识别不合格的原料。在有了早期的预警后,他们能够尽快停止生产采购公司无法接受的此类产品,直到问题得到纠正。快速识别和通过 MRB 流程反馈给供应商的方法很重要。当前,有许多软件应用程序可帮助将这些信息加速提供给供应商,通常双方可以共同承担软件应用程序的成本,这些软件应用程序的规模和复杂性取决于企业的规模和需求;根据软件应用情况,反馈形式可以采取自动传真、由调制解调器发送或通过互联网发送给供应商的文档的形式。

在此可靠性文档中,供应商管理角色还有很多无法完全解决的问题。但是,购买者/供应商组合中最重要的部分之一是建立一种伙伴关系,该伙伴关系应了解双方的真实需求,并不断努力适应两家商业合作的需求。

14.6 假冒伪劣元器件和材料

假冒伪劣电子元器件是电子工业中日益严重的问题。在电子行业中,关于伪造问题的严重程度可能尚未达成共识,但是人们普遍认为,这是一个影响广泛的问题,没有人能幸免。如果电子元器件是非法复制品、虚假替代品或标识错误

(如制造商零件号、日期代码或批号),则应被视为假冒产品。如果假冒伪劣材料进入制造过程,或者材料被退回但不验证其真实性,则合法的电子元器件和产品制造商可能会成为受害者。根据公司徽标瑕疵、拼写错误、信息丢失、标记错误或其他视觉上可察觉的标记,可能会通过目视检查到某些伪造的零件,但是,并非所有伪造的部件都可以通过目视检测或检查。

假冒伪劣元件有几种来源。元器件可能制造得看起来像正版产品,元器件可能被重新包装或重新贴标签。例如,贴上可实现比其设计或制造更高性能的标签,回收商将废旧的印制电路板和解焊的元器件翻新,最后旧的元器件可能会作为新品出售。

为防止假冒伪劣元器件进入生产流程,有一种积极的方法,包括从原材料到成品的整个材料流程中的所有环节的控制;当公司采用经纪人和独立分销商时,假冒元器件可能会构成重大风险,因为其原产地可能未知,也可能陈述不实;当发现伪造的材料或元器件时,应将其上报并隔离,以防止将材料重新引入生产流程。

应该建立供应链管理以及用于物料认证和可追溯性的过程,以防止未经授权或未知来源的产品进入生产流程;应该通过可追溯性文档(即获取可追溯性或一致性证明)和真实性验证(即目视或 X 射线检查,材料分析或测试)来验证材料的来源;一些制造商正在采取创造性的步骤,通过使用嵌入式标记和防篡改机制帮助他们快速识别假冒材料。建议公司建立一个流程,以监控从外部来源报告的假冒零件,并随时了解最新的假冒信息和趋势;最后,公司必须进行人员培训,以使其意识到问题的严重性,并且了解防止伪造元器件流入的工具和流程。

现在,已有一些行业标准为如何管理风险,避免假冒伪劣材料和元器件进入其制造渠道提供了指导。表 14-1 提供了一个良好的起点。

表 14-1 假冒伪劣原料风险管理的工业标准

AIR6273	Terms and Definitions-Fraudulent/Counterfeit Electronic Parts
APR6178	Counterfeit Electronic Parts; Tool for Risk Assessment of Distributors
AS5553	Counterfeit Electronic Parts; Avoidance, Detection, Mitigation, and Disposition
AS6081	Counterfeit Electronic Parts Avoidance-Independent Distributors
AS6171	Test Methods Standard; Counterfeit Electronic Parts
AS6174	Counterfeit Material; Assuring Acquisition of Authentic and Conforming Material
AS6462	Verification Criteria for Certification against AS5553

(续)

AS6496	Authorized Distributor Counterfeit Mitigation
AS9100	Quality Management Systems – Requirements for Aviation, Space, and Defense Organizations
IDEA-STD-1010	Acceptability of Electronic Components Distributed in the Open Market
ICE/TS 62668-1	Process Management for Avionics – Counterfeit prevention – Avoiding the use of counterfeit, fraudulent, and recycled electronic components
IEC/TS 62668-2	Process Management for Avionics – Counterfeit prevention – Managing electronic components from non-franchised sources
UK MOD Def Stand 05-135	Avoidance of Counterfeit Material
AR 42-IECQ	Counterfeit Avoidance Program
AR 36	Accreditation Program for Avoidance of Counterfeit Electronic Parts Management Systems

第Ⅲ部分
迈向成功的实践

第15章 建立可靠性试验室

在没有合适计划和对成本考虑的情况下,在公司布置可靠性试验室是非常昂贵的,公司的销售总额和相关的保修费用决定了计划的必要性。计划人员需要了解每天全职参与可靠性工程的人员数量,其中工资支出是长期的驱动力,投资的回报以收回的质保美元来计算,可能预算出需要几年时间才能收回,薪金预算必须能够承担这一时期的这些费用,而这也仅仅是最低开支。

以下是其他主要费用:
(1) 设备成本;
(2) 可靠性试验室的空间;
(3) 试验室的长椅、桌子和文件等;
(4) 支持工具和设备;
(5) 试验设备;
(6) 机械工装(在被测设备(DUT)与箱体之间);
(7) 动态试验装置(在环境压力下操作 DUT);
(8) 消耗品(电源、材料、液氮(LN));
(9) 维护开销。

15.1 可靠性人员配备

可靠性试验室本身并不会将所有的节省费用降到最低,但它将是成本降低计划的一个重要组成部分。

首先,必须有专人负责领导试验室的建立,这个人必须有建立试验室的经验,或者愿意雇用具有建立可靠性程序所需的专业知识的专家,后者将花费更长的时间。建议从组织外部寻找具有可靠性专业知识的人员来构建可靠性程序、建立可靠性试验室并实施可靠性流程改进。理想的候选人应该具备以下技能和经验:

(1) 可靠性工程背景;
(2) 高加速寿命试验(HALT)/高加速应力筛选(HASS)和环境应力筛选(ESS);

（3）冲击和振动试验；
（4）统计分析；
（5）项目预算/评估；
（6）失效分析；
（7）开展可靠性培训；
（8）推广新概念时的说服力；
（9）工程学士学位。

工资可以根据经验、资格、国家地区等不同而有所不同，在招聘可靠性工程师和经理方面有经验的招聘人员并不多，因此可能需要花时间与招聘人员解释该职位所需的技能、教育和经验(参见 www.salary.com)。

15.2 可靠性试验室

下面讨论建立可靠性试验室时需要考虑的主要问题。表 15-1 和表 15-2 是为小型、中型和大型三类公司提供最佳选择的建议矩阵。

表 15-1 不同规模企业年销售额与保修成本参考标准

	小型/美元	中型/美元	大型/美元
年销售额	100万~500万	1000万~5000万	1亿以上
年保修成本	10万~50万	100万~500万	1000万以上

表 15-2 HALT 设备选用指南

		公司规模		
		小型	中型	大型
HALT 设备	租	X	X	
	买		?	X
HALT 设备操作者	租	X	?	
	雇用操作者		?	X
液氮	瓶装	X		
	存储罐装		X	X
混凝土液氮罐支撑底板			X	X
多个杜瓦瓶及配套管道		X		
安全垫		—	X	X

(续)

		公司规模		
		小型	中型	大型
培训	外部	X	X	X
	内部		X	X
机械固定		M	M	M
测试设备		?	?	?
整体解决方案		—	?	X
室内排风扇		—	—	X
室内氧气监测		—	—	X
试验室设备		—	—	X
运输成本		X		

注：X—最好的选择；
　? —根据具体情况确定；
　R—租用；
　M—制造

试验室空间并不是微不足道的，除了 HALT 所需的空间外，还需要满足以下要求。

（1）液氮罐（如果大型外部罐超出预算）。氮气罐直径大约 30 英寸，高 6 英尺，重达几百磅。需要一些满的存储箱、一些空的存储箱，也许还有一两个部分装满的存储箱。

（2）用于故障分析、维修和其他试验设备的试验室工作台。

（3）办公空间，用来进行内网/互联网通信、一般报告的准备等。

（4）操纵试验平台和测试设备进出 HALT 试验箱的空间。

（5）其他设备暂时不使用时的存储空间。

（6）为参与 HALT 活动的工程支持人员提供场地。

（7）保证每个人都有椅子，有些椅子的高度与试验室工作台匹配，有些与办公桌匹配。

（8）工具柜，最好安装有脚轮。

（9）储存柜。

（10）大功率电源、冷却液水源等所需要的墙面空间。

还需要用以下一些必要的工具来进行设备维护。

（1）一般的手动工具，如焊接、上紧、切割、固定等工具。

(2) 提升机：对于不能由一个人搬运的大型 DUT 设备，需要一个提升机。

(3) 热仪表：这些包括热电偶、热电偶电焊机、额外的加速度计（因为它们也会失灵）等。

(4) 测试设备：数字电压表、数字温度计、录音机、夹式电流表、便携式氧气嗅探器（漏气）、示波器、功能发生器、射频发生器、电源、变频频闪灯，以及任何有特殊需要的产品。

还需要某种通用的机械夹具（在 DUT 和腔室之间），该夹具将 DUT 固定在试验箱内进行振动试验，主要包括以下内容。

(1) 硬件：包括带锁紧螺母的钻杆和十字杆，以及各种长度的额外螺栓、螺母、用于将固定装置连接到制动表上的平垫圈和开环垫圈（通常是五金店标准的 3/8 "螺纹）。

(2) 机械压紧：可能要根据需要特殊设计。

(3) 拖缆或电缆：用来提升重物的。

有些定制项目可能需要几周的时间来设计和制造，所以制定计划是很重要的。

毫无疑问，动态试验设备或仪表可能是一个高成本的项目。在 HALT 过程中，DUT 必须开机运转，以便在发生故障时进行检测，实现这一目的的仪器可以是简单的电压表和示波器，也可以是复杂的特殊的硬件装配和专门为这些试验而设计的特殊软件（通常情况下，这种特殊的软件可以成为稍后在制造过程中为 HASS 准备的测试软件的一部分）。在这里，计划是最重要的，为每件在 HALT 过程中可能出现的意外事件制定备件计划，甚至电缆的长度都应该考虑到进出 HALT 试验室的方便性，它将用于调试和替换试验期间出现的任何设备损坏或性能降级。

15.3 设备需求

以下消耗品需要计划储备。

(1) 电力与照明：HALT 试验或热循环大的热质量组件功率可以是相当大的。

(2) 液氮、便携式杜瓦或大型外置罐：即使使用最小的停机系统，每月的开销也可能高达数千美元（温度极值越宽、速度越快，耗材的成本就越高）。

(3) 维护开销：这包括补充试验室用品等。

15.4　液氮需求量

液氮的成本将根据使用量和输送频率而有所不同,如果你的使用量很小,50加仑规格的储箱可以提供成本最低的解决方案。可以准备多个储箱循环使用,当一个用完时就可以让它退出循环;如果你打算使用大量的液氮,那么配备一个更大的外部储箱可能是更好的解决方案。储箱安装的费用可能是惊人的,当地法规和当地社区规划人员的偏好会显著影响安装成本,在工业地区,可能仅需要一个简单的混凝土板,这通常要花费15000~40000美元,具体多少主要取决于箱体的大小;如果在其他社区,要求储箱更加美观,能够融入本地环境,那么成本可能达到10万美元以上,特别是需要考虑防震设计时,诸如覆盖储箱的格子板、用于夜间服务和储箱加注的路灯,以及车道上的特殊护套管道(氮气卡车将加氮管连接到储箱的端口)都是必需的,清单可以很长。

大罐将是有益的,因为液氮的成本可以大大降低。不需要人工操作储箱,因为外部储箱可以通过电话线/调制解调器设置,方便自动加注,这是一个很好的节省时间的方法。特别是在制造过程中,建议考虑将此作为总体规划的一部分,有一个储箱来支持 HALT 和 HASS 过程。由于需要增加绝缘管道,这可能会增加成本,但通过仔细规划,这些成本也是可以控制的。储箱越大,批量使用的成本将会越低,外部储箱的数量也会相应减少,这就降低了总的成本。

从储箱到 HALT 箱体的管道中可能会有部分液氮损失,这可以通过使用绝缘的夹套管道来消除,一些氮罐供应商将管道设计作为整个系统的一部分,并将此项服务作为液氮交付服务的一部分,这很重要。HALT 室和液氮罐的位置会影响管道的成本,通常是成年人跑步时每步的距离需花费 300 美元;常规管道的费用较低,但是氮的损失很快就会增加,如果选择常规管道,则 HALT 室每次使用时都会结霜,当箱体温度升高时,结霜融化产生的水会导致其他问题,可能会造成损害和引起安全问题。

并非所有的液氮罐都是一样的,有些在减少氮损失方面做得更好,可以与供应商联系,获得质量更好的液氮罐,并建议配置绝缘的输出流量阀;没有该阀门的储箱会结霜,并在阀门处形成 1~2 英尺宽的霜泡,这意味着在霜冻融化之前阀门不能转动。如果发生的故障超出了阀门的范围,则可能会导致液氮无法停止流动,直到容器内的液体全部排出;绝缘阀门可以关闭,因为它们不会冻结到不能操作的程度。

每次 HALT 开始,试验腔室里都有空气,空气具有一定的湿度,空气中的蒸汽会在低于冰点温度时冻结,然后在加热室中凝结,这种冷凝可能会损坏 DUT。

建议在氮气罐中加入一个汽化器,将少量的液氮转化为气体,在每次试验开始时,这种气体可以被分配到腔室中,以冲洗腔室本身的潮湿空气。对于那些选择杜瓦的人,干氮瓶可以实现这个目的,这需要另一个储箱来实现,该操作需要手动处理,需订购新的储箱并保证可用。

根据计划使用情况对液氮成本进行预算,一个典型的 HALT 过程每周将消耗 250~1000 加仑液氮,具体取决于温度循环速率和温度波动水平。液氮的成本从每升 0.80 美元到几美元不等,液氮(LN)的成本将取决于租赁 LN 存储设备与拥有存储槽以及 LN 的计划年使用量等因素,许多液氮输送合同都是长期的,这意味着它们会自动更新,并设定终止的要求和条件;如果这个气室的利用率很高,那么每个月的液氮成本将达到几千美元。

15.5　空气压缩机的要求

对于大一点的 HALT 试验室,压缩机花费可以达到 30000 美元。有些压缩机的噪声很大,建议将压缩机安装在 HALT 试验室室外,需检查压缩机的分贝声级,确保压缩机的噪声不会干扰到工作人员。如果压缩机在工作区域内,应将声级保持在 65~70dB,多进行一些市场调研将有助于找到比较安静的压缩机。通常情况下,最好的设备在全功率运行状态下噪声不超过 62dB,该噪声量级类似于相对安静的办公室的噪声水平,这意味着想要一个更安静的压缩机,可以计划购买功率比较大,正常使用时不必要满功率运行的设备。一个比试验舱体制造商指定的更大的尺寸仍然可以工作,且工作得更有效、更安静;如果可能的话,把压缩机安装在屋顶或建筑物外面,安装在屋顶的机组需要压缩机具备自动重启功能,这样在断电后,任何人都不必爬上屋顶重启机组。

压缩机使用外部空气作为其气体来源,假设空气中含有水蒸气(湿度)和油(来自污染),这些污染将停留在输气管上,水汽需要从输气管上除去,可以用烘干机/过滤器或除湿机除去;如果空气被收集在密封的容器中,则需要将被捕获的水排出。HALT 试验室利用气动活塞锤产生工作台振动,如果没有过滤掉输气管中的水分,锤子就会被腐蚀,HALT 的制造商可能在舱体内安装一个过滤系统,但如果设备运行在高湿度的地区,这个过滤系统将迅速成为摆设。将水过滤机制作为空气压缩机的一部分,将有助于延长气动锤的寿命。如果使用的压缩空气已经存储在设备中,这个问题可能已经消除。

然而,使用 HALT 试验室相关设备中存储的压缩空气可能会有隐患,如果设备中存储的压缩空气已经服务于其他制造过程,如精密地挑选和放置元器件设备,那么周期性地开启和关闭 HALT 试验箱,以其相对较高的使用率,可能会与其他过程或设备产生问题,这可能会造成几乎无法诊断的问题,因此,最好为HALT和HASS过程专门配置单独的空气压缩机。

15.6 选择可靠的试验室地点

下一步应该考虑把试验室放在哪里？离产品开发试验室越近越好,需要让设计工程师去HALT试验室尽可能的方便,不得将试验室置于其他建筑物内,因为这往往会导致工程师不愿前往HALT试验室,而最终损失的则是公司。可靠性试验室最好为窗户墙面,这样行人就可以看到、观察HALT和其他可靠性试验活动。当股东、客户和其他管理人员参观工厂时,这一点尤其有益。使产品可靠的可靠性试验室和可靠性试验是组织核心竞争力的一部分,也是公司值得骄傲和与众不同的地方。试验室本身也传达了这项活动的重要性。

试验室必须足够大,以容纳HALT和所有其他设备。HALT试验室的规划需要考虑到产品如何移动/推入,以及如何轻易地放进试验室。通常需要约6.1m×8.5m的平面空间,以及对后续预期增长的规划,将来应该有足够的空间来增加第二台HALT试验箱;如果将来为了扩大HALT试验室的规模而不得不对试验室进行搬迁,那将是非常昂贵的。

试验室需要足够的电源,典型的需求为480V/AC、三相、200A,这是较大的试验箱的需求,较小的腔室所需的电流会小一些,具体规格可从制造商处获得。支撑可靠性试验的压缩空气也会经常用到电源。

试验室可以在90天内完全建成并投入使用,如果加快社区建设许可审批,这一进程将会更快。在一些社区,建筑许可可能占用大量时间,这令人恼火,同时需要为这些可能的延误做好准备,尽早让城市检查员和社区人员参与进来,这有助于加快建设进程。

通常,公司从购买外部服务开始应用HALT,然后向规划内部HALT试验室转换。这可能会改进内部试验设施的规划,因为团队在HALT方面更有经验,外部服务通常有2~6周的等待期,因为他们还需要规划自己的设备使用情况,而不是典型的每周5天HALT持续进行;HALT服务的费用一般为每周5000美元,这只是租金,在考虑总费用时,应包括前面所述的与实际试验有关的其他费用。

如果HALT将在外部试验室进行,则需要对机械工装、布线、供应和监控设备进行额外的规划,因为DUT需要在HALT期间开机运转。这都需要时间和资源,HALT服务商可以提供指导和支持,他们可能会提供一些试验需要的设备和固定工装。根据外部HALT试验室的距离,总成本可能迅速增加,就比如你要出城旅行1周,旅馆、租车、伙食等的费用都要考虑在内。

15.7 选择HALT试验箱

在选择HALT试验箱时,有一些重要的事项需要考虑。

首先是HALT试验箱本身的成本,根据需要的尺寸和制造商的不同,一个HALT试验箱的成本从7.5万~50万美元不等,定制的试验箱可能更贵。我们发现,作为一个实际问题,一般公布的成本是相对有竞争力的。如果计划同时开展HALT和HASS,需要确定一个房间是否足够。典型布局是,HALT室位于工程环境中,HASS室位于制造/操作环境中。如果制造材料需要从产品开发中分离出来,将需要两个类似的腔体,买两个或更多的腔体有助于降低单价,即使不打算在同一时间购买它们。

在为HALT设备投入任何资金之前,应该确定为保证产品质量而损失的资金数额,很大一部分的保修成本可以用HALT来消除,应该量化由于投资HALT而降低的保修成本所带来的潜在节约,在产品发布前消除产品设计缺陷所节省的成本,通常足以显示出产品发布后不到1年的投资回报率(ROI)。表15-1对可靠性预算相对于保修成本进行了评估(请记住,通常情况下,在一家几乎没有或根本没有可靠性流程的公司,保修成本通常在总销售额的10%左右)。

质保数字乍一看可能非常大,但这是各种行业的典型情况。在实现了有效的可靠性和软件质量过程之后,实现1%~2%的保证成本并不是不现实的,正如书中所概述的那样,这样做可以节省大量的资金,并提供有吸引力的投资回报率。关注由于退货、返工、报废、现场服务、昂贵的设计工程变更、制造流程变更、手工与自动化流程、外包成本、供应商关系、库存损失等,可以从销售收入中减去的所有成本,这些总成本相当可观。如果需要的话,进行一次特殊的审计,请一位专门鉴定质量成本(可靠性)的顾问来客观地确定真正的保修成本。

有一次,我在一家财富500强公司的分部里,试图确定每一次保修的费用,我得出的数字大约是3000美元/次。管理层不相信,然后要求我和高级财务经理一起计算这个数字,以得到"正确"的数字,经过复审后,我们一致认为,根据具体的产品,每一次的保修费用从2700~3100美元不等。我还告诉他们,保修成本占销售额的比例约为10%~12%,经理简直不敢相信,他看了看自己的财务数据,很快就发现是11.5%,就在第二天,他签署了HALT试验设备的采购订单。

许多保修成本是未经计算的,制造商自己也不一定知道,这些问题可能出现在与客户交互相关的人员成本增加等领域。从本质上讲,卖方为保证客户满意而对所交付产品进行的任何活动都可能是保修成本。最重要的是,由于产品的质量和可靠性差而损失了哪些额外的销售额,这是一个很难确定的数字,但在质量好、可靠性高的情况下,这个数字非常小。

15.7.1 试验箱的大小

HALT 试验箱的成本通常由产品的实际尺寸决定。如果你制造的东西只有卫星接收器那么大,那么 HALT 试验箱就比较便宜;然而,HASS 室可能仍然是比较大的单元,所以几个单元可以通过一次生产 HASS 来满足要求。具体计划时应该考虑最佳的组合。

最重要的是内部腔室的大小,如果太小,可能会失去对整个产品开展 HALT 的能力。腔室里的桌子大约 4 英寸。在 x 方向和 y 方向上小于室壁尺寸,这样桌子就可以在这些方向上振动,桌子上有一个 3/8 英寸的网格螺纹孔,便于螺钉和螺纹杆将 DUT(被测单元)牢固地固定在桌子上。大多数腔室都有内部灯或可旋转的灯,以达到最大的适应性,这些灯占据了腔室顶部的空间,所以要确保即使在腔室顶部有照明装置,腔室也得足够高。(根据灯具所占空间的大小,腔室的高度实际上要小一些。)

15.7.2 机器整体高度

HALT 机器的总体大小很重要,因为它必须适合预期的空间(图 15-1)。在决定如何使用时,再将试验箱从装货台移至试验室,通常要考虑试验箱的大小,确保天花板和门的尺寸允许移动。很明显,HALT 的位置很重要,但是如何实施 HALT 的安放通常不是一件简单的事情。

HALT 机器安装在一个工程设施二楼的试验室附近。这个特殊的 HALT 机器体积较大,专门指派了一名初级工程师检查制造商生产的 HALT 机器的尺寸,以确保这个机器能装进 HALT 试验室。这位年轻的工程师报告说这个机器勉强能装进去,他还检查了电梯,以确保 HALT 机器能够放入货运电梯,由货运电梯将机器送到二楼。一切都准备好了,就等机器到达的那一天,可以把机器从接收站搬到 HALT 试验室。

按照计划,一大早,卡车就带着新的 HALT 装置来了。但是随即发现,一个小问题被忽略了,装着 HALT 装置的大木箱不能通过接收台的大门,只能临时放在停车场,再将木箱材料拆除后,用租来的工业叉车将机器运回到接收台。体积小一些的试验腔用两个小电梯搬到了试验室,但这个"大家伙"不适合放在电梯上,它太高了,高了 2 英寸,制造商的图纸错了。

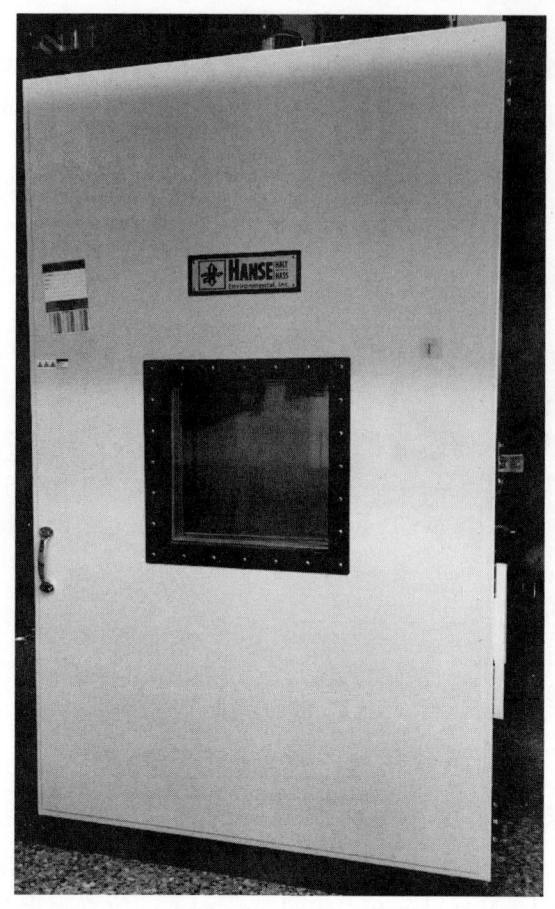

图 15-1　HALT 设备

尽管如此，3 位搬家工人并没有被吓倒，用小块和托盘千斤顶，搬运工把机器抬得足够高，把机器上的 4 条金属腿移走，这样调度降低了 4 英寸，可以进电梯了。他们把机器运至 5 个 1 英尺直径的电导管上，将机器滚到电梯上。把它从电梯里运出来，检查以确保机器无损适合试验室要求，重新连接金属腿，并在试验室全部安装完毕。

试验室经理早些时候聘请了一家专业的工程公司，以证明建筑足够坚固，可以支撑这台重达 5000 磅的机器，确保地板不会塌陷到下面的办公室工作人员身上。作为一个额外的预防措施，他在 HALT 设备下安装了一个 3/4 英寸厚的铝板，以便在试验室中分散重量；但如果设备是安装在混凝土基础上，通常没有必要采取这种预防措施；有些楼层实际上是一个高于基础层的网格，为电缆和线路等提供空间，如果设施安放在这样的瓷砖地板上，必须检查地板强度。

从码头到霍特试验室,走廊的天花板高度超过 8 英尺,但还是不够高,搬运工几乎把一个出口标志和安装在天花板上的洒水器都拆了下来;机器上有两个空气过滤器安装在较低的位置,它们的高度又很低,被粗心的叉车操作员损坏了,HALT 机器的制造商非常通情通理,免费更换了过滤器。

在试验室设备中安装 HALT 装置时,必须考虑很多事情,尤其注意把细节考虑进去。

15.7.3 所需功率及功耗

运行 HALT 室的功率要求为 480V/AC,三相 200A。在策划阶段,确保在安装地点能够为 HALT 和 HASS 室提供适当的电力,确保提供的电源能够满足其他后勤需求,如为 DUT、测试和监控设备供电。标准 110V/AC,单相为 20~30A,考虑整个试验室可能需要供电的仪器,压缩机通常也需要三相电源。

15.7.4 可接受的噪声水平

几年前,HALT 试验室的噪声太大,机器不得不安装在外部建筑里;如今,它们的噪声水平(以 dB 衡量)要低得多。当设备在其最高振动水平运行时,65~75dB 的噪声水平通常是可以接受的,某些设备在开展更高量级试验时可能需要配备听力保护措施。

15.7.5 门摆空间

较大的试验箱每边各有一扇门,这使得试验箱所需的门摆空间较小,这有助于降低 HALT 试验室的大小。较小的试验箱只有一个门,但是需要与大试验箱接近甚至更大的门摆空间,规划试验室时应该考虑到这一点。

15.7.6 操作简便

试验设备的操作基本上是一样的,但操作方式却大不相同;一些控件很难理解,而另一些控件就像一本烹饪书一样简单。

15.7.7 试验剖面的创建、编辑和存储

HALT 试验剖面必须由 HALT 操作人员制定,它本质上是单一和组合的温度和振动应力条件,以及操作者如何选择同时施加不同应力;一些软件系统允许轻松地复制和编辑以前开发的试验剖面,直接观察设备是如何操作的,将能够很容易地修改试验剖面文件。当在试验室中创建试验配置文件时,认真校对将避免后续重大失误发生,HASS 过程使用为生产预先编制的配置文件。通常,HALT

过程受很多经验要素的影响,因此自动系统是行不通的,应力分布和试验过程在很大程度上取决于 DUT 在应力试验下的表现;就其本质而言,HALT 不能通过自动程序开展,它不是一个通过/失败的试验,买方应自己去确定试验剖面,这一点非常重要。

15.7.8 温度变化率

试验腔体的温度变化率是所有 HALT 设备制造商的主要卖点,一些设备可以达到 80~100℃/min(对相对较小热容的被测设备而言)。值得注意的是,Gregg Hobbs 博士曾写道,他从未发现任何一个缺陷是温度升高速率的函数。[1] 所以,也许这个"必须拥有"的特性并不是那么重要,然而温变能力对于制造过程中提升吞吐量非常重要,这才是高温度变化率设备对产品盈利能力最大的助力。

15.7.9 内置测试仪器

一些 HALT 制造商只做 HALT 试验箱,而有些制造商会提供各种各样的环境试验箱以及相应的测试设备;为提升设备的兼容性,这个工具通常被集成到 HALT 软件中,这可能是一个重要的特性。

15.7.10 安全

HALT 试验箱的制造商提供了两个氧气传感器和警报器,当氮气泄漏时,警报器会提醒操作人员氧气浓度的变化;传感器通常来自另一家专门从事气体检测的制造商,为了省钱,这些也可以单独购买。

15.7.11 从订单到交货的时间

从个人经验来看,HALT 设备一般都不是现成的,它们必须是按订单制造的,交货时间范围通常是收到采购订单后 10~12 周。

15.7.12 保修

每个制造商都有保修单,典型的标准零件和人工服务的保修期是两年,有些公司会提供 2~3 次免费预防性维护,以确保气室的运行符合规格要求。在进行这些维护时,他们可能会发现其他需要维修的环节或提供软件更新,如果客户发现超出保修范围的问题,他们可能不得不承担其中的一些费用。有些制造商提供 90 天的免费服务和 1 年的零部件保修,这将覆盖他们的物流以及后勤,不同制造商的保修期范围有很大的不同,所以要仔细审查供应商的保修条款。

15.7.13 技术/服务支持

技术/服务支持很重要,机器制造商可能有现场服务人员,他们可以在设备出现故障时到现场修复故障;有时,他们会加快零件的交付,以便在内部进行维修,确保对制造商所能提供的服务有清晰的理解;可以给不同制造商的其他用户打电话,咨询他们的制造商在技术支持方面的经验。我们发现,在某些情况下,特别是当制造商和用户不在同一个地区时,用户也能很快成为修理和维护他们试验箱的专家。

15.7.14 压缩空气要求

如前所述,确保你的内部空气系统可以满足 HALT 的需要;如果没有,请安全安装自己的专用空气压缩机。

15.7.15 照明

试验室照明很重要,应确保试验室有充足的照明。若试验箱内没有独立的照明,箱体内可能会很暗,应确保箱体内有照明是试验箱整体设计的一部分。

15.7.16 定制

客户经常有特殊需求,如果设备制造商可以提供定制的设备,这可能意味着初期只需要购买一台温度应力试验箱,之后可以根据需求逐步增加振动部分。强烈建议施加温度和振动应力激发产品失效必需的、也是最小包络的应力形式,初次购买能够 HALT 团队可能会提供所有其他的应力,如电压裕度、时间裕度等,总之只有温度应力是不够的。

表 15-2 提供了一个矩阵,以便读者能够根据矩阵中的建议做出好的决定。

表 15-3 提供了一个矩阵,以便能够识别那些在选择设备和制造商时至关重要的项目。

表 15-3 HALT 设备选择矩阵

序号	特 征		基线	权重	公司和模型				依据权重因子分类
	定量	示例			A 公司		B 公司		
					基线	权重	基线	权重	
	模型#	模型 X1			模型		模型		
1	最大振动量级/Grms	50	3	15					
2	变温速率/(℃/min)	60	3	15					

(续)

序号	特征 定量 模型#	示例 模型X1	基线	权重	A公司 模型	基线	权重	B公司 模型	基线	权重	依据权重因子分类
3	工厂容限	在工厂可用	3	15							
4	嵌入的测试仪器	是的(不设计在里面)	1	15							
5	机械可靠性	2个月维修一次	3	5							
6	噪声等级/dBA	75	3	15							
7	安全性	门有安全锁	3	15							
8	机械尺寸(高)	102	3	9							
9	机械尺寸(宽)	54	3	9							
10	机械尺寸(长)	52	5	15							
11	大厅尺寸(高)	52	3	9							
12	大厅尺寸(宽)	52	3	9							
13	大厅尺寸(长)	50	3	9							
14	桌子尺寸(长)	42	3	9							
15	桌子尺寸(宽)	42	3	9							
16	运送时间	5周	5	15							
17	保修时间	2年	3	9							
18	费用(基本价) 仪器(可选项)	145000美元 25000美元	3	9							
19	压缩空气	204m³/h(0.8MPa)	3	9							
20	最大静态载荷	800	3	9							
21	氮管道数量	2	3	9							
22	易用性(桌子到地面的高度)	20	3	3							
23	电缆端口	4	3	9							
24	窗户的尺寸(长×宽)	18×18 数量2	3	3							
25	重量(lbs)	6500	3	3							
26	杜瓦瓶连接数量	总共3个	3	9							
27	安全垫可用性	每个门口一个	5	15							
28											
29											

(续)

序号	特征		基线	权重	A公司模型		B公司模型		依据权重因子分类
	定量	示例			基线	权重	基线	权重	
	模型#	模型X1							
30									
	定性的								
1	软件	方便使用	1	5					
2	技术支持	是,本地的	5	25					
3	图形化接口	8	3	9					
4	所有HALT设备	125	5	15					
5	制造HALT设备的时间	3年	5	15					
6	制造其他试验设备的时间	没有	3	9					
7	是否可定制	是	3	9					
8	人机工程	7	3	9					
9									
10									
11									
12									
	合计		115	377					

参 考 文 献

[1] Hobbs, G. K. (2005). Reflection on HALT and HASS. *Evaluation Engineering* (December).

第16章 招聘合适的人

16.1 可靠性人员配备

可靠性试验室本身不会把所有的节省降到最低,但它将是其中的一个重要部分;建立可靠性试验室非常重要,可以节省产品后期的维护成本,但是单单有试验室是不够的。

首先,需要一个人来领导可靠性工作,这个人必须具备从其他学习工作经历中获得的相应资质,或者愿意将目前的职业抱负转向可靠性工程。后者的成长将需要更长的时间,建议从现有员工之外寻找有经验的人来构建试验室以及可靠性工程相应的工作流程。表16-1给出了合格的可靠性管理人员需要具备的主要技能:

表16-1 各个岗位需要的可靠性技能

序号	可靠性技能	顾问或可靠性管理人员	可靠性工程师	可靠性技术人员
1	HALT/HASS	A	B	B
2	HALT 经验	A	C	C
3	HALT 的安装	B	C	C
4	ESS	A	C	C
5	冲击和振动	A	C	C
6	试验箱经验	B	C	C
7	租用外部设备	A	B	C
8	失效分析	A	A	C
9	统计技巧	A	C	C
10	可靠性预算	A	C	C
11	可靠性评估	A	C	C
12	培训经验	A	A	B
13	监测	A	B	C
14	组织研讨班	B	C	C

第 16 章　招聘合适的人

（续）

序号	可靠性技能	顾问或可靠性管理人员	可靠性工程师	可靠性技术人员
15	FMEA	A	C	C
16	做过 FMEA	A	C	C
17	做过 FMEA 培训	A	B	C
18	元器件降额	A	C	C
19	沟通能力	A	C	C
20	高能力	A	B	B
21	能展现成功案例	A	A	C
22	工程学历	A	A	C
23	电子	B	A	C
24	机械	B	A	C
25	物理	B	A	C
26	商务	C	C	C
27	高学历	B	B	C
28	电子	B/C	B	C
29	机械	B/C	B	C
30	物理	C	B	C
31	商务（MBA）	A	C	C
32	相关学历	C	C	A
33	电子	C	C	A
34	机械	C	C	B
35	绘图	C	C	C
36	后续学历	B	B	B
37	培训	B	B	B
38	研讨班	B	B	B
39	出版物	B	C	C
40	图书	B	C	C
41	期刊	B	C	C
42	被同行尊重认可	A	A	A
43	非常可信	A	A	A

注：A—必须有；
　　B—最好有；
　　C—有没有不是特别重要。

(1) 可靠性工程背景；
(2) 高加速寿命试验(HALT)/高加速应力筛选(HASS)和环境应力筛选(ESS)；
(3) 冲击和振动试验；
(4) 统计分析；
(5) 预算/评估；
(6) 失效分析；
(7) 开展可靠性培训；
(8) 执行新概念时的说服力；
(9) 工程或物理学位。

16.1.1　可靠性工程背景

寻找有 5~10 年或以上可靠性工程经验的人，推广可靠性工具，如 HALT、故障模式及影响分析(FMEA)、元器件降额指南等；了解该工程师是否开展了可靠性培训课程，如果开展了的话，他培训了多少人，什么时间开展的培训以及他是否成功培养了其他可靠性工程师。

16.1.2　HALT/HASS 和 ESS

应试者是否使用或操作过应力试验箱(HALT/ESS)？有许多事情需要考虑，这一章会讲到。候选人可以在不泄露保密细节的前提下提交过去的应力试验报告吗？是否有实现产品可靠性改进的成功案例，可靠度在多长时间内提高了多少？试验是在内场还是外场进行的？了解该应试者在组织参与试验工作团队方面的具体贡献以及这种技能能否传授给别人？

16.1.3　冲击和振动试验

产品在交付前，进行应力试验，以确保产品能够顺利交付。通常，对这种试验的需求不是连续的，而是断断续续的，意味着这些试验可以在试验中心进行。在那里可以根据需要进行各种环境和运输试验，看看应聘者是否有这样的经历。通过这些试验来识别设计缺陷时，可以从中学到什么？以及应聘者在此过程中具体做了什么？应聘者是否参加过运输包装设计团队？这方面的技能也很有价值。

16.1.4　统计学分析

设计师受过大量的数学训练，但不幸的是，统计学通常不在此列，了解候选人是否接受过正式的统计学培训,最好经历了两个或两个以上的大学水平的学期教育。威布尔分析是一种得到广泛认可的统计工具,它有助于识别故障模式的发生阶段。当然,有学位的工程师可以学习使用这个工具(数学相对简单),但是拥有统计学技能有助于他们更快地工作;看看他们是否有 Pareto 分析的经验,这将帮助他们迅速采取行动,识别并纠正最重要的缺陷。统计数据可以用来证明最终产品的可靠性,并有助于管理层确保产品的可靠性目标得到满足。

16.1.5 失效预算/评估

在新产品生产出来之前无法得到其可靠性水平,对公司来说可能会造成一场财务灾难。通过对产品的主要组成单元或模块进行可靠性预算,能够帮助设计师将精力集中在那些可能是系统中最薄弱环节的部件上,看看可靠性工程师候选人是否有这方面的工作经验,可靠性预算有助于早期识别高可靠性风险的环节。

这可以在方案设计阶段提供选择的机会,避免缺陷发现得太晚导致设计无法更改,因为产品"必须按期交付";将可靠性评估(即来自可靠性评估工具或内部数据)结果与预算进行比较从而形成闭环,这也是对预算结果的一种核验。

任何人都可以确定(猜测)可靠性预算结果,但这些数据与实际数据的吻合程度如何呢?寻找可靠性预算和评估的案例,了解候选人是如何做到这一点的。

16.1.6 失效分析

任何产品的失效都是有原因的,或者用工程学术语来说,是根本原因。当一个工程师在调查一个故障时,经常会直接跳到"原因",通常情况下,用这种方式找到的原因是不正确的。看看应聘者是否具备失效分析技能,问问他具体解决过的案例;问问他花了多长时间分析出的失效原因。如果候选人已经解决了问题,通常情况下,会立即形成一个短期解决方案来解决问题,然后将一个长期解决方案作为设计更改完善到系统中。看看候选人是否参与了这些活动,并评估纠正措施的有效性和及时性。

16.1.7 进行可靠性培训

寻找一个能在公司里培训可靠性技能的人,看看这个人是如何将可靠性知识传递给别人的。他们是否辅导过个人以及频率是多少?还要了解应聘者是否在不断努力学习,以便与不断进步的可靠性技术保持同步。可靠性工作是否已由这些新合格的人员接管?应聘者是否参加过正式的培训课程、研讨会,是否发表过论文等?如果有,主题是什么?它们在期刊、杂志或书籍上发表过吗?他们是否意识到新的软件工具将使他们的工作更容易和更有效?

16.1.8 具有执行新概念的说服力

作者认为推荐和说服他人使用不熟悉的工具是成功的"秘诀"。从很少或没有可靠性能力到具备强大的可靠性能力需要几年的时间,这需要一个有毅力的可靠性工程师和来自最高管理层的同等支持。有些人认为来自可靠性部门的消息总是"坏记录",在某种程度上确实如此。信息必须在一个连续的基础上传递,而且信使必须能够以一种有说服力的方式传递信息,同时又不会让其他员工感到不安。推销任何东西时,传递信息的人都必须被喜欢,否则一切努力都将是徒劳的(我们很少有人从售货员那里买我们不喜欢的东西)。研究候选人,看看这是否是他们个人性格的一部分。

16.1.9 工程或物理学学位

可靠性工程师需要与各类工程师打交道,没有一个可靠性工程师可以拥有所有学科的技能,但是这个人必须被工程人员和管理人员所信任和尊重。如果他们拥有工程或物理学学位,他们至少具备了一套完善的工具,可以通过这些工具与其他工程师交流,确保候选人有这个工具。有些可靠性工程师有好几个学位,许多还拥有更高的学位;有些人有技术背景,但持有其他非技术学位,这也是可以的。所掌握的知识是最重要的,但是拥有一个学位是一个很好的起点。

可靠性工程师通常是各种可靠性工程协会的成员或经常参加这些协会的会议,其中包括:

(1) IEEE 可靠性协会(http://www.ewh.ieee.org/soc/rs),其成员遍布世界各地。

(2) 可靠性和维修性研讨会(http://www.rams.org),许多可靠性工程师和其他人在这里讨论这个主题,发表论文,美国质量协会提供认证可靠性工程考试。

(3) 可靠性工程师协会(SRE)(http://sre.org)等。

使用以上建议选择一个可靠性专家,如果一个可靠的人满足了要求,那么你的工作就完成了,现在的任务是这个新人将可靠性知识传递给其他人。

很明显新的可靠性工程师会需要支持,那么从哪里可以找到支持者呢?

我们建议你从现有员工中挑选一位德高望重的工程师,也可以是有成功设计经验的工程师,或者是高生产率生产线的工程师,或者是有质量工程背景的工程师。让新的可靠性工程师再从员工中选择其他内部工程师和技术人员时发挥重要作用,这将有助于确保团队的兼容性和对首席可靠性工程师的忠诚度,给新增加的员工足够的时间和工具来提升工作速度。

如果考虑外部招聘,请一个临时顾问或合同可靠性工程师,这些人有广泛的经验,可以迅速和最有效地开始工作;如果这是一个永久性的职位,那么可靠性工程招聘人员可能会很好地满足你的需要。

根据经验、资格、国家和地区等不同,工资可以有很大的差别。当前工资信息的来源可以在 www.salary.com 上找到,这项服务是要收费的,在那里可以找到 5 个等级的可靠性工程师的工资水平。

16.2　软件工程师的人员编制

为了使软件质量保证(SQA)充分有效,员工之间需要进行一些专业化工作。SQA 专业化有两个发展方向:一是对软件开发人员与测试人员进行区分;二是使用专业技术或模型推动质量保证专业化。

自动化构建和测试是实现高效和可重复的软件质量保证所必需的关键能力。开发和维护自动化软件需要开发人员(软件基础设施工程师)来创建工具,开发人员将建立自动化的构建环境,编写脚本和代码来执行由新的构建触发的测试套件,并开发工具来跟踪测试执行情况,并将测试结果反馈给项目经理和软件开发人员。

有许多可用的构建和测试自动化的工具,软件基础设施工程师的工作是基于一组现成的工具和自定义脚本或程序创建集成的基础设施。基础设施工程师主要包括软件集成商和开发人员。基础设施工程师所需的语言将由所选的构建和测试自动化工具使用的脚本或编程语言决定。组织所需的基础设施工程师的数量取决于开发、维护构建和测试环境所需的工作量;可能需要一个兼职基础设施工程师和几个全职工程师,也可能需要一个或多个全职基础设施工程师来支持非常大的软件项目、多个开发软件项目或特别复杂的开发环境。较小的项目和团队可以指派一名兼职工程师来做自动化集成工作。

实际制定测试计划和执行测试将由测试工程师完成,测试工程师应该对产品使用方面具备专业的知识,测试工程师肯定需要在特定类型的测试或技术方面具有领域专长。根据产品和测试类型的不同,应该配备以下人员。

(1) 终端用户使用模型专家:至少一部分测试工程师需要了解客户对产品

的预期使用需求,这些工程师将负责按照客户使用产品的方式对产品进行测试,使用模型领域知识的工程师还应该审查其他测试计划。

(2)可用性工程师:如果产品具有丰富的用户界面(UI),那么可用性工程师将会发挥巨大的作用。在实现用户界面之前,他们应该参与用户界面的设计审查(甚至参与用户界面设计);用户界面测试人员将与用户模型专家一起制订专门用于测试用户接口的测试计划,以确保用户界面是直观的、逻辑性强的和易于导航的。

(3)应用程序编程接口(API)测试人员:许多软件产品提供供客户使用的API,测试API需要编写代码,以适当的方式运行API,以检查每个API是否执行了预期的功能,以及在合法和非法调用时的软件表现。API测试人员是具有客户编程使用模型知识的软件开发人员,他们将以客户期望的方式编写使用API的程序。

(4)安全测试人员:测试产品安全性是一个非常专业的技能,最好由外部顾问来执行,他们有专门的工具和经验来执行漏洞和渗透测试。

16.3　选错了人

许多最优秀的公司都是从内部开始招聘的,当公司有一个表现很好的员工时,把他调到新的部门通常是一个好主意。如设计工程师可以接受制造工程师的交叉培训,系统架构师可以在市场开拓方面占据一席之地,财务分析师可以被训练成项目经理。有些情况下(非必要)这有助于员工保持工作热情,并增强员工对公司的忠诚度。如果公司里有人可以培训这个人进入新的领域,这是一个好主意,也许外部培训也能满足公司的需要。然而,如果缺乏相应的培训,被提拔的员工将会起步缓慢,而且可能永远无法完全胜任新工作。由于工作有很多相似之处,数字电子工程师可以通过培训被训练成程序员,如果他们与其他程序员一起工作,他们会更快地跟上速度;但如果没有人来培训这些人才,他们将很难进入新的领域,如果他们被要求离开自己熟悉的领域,他们可能不会交付真正需要的东西。可靠性工程尤其如此。

可靠性工程是容易陷入这种两难境地的领域之一。没有可靠性流程的公司通常会从制造、试验和设计中挑选出一些最优秀的工程师来担任可靠性工程师,尽管这些人努力工作,有才华,并且受到同事的尊敬,但是他们没有工具来识别可靠性薄弱环节并推荐流程更改。这是在公司中选择可靠性人员的缺点之一,换句话说,公司可能不得不从外部招聘。

可靠性工程师必须对开发和提高产品可靠性所需的过程和概念有深刻的理

解。这个人必须有动力和主动性在公司中启动可靠性工作流程,而公司里的每个人都会对不熟悉的新方法产生自然的抵触,这是一项艰巨的任务,这需要最高层管理者的献身精神和毅力。这个人必须有适应周围环境的能力,必须从一开始就得到管理层的支持,同时,可靠性工程师还必须是一名教师。小公司只能聘请一名可靠性工程师,但需要实施所有可靠性工作项目,而一个工程师不能完成所有的任务,这个工程师必须能够把可靠性知识传授给每个人。这个过程可能需要几年的时间,但如果操作正确,其他员工也会接受可靠性知识的培训。试图在没有外界帮助的情况下自行启动可靠性工作的公司可能会失败。

第17章 实施可靠性过程

消费者对无缺陷、安全可靠的产品的需求,正在改变公司开发未来产品的方式。20世纪70年代我们就看到了这种情况,当时美国消费者要求更高质量的汽车,而本土汽车质量低劣,日本汽车由于质量更好,其销量得到了增长,这不仅损害了美国三大汽车制造商的利益,而且体现了美国消费者对本土汽车质量的不满。当美国汽车工业意识到它的市场份额是由于质量低劣而下降时,它慢慢地开始实施质量计划。这种改变已经关系到企业的生存,在接下来的几十年里,新的高质量的项目不断开发,但其中很多中途夭折了。如今,质量是大多数企业的重要组成部分,事实上,人们普遍认为"质量是每个人的工作"。经验表明,全面实施有效的质量计划需要很多年,同样的道理也适用于实施有效的可靠性计划。需要几年的时间才能达到可靠性工作的完整实施和实现预期的效果。如我们最近已经看到了锂电池燃烧的可靠性问题,汽车的控制权可以通过网络安全漏洞被他人接管,这些都需要通过实施可靠性计划得到解决。

17.1 可靠性是每个人的工作

不可否认,20世纪70年代对改进产品质量的需求与50年后对改进产品可靠性的需求之间存在相似性。其中的挑战在于,组织能以多快的速度转型去设计和生产更可靠的产品。商业上的成功将建立在组织是否转型推进可靠性工作的全员参与,"质量是每个人的工作"。

那些最成功地获得高可靠性产品声誉的公司,都是通过让每个人都参与可靠性过程来实现的。如果可靠性计划不能将组织转化为对产品可靠性的共同责任,那么结果充其量只能是一项边缘化的工作。转换组织的附加成本很小,但是不这样做的成本会很大。

可靠性过程可以应用于任何组织,并在产品开发周期的任何时候开展。在开发计划的后期开展该过程,可能会由于可靠性分析验证暴露了产品的设计缺陷而延迟产品的发布日期,可能需要重新设计来修复暴露的问题;如果不开展可靠性工作,这些设计缺陷可能就不会被发现,直到最终用户发现了问题。在项目后期实施可靠性过程似乎是一个困难的决定,因为它对上市时间和盈利能力有影响,而且这些利润可以迅速分解成重大故障造成的产品召回、责任诉讼和高保修成本。

17.2 规范可靠性过程

每个可靠性计划中需要详细描述确保产品研制成功而进行的活动,可靠性计划必须在实施之前得到定义和认同;可靠性过程以文档的形式规范下来,该文档概述了产品寿命周期每个阶段的活动。文件化的可靠性过程是成功的关键因素。

可靠性计划描述可靠性活动,并定义产品寿命周期每个阶段的预期交付物。可靠性计划制订并正式形成文档之后,下一步是在组织内建立对这种新方法的认识,以实现产品可靠性的提升。整个组织必须理解新过程,知道他们需要参与什么工作,并认识到这些工作对预算成本和进度的影响。

可靠性活动必须纳入产品开发计划,并为每个可靠性活动分配足够的时间;在项目开始时安排可靠性活动,这样就不会对需求、所需资源和对产品交付的影响感到意外;在产品寿命周期的每个阶段结束时,回顾可靠性过程,以总结提炼改进后续工作有效性的方法;通过收集参与者的反馈意见,定期回顾最佳实践和实施新工具/技术来简化过程,推进可靠性过程不断改进和完善。

在本书的第Ⅳ部分,我们将提出一个详细的过程,确定在产品寿命周期的每个阶段需开展可靠性活动,这些可靠性计划已被证明是成功的,包括必要的可靠性活动,这些计划和活动可以为公司设计和制造更可靠的产品。为了取得成功,组织必须将其理念转变为"把正确的事情做好",并最终实现产品可靠性和软件质量目标;第Ⅳ部分中详细描述的可靠性计划,代表了实现产品可靠性而需要做的"正确的事情"。根据具体的业务类型和业务环境,这些可靠性和软件质量活动的具体实现过程可能会是不同的,因为不是所有的公司都是一样的,企业文化也各不相同,所以实施过程的方式也会有所不同;如果实现了持续改进的流程,则可以对该流程进行裁剪,使其最适合特定的业务需求。这样,公司不仅可以"做正确的事情",而且可以"把正确的事情做好"。

任何实施可靠性程序或想要改进其产品可靠性程序的公司都可以实施本章介绍的可靠性过程,这些活动代表了达到产品可靠性目标所需的最少步骤,如果仅仅选择一些容易实现的活动,将牺牲产品的可靠性。在设计团队引入可靠性过程期间,一个常听到的抱怨是,这将延迟产品的发布日期并增加产品的成本,应该利用这个机会来提醒批评者在过去的产品中所犯的错误,以及这些错误是如何影响盈利能力、设计资源和产品发布日期的。如果产品的开发时间比计划的时间长,可靠性过程将是一个有用的工具;运用可靠性方法,实现在开发周期的早期识别重要的可靠性问题来减少产品开发时间,并使这些问题更容易解决,成本更低。

17.3 实施可靠性工作

可靠性方法可以应用于产品开发周期的任何阶段。理想情况下,可靠性工作应该从产品开发周期的第一阶段开始,不要等到下一个新的设计周期才开始该工作,"当下"永远是启动可靠性工作的最佳时机。最大的投资回报方案始终是在概念阶段就制定可靠性计划,可以在产品开发寿命周期的任何阶段启动;目标应该是尽早识别和修复所有可靠性问题,因为修复可靠性问题的成本在每个后续阶段都会增加一个数量级。在产品开发的早期,采取积极主动的方法来识别可靠性问题,将导致更好的产品,更低的开发成本,更短的开发时间,以及更高的投资回报。通常,在开发阶段进行的可靠性改进会减少以后的产品修复数量。

17.4 开展可靠性工作

有许多可靠性活动可以用来提高产品的可靠性,有些会比其他活动产生更多的收益,可以在本章末尾的参考书目中找到对这些活动有更深入了解的资料。

在第 7 章中,我们给出了可以提供最大收益的可靠性活动。表 17-1 给出了这些可靠性活动如何应用于产品寿命周期的各个阶段。

表 17-1 产品寿命周期各个阶段的可靠性活动

概念阶段		设计阶段			生产阶段	寿命末期
产品定义	设计概念	产品设计	设计验证			
可靠性组织机构	可靠性计划					
可靠性目标						
	可靠性预算	可靠性评估	可靠性增长	可靠性增长		
		设计 FMEA	设计 FMEA	过程 FMEA		
	加速寿命试验计划	加速寿命试验	HALT	HASS	HASA	
		ESS	POS	HASA		
	DFx	DFx	DFx	DFx	DFx	

第 17 章 实施可靠性过程

（续）

概念阶段		设计阶段		生产阶段	寿命末期
产品定义	设计概念	产品设计	设计验证		
			• 建立 FRACAS； • 可靠性增长	• FRACAS/设计问题追踪； • SPC； • 6σ； • 老化加速可靠性增长，早期寿命试验	• FRACAS/设计问题追踪； • SPC； • 6σ
识别的风险问题/控制计划 • 持续改进； • 质量团队； • 汲取的经验	风险问题状态/修订的控制计划 • 持续改进； • 质量团队； • 汲取的经验	风险问题状态/修订的控制计划 • 持续改进； • 质量团队； • 汲取的经验	风险问题闭环 • 持续改进； • 质量团队； • 汲取的经验	• 持续改进； • 质量团队； • 汲取的经验	• 持续改进； • 质量团队； • 汲取的经验

注：FMEA—故障模式和影响分析；HALT—高加速寿命试验；HASS—高加速应力筛选；HASA—高加速应力抽检；ESS—环境应力筛选；POS—剖面验证；FRACAS—故障报告、分析和纠正措施系统

  你的组织正在进行多少可靠性活动？你当前对可靠性工作的参与水平，是反应组织内可靠性工作实现程度的一个重要因素（你在表 17-1 中看到你正在做的事情了吗）。其他因素（如人员限制、组织规模、资金限制、自顶向下管理支持的级别、产品寿命周期阶段和上市时间限制）在制定实施计划时也很重要。实施可靠性过程中最重要的因素是推广早期阶段的成败，早期预计会有大量高智商人士不断抵制，他们会煞费苦心地详细解释为什么这个过程在他们的应用中行不通，如果在实施可靠性过程之后，这些怀疑者看待可靠性活动的态度没有在某种程度上改变，那么整个过程将会早逝。

  在执行过程中会有一些小问题，特别是整个流程对于组织来说都是新的，可靠性工作是一种从摇篮到坟墓的方法，它使用持续改进来微调组织文化和业务环境的流程。

  为了确保成功，战略上需要逐步开展可靠性工作，可以通过只推出部分流程来实现早期的、公认的成功，而不是直接在组织内推动整个可靠性流程。一次做太多的新事情几乎是不可能完成的任务，换句话说，更重要的是去"做正确的事情"并"把正确的事情做好"，即使这意味着做的事情少一些，也要好过"做所有正确的事情但是没有做好"。在可靠性流程列表中，选择一两个并努力正确地执行它们，在一些领域取得成功将有助于劝阻怀疑者并获得支持，一个不完善的方法会给怀疑者火上浇油，他们试图让每个人相信这个方法是行不通的。让他们意识到他们可能是错的，哪怕是一点点，都比用一长串的新方法打击他们更有

说服力。戴尔·卡耐基曾经教授如何给怀疑论者留面子经验,一次做一点,总有一天他们会转而成为你坚定的支持者,有些人甚至会发出惊叹。

日常生活中引起"惊叹"的例子如,"为什么他们厨房水槽下面的管道会有一个鹅颈弯管;如果水管是直的,水不是会下降得更容易些吗?"答案是:"是的,水会更容易下去,但下水道的臭气体也会同样容易上来。""啊!鹅颈管里的水就像一个塞子,把下水道里的臭气体堵在该放的地方"。

"惊叹"的情况,通常发生在某个人意识到了他不知道的一些设计情况的时候。例如,当首次实施一种新的可靠性方法,如故障模式及影响分析(FMEA)时发出生"惊叹";当 FMEA 过程揭示了一个被忽视的设计要素时,首席设计师通常会感到惊讶。因为这种惊讶的启示来自于新的 FMEA 过程,而不是个人,所以使得 FMEA 过程更容易被接受;有了一两个"来自方法的发现",这个设计师就会最终被说服。设计师为自己的工作感到自豪,希望自己的设计能够成功。因为他们真的想做正确的事情,一旦他们有了多次的"惊叹!"经验,他们将成为这一方法的坚定拥护者;如果你想要寻求早期的支持,确定哪一个人是最好的选择?

初级工程师更容易被说服,因为这对他们来说是全新的,但是,他们不可能轻易说服更有经验的同行;高级工程师有更多的经验,甚至可能在可靠性改进任务团队失败的公司中有糟糕的经验。你需要将注意力放在那些有经验的设计师身上,一旦他们被说服,其他设计师也将会跟随,而反过来几乎是不可能的;关注那些怀疑和难以说服的高级设计师,一旦他们理解并意识到这个过程的价值,你的工作就会变得出奇的简单。

需要了解,一个组织开展了表 17-1 中的多少项可靠性活动?如果答案是"没有"或"非常少",那么在推广这些新流程时可以采用更慢的、逐步增加的方法。原因之一是可靠性活动不是凭空开展的,雇佣一群可靠性工程师并告诉他们让产品变可靠不是个好方法,这种策略很可能会失败。请记住,可靠性是每个人的工作,可靠性工程师不设计产品,产品是由设计团队来设计的,为了取得成功,许多可靠性活动需要设计团队的参与。

FMEA 需要一个由跨职能部门成员组成的设计团队来识别故障模式和安全问题,然后,团队成员的任务是消除那些高风险的问题。高加速寿命试验(HALT)可能需要与设计团队一起开展几个月的准备工作,他们需要开发夹具、试验流程、测试软件和测试访问。在 HALT 期间(持续 1~2 周),需要设计师提供该技术支持以应对突然出现的故障,需要设计师及时修复故障并找出故障的根本原因。同样,故障报告、分析和纠正措施系统(FRACAS)和 DFx(面向制造的设计(DFM)、面向服务的设计(和可维护性)(DFS)、面向试验的设计(DFT)、面向可靠性的设计（DFR）等）都是需要其他功能组参与的活动。如果可靠性计划是一次执行的，所有这些活动都可能导致产品开发停滞不前；当所有这些活动对组织来说都是新的时候，实施可靠性计划的"从饥饿到盛宴"的战略将是毁灭性的。

事实上，只有少数的可靠性活动可以由可靠性工程师单独完成。这些活动包括可靠性分配和预计、组件加速寿命和环境应力试验、可靠性增长跟踪和可靠性验证，此外，其中的一些活动（可靠性分配和预计、可靠性增长跟踪、可靠性验证）对提高产品可靠性几乎没有帮助。

如何确定最佳的实施策略？哪些可靠性活动是最重要的？为了实现产品可靠性目标，必须实现哪些目标？不足为奇的是，没有一种方案适合所有企业。如果产品是为太空旅行、生命维持、核反应堆和其他关键任务应用而生产的，可靠性方面的工作必须是系统而全面的；如果公司生产的产品成本极低，产品寿命短，而且是一次性产品，那就是另外一种极端的体验了。然而，我们的经验发现，为了实现期望的可靠性改进，每个人都应该进行一些可靠性活动，如表 17-2 所列。

表 17-2 需要的、建议的和最好开展的可靠性活动

有用的活动	概念阶段		设计阶段		生产阶段	产品寿命末期
	产品定义	设计概念	产品设计	设计验证		
必需的项目		设计 FMEA	设计 FMEA	设计 FMEA FRACAS HALT 早期产品 HASS	过程 FMEA FRACAS SPC/6σ	FRACAS SPC/6σ
推荐项目	可靠性目标	DFR	DFR	DFR POS 可靠性增长	DFR HASA ARG ELT	HASA
最好开展的项目		可靠性预算	可靠性评估		100%HASS	
必要时开展					可靠性验证	
注：SPC—统计过程控制						

产品的可靠性是在产品设计开发阶段确定的，一旦产品被设计出来，其可靠性就会因为糟糕的制造、不充分的试验或麻烦的供应商而降低。记住那句老话："你不能测试质量。"可靠性也是如此。产品的可靠性取决于设计结果在不同使用环境和条件下以及预期使用时间内满足设计规范的程度。

FMEA 和 HALT 是两种最强大的产品开发可靠性工具,它们可以提高产品的可靠性。如果企业缺少可靠性流程,那么首先需要开展的可靠性工作就是 FMEA 和 HALT。设计 FMEA 是一个强大的工具,它通过聚合设计团队不同专业的知识达到协同工作的目的,进而识别设计和设计审查中经常被忽视的潜在问题,当然,这些问题可以在产品寿命周期的后期发现,但这将给公司带来更大的损失。HALT 是辅助设计的最佳方法,它可以激发最可能导致产品故障的薄弱环节。如果你的组织在可靠性方面不具备完整的工作流程,那么首先在产品开发过程中推广这两个可靠性工具将是非常必要的。

一旦这些工具应用成功,下一步就是开发 DFR 指南,似乎没有任何 DFR 的指南可以购买,所以有必要在公司内部进行自主开发。设计指南应该基于经验教训,关注重点放在历史帕累托图中最频繁的可靠性问题。如果电容器故障在帕累托图上比例很高,则应制定电容器的选择和使用指南,DFR 指南还应包括降额等问题;开发 DFR 指南的最佳方法是创建历史可靠性问题的帕累托图,并从出现比例最大的问题开始,开发可靠性设计准则以消除这些问题。

17.5　建立可靠性文化

产品可靠性必须是每个人的工作,为了实现这种工作哲学,需要将组织的文化转变为人人都在谈论产品可靠性问题的文化,将一个组织发展到这一步需要时间。在启动可靠性工作之初,需具备以下三个条件:

(1) 以正式文件的形式规范可靠性过程;
(2) 针对新的可靠性方法实施自顶向下的培训;
(3) 编制可靠性工作计划。

可靠性计划要想成功,就需要得到高级管理层的承诺和最大限度地支持,高级管理层最好能把为什么要花费很大的精力去建立可靠性工程,解释为是组织的商业需求和目标,组织通过运行可靠性工程,会制造出更成功的高质量软件产品和高可靠产品,这些产品将给组织带来巨大的好处。

第一步是定义要遵循的可靠性流程,本书的第Ⅳ部分为产品可靠性提升和软件质量控制提供了详细的可靠性工作流程。

第二步是开展培训,使组织了解新的可靠性工作流程。培训应该以自上而下的方式展开。在将流程传递到组织的所有层级之前,高级和中层管理人员需要首先参与其中。如果中高层管理人员提出的问题未能在向全体员工推广之前得到解决,那么培训是不太可能成功的。

最后一步为制定可靠性计划并组织实施,使组织具备关注可靠性问题并致力于实现可靠性目标的文化基因。对于不同规模的公司,计划的具体实施过程会有所不同。对于大型公司,可以考虑使用 A New American TQM(Shoji Shiba、Alan Graham 和 David Walden 著,Productivity 出版,1993)一书中第 11 章介绍的 7 个基础架构方法;使用该方法使组织具备依赖新可靠性流程来确保产品可靠性的文化。组织基础架构方法确定了需要进行的 7 个活动如下:

(1) 目标设定;
(2) 组织设置;
(3) 培训和教育;
(4) 促销活动;
(5) 成功案例的传播;
(6) 激励和奖励;
(7) 诊断和监测。

A New American TQM 提供了一个有效的框架,该框架可以帮助组织构建可靠性工作流程。实施可靠性工作流程与实施质量控制工作流程没有本质区别,目前大多数公司都有成熟的质量控制工作流程。你还记得最初推广这些工作项目时有多困难吗?有多少项目在 6~12 个月内失败?在大多数公司,改变他们产品的生产和开发方式会存在很大的阻力。改变组织的运作方式是困难的,本质上,组织的文化需要改变,这些改变通常需要几年的时间才能完全落实。因此,需要花点时间回顾组织过去推出的项目执行的有效性,如全面质量管理(TQM)、质量周期和持续改进。确定哪些工作做得好,哪些做得不好。通过这种方式,组织可以从历史经验中学习和受益,然后,为实施可靠性过程制定一份可实现的规划。

17.6 设定可靠性目标

在可靠性工作流程中有两种类型的目标需要设定。首先是顶层的非针对具体项目的目标,顶层目标是组织的使命和愿景,使命和愿景主要陈述解决了提高产品可靠性的业务需求;在创建任务和愿景声明之前,确定驱动更高可靠性产品需求的业务环境。顾客对你的产品可靠性有什么看法?它与被测量、观察或感知的事物不同吗?市场领导者的可信度如何?提高产品可靠性的策略是否有助于维持或增加市场份额?高度宣传的产品是否存在召回问题?产品责任诉讼是个问题吗?

搞清楚了这些问题的答案,可以防止实施一个非常昂贵和被误导的可靠性计划。提高产品可靠性是有成本的,这些成本会影响利润;如果可靠性工作得到有效实施,它们将带来显著的长期收益;然而,一个没有成本竞争力的可靠产品,可能会对市场份额产生不利影响。

在组织内第一次实施可靠性计划时,应该设定一个高层次的目标,该目标主要集中确保可靠性计划的有效实施,目标应重点包括:

（1）形成可靠性组织;
（2）配备可靠性试验室;
（3）定义和记录可靠性过程;
（4）在组织中实施可靠性过程;
（5）制定可靠性设计指南和检查表;
（6）实现 FMEA;
（7）执行 HALT、HASS 和 HASA;
（8）实现 FRACAS。

第二种类型的目标是低级目标,即具体目标,针对特定的项目或产品。这些目标需要可测量,以结果为导向,以客户为中心,并具有明确的时间要求,该类型目标需要能够支持高层次的目标;对于不同的产品,它们可能是不同的。该类型目标的例子包括:

（1）在规定的时间内,在规定的使用环境条件下,无故障运行;
（2）缩短维修时间;
（3）通过较少的设计更改缩短产品开发时间;
（4）减少设计变更,降低产品开发成本;
（5）提高制造首过合格率(通过提高设计余量);

定义的目标在业务环境中应该是可度量和可支持的。

17.7 培　　训

可靠性工作的最大收益来自于第一个原型机建成之前所做的设计改进。不幸的是,在产品开发早期,可靠性通常处于次要地位;设计师不喜欢他们的工作被人打扰。我们通常认为我们雇佣的人是专家或者至少在他们工作领域具备专业的能力,然而不幸的是,情况并非总是如此,这并不是说他们是糟糕的设计师,通常只是因为他们缺乏提高 DFR 所需的知识和技能;简单地向设计师提供如何做出正确设计决策的培训并不会提高产品可靠性;然而在项目初期,为设计团队提供培训是非常重要的,这样他们做出的设计决策将有助于提升产品可靠性。

将培训重点放在产品可靠性存在问题的领域,例如,假设产品偶尔会出现意外着火,那么产品就需要设计保险丝,以防止可能导致火灾的故障。然而一项调查显示,保险丝存在大量的不当设计,因此保险丝的正确选择和使用对产品非常重要,对设计团队进行正确使用保险丝的培训是非常重要和有益的。考虑到新员工的不断加入以及以往经验的遗忘,培训应该定期进行,在组织内提供培训有很多方法,一些常见的方法如下:

(1) 利用公司内部的专业知识开展内部培训;
(2) 派遣员工参加研讨会和会议;
(3) 邀请外部专家/顾问来授课;
(4) 鼓励员工接受更高层次的教育;
(5) 提供一个组织业务相关主题的图书馆。

理想情况下,组织中应该有一个设计和使用保险丝方面的专家,和这个专家一起设计一个保险丝的培训班。当组织内部具备相应专业储备时,内部培训始终是首选的方案,这是一种低成本的方法;此外它还有一个额外的好处,就是可以识别出组织内部特定领域的专家,方便后续内部交流。大型组织通常会有许多专家,他们的知识在解决已知问题时常常没有得到充分利用。此外,为那些无法参加培训的人提供方便的培训材料、演示文稿等。对于培训者一定要严格把关,确保此人是该领域的专家。

虽然个别公司会有独特和具体的培训需要,但以下科目是普遍需要的:

(1) 电容器的选择和使用;
(2) 冗余设计;
(3) 连接器的选择和使用;
(4) 降额设计指南和使用;
(5) 机械可靠性;
(6) 扭矩和硬件堆叠;
(7) 电磁干扰(EMI)/射频干扰(RFI)屏蔽;
(8) 静电放电(ESD)防护及敏感性;
(9) 焊接的可靠性;
(10) 腐蚀;
(11) 冷却技术;
(12) 材料选择。

17.8 产品寿命周期定义

可靠性方法最大的好处在于它可以成功地应用于产品寿命周期的任何阶

段,可靠性方法可应用于产品改进、衍生产品、新平台开发或跨越式技术。实施可靠性工作的时间节点将切实影响产品研发所承担的风险级别、工作量、所需的资源或确保产品可靠性所需的时间。

在本书的第Ⅰ部分,我们描述了在当前商业竞争环境中为什么产品可靠性对任何企业都是至关重要的;在第Ⅱ部分,我们给出了提高产品可靠性所需的可靠性工具;在第Ⅲ部分,明确了建立可靠性团队和布局可靠性设施的过程。目前唯一缺少的部分是可靠性过程的实现。因此,在第Ⅳ部分,我们将把所有的碎片知识整合在一起,形成完整的可靠性过程。

可靠性方法是一种从摇篮到坟墓(全寿命周期)提高产品可靠性的综合方法,该过程应该是产品持续改进计划的一部分,该计划应用过去产品的经验教训来持续改进下一代产品。产品寿命周期包括如下6个阶段(图17-1):

(1) 产品概念阶段;
(2) 设计概念阶段;
(3) 产品设计阶段;
(4) 设计验证阶段;
(5) 生产阶段;
(6) 寿命末期阶段。

因为每个公司可能定义不同的产品寿命周期阶段,我们在此仅简要地描述每个阶段,这样你就可以将它们与你独特的产品开发过程相结合。

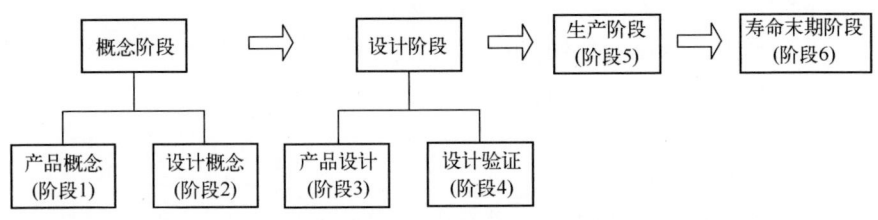

图17-1 产品寿命周期的6个阶段

17.8.1 概念阶段

在概念阶段,需要对产品进行充分的概念定义,以便团队能够充分理解产品设计意图。首先,产品概念是根据市场和业务需求定义的,设计概念定义了产品体系结构、物理特性、输入和输出、假设等;概念阶段定义了用于指导设计团队的设计需求、约束、特性和限制;概念阶段还可能包括一个设计优先级选择列表(即按优先级顺序:成本、上市时间、性能、可靠性和可制造性),设计人员统一使用该列表进行设计权衡。概念阶段所需输出的成果清单如下。

1. 产品概念阶段成果

（1）以市场为导向的产品概念；

（2）产品特性要求；

（3）产品功能需求；

（4）性能规范；

（5）产品定位；

（6）市场/业务驱动的上市日期；

（7）实现上市时间所需的人员配置；

（8）实现上市时间目标所需的资金。

2. 设计概念阶段成果

（1）系统及子系统设计架构；

（2）初步设计概念；

（3）设计规范；

（4）定义设计需要做什么；

（5）定义设计不能做什么；

（6）定义设计决策权衡（即按优先级排序：成本、性能、上市时间、尺寸、重量等）；

（7）维护和使用要求。

17.8.2 设计阶段

产品寿命周期的下一个阶段称为设计阶段，它也由两个独立的阶段组成。设计阶段从产品设计阶段开始，设计团队设计实现概念需求所需的细节。在设计阶段，需开发原型机用于设计验证；产品文档包（印制电路板（PCB）设计、原理图、物料清单、机械图样等）也是设计阶段创建的。

产品设计阶段之后是设计验证阶段，在此阶段对原型机进行测试，以验证设计是否满足概念阶段的要求。在设计验证阶段的最后，验证设计是可制造、可测试和可使用的；在设计验证阶段结束时，产品成本和利润率以及降低产品成本的策略已经基本确定并被有效传达。设计阶段所需输出的列表如下。

1. 产品设计阶段的成果

（1）原理图；

（2）工作原理；

（3）物料清单；

（4）机械图纸；

（5）产品成本；

(6) 产品工程样机(硬件、软件);
(7) 供应商;
(8) 系统和子系统试验策划;
(9) 试验装置;
(10) 制造设备。

2. 设计验证阶段的成果

(1) 设计性能指标符合性的验证情况;
(2) 设计裕度的验证情况;
(3) 生产测试和夹具的验证;
(4) 产品和夹具可制造性的验证;
(5) 产品设计更改情况验证;
(6) 可交付的产品。

17.8.3 生产阶段

生产阶段从启动面向生产和制造的设计开始,该阶段设计师的工作显著减少,主要为技术支持工作。正是在生产阶段,生产部门开始提升产品质量以满足客户的需求;生产阶段的活动集中于支持产品制造、试验和客户售后支持。

生产阶段可交付成果包括:
(1) 制造过程控制;
(2) 批量生产工具;
(3) 供应商管理;
(4) 库存控制;
(5) 降低成本计划;
(6) 生产周期改进;
(7) 降低缺陷率规划;
(8) 现场服务和技术支持规划。

17.8.4 寿命末期阶段

产品寿命周期的最后一个阶段称为寿命末期阶段,所有产品都有使用寿命,最终都会过时;寿命末期阶段包括与产品最终终止服务相关的所有活动,这是产品寿命周期的最后一个阶段,也是最常被忽略的一个阶段。

寿命末期阶段可交付成果包括:
(1) 从库存中剔除过时的零部件和材料;

(2) 处理不再需要的产品支持手册、文件等;
(3) 过渡产品介绍。

17.9 主动可靠性和被动可靠性活动

产品寿命周期中的可靠性活动可以分为主动可靠性活动和被动可靠性活动(图17-2)。积极主动的可靠性活动包括在向第一批客户发货之前为提高产品可靠性和可服务性所能做的一切;主动可靠性在本质上是试图通过识别潜在失效环节并通过设计改进防止客户使用过程中发生产品故障。一旦产品对外发售,可靠性活动就从主动变为了被动,在此之后所做的设计更改更加昂贵,并且需要更长的时间才能实现;事实上,产品发售后的设计更改会受到更严格的审查,而且由于其对基线的影响,因此基本不太可能实现。在设计早期提出的相同更改请求很可能会被通过,因为它们的实现成本要低得多,不会影响现场使用中的产品,而且设计团队还没有转移到下一个项目;设计更改代表业务决策,因为它们影响产品的开发成本、发布日期和保修成本。工作重点显然应该放在产品寿命周期早期优化面向可靠性的设计上。

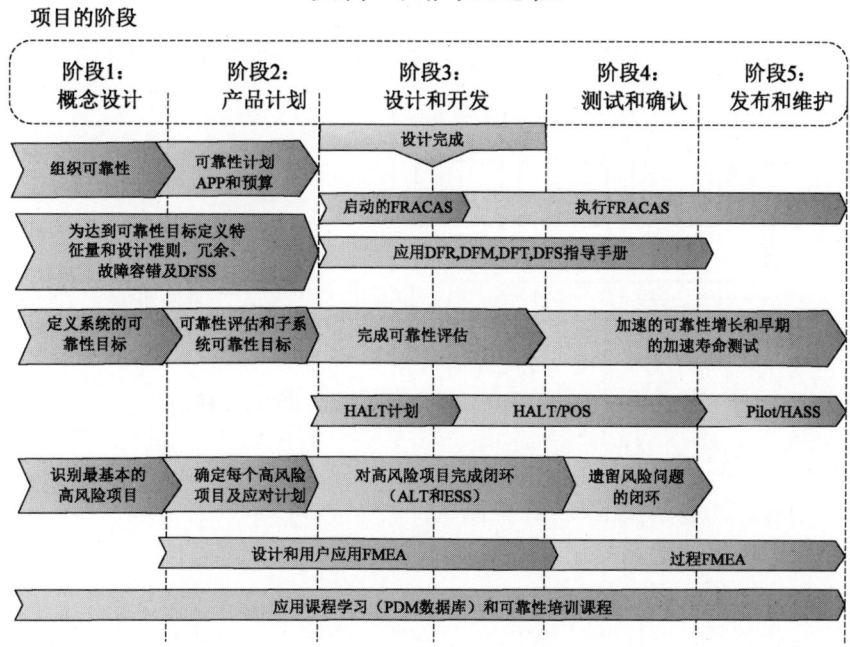

图17-2 硬件可靠性过程

图 17-2 中主动可靠性工作区域致力于在产品交付给客户之前识别所有潜在的可靠性问题(图 17-3),主动可靠性工作识别潜在的风险和安全问题,并解决所有潜在可靠性问题。主动可靠性活动如下:

(1) 设计完成前的故障模式及影响分析(FMEA)。
(2) 应用经验教训。
(3) 应用设计指南:
① 面向可靠性的设计(DFR),
② 面向制造的设计(DFM),
③ 面向试验的设计(DFT),
④ 可服务性和维修性设计准则。
(4) 识别、沟通和控制(ICM)方法来降低技术风险。
(5) 完成设计仿真和建模。
(6) 在设计阶段之前完成设计规格和要求。
(7) 系统和子系统的可靠性分配和预计。
(8) 高加速寿命试验(HALT)。
(9) 拉偏试验,在设计参数裕度区间内测试。

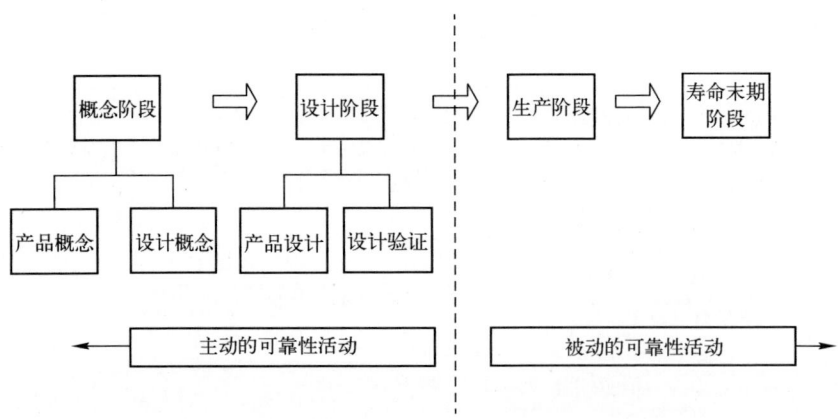

图 17-3 产品寿命周期中主动的和被动的可靠性活动

在产品研制早期开展这些可靠性活动将带来最大的收益。在概念和设计阶段的早期通过开展这些活动,在控制产品开发时间、非重复工程(NRE)成本和设计更改数量等方面具有显著效果;在设计早期就执行可靠性工作项目,设计有可能一次成功。

一旦产品通过设计并批量生产,可靠性活动就成为被动的反应式的活动了。反应式的可靠性工具是在产品交付生产后使用的,开展此类活动,我们将发现自已忙于处理有关产品召回、产品警报和改进等难题,此时识别并解决该类产品缺陷通常是昂贵和耗时的;当该类产品缺陷是在开发后期被识别出来时,通常会导致昂贵和耗时的设计更改,并最终导致产品发布日期的推迟。在反应式阶段使用的一些可靠性工具如下:

(1) 高加速应力筛选(HASS);
(2) 剖面验证(POS);
(3) 可靠性增长曲线;
(4) 设计成熟度试验(DMT);
(5) 拉偏试验;
(6) 故障报告、分析和纠正措施系统(FRACAS);
(7) 根本原因分析;
(8) 统计过程控制;
(9) 6σ。

延 伸 阅 读

可靠性过程

H. Caruso, An Overview of Environmental Reliability Testing, 1996 Proceedings Annual Reliability and Maintainability Symposium, pp. 102-109, IEEE (1996).

U. Day a Perara, Reliability of MobilePhones, 1995 Proceedings Annual Reliability and Maintainability Symposium, pp. 33-38, IEEE (1995).

W. E, Ellis, H. L. Kalter, C. H. Stapper, Design for Reliability, Testability and Manufacturability of Memory Chips, 1993 Proceedings Annual Reliability and Maintainability Symposium, pp. 311-319, IEEE (1993).

Evans, J. W., Evanss, J. Y., and Kil Yu, B. (1997). Designing and building-in reliability in advanced microelectronic assemblies and structures. IEEE Transactions on Components, Packaging, and Manufacturing Technology, Part A 20 (1): 38-45.

S. W. Foo, W. L. Lien, M. Xie, E. van Geest, Reliability by Design a Tool to Reduce Time-To-Market, Engineering Management Conference, IEEE 251-256 (1995).

W. Gegen, Design For Reliability-Methodology and Cost Benefits in Design and Manufacture, The Reliability of Transportation and Distribution Equipment, pp. 29-31 (March, 1995).

Golomski, W. A. (1995). Reliability & Quality in Design, 216-219, IEEE.

Chicago: W. A. Golomski & Associates.

R. Green, An Overview of the British Aerospace Airbus Ltd., Reliability Process, Safety and Reliability Engineering, British Aerospace Airbus Ltd., IEEE, Savoy place, London WC2R OBL, UK, (1999).

D. R. Hoffman, M. Roush Risk Mitigation of Reliability-Critical Items, 1999 Proceedings Annual Reliability and Maintainability Symposium, IEEE, pp. 283-287.

J. Kitchin, Design for Reliability in the Alpha 21164 Microprocessor, Reliability Symposium 1996. Reliability-Investing in the Future. IEEE 34th Annual Spring. 18 April 1996.

Knowles, I. (1999). Reliability Prediction or Reliability Assessment. IEEE.

Leech, D. J. (1995). Proof of designed reliability. Engineering Management Journal 169-174.

Novacek, G. (2001). Designing for reliability, maintainability and safety. Circuit Cellar, January 126:28.

S. M. Nassar, R. Barnett, Applications and Results of Reliability and Quality Programs, 2000 Proceedings Annual Reliability and Maintainability Symposium, IEEE (2000).

第 IV 部分

产品开发的可靠性与质量过程

第 18 章 产品概念阶段

产品开发始于概念阶段,它由产品概念和设计概念两部分组成(已在第 14 章中讨论过)。在概念阶段做出开发新产品的决定,营销、工程、运营和现场输入会产生产品概念要求,无论产品是新平台的还是衍生产品都没有关系,其过程是相同的。概念阶段通常在高级工程和市场管理之间的真空阶段进行,在此期间做出的决定对整个组织会产生巨大的影响。正是在概念阶段,根据市场需求、客户关注、产品功能、产品成本、业务适合度和产品架构定义了产品,在此时开始与可靠性相关的活动似乎是一个奇怪的时刻,因为此时毕竟对实际产品的了解非常少,产品还只是一个概念,由于还没有开始进行详细的设计工作,因此也没有任何工作可以用来改进设计。在概念阶段,主要的可靠性目标是组建可靠性小组,定义可靠性过程,建立产品可靠性要求,以及进行首次风险评估以对先前的可靠性问题进行 Pareto 研究,这些主要的可靠性问题就会成为设计概念阶段的设计约束条件。表 18-1 列出了产品概念阶段开展的可靠性活动以及预期的可交付成果。

表 18-1 产品概念阶段的可靠性活动

参 加 者	产品概念阶段	
	可靠性活动	可交付成果
• 营销 • 设计工程 • 可靠性工程 • 现场支持/服务	1. 形成可靠性组织和责任; 2. 定义可靠性过程; 3. 定义产品可靠性要求; 4. 获取并应用所学的外部经验教训; 5. 制定控制风险的表格,并开会审查每个风险问题	1. 建立可靠性小组,就可靠性项目达成一致; 2. 描述将要执行的可靠性项目; 3. 定义产品级别及其 MTBF、平均维修时间(MTTR)、可用性; 4. 帕累托图顶层 VOC 的可靠性问题和建议; 5. 完成的风险控制表,就产品风险可接受程度和风险控制计划通过会议达到一致

18.1 产品概念阶段的可靠性活动

在概念阶段需要做出设计决策,而这些决策可能需要用到新技术、新材料和新工艺,此时做出的决定可能会对产品的设计、工艺性和扩展性、测试性、维护性以及可靠性造成重大的风险。产品概念阶段也是识别危及整个项目成功的重大风险的第一个机会,风险问题会影响整个组织,需要对这些问题进行识别、商定,并制定出风险解决策略(识别、沟通和控制(ICM)计划);如果可以在计划的早期阶段识别并确定风险问题,则组织将有所需的时间来计划和控制所有重大风险,然后再交付给第一批客户;如果在产品发布之前解决了风险问题,则该产品将更加可靠。

在产品概念阶段有以下 5 项主要的可靠性活动:
(1) 建立可靠性组织;
(2) 定义可靠性过程;
(3) 定义产品可靠性要求;
(4) 获取并应用所学到的教训;
(5) 控制风险。

18.2　建立可靠性组织

每项可靠性工作都需要员工实施可靠性过程,可靠性人员配置可能很少,在许多情况下,只有一名可靠性工程师,至于需要多大的可靠性团队才能成功,则并没有固定的规则,为可靠性团队配备设计团队人数的 1% 是一个很好的起点(本书在第 11 章中讨论了有关可靠性的人员配备问题,第 8 章还讨论了选择错误的人员时会出现的一些问题)。

在组建可靠性团队时,关键在于选择具有较强领导能力的人员。如果已经制定了可靠性计划,则选择具有管理或工程技能的人员就足够了;小型组织可能只有一名工程师来支持所有可靠性活动,如果组织规模较小,请选择具有良好管理技能的人员。

最后,在产品寿命周期的每个阶段,可靠性的工作量并不是恒定的。当加速寿命和高度加速寿命试验(HALT)消耗大量资源时,在概念阶段的工作量很小,在设计阶段会达到高峰。在具备严格质量规范的组织中,可靠性工作可以转变为设计验证阶段的质量工作。在设计验证期间,由质量和可靠性团队共同参与,以确保两个职能部门之间共享所掌握的信息、沟通和合作,让两个团队向同一位经理报告能够确保两个团队之间没有障碍。

可靠性设计成员应具有强大的技术背景,并有产品设计方面的经验;质量团队的成员应在制造、过程控制以及故障报告、分析和纠正措施系统(FRACAS)方面具有强大的技术背景;可靠性与质量方面最好有单独的团队,因为很难找到在设计和制造方面都有丰富经验的人。

18.3　确定可靠性流程

本书在第 12 章中对可靠性流程进行了概述,并在本书的第Ⅳ部分进行了详细介绍。使用详细的可靠性流程并对其进行调整以满足特定需求,预先确定流程,将其安排在产品开发中,然后让每个人都认同并遵循该流程;一旦确定了流程,就应在概念阶段有计划地进行培训,确保团队每位成员充分掌握该项目的可靠性工作流程。

18.4　确定产品可靠性要求

产品概念阶段不可或缺的一项可靠性活动就是确定产品的可靠性要求。产品可靠性要求应以市场为导向,并以目标客户的需求为重点,通常用平均故障间隔时间(MTBF)、可用性、维护性和维修性要求来进行描述。在设置系统级可靠性要求时,需考虑先前产品的可靠性指标以及主要竞争对手产品的可靠性(基准)。

在确定系统可靠性要求时,请思考以下问题:
(1) 是否由于产品可靠性过低造成了市场份额的下降?
(2) 如果提高产品的可靠性,预计市场份额会增加多少?
(3) 随着产品可靠性的提高,利润率有望提高多少?
(4) 客户对该产品的可靠性有何期望?
(5) 客户愿意为提高的产品可靠性付出什么?
使用这些答案来更好地确定可靠性目标。

18.5　获取并应用经验教训

在产品概念阶段,需要我们反思之前项目的可靠性问题。很难理解为什么有些企业会不断重复同样的错误,即使能够相当容易地将学到的经验教训应用到新设计中,他们仍会不断地出现可靠性问题。大企业的技术部门分布在全球各地,这使得他们在交流经验教训方面存在困难;企业越大,该问题就越严重,结果导致过去项目中曾犯下的错误反复发生,直到该问题暴露得非常明显为止,而这种暴露通常是通过客户的极端不满意或重大的财务问题体现出来的。从出现可靠性问题到这种严重情况发生往往需要经过许多年,这些年中错误的积累导致彻底解决该问题变的极为困难。如果没有一个规范的流程来获取、训练和应用所学到的经验教训,过去的可靠性问题将不断地重复出现。这些经验教训应纳入可靠性设计指南中,设计复查清单是另一种验证汲取的经验教训是否被应用的有效方法,为了能够获取和实施所汲取的经验教训,必须在正式流程中增加解决方案。

在产品概念阶段,最重要的是外部经验教训(内部的经验教训要被获取并应用在产品开发周期中的设计概念阶段)。

获取外部经验教训时有以下 4 个重点领域:

(1) 传达外部的客户反馈(VOC),这种情况下的客户是指最终用户、产品支持小组以及为产品提供服务和维修的人员。

(2) 查看 FRACAS 报告,然后查看 Pareto 现场故障。

(3) 确定过去的产品召回和安全警告。

(4) 查看客户投诉文件。

针对先前产品的可靠性问题进行外部 VOC 收集。将 VOC 集中在产品可靠性、维护性和维修性问题上,这可以通过面对面采访、电话调查、邮件问卷或互联网来完成。这些方法中,有些方法会比其他方法更有效,可能需要通过试验才能确定最佳方法,使用第三方开展此活动可能是一个好主意,因为内部人员的眼睛和耳朵可能不会对每个投诉都敏感。无论选择哪种方法,都应保持调查的公正性,以及对所有被访者使用相同的调查问卷。预先对问卷进行测试(内部和外部)以确保在每个问题的语言、权重表和意图上没有混淆。收集数据后,将结果制成表格以确定哪些可靠性问题需要列入概念阶段的文件中;可以使用加权机制来区分问题对客户的重要性,因此可以为每个问题关联一个有意义的优先级。

获取经验教训的另一个来源是 FRACAS 数据库。FRACAS 对现场的故障进行跟踪,按故障发生的严重程度对其进行排序,记录其根本原因,并跟踪解决方案的有效性。了解每个故障的根本原因是很重要的,如果故障的根本原因尚未确定,则可能有必要在完成设计阶段之前启动活动以确定其根本原因。如果不能确定根本原因,则无法保证问题不会在下一个产品中再次出现。

每个组织都面临的一大挑战就是确定故障的根本原因。造成这种情况的原因之一是许多组织缺乏将复杂故障与根本原因联系起来的技术技能和专业知识,因为找出根本原因需要了解故障背后的物理原理。一旦确定了故障的根本原因,纠正问题就变得容易了;如果未找到根本原因,则修复程序可能最终纠正了原本并不存在的问题,并且该问题将来还会再次出现。

确定故障根本原因的一种技术是"5 个为什么"(在 10.2 节进行了讨论)。

为了说明这一点,以一个标准手电筒为例,该手电筒在打开时不亮了,该问题可追溯到灯泡未获得所需的电池电压,问题还可以进一步归结为电池与弹簧的接触不良,只考虑到这一层次上是很难确定问题的根本原因的,问题可能是弹簧腐蚀、弹簧不接触或不牢固、弹簧安装不正确、弹簧材料电阻太大、电池触点上有污染物或电池间歇性故障等。

所以我们第二次问这个问题:"为什么电池和弹簧之间接触不良?"这个问题的答案原来是弹簧松动了,弹簧松动的原因有很多:如可能是由于弹簧批次不良、弹簧安装错误、弹簧安装不良、固定弹簧的夹子坏了等。

因此,我们第三次问这个问题,"为什么弹簧会松动?"这次我们发现是安装了错误的弹簧。分析到这一点上,看来我们可能找到了问题的根本原因,但我们不知道为什么安装了错误的弹簧。安装了错误弹簧的原因可能是:物料清单错误、从仓库中拿了错误的弹簧、供应商给弹簧贴错了标签或订购了错误的弹簧。因为仍然有未解决的问题,所以我们仍未找到问题的根本原因。

因此,我们第四次问这个问题,"为什么安装了错误的弹簧?",这次,我们发现采购商订购了错误的弹簧。就像继续剥开洋葱的每一层一样,你将更接近问题的根本原因。但是,除非你了解了为什么采购商订购了错误的弹簧,否则你将无法找到问题的根本原因。

因此,我们最后一次问这个问题,"为什么采购商订购了错误的弹簧?"这次发现装配所需的弹簧采购不到,而经销商建议购买了另一种同等功能的弹簧,而事实证明,这两种弹簧功能并不是等效的。现在,你已经找到了问题的根本原因,可以开始探索能够永久地纠正该问题的措施了。

例如,工程部门必须批准所有零件的替换,制造部门必须在使用替代零件之前对所有替代零件进行测试以验证其合规性。

采购代理被告知这个弹簧是同等功能的零件,而工程部门也犯了同样的错误,两者都没有对供应商的话进行验证。为了防止将来发生这种情况,在生产线上使用任何替代零件之前必须在系统中对其进行验证,也可以使用 HALT 评估替代零件的可接受性(在紧急情况下,可能仍必须订购备用零件才能满足生产计划,但是必须在将备用零部件用到生产线上之前对其进行评估)。

最后,确定过去的客户投诉、安全警告和产品召回以及每个问题的根本原因,根据其严重性和发生情况在帕累托图上列出清单。

将从过去的问题中学到的所有经验教训组合成具有严重程度的帕累托图,该列表将在设计概念阶段中用来描述如何使过去的问题不会在新产品中重复出现。

18.6 控制风险

在第 5 章中,我们介绍了一种管理产品开发中固有的风险问题的流程。技术、部件、流程、供应商和安全都是可能存在重大可靠性风险的领域,如果这些问题没有解决,它们可能会在以后的生产、测试或客户中暴露出来,解决此问题的最佳方法就是控制风险。降低风险的流程不仅消除了设计中的可靠性问题,而且还防止了在产品开发周期后期才发现风险,不得不进行重新设计导致的产品推迟上市。

在第 5 章中,我们还展示了如何获取和记录风险问题。所有职能部门均负责制定风险控制计划,最初的风险控制计划是在产品概念阶段制定的。计划在产品开发周期的每个阶段都会更新,以反映风险控制的进度并添加发现的新风险问题;在产品概念阶段结束之前,将为所有职能部门安排一次会议来介绍他们的风险问题,会议是产品开发过程中的正式活动(即风险评估会议)。

风险评估会议旨在审查重大的风险问题,并就这些风险问题以及控制这些问题的成本和资源达成共识,并且在运送客户单元之前有足够的时间来控制风险;产品概念阶段的开发成本很小,而设计阶段成本将显著增加。风险评估会议是管理人员确定项目是应该继续投资进行下一阶段,还是因为风险问题不太可能及时解决以适应产品市场而取消项目的有用方法。根据经验,有多少产品在完成之前被取消了?他们是因为产品进度滞后,价格太昂贵或技术问题未能解决而取消了产品吗?这些项目是在产品开发周期的什么节点被取消了呢?通常是在开发计划的后期,由于超出开发预算并且仍然有一系列设计问题需要解决的情况下。对于在项目早期就确定了解决关键风险问题的希望很小的项目,在浪费大量资本和人力资源之前就将其终止是最好的。如果该项目对于企业的成功至关重要,则可以分配资源来确定导致问题的原因以及为解决这种情况而提出的建议。

在产品概念阶段即将结束时召开风险评估会议。如果只有两个小组参与产品概念、营销和工程设计,那么会议时间将会很短。但是,如之前表 18-1 所列,最好包含尽可能多的功能组,在概念阶段风险评估会议中特别应包含可靠性、客户服务/客户支持、生产和测试等方面的相关人员。至少应在风险评估会议一周之前完成包含参与职能部门确定的风险问题的风险评估包,如果有充足的时间来传阅信息,使得每个部门能够在评估会议之前审阅问题、理解问题并进行讨论,那么会议将会更加顺利。风险评估包应包括要在会议上介绍的所有材料,一个产品概念阶段的风险评估表的示例如图 18-1 所示。通过在产品概念阶段开始控制风险,可以显著提高产品在预算范围内按时完成开发的可能性。

日期:2001年7月1日
产品名称:
所有者: Mr.Jones
可靠性ICM-产品概念阶段

编号	①调查		②沟通				⑦⑧⑨控制		
	识别&分析风险	风险严重性	风险识别日期	风险接受是/否	高级别控制计划	获得的资源	完成日期	成功指标	研究替代解决方案?
1									
2									
3									
4									
5									
6									
7									
8									

风险控制签署:_____
_____

图18-1 产品概念阶段的风险评估表

18.6.1 填写风险评估表

风险评估表分为9部分。我们已经尝试过简化版本的表单,但最终总是又回到更详细的级别,表格填写的详细信息如下。

18.6.1.1 识别和分析风险

调查风险分为两部分:识别风险和分析风险。第一部分,识别风险问题通常是最难的,在项目的早期识别风险问题会是一个真正的挑战。产品概念阶段的风险问题是与技术和可靠性相关的,由于设计尚未开始,因此风险问题可能很少且没有详细说明,以下问题可以帮助你确定产品概念风险问题。

1) 寻找技术风险问题的地方:
(1) 是否需要新技术?
(2) 是否有新技术是最尖端的、最先进的或领先地位的?
(3) 这项技术是否需要新的流程(制造、返工和测试)?
(4) 关于这些技术的信息是否很少或没有公开发表的信息?
(5) 这项新技术是只有一个供应商吗?
(6) 新技术是否还没有商业化?
(7) 存在对项目成功至关重要的问题吗?

2) 寻找可靠性风险问题的地方:
(1) FRACAS 报告和从过去的项目中学到的经验教训的帕累托图;
(2) 外部 VOC 的结果;
(3) 过去的产品召回和安全警告文件。

一旦风险问题确定了,将通过闭环评估和管理它们。识别风险可以回答以下问题:"关键风险问题是什么,为什么关键?"在分析中,我们回答"要控制风险需要做什么?"分析风险时要考虑的问题如下:
(1) 是否存在一些特殊技能、设备或资源是公司内不具备或是无法实现的?
(2) 需要什么测试?
(3) 对项目有什么影响?

18.6.1.2 风险严重性

为每种风险关联一个严重性是非常重要的,这有助于重要资源的管理,从而首先控制最严重和最关键的风险问题。为了区分严重性,采用数字编号度量,如 1~10,10 代表最严重的风险,1 代表最不严重的风险(图 18-2)。该度量表进一步分为高、中和低风险等级,度量表可以用颜色编码以更明显地标注更高的风险,高风险为红色,中风险为黄色,低风险为绿色。

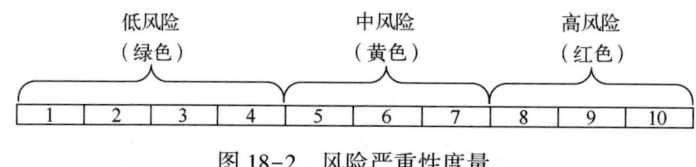

图 18-2 风险严重性度量

18.6.1.3 确定风险的日期

对识别的风险问题进行记录是非常有用的,它可以用于向前追溯以确定如何改进流程。了解关键风险问题是否在产品开发周期的后期被识别出来是很重要的,保持对这些日期的追踪对于监测在后续项目中尽早成功地识别风险也是很有用的。

18.6.1.4 风险接受

在风险评估会议上对每个风险问题都进行评审,并做出接受风险或拒绝风险问题的决定,使用此决策来跟踪将要评估的风险问题。如果存在无法接受的风险问题,则可能需要召开后续会议。

18.6.1.5 顶层风险控制计划

详细制定为控制风险将要进行的活动,包括将要进行的任何外部合同或服务提供商的工作,顶层计划应该有足够的细节来表明其改进之处。

18.6.1.6 所需资源

高度详细地确定控制风险所需的资源,这些资源应包括人力(如10个月,2人)和资本资源(包括设备、测试和评估服务、顾问以及其他相关的研发成本)。一旦风险问题被接受,高级资源将被插入工作分解计划表和部门资本预算预测中。

18.6.1.7 完成日期

输入预计完成风险控制的日期,完成日期必须能够支撑向第一个客户发货的日期。请注意该日期是否已推迟,尤其是是否已多次推迟,这是表明风险很高或降低风险的资源很少的有力标志。

18.6.1.8 成功指标

成功指标是控制风险中最重要且经常被忽视的因素之一。通常,风险控制活动都是在没有明确方向的情况下开展的,这个方向就是成功需要什么结果,这经常会导致做了比需要做的多得多的事情或者做了错误的活动来控制风险;通过明确地定义成功指标,建立的风险控制团队将专注于开展支持成功指标的那些活动。通过让其他职能部门预先就成功指标达成一致,就不会在后期的产品开发中出现任何脱节。

18.6.1.9 研究替代解决方案

在关键路径上的任何风险对项目的成败都是至关重要的,或者如果风险严重性介于8~10级之间(红色高级别),则应该制定应急计划来控制风险。通常,应急计划会对产品设计或产品交付日期产生重大影响,因此,在应急计划中制定一个需要做出决定以启动应急计划活动的日期是很重要的。

18.6.2 风险评估会议

进入设计概念阶段之前需要开展的最后一项活动就是风险评估会议,在该会议上要对所有的风险问题进行审议。在评估风险的会议上,每个小组均要给出其风险问题,以期取得以下成果:

(1)交流所有重大技术风险问题;
(2)就风险问题的严重性达成一致;
(3)就风险控制策略达成一致;
(4)就成功控制风险的度量指标达成一致;
(5)就风险控制所需的资源和资源的可用性达成一致;
(6)就控制风险所需的时间表达成一致;
(7)就风险需求或寻求替代解决方案的需求达成一致。

风险评估会议要求在每个风险问题上签字。通过要求对每个问题进行签字确认实现对 ICM 流程的管理。只有在风险问题是可管理的情况下(图 18-3),ICM 流程才能像"门"一样,管理项目研制各阶段的转换。用于下一阶段开发的资本和人员配置形式的项目资金取决于高级管理层是否同意风险问题。

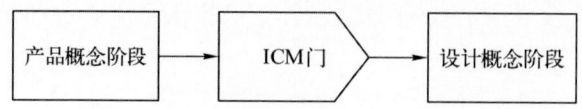

图 18-3 开展设计概念前的 ICM 签署要求

第 19 章 设计概念阶段

以前,在产品概念阶段,产品需求是根据市场驱动的产品特征定义的,这些特征包括成本、预测需求、目标客户和业务适合度等,我们就是基于这些特征提出设计要求以及可能的顶层系统架构。一旦定义了这些产品要求,就必须开发一种设计概念来满足这些需求,设计概念阶段使用产品需求来开发较低级别的设计架构,设计概念阶段完成后,要确定外形尺寸、质量、输入和输出(I/O)、功率、冷却等的规格。

19.1 设计概念阶段的可靠性活动

设计概念中的决策确定了设计产品所需的部件、材料和技术的类型,这些决策对产品的成本、开发时间、设计复杂性、工艺性、测试性、维修性和可靠性具有重大影响。在设计概念阶段完成时,大约一半的产品成本就确定了(图 19-1),产品成本是盈利能力的重要影响因素,设计概念阶段应用这点来确保能够实现产品的成本目标。

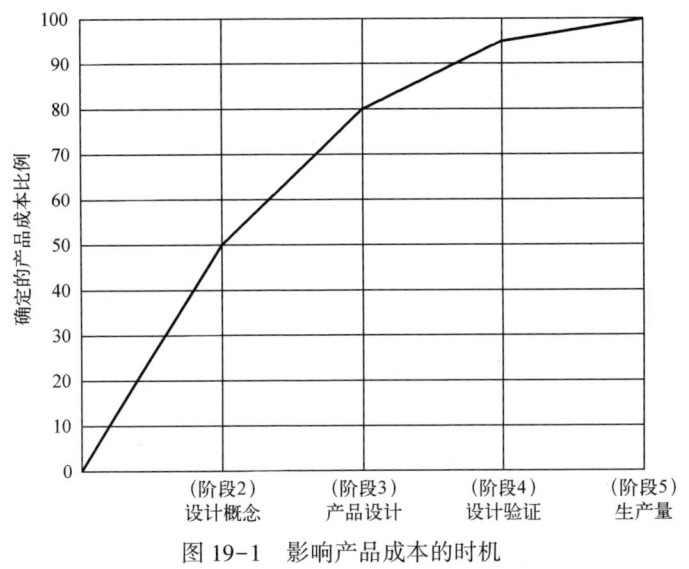

图 19-1 影响产品成本的时机

在设计概念阶段要开展以下 5 项可靠性活动：
(1) 分配子系统和电路板组件的可靠性要求；
(2) 定义可靠性设计准则；
(3) 修订风险控制措施；
(4) 安排可靠性活动和资本预算(可靠性活动包含在项目开发计划中)；
(5) 确定控制风险的批准日期。

表 19-1 更详细地给出了这些步骤，按照这些步骤，团队应反思哪些有效（哪些无效）。

产品概念团队通常依然很小，由来自营销、工程和可靠性方面的关键设计人员组成，到此阶段为止，项目所花费的开发成本和人力资源也相对较小。一旦产品由概念阶段进入设计阶段，所需的人力和资本资源就会大大增加；由于在设计阶段需要投入大量人力和物力，因此必须对开发计划能取得成功抱有很强的信心。

表 19-1 设计概念阶段的可靠性活动

参加者	产品概念阶段	
	可靠性活动	可交付成果
• 可靠性工程 • 营销 • 设计工程(电气机械软件,热学等) • 制造工程 • 测试工程 • 现场支持/服务 • 采购/供应管理 • 安全和监管人员	1. 定义较低级别的可靠性设计目标； 2. 定义可靠性设计准则； 3. 修订风险控制措施,包括内部可靠性 VOC(生产和测试)和新技术问题； 4. 可靠性预算(资金和人员)和将可靠性纳入项目开发计划中； 5. 审议每个风险问题的状态和控制计划并达成一致,风险评估会议	1. 分配子系统和电路板级可靠性指标(MTBF),服务和维修要求(MTTR 和可用性)以及产品使用寿命和使用环境； 2. 确定 DFR、DFM、DFT 和 DFS 等的准则要求； 3. 建议的 Pareto 图顶层可靠性问题,风险控制计划随着改变的更新； 4. 对可靠性支出进行预算,并将可靠性活动(风险控制、FMEA、HALT、HASS)安排到项目进度表中； 5. 风险评估会议及允许转阶段的结论

注：DFM—面向制造的设计；DFR—面向可靠性的设计；DFS—面向服务（和维护性）的设计；DFT—面向测试的设计；FMEA—故障模式和影响分析；HALT—高加速寿命试验；HASS—高加速应力筛选；MTBF—平均故障间隔时间；MTTR—平均修复时间；VOC—客户反馈

设计概念阶段的可靠性活动主要集中于获取可能会偏离开发流程的风险问题，通过获取这些问题并制定控制计划，可以在产品概念阶段结束时进行评估，以继续进行产品设计或暂停开发，直到可以解决关键风险问题为止。

19.2　确定可靠性要求和指标分配

在产品从产品概念过渡到设计概念后，可靠性团队必须要提供指导，详细说

明可靠性设计要求,这些要求可以包括以下内容:

(1) 产品使用环境;
(2) 产品使用寿命;
(3) 子系统和印制电路板组件(PCBA)的可靠性指标分配;
(4) 服务和维修。

19.2.1 产品使用环境要求

为典型客户或极端客户定义客户使用环境。为典型客户设定要求能够优化产品成本的设计,但是对于在极端环境下运行的那些客户,这可能导致更高的故障率。针对极端客户进行设计将导致产品更加复杂,成本更高,但是会更加可靠(这在高可靠性的军用产品中很明显),这种产品可能具有较大的潜在市场,但需要提高价格出售,而产品价格的上涨将会影响销量。因此,最好是针对通常被称为市场"最佳位置"的最佳客户群来设计产品。一旦确定了产品的使用环境,这些要求便成为产品的环境指标参数。

环境要求包括运行和非运行技术参数,非操作要求考虑了存储和运输。一些运输和运输环境方面需要关注的问题如下:

(1) 产品是否要运到国外?是否会暴露在盐雾空气中以及暴露多长时间?产品将在装载码头上停留多长时间?产品是否会暴露在雨、雪、雨夹雪或灰尘中?航空运输可以避免许多此类问题。

(2) 产品将经历哪种类型的振动载荷及振动频谱?研究运输环境以设计适当的运输容器/方法可以避免产品在"运输途中的故障"或来自客户的开箱即故障(收到货即故障)投诉。

(3) 产品将存储在什么环境中?产品会被运送到现场温度过高的沙漠地区吗?产品将储存在潮湿的空气中吗?产品在这种环境中可以存储多长时间?

工作极限是针对预期产品正常运行的环境定义的,工作极限可以包括运行温度范围、振动范围和频谱、占空比、线路电压/频率变化、跌落或冲击测试、湿气暴露或浸水测试、腐蚀性环境等。工作极限定义后,可以制定测试计划对设计进行验证。

19.2.2 产品使用寿命要求

定义产品的使用寿命要求是很重要的,使用寿命是产品在正常损耗的情况下失效率由随机事件转变为可预测事件的一段时间(图19-2)。大多数产品在开发时都没有对产品的使用寿命做出明确要求,如果未提前对其进行定义,那么设计团队对使用寿命的要求就会有不同的认识。耗损的常见例子是使用寿命为

2000h 的灯泡,2000h 就定义了灯泡的使用寿命。如果对足够大规模的样品进行测试,可以很容易地复现故障,且每次都会获得相似的结果。

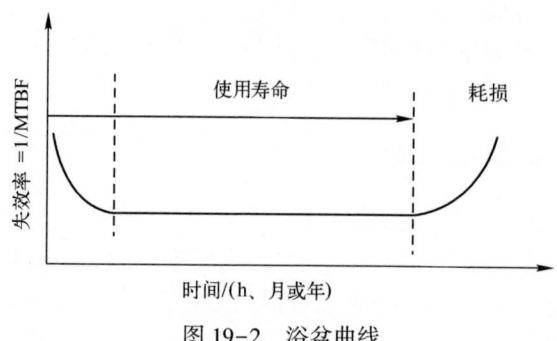

图 19-2 浴盆曲线

确定使用寿命的设计要求非常重要,因为它们会影响设计成本、架构和复杂性。过于严格地设置要求将使产品成本更高并延长设计开发周期,要正确选择设计中的零部件也需要基于这些顶层要求,这些要求是由市场驱动的,需要市场研究支持,并且专属于正在开发的产品。使用寿命要求能够通过设计来满足客户市场上的最佳需求,或满足预期客户使用的极限条件。

产品的使用寿命通常采用一定数量的客户使用时间来定义,产品开发团队可以用年来定义系统使用寿命,比如说 7 年。

对于同一产品,可以用不同的方式定义其使用寿命,一些定义使用寿命要求的方法包括:

(1) 最小无故障插拔周期(连接器、可移动配件等);
(2) 最小开/关循环次数(继电器、硬盘驱动器、润滑轴承等);
(3) 最小运行时间(风扇和电动机、泵、密封件、过滤器等)。

这些要求反过来又与系统要求相关。即使不同的使用寿命定义不同,但它们之间仍存在一致性,以一个具有 7 年使用寿命的产品为例,该产品具有可拆卸的配件,市场研究认为该配件每周会拆卸 5 次,该配件的使用寿命就应该是以最小无故障插拔周期来定义的。这种情况下,使用寿命为

周期(分钟) = (7 年)×(52 周/年)×(5 个周期/周) = 1820 个周期(分钟)

一旦定义了这些要求,下一个任务就是向下验证直到部件级都符合使用寿命要求,这似乎是一项异常艰巨的任务,但事实并非如此。许多部件会按其设备和部件封装类型进行分组和评估,如所有碳复合表面贴装电阻器都可以按封装类型分组(即 0805、0603、0402 等),有一些部件制造商也会规定使用寿命。零件的使用寿命通常取决于其环境和使用条件,例如,电解电容器制造商会规定其电容器在特定温度下的最大使用寿命,如在 105℃ 下为 2000h,而实际上产品运行

的温度可能仅为 55℃,这将增加电容器的预期使用寿命。对于许多电解电容器,有一条经验规律表明,使用温度每降低 10℃,其使用寿命就会增加 2 倍。因此,可以预见,在此条件下电容器的使用寿命会延长至 64000h。

那些会出现耗损的部件在到达产品的使用寿命之前需要进行维护和保养,通过提前设置要求,可以获取和解决那些不符合客户预期寿命要求的部件。对易耗损的部件进行优化设计,使之在产品寿命末期能够易于更换,这将有助于降低服务成本并提高客户满意度。

19.2.3　子系统和印制电路板组件的可靠性指标分配要求

在上一个阶段(产品概念阶段),定义了系统可靠性要求,如系统需要具有 10000h 的 MTBF(平均故障间隔时间)。在设计概念阶段,系统可靠性分配被向下分配至子系统和电路板级别,出于某些原因,没有将可靠性分配细化到部件级。首先,在设计概念阶段,设计产品所需的部件只有一部分是已知的;其次,也是更重要的,可靠性分配的目的之一是在设计团队开始设计子系统、电路板和接口时为他们提供指导。可靠性分配被用于识别可靠性风险问题,由于资源和时间有限,可靠性分配可以引导可靠性活动向最有利于产品的方向开展,可靠性分配还可以提供关于哪个部件更适合实现可靠性目标以及确定是否需要冗余来提高可靠性方面的指导。

在产品概念阶段定义了系统可靠性要求,图 19-3 给出了系统可靠性分配的示例,系统可靠性分配还可以包括平均修复时间、维护性、可用性的要求以及产品寿命要求。系统架构确定后,为组成系统或产品的所有子系统、电路板和机械组件分配可靠性指标,所有子系统可靠性分配指标的总和必须等于之前定义的系统可靠性。

```
系统 MTBF
10000h
```

图 19-3　系统 MTBF 要求

如果可靠性是用 MTBF(h)定义的,则将每个 MTBF 的倒数相加(就是系统的 MTBF),不能直接把每个子系统的 MTBF 预计数相加;如果子系统的可靠性是以 FIT(failures in time,每 $1×10^9$h)定义的,则可以直接将其相加以确定等效的系统 FIT 数值;FIT 数值可以转换为 MTBF,通过取 FIT 数值的倒数并将其乘以 $1×10^9$,就可以将 FIT 数值转换为以小时为单位的 MTBF 数值。

$$\mathrm{MTBF} = \frac{1}{\mathrm{FIT}} \times (1 \times 10^9)$$

如何将子系统的 MTBF 指标加在一起以等于系统可靠性指标的示例如图 19-4 所示。假设正在开发一个新产品，在产品概念阶段将其系统可靠性指标(以 MTBF 表示)定义为 10000h，在设计概念阶段的系统框图显示系统由 5 个主要的子系统组成，然后可靠性组织负责确定 5 个主要子系统的 MTBF 指标；子系统的 MTBF 指标代表了可靠性的最佳估计，即对不同子系统的 MTBF 要求是多少。如果开发的是全新产品，则可靠性分配可能仅仅是对每个不同子系统的有根据的估计。但是，如果新产品与以前的产品有很多相似之处，那么将会有一个关于之前产品可靠性知识的数据库，这些可靠性知识被分解到子系统中。故障报告、分析和纠正措施系统(FRACAS)会包含之前产品可靠性的信息，这些可靠性信息可以分解给系统和子系统的部件。要了解更多有关 MTBF 的信息，请参阅第 6 章。

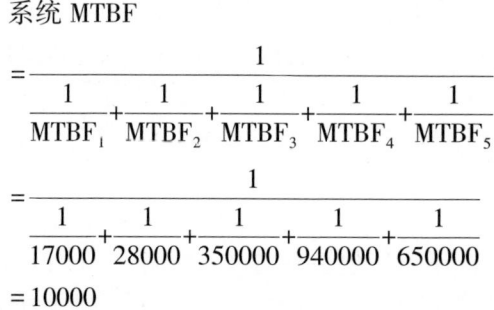

系统 MTBF
$$= \frac{1}{\frac{1}{\mathrm{MTBF}_1}+\frac{1}{\mathrm{MTBF}_2}+\frac{1}{\mathrm{MTBF}_3}+\frac{1}{\mathrm{MTBF}_4}+\frac{1}{\mathrm{MTBF}_5}}$$
$$= \frac{1}{\frac{1}{17000}+\frac{1}{28000}+\frac{1}{350000}+\frac{1}{940000}+\frac{1}{650000}}$$
$$= 10000$$

如何确定分配数值？最好的方法就是审查类似子组件的过往性能，对该性能的关键贡献者以及如果在新产品中消除这些问题后的预期结果。

首次确定可靠性指标(针对每个子系统)总是最困难的，它会随着每个新项目的开展变得越来越容易。这是因为可以利用从以前的项目中学到的经验教训，对子系统和电路板级别的可靠性指标有一个更好的想法。

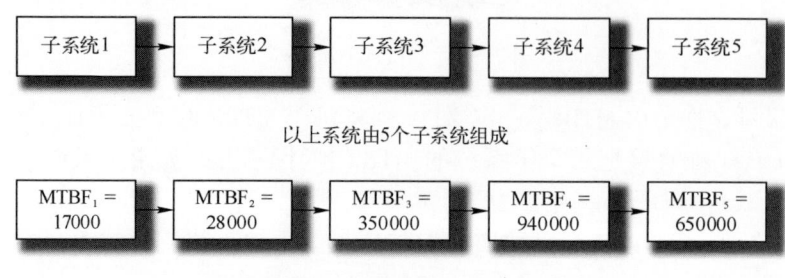

图 19-4 子系统 MTBF 要求

19.2.4 服务和维修要求

关于服务和维修要求，可以像更换故障设备所允许的最长时间一样简单，可以包含在正常使用期间预期要更换设备的说明；包含更换设备过程中可以使用的专用工具或设备，当然如果能设计出正常服务所需的特殊工具和设备，则是一个比较好的做法；最后，还应该包含防止更换零件的安装或校准错误的要求。

19.3 明确可靠性设计指南

可靠性人员的任务是确保新的设计是可靠的，但是，可靠性工程师并不设计产品，设计工作由专门的设计师来完成。因此，设计团队具有一套设计准则是非常重要的，遵循这些准则可以为设计出可靠的产品提供保证。可以通过一套关于产品可靠性的设计准则来实现，这些准则称为产品的可靠性设计指南，遵守可靠性设计指南是设计概念阶段应达成一致的项目之一，可靠性设计指南可以帮助设计人员做出正确的决策。这些指南是具有广泛基础的，涵盖了产品设计的所有方面，指南还必须涵盖从以前的项目中汲取的所有可靠性经验；可靠性设计指南应成为设计检查清单或其他类似方法的一部分，用来确保设计的成熟度已可以用于生产。由于新问题、新技术和新功能的存在，可靠性设计准则会随着时间而进行变更，与设计团队沟通这些变更的最好方法就是定期向组织提供可靠性设计培训课程，培训课程可以作为讨论新的可靠性指南、对先前指南的更改以及征求有关准则如何影响设计工程的反馈机会；可以利用培训机会，找出可靠性设计指南中是否存在缺陷或哪些可靠性设计问题没有在指南中体现。

可靠性设计指南应便于设计团队使用，实现此目的的一种方法就是将指南放在易于访问的公司内部网上，该方法有助于设计团队做出正确的决策，而不至于在每项设计上都牵涉可靠性问题。每个可靠性指南都应清楚明确地说明问题，可靠性设计指南不应过于笼统，否则不能在设计中应用；指南应说明可靠性需要关注的条件，每个DFR指南都应明确其对产品可靠性的影响；最后，每个指南都应指出用来提高可靠性的方法，如降额或降低工作温度等，每个可靠性设计指南还应包含建议的替代方法（提供不能做的事情固然好，最好也能提供替代的解决方案）。

19.4 修订风险控制计划

在产品开发的每个阶段都反复开展识别、沟通和控制（ICM）流程，该流程用于识别新的风险问题并报告前一阶段风险控制进度的状态。在产品概念阶段对产品的设计信息知之甚少,因此,识别出的主要是以客户为中心的风险问题;在设计概念阶段,有关该设计的很多细节开始呈现出来,随着开始对产品设计更多细节的开发,将会出现新的风险问题。因此,在设计概念阶段中会重复开展风险控制流程。

这些新的风险问题如果得不到解决,将会导致产品开发进程的重大延迟;由风险问题造成的延迟如果不解决,它将会在项目的后续阶段体现出来,并需要重新解决。在项目中解决风险问题的时间越晚,它们对项目的影响就越大,找出主要问题的根源的成本就会越高,并且由于重新设计和实施修复要花费时间会造成产品发布的延迟。理想情况下,风险问题要在设计验证之前识别并控制在可接受水平。

19.4.1 识别风险问题

风险识别需要用到180°的方法。一方面回顾过去出现过的问题;另一方面向前看,识别哪些新问题可能构成重大风险,用这种方法可以识别风险问题(图19-5)。在产品概念阶段,我们回顾了所汲取的外部经验教训。在该阶段,我们从客户反馈、FRACS、投诉文件、产品召回和安全警告中汲取了经验教训,使用帕累托图确定了顶层的问题并将其转化成了相应的风险控制计划,然后将这些问题放入顶层风险控制计划中,并对其进行跟踪,实现了闭环。

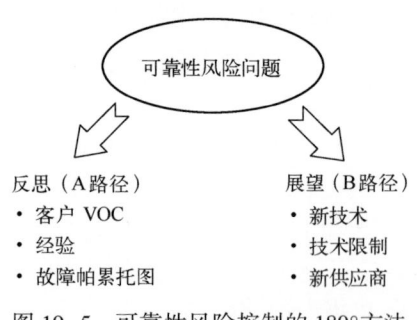

图 19-5 可靠性风险控制的 180°方法

这些风险问题是过去的经验教训,获取这些问题,制定计划控制其风险并跟踪闭环,这一过程就是风险控制流程;将汲取的外部经验教训纳入概念要求中将有助于确保这些教训不会再重复出现。

19.4.2 汲取内部经验教训

所汲取的外部经验教训被吸收到了产品概念之中,在此阶段,我们还要从制造、试验、设计和可靠性方面汲取内部的经验教训,这些内部的经验教训将作为新的风险问题添加到风险控制计划中。进行回顾的最有效方法就是回顾记录(希望有记录)下来过去的经验教训,如果没有追溯过去经验教训的机制,则可以预见,之后会不断重复同样的错误,在产品增长阶段为满足市场需求,产量和工作量都在攀升,重复错误更容易发生。全面回顾以前项目的经验教训,应包括对什么环节出了问题、什么环节不起作用以及什么措施效果很好等方面的审查,这与产品概念阶段中执行的活动相同,只是它专注于确定内部的经验教训。

汲取内部的经验教训时需要关注以下4个重点领域:

(1)制造和返工;

(2)试验;

(3)部件和供应商问题;

(4)可靠性。

从先前项目中汲取经验教训的最好方法,是记录过去的项目量产后1年中出现的质量问题。

每个职能部门均有职责记录产品开发过程、早期生产和产品量产过程中的重要问题。在生产过程中汲取影响项目的问题,可以最大程度减小设计师随着时间的流逝而遗忘或离职的影响;在文件中具体说明问题的影响,该问题可能导致试验的首过合格率低。对比预期的产量和实际的产量有助于量化问题的严重性,定义产量的一些常见方法是百万分率(PPM)和过程控制图,为试验和生产过程控制设立合理的PPM限值,将有助于在生产的早期发现问题。如果你的企业具有内部网,则可以把从以前的项目中学到的经验教训进行公开发布,并提供给所有人。

19.4.3 识别新的风险要素

有一些风险的存在是我们未知的(图19-5),展望未来是一种识别新的风险要素的过程,此过程通常是基于过去的经验教训。例如,如果专用集成电路(ASIC)具有与设计有关的故障历史,则ASIC就可能存在风险。展望未来需要识别技术、供应商、制造以及试验和设计中的问题,所有这些问题可能会构成难以解决的独特且具有挑战性的问题,这些风险如果不能得到解决,可能会在以后表现为可靠性问题(图19-6)。

以下线索将有助于识别新的风险要素。

1. 查找设计风险的线索

(1)是否需要新技术?

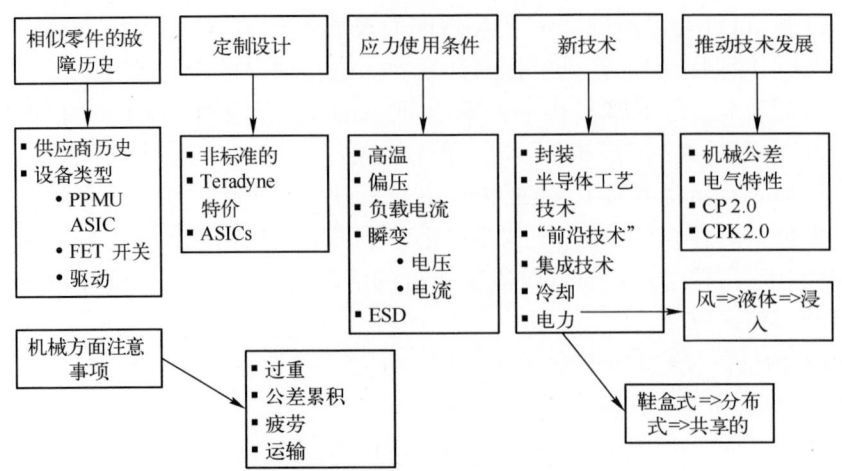

图 19-6　从哪里查找新的可靠性风险

（2）是否使用了新的部件封装？

（3）是否有哪些方面接近或超过技术极限？

（4）是否需要复杂的 ASIC 或混合电路？

（5）哪些零件是定制零件或非标准零件？

（6）是否有部件、包装或设计接近或超过应力极限？

（7）是否有严格的电气规范？

（8）是否存在严格的机械公差和公差叠加？

（9）是否存在超重问题？

（10）是否存在材料的不匹配或不兼容问题？

（11）是否存在腐蚀或其他化学反应问题？

（12）是否存在特有的热学问题？

（13）是否有过早的部件耗损问题？

（14）是否存在类似零件或设备类型出现问题的历史？

（15）是否存在静电放电敏感度超过处理能力的部件？

（16）根据使用条件，确定使用哪种 ESD 模型（人体放电模型、机器放电模型和充电设备模型）？

（17）部件数量是否超过承载能力？

2. 查找制造风险的线索

（1）是否需要新流程？

（2）是否需要新封装？

（3）是否有超过现有工艺能力的高引脚密度器件？

（4）新设计是否会突破当前的制造能力极限？
（5）部件数量是否超过制造能力？
（6）设计是否需要较高的零件密度（零件/平方英寸）？
（7）会有什么特殊的处理要求或问题吗？
（8）是否有新元器件需要的小封装尺寸超出现有能力？
（9）是否有新元器件需要的大封装尺寸超出现有能力？
（10）是否有新元器件需要的封装重量超出现有能力？
（11）是否存在具有高的百万机会的缺陷数（DPMO）的新部件封装超过现有能力？

3. 查找供应商风险的线索

（1）是否有新的定制零件会带来特殊风险？
（2）新设计需要的印制电路板（PCB）技术是否超出当前供应商的极限（如尺寸、重量、线和间隙、走线层数、芯线尺寸、铜线重量、材料选择和材料兼容性）？
（3）建议的供应商有出现过问题的历史吗？
（4）新设计是否要求供应商资质？
（5）供应商的规模较小是否会带来特殊的风险问题（供应能力、财务稳定性等）？
（6）是否存在不能实现双重来源的关键部件？

4. 查找试验风险的线索

（1）是否存在由于访问限制而无法测试的新部件或新软件包？
（2）高引脚数/密度部件封装是否带来特殊的试验挑战？
（3）产品是否突破了试验能力的极限？
（4）PCB元器件的数量是否多到超过测试节点的能力？
（5）新部件包是否太小而无法探测？
（6）是否存在由于使用权而无法测试的新部件包？
（7）是否有无法完全测试的混合零件或其他零件？
（8）是否存在由于PPM率高而导致首过合格率低的零件？

使用风险识别工具来有效地获取风险因素并分配标识风险严重性的数值。每个风险项目都分配有一个表示风险严重程度的数字，严重性等级最高的风险项目需要首先解决；如果高风险项目无法在第一个原型机之前解决，则应为所有高风险项目制定替代解决方案计划；这些风险项目将对产品按期上市产生重大影响，这些风险因素如果未能解决，将很可能在产品全面投产后反过来成为可靠性问题再次出现。

一旦风险因素被团队认为是必要的，风险控制计划就应该就位，在计划中确定何时可以降低风险；最终，风险控制计划确定将用于判定风险因素被成功控制的指标，而定义成功控制风险的指标的环节经常容易被忽略。

有太多的项目花费了大量的时间和资源来解决问题，他们为解决风险问题所开展的工作通常都非常出色，但并未专注在控制风险所需的内容上；换句话说，他们开展了许多试验和分析，但是由于没有专注于风险问题的说明和成功的指标，因此无法解决问题。通过明确定义成功控制风险的标准是什么，才可以更轻松地解决问题。

确保在设计阶段能尽早识别所有风险项目的一种方法就是召开跨职能的风险评估会议，以审查设计概念并确定风险项目。评估风险的流程从设计概念阶段的早期开始，首先举行启动会议来讨论设计概念并寻求跨职能团队的反馈，此后，每个职能部门都有责任开始记录和跟踪风险项目；在设计概念阶段，跨职能团队应定期见面讨论风险项目的状态，发现新问题并讨论替代解决方案。

19.5　计划可靠性活动和资金预算

可靠性方面经常被忽略的项目是前期制定可靠性工作计划。计划是至关重要的，通过将可靠性活动安排在项目研制流程中，一些常见的争议类问题就可以避免。例如，"这些可靠性活动将推迟我们进入市场的窗口"、"我无法提供你所需的资源，因为每个人都正在处理流程上的关键项目"、"要修复系统方案上的问题为时已晚，如果在项目的早期完成这些工作的话就好了"，等等。这些项目必须列入项目研制流程中，将其列入计划表可以确保在产品开发周期的适当阶段开展这些工作，否则，在产品投入生产后，从高加速寿命试验（HALT）和故障模式和影响分析（FMEA）中识别出的任何问题都极有可能不会闭环。

将可靠性项目列入研制流程中也可以落实管理层对这些工作的承诺，以及这些可靠性工作对项目的重要性，"参与"项也是必做项目而非可选项。典型的FMEA可能需要半周到一周才能完成，这还不包括闭环发现问题所需的时间，为该工作项目安排一周的时间通常就足够了；复杂的系统应分解为较小的部分，以便可以在一周内完成。再次强调，这是一项并行活动，需要其他职能部门都将此活动安排到其项目计划流程中。

即使有外部供应商要开展FMEA，也应对其进行计划并安排时间表，由外部供应商购买的子系统和定制设计的零件也需要开展FMEA。FMEA应该是供应商和客户之间的共同努力，如果外部供应商不熟悉FMEA，则必须分配更多时间进行培训，应该在三个主要工作项目（功能框图、故障树和FMEA表格）中的每一项开始时或开始前完成培训。如果供应商相距很远，那么所有参与者都在一起共同开展 FMEA 是不现实的,我们使用 Microsoft NetMeeting® 配合其他不同的工具开展 FMEA,并已经取得了巨大的成功,运用此方法可能需要解决计算机防火墙方面的问题,但是可以非常有效地远程开展 FMEA 工作。

另一项必须纳入计划的重要工作是 HALT,每个组件的 HALT 活动需要安排一周到两周的时间;通常要开展第二次 HALT,以验证设计改进并确保新设计没有引入新的故障模式。对 HALT 安排计划是至关重要的,因为在开展 HALT 之前有许多工作会开展,HALT 需要做大量的前期准备工作。在开展 HALT 之前,需要做以下工作:

(1) HALT 计划;
(2) 应力等级边界;
(3) 机械夹具;
(4) 输入/输出电缆;
(5) 仪器仪表;
(6) 测试软件准备就绪;
(7) 测试设备搭建与调试;
(8) 确定 HALT 小组(HALT 期间小组必须在现场,以便根据试验的进展实施最佳策略)。

这些工作通常在开展实际的 HALT 之前几个月进行,提前足够的时间来规划这些活动可以确保试验时前期准备工作已就绪,完善的计划保证了 HALT 的顺利启动以及由于疏忽造成的时间浪费等。HALT 计划在第 15 章中进行了详细的介绍。

最后,后续会有与可靠性项目相关的资金支出,应将这些支出预算纳入项目开发成本中,这些支出中的大部分是用于 HALT 的。HALT 通常需要 4 个试验件,其中 3 个进行破坏性试验,第 4 个是用于发现并修复故障的"黄金"单元,之后可以退回用于其他用途或出售。根据产品的不同,前 3 个试验件的材料成本也可能会很高,另外,还可能有与 HALT 相关的其他费用,即固定、布线、试验硬件/设备、耗电和使试验腔室正常运行的液氮。如果 HALT 是由外部测试服务机构开展的,则也需要对此进行预算;HALT 可能会发现需要进一步进行故障分析的不良零件,因此,明智的做法是计划和预算一些外部故障分析工作和可能的加速寿命试验。

通过对可靠性工作项目进行全面规划,可将后续识别出的薄弱环节的风险降到最低。计划阶段将列出所有需要开展的工作项目、项目估计的持续时间和工作时机,它对项目的影响以及满足市场窗口的能力就不会出现意外。开展这些工作所需的资源将在早期预算到项目中,以便在需要时可以使用这些资金,如果存在资金方面的限制,则应该尽早进行调整,以免影响关键环节。

19.6　决定风险控制签署日期

在设计概念阶段完成时,整个团队都了解了项目的风险因素,并且应该跨职能部门开展风险控制工作,大部分的项目风险因素都应在概念阶段完成时识别出来。

将会形成新的协同效应,团队将更加有效地消除共同的项目风险,团队将更好地理解和重视在设计概念阶段做出的决定将会如何影响产品的可靠性、成本和上市时间。

请记住,在设计概念即将结束时要召开计划好的风险评估会议来审查所有重大风险因素,风险评估会议应在设计概念阶段结束之前举行。风险评估会议是项目转阶段的审核节点(门),在这个节点(门)做出是否允许产品开发进入下一阶段的决定(图19-7)。如果没有对风险进行适当的管理,则项目的成功可能会受到威胁,在产品概念阶段结束时,一般仅花费了总项目开发成本的一小部分,项目过了这一节点就需要大量的资金投入和资源。风险管理是确定项目是否准备好继续深入开展的有效工具(图19-8)。

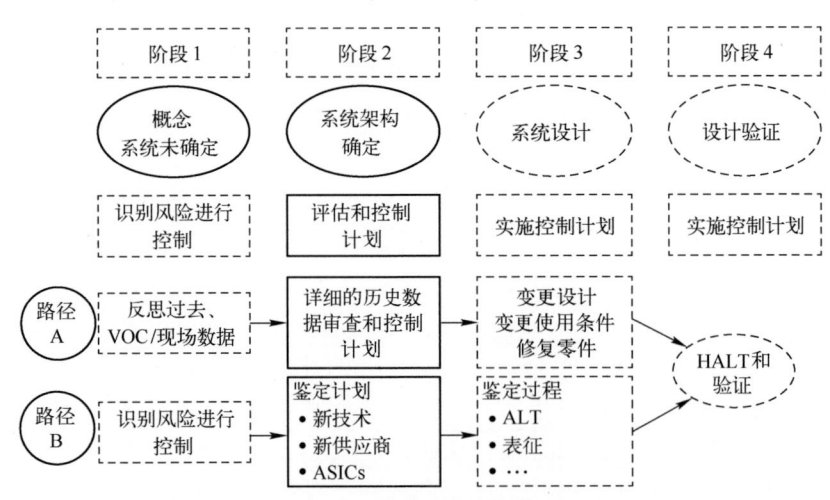

图 19-7　可靠性风险控制流程

风险评估会议的结构与产品概念阶段的结构相同,所有相关人员必须出席此会议。在会议之前,为所有参会者准备好一份风险控制问题包,该问题包要涵盖将在会议上介绍的所有材料;风险评估会议要审查所有的重大风险因素,以确定是否能在给第一批客户发货之前将其闭环掉。风险评估会议的规划安排要在设计概念阶段将要结束时进行。

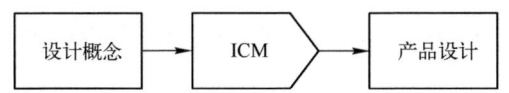

图19-8　ICM是决定项目是否应该继续进行的有效节点

19.7　反思是行之有效的方法

在概念阶段结束和设计阶段开始之前的最后一项活动是反思，在反思步骤中，你要对概念阶段进行回顾，以了解哪些有效，哪些无效，尽早汲取所学到的经验教训，以至于不会将其遗忘，并且希望能对其进行重复应用；记录之前的发现和建议，以便可以将其应用到将来的项目中，反思能给予可靠性流程以持续的改进。

第 20 章 产品设计阶段

20.1 产品设计阶段

既然已经完整地定义了产品的概念、要求和架构,那么就可以开始产品设计了。在产品设计阶段,要开发生产可用原型机所需的一切,在此阶段结束时,将会形成完整的产品数据包,数据包会包含原理图、工作原理、外形图、物料清单(BOM)、软件、装配图和机械图,还将形成一个原型机,该原型机适用于产品开发下一阶段要进行的设计验证。在此阶段结束时所做出的决策将会决定产品的成本、设计、制造、测试和服务复杂性,还将决定之后批量生产的难度;除非对产品进行完全的重新设计,否则该阶段将确定 80%~90% 的产品成本。此后的成本控制措施通常仅限于降低材料的成本,因为进行重新设计并不划算。

强调产品的成本是因为成本与可靠性密切相关。控制成本有两种方式:首先,使用具有更高可靠性的部件和增加冗余会增加与材料相关的成本,应该根据可靠性指标及市场需求来评估可靠性相关的额外成本;此外,一次完成正确的设计也能实现一部分成本的缩减,通常在产品发布初期,会对产品进行大量的设计更改(请参阅第 1 章),在产品开发结束时进行设计更改会增加产品的生产成本,并且在需要大量返工和改型时会降低产品的可靠性。

设计阶段包括产品设计阶段和设计验证阶段(图 20-1)。大部分的工程设计活动发生在设计阶段,到此节点,产品开发团队的规模仍旧相对较小,而在设计产品、生产原型机以及创建数据包等方面的工作量已大大增加。可制造性好、设计优秀且可靠的产品能够带来额外的收益,即可以确保设计团队安心地开展下一个项目的研发。如果设计存在问题,则需要设计师提供技术支持来解决问题,重新召回关键设计资源来解决之前的问题会对未来产品的资源保障产生负面影响;有的企业会通过成立一个可持续的工程小组来解决这类问题,重点是解决产品发布并开始制造后出现的设计问题。

但是可持续工程小组通常由经验不足的设计师和工程师组成,他们的任务是修复他们未曾参与的设计,这可能会存在问题;如果可持续工程小组将他们发现的问题反馈给设计团队,设计团队完成改进并采取措施防止类似问题再次发生,这项工作会更有意义。

第20章 产品设计阶段

图20-1 产品寿命周期的第一阶段

开发更可靠的产品一般会产生相应的成本,而节省下来的保修成本往往可以证明这些早期投入是合理的;解决设计问题所需的资金支出、工程资源和时间会很多,再加上可持续工程活动成本的话,这张完整的图表将更直观地显示不可靠产品的实际成本是多少。

最后,设计阶段是可以主动改进产品设计的最后机会,一旦产品进入设计验证阶段,设计变更对成本和进度的影响会更大。产品验证中发现的问题修复起来成本会更高,并且可能影响产品的发布。因此,产品设计阶段需要给予重点关注,以确保产品的设计是可靠的。

在产品设计阶段要进行8项可靠性活动,如表20-1所列。

表20-1 产品设计阶段的可靠性活动

参加者	产品设计阶段	
	可靠性活动	可交付成果
• 可靠性	1. 为所有较低级别的组件开展可靠性预计,识别薄弱环节、早期耗损项目;	1. 可靠性预计电子表格以及按部件和按子组件的最高失效率项目排列的Pareto图,用于维修和保养策略的Pareto早期耗损项目;
• 营销	2. 制定风险控制计划;	2. 风险评估会议及允许转阶段的结论;
• 设计工程(电气、机械、软件、热学等)	3. 应用可靠性设计指南(DFM、DFR、DFT、DFS);	3. 核对清单或审查遵循了设计指南,并且更改是可接受的;
• 制造工程师	4. 开展设计FMEA;	4. 完成FMEA电子表格(表7-1),完成FMEA待办事项闭环;
• 测试工程师	5. 规划FRACAS;	5. 有规划的FRACAS数据库和用户输入界面;
• 现场服务/客户支持	6. 制定HALT计划;	6. HALT的详细计划和时间表;
• 采购/供应管理	7. 更新经验教训;	7. 更新了经验教训数据库,与设计团队沟通新问题,按需修订风险控制计划;
• 安全与法规	8. 审查每个风险问题状态并就降低计划达成一致,召开风险评估会议	8. 风险评估会议及允许转阶段的结论

注:DFM—面向制造的设计;DFR—面向可靠性的设计;DFT—面向可测试性的设计;DFS—面向服务(和维护性)的设计;FMEA—故障模式和影响分析;FRACAS—故障报告、分析和纠正措施系统;HALT—高加速寿命试验

20.2 可靠性预计

随着项目从概念到设计的进行,需要确定生产产品所需的材料,确定了 BOM,就可以开展可靠性预计,要对每个组成系统的电路板和子系统进行可靠性预计。可靠性预计要考虑 BOM 中的每一个项目,并给出每个项目匹配的失效率数据,该失效率通常用 Fit(每 10 亿小时的故障数)表示;BOM 中每个项目的 Fit 数相加可以计算出总 Fit 数,所有单个 Fit 的总和就是该电路板或子系统的可靠性预计结果。可靠性工程通常负责确定系统、子系统和电路板的可靠性预计,当涉及冗余或部件的失效率不恒定时,可靠性预计会更复杂;处理这个问题的数学计算很复杂,超出了本书的范围,希望更好地了解该主题的读者请参阅本章末尾的参考书目部分。

可靠性预计可以深入了解产品可能最不可靠的环节,可靠性预计结果还可以找出哪些 BOM 项目是降低可靠性预计值的主要因素。项目没有足够的资源(资金和人员)来对所有部件开展全部的可靠性及寿命试验,通过了解可靠性问题可能存在的环节,可以将重要资源集中在产品预期最不可靠的地方。可靠性预计是一种技术,该技术能够确保在产品预计最不可靠的地方集中开展大量的可靠性工作。

从对可靠性的最高(负面)影响到对可靠性的最低(最小)影响进行可靠性预计时,它提供了重点开展可靠性改进工作的部件的 Pareto 清单,Pareto 识别出对可靠性影响最大的部件,在这些情况下,可以通过预计替代部件或设计更改(包括诸如冗余之类的策略)来评估可靠性的改进。可靠性预计还可以帮助确定为更可靠的部件花更多的钱的必要性。

关于进行可靠性预计的必要性及其提供的价值存在重大分歧。首先,可靠性预计可能会与产品最终实现的可靠性有显著的差异,且导致这种不确定性的因素有很多,包括部件或设备制造商、使用条件、应用的降额等级以及供应商提供的可靠性数据的准确性的变化;反之,可靠性预计会与实际观察到的可靠性有很大差别,如果具有了解决这种不确定性的能力,就能实现更接近实际的可靠性预计。

可靠性预计需要花费大量的时间和资源来进行计算,所以确定是否能从可靠性预计中获得相应的价值是很重要的,出于合同原因或由于客户的期望而进行可靠性预计可能是必要的;然而,如果该活动没有实现可靠性的提高,则应该中止该活动或确定其未提供价值的原因。

20.3 实施风险控制计划

风险问题应该首先在概念阶段被识别出来,并制定出控制风险的顶层计划。在产品设计阶段继续开展风险控制流程,在此阶段,在实施过程中制定风险控制的详细计划;在设计阶段结束时,要开发出用于构建和测试工作原型的所有细节;随着系统设计架构、BOM、原理图和机械图的开发,再识别出其他风险问题,并将其添加到风险控制计划中;在设计阶段结束时,应识别出所有的风险问题,并制定出控制计划,这要在设计验证阶段结束之前进行。

20.3.1 汲取以往经验

通过回顾过去和预期未来设计,使用180°方法识别需采取风险控制策略的设计隐患;对于以往出现过的风险和新设计中增加的风险的控制策略和计划是不同的,降低以往出现过风险的策略通常分为4类,包括:

(1) 设计消除;
(2) 更改使用条件;
(3) 修复零件;
(4) 优化流程。

20.3.1.1 设计消除或使用替代部分/供应商

产品中具有不可靠历史的零件通常是能够通过设计消除的,通过设计制定特定不可靠零部件的替代设计解决方案,该方法可能会一次性消除所有不可靠的部件,甚至某些部件在产品中都没有存在的必要。设计经常会被继承和修改以用于下一代设计或其衍生产品,继承性设计避免了所有产品重新设计,降低了研发成本。然而,时间久了以后,某些电路可能不再必需了,因为某些功能已经没有需求了。原设计师可能会持续改进设计,而新设计师为方便起见可能只是复制使用,设计评审以及故障模式和影响分析(FMEA)能够识别设计的部件何时不再使用或不再需要了。继承性设计的另一个潜在风险是部件过时,在设计中使用即将淘汰的零部件可能会导致产品开发中非预期的延迟;另一方面,继承老的设计要使用其组织的知识产权,不过只要设计是可靠的,这也是非常值得的。

以三相电机冷却泵的设计为例。当泵的电机接线错误时,它可能还能运行一两天,但很快电机绕组就会烧毁,冷却系统也将失效。更换电机的成本很高,而且会浪费生产时间。多年来,已经集成了一种特殊的继电器来避免这种接线错误的可能性,它的连接方式使得电机仅在连接正确时才能运行。该继电器帮助建立了新系统,并且使其能够正常运行而不会发生线路故障。该继电器仅在首次激活系统时才需要,一旦确定电机正常运行了,继电器的工作就完成了。该解决方案已经使用了很多年,并且是公认的安全项目。

但是这种继电器失效率在可靠性帕累托图上比例很高,其触点和磁性绕组都很容易出现故障;因为绕组连接正常才能给继电器通电,所以如果继电器的绕组发生故障,则系统将无法工作,因此,继电器的绕组故障可能会导致不必要的停机。

目前使用的新型三相电机驱动器是将电源直接连接到驱动电子设备上,驱动电子设备与三相电的连接方式无关,因为内部的二极管可针对所有接线情况正确地导通电流,这样就不会再把电机连线接错。尽管如此,由于继承性设计的知识产权原因,在很长时间内依然坚持使用安全继电器的方案。现在,在采用了风险控制流程之后,更换了包含电机驱动电子设备的新设计而不再使用安全继电器方案了。

随着时间的推移,久经考验的设计方案仍在使用,而没有对其持续的需求进行全面的分析;有时,就像安全继电器的情况一样,旧的解决方案降低了整个系统的可靠性。

设计时消除风险方法可行的另一个原因是现在可能有更好的方法来实现与过去相同的功能,甚至可能需要更少的零件;随着电子产品变得越来越小,集成度越来越高,寻求性能更好、可靠性更高的元器件替代以往问题元器件成为可能。

20.3.1.2 更改使用条件

在某些情况下,使用中的部件具有可靠的历史记录,但在特定设计中却存在问题,其原因通常与使用条件有关。这种情况的一个例子就是半导体放大器,制造商将其指定为高度可靠的,该放大器已用于其他设计,没有任何问题;但是,在此特定应用程序中,它们的失效率很高,此问题与放大器工作在其额定温度以上有关。在此案例中,该零件的额定工作温度为85℃,但实际工作温度超出此上限45℃。过高的工作温度导致设备过早地出现故障,通过改善制冷设计或使用更多的放大级使其在较低功率下运行等策略,可以降低元器件使用温度;此类问题解决之后,应将其添加到设计复查清单或纳入可靠性设计指南中,以避免在其他设计中重复出现。

产品的很大一部分可靠性问题是与设计相关的,通常可以通过降低使用应力条件来消除故障,或将其发生频率降低到可接受的水平。确定最合适的使用条件需要了解故障的根本原因,有时可能是因为环境或使用方式加速了故障的发生,但却认为故障是由不良部件引起的。查找故障的根本原因是一项耗时的工作,通常需要借助外部机构来进行测试和分析。如果不能找到故障的根本原因,那么不正确的分析就不可能从根本上解决问题。

20.3.1.3 修复零件

有些问题只需要进行修复。一个好的设计概念如果实施过程控制不当就需要被修复,这种类型的可靠性问题最好通过更智能的设计来修复;设计修复可以是机械的、电气的或两者兼而有之的,通常需要设计建模和之后的测试来证明设计修复的正确性;修复通常很容易在设计阶段实现,关键在于风险控制流程能够识别出问题,以便可以给其分配资源进行重新设计。

这方面的一个例子是发现了某个零件是不可靠的,但又没有更好的替代选择,这在进行前沿性技术工作时是很常见的。再次强调,找到问题的根本原因是至关重要的,这通常需要与部件制造商一起确定是设计问题还是流程问题;一旦确定了根本原因,供应商通常会与你合作更换零件;你遇到的部件问题,有可能别人也会遇到,但也有可能你是业界内唯一遇到的人,这种情况比较罕见。

20.3.1.4 优化流程

当某项设计是合理的,但其制造或试验流程不合适时,通常需要对流程进行优化,此时表现出的故障可能是由装配、返工或试验流程导致的。在部件的铅制备中有一个此类的案例,铅的制备过程中可能会由于静电放电(ESD)激发出加工过程的残留物、铅中的划痕或部件上的应力裂纹等潜在缺陷,最终损伤部件;铅制备还对湿度敏感,制备过程中没有施加适当的防护措施也会导致部件损伤。

试验流程也可能存在问题,比如:试验过程中的抗 ESD 能力退化、操作中的铅损伤以及过度的湿气暴露。

20.3.2 识别与控制新增风险因素

展望未来,识别风险因素以解决新的和未知的设计问题,展望未来的风险控制活动应该回答有关对产品质量、可靠性和性能会有什么影响的问题。风险因素可能是针对新技术、新工艺、新材料、新封装、新供应商、新部件、新印制电路板(PCB)、新专用集成电路(ASIC)、新混合电路、新设计、新制造或试验流程的,如图20-2所示。控制策略可以解决一些问题和疑虑,这些问题和疑虑如果没有解决,则会对项目造成重大影响,一旦知道了这些问题的答案,就可以在设计中做出可接受性或适合性的决定。

获得这些问题的答案需要开展试验,回答不同问题的试验应该有所不同。我们考虑如图20-3所示的两种类型,这些试验解决了与可靠性和性能相关的问题,第一种类型的试验(性能试验)模拟各种使用运行条件,因此可以找出设备特性、裕度和识别使用条件的极限;这种类型的试验可能既耗时又乏味,许多人

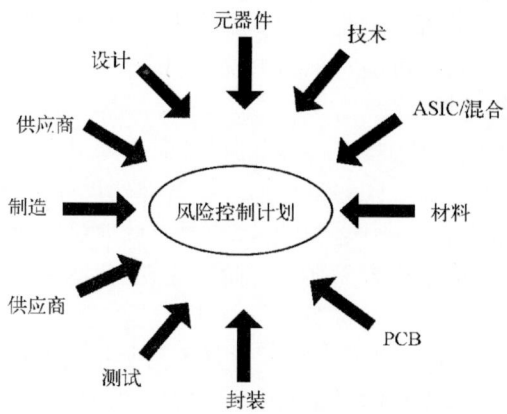

图 20-2　展望未来以识别风险问题

选择不进行设备表征,那些没有这样做的人几乎肯定会在设计出现故障之后感到后悔,因为这种类型的试验本来是可以识别出这种故障风险的。这种试验的目的是了解设备在各种输入、载荷和使用条件下的行为,确定关键的工作参数,并了解环境可能会如何降低设计裕度。掌握了这一点将有助于防止在产品的设计无法满足实际运行的环境条件,这对设计人员来说是至关重要的信息,但该信息息只能通过试验得到。

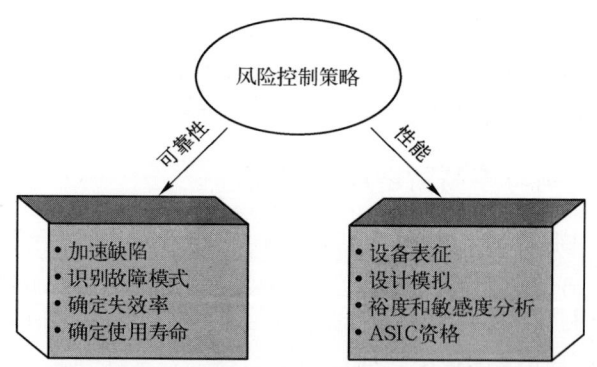

图 20-3　可靠性和性能的风险控制策略

另一种试验(可靠性试验)要求通过环境应力来激发缺陷,施加环境应力来激发故障,确定故障模式或估计使用寿命。但是,没有一项单一的试验可以回答所有的问题,取代方案是基于对预期故障以及故障原因的理解来制定试验计划;即不存在通用的试验方案,需要开发出能够回答这些问题的加速试验策略。这种类型的试验应该都是既昂贵又耗时,如果没有能力确定哪种试验是最有效的,那么建议咨询外部的顾问,另外环境试验设备也是关于哪些试验合适的很好的知识来源。

通常,产品的使用寿命比设计验证阶段中进行的试验时间要长得多,如对产品进行 5 年的试验以验证产品是否符合规定的使用寿命是不切实际的。要了解产品或部件的性能(随时间变化),需要进行加速试验。加速试验可以回答以下可靠性风险问题:

(1) 会发生什么故障?
(2) 什么时候会故障?
(3) 故障模式有哪些?
(4) 什么时候会耗损?
(5) 故障模式可以通过应力加速吗?

了解产品在更大应力的环境中何时发生故障以及故障的根本原因有助于回答这些问题,一旦获取了这些知识就可以进行改进,以消除故障模式,减少故障发生的频率或延长故障发生所需的时间。通过环境应力试验加速的许多类型的故障模式可以外推到较低应力,基于加速寿命试验来确定使用寿命的数学计算工作最好交给可靠性工程师。结果仅与该特定的故障模式有关,大多数产品都具有多种故障模式,因此,需要若干不同的加速寿命试验,以更好地理解特定部件、设备或设计的可能故障模式。获取这些知识所需要的试验称为加速寿命试验。

20.3.2.1 加速寿命试验

为了缩短使设备失效所需的时间,加速寿命试验使设备暴露在比正常范围更高的环境应力下,这类应力试验通过快速激发故障来缩短试验时间,这些故障是在过度的应力水平下累积的结果。例如,将回形针弯曲成 90°,然后向后弯曲会增加回形针所承受的应力,如果重复此过程,就加速了回形针的退化过程。

开展加速寿命试验是为了验证产品寿命,对一个设计使用寿命为 10 年的产品进行 10 年的验证试验是不切实际的,通过加速寿命试验缩短发生故障所需的时间,加速寿命试验的结果可以被用于验证产品或设备的使用寿命。

加速寿命试验背后的数学原理是很复杂的,最好由可靠性工程师来完成,但其试验过程是很容易概念化的。通过数学计算或根据经验,针对进行的加速寿命试验和预期使用环境确定加速因子(加速率),应用加速因子就可以确定其使用寿命。

混合流动气体试验可用于确定设备在现场是否会发生腐蚀,这是根据经验进行的加速寿命试验的一个案例。在该试验中,产品在受控环境中暴露于混合流动的气体中,这些气体会加速腐蚀,气体混合物和其浓度水平的不同组合取决于需要模拟的环境;根据经验测试确定,在混合流动气体中暴露 2 天与在使用环境中使用1年有一定的对应关系。了解了产品的设计寿命,就可以对设备中将发生的腐蚀进行加速。

假设需要一个新的连接器,该连接器的触点比以前的要多,此外,该连接器要使用比之前尺寸更小的焊锡球连接到板上。该新连接器可能存在的风险因素是:由于焊点失效导致其可能无法满足使用寿命的要求,加速寿命试验(在这种情况下为温度循环)可以给出这个问题的答案。为了降低这种风险问题,使用标准制造工艺将连接器焊接到板上制备试验件,然后将板放置在高低温试验箱中进行温度循环(即0~100℃)以加速焊点失效,通过测量焊点处的电阻,我们可以确定需要多少个温度循环会失效;然后在不同的极端温度(即0~130℃)下重复试验以确定失效时的循环数;完成两组试验后,可以计算出加速因子,然后,使用加速因子确定连接器在使用寿命期内是否会出现焊点失效。

以上两个示例说明了如何使用加速试验来评估产品性能随时间的变化情况。加速寿命试验有许多不同类型,还可以对特定的试验施加许多不同的应力水平,这种类型的试验很耗时且昂贵。但是,如果设计的连接器的使用寿命为7年,而连接器实际使用寿命只有3年,那么成本可能会非常高。如果产品的实际寿命不满足设计要求,只有在以下两种极端情况下才可能避免财务损失:①所有使用该连接器的设备能在连接器寿命终结前因其他原因而失效;②该连接器的故障在产品寿命期内不会被发现。否则,连接器验证不充分必将导致严重的财务损失。如果连接器的失效涉及安全性问题,那么召回的成本将更高。

有多种不同类型的加速寿命试验,具体取决于希望激发或评估的故障,表20-2给出了加速寿命试验中常用的应力。

表20-2 常用的加速寿命试验应力

序 号	典型的HALT应力
1	温度
2	振动
3	机械冲击
4	湿度
5	压力
6	电压
7	通电循环

这些应力可以单独应用,也可以组合使用,具体取决于希望激发的故障类型。该类试验的关键是使应力水平保持在材料的物理特性发生改变的阈值之下,如果引发此故障的应力远高于被测材料的物理极限,则最终的故障将不能代

表客户使用过程中可能发生的实际情况。换句话说,如果温度应力使部件的塑料外壳熔化了,那么就没有加快激发其失效,而是已经确定并超出了部件的物理极限,这样的结果对于确定部件的使用寿命无用,而仅仅是确定了其使用极限上限。

工业中使用了许多不同标准的加速试验应力(表20-2给出了常见的HALT应力类型),不同的试验应力类型及量级可能会有很大的不同,表20-3中描述了一些常见的加速应力试验类型。

表20-3 常见加速应力试验

加速应力试验	试验条件
高温寿命试验(HTOL) 高加速应力试验(HAST) 高压釜	温度根据测试中的设备而变化 130℃,85% RH,100h 121℃,100% RH 103kPa 96~500h
温湿度拉偏(THB)	通常:85℃,85% RH 500~2000h
温度循环	范围: 500~1000循环,通常-65~0℃低温 100~150℃高温
高温浸泡	范围: 200℃,48h 150~1000℃ 125~2000℃ 175~2000℃
使用寿命	125~150℃ 1000~2000h
热冲击	500~1000循环,通常-65~125℃ 在每个温度下停留15min
随机振动	视用户环境和产品而定

(1)高温寿命试验(HTOL),这可以是一项常规试验也可以是拉偏试验,其中设备要在高温下保持运行很长一段时间。该试验的主要目的是加速化学反应导致的故障,此类故障的例子有互扩散、氧化和Kirkendall空穴。润滑剂的变干也可以通过高温应力加速激发,加速因子可以通过Arrhenius方程计算,该试验的结果可用于确定在较低温度(即65℃)下的使用寿命。

(2)高加速应力试验(HAST),这是一种拉偏试验,其中设备在受控的湿度水平下保持在高温状态很长时间。该试验的温度应力应高于水的沸点100℃,且在加压环境中进行,试验环境压力可以升高到1atm以上。该试验的主要目的是加速激发与温度和湿度相关的故障,湿度会导致材料退化、金属腐蚀、引线焊接性能下降、引线键合失效、键合焊盘分层、金属间化合物的生长以及塑料封装部件的爆裂(包装中吸收的水分在组装回流期间迅速沸腾并使外壳开裂)。

(3) 高压釜,该试验通常称为高压蒸煮试验。设备被放置在一个压力腔室中,压力腔室底部储存着水,该设备悬浮在饱和蒸汽中的同时保持在高温121℃,并加压至10^3kPa,通过将设备悬挂在腔室中水面上方至少1cm的高度来获得浓蒸汽。该试验极大地加速了水分渗透和电化学腐蚀。

(4) 温湿度拉偏(THB),这可以是一项常规试验也可以是拉偏试验,其中设备在受控的湿度水平下长时间保持在高温状态;该试验不在加压环境中进行,温度保持在85℃,湿度水平保持在85%的相对湿度,该试验的主要目的是加速激发与温度和湿度有关的故障。湿度会导致材料退化、引线焊接性能下降以及塑料封装的部件爆裂(吸收在包装中的水分在组装后的回流过程中会迅速沸腾并使部件本体开裂)。加速因子可以使用 Peck 模型来描述,该试验的结果可用于确定在较低温度和湿度(即65℃和45%的相对湿度)下的使用寿命。

(5) 温度循环,这种试验过程中设备可以是通电或不通电状态,将设备循环至低温极限并通常停留至少10~15min,然后再转变为高温并再次停留至少10~15min,不断重复高温极限和低温极限之间的温度转换。该试验的目的是加速热膨胀和收缩的影响以评估疲劳程度,这是评估焊点和互连可靠性的常用试验。加速因子通过 Coffin-Manson 方程建模,该试验的结果可用于确定使用寿命,实际使用中设备的温度环境较好且高低温交变发生的频率较低(例如,运行时为65℃,关闭设备时为25℃)。

(6) 高温浸泡,这是一项非运行试验,用于加速与温度相关的缺陷,该试验的主要目的是加速激发与温度和湿度有关的故障。

(7) 热冲击,该试验与热循环类似,只是温度设定点之间的过渡时间非常短,即温度变化速率更快。通过双温度腔室可实现较短的转换时间,该温度腔室可使产品在两个腔室之间穿梭,热冲击会加速密封件和封装材料的开裂和龟裂以及密封包装的泄漏。

20.3.2.2 跟踪风险控制情况

跟踪解决风险问题所取得的进展非常重要。在设计阶段结束时,应能解决大部分的风险问题,更重要的是,风险最高的问题应该已闭环或接近闭环。跟踪控制风险问题进展的一种方法是风险控制增长曲线,如图20-4所示。风险控制曲线说明了控制风险方面取得的进展,曲线的斜率表示识别新问题的速率,当没有新的风险出现时,曲线将趋于平坦。

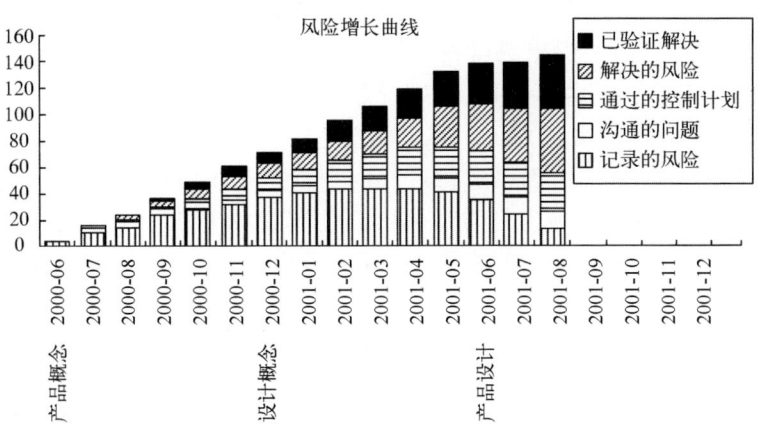

图 20-4　风险增长曲线说明了风险问题识别和控制的速率

并非所有风险都具有相同的严重性,风险分为高、中和低 3 个类别,每个风险类别分别进行绘制,因此可以单独地对关键的风险问题进行跟踪以实现闭环;高风险问题是最重要的,应设置最高的优先级,如果高风险项没有得到解决就进入下一个开发阶段,可能导致项目以失败告终。

在增长曲线中也绘制了针对中、低风险问题的进展情况。风险的增长曲线说明了控制风险问题所取得的进展。

到设计阶段结束时,已经花费了很大一部分的项目开发资源,完成产品开发所需的资金和人力资源非常重要;到设计阶段结束时,大多数的风险问题都应该已经解决了,控制风险增长曲线表明了该计划在控制风险方面所取得的进展和工作的状态。

20.4　可靠性设计指南

产品开发周期不断被压缩,缩短开发周期会进一步增加设计团队开发可靠产品的压力;更糟的是,如今的产品设计得更小、更轻、更快,也更便宜,这些因素中的每一个都会影响产品的可靠性。如果开发周期太短,则可能没有足够的时间来控制可靠性风险,并在交付客户之前对新技术、材料、供应商和设计进行鉴定。在设计人员难以及时开发产品以适应供不应求的市场需求时,他们是不太可能花时间去解决可靠性问题的。可以通过可靠性设计指南来部分解决此问题,该指南可以快速帮助设计人员提供有关可靠性设计问题的指导,可靠性设计指南是可靠性工具箱中能主动提高产品可靠性的少数工具之一，在构建和测试第一台原型机之前，没有多少工具可以提高设计的可靠性。

可靠性工程师可以为设计师提供有关改进 DFR 方法的建议，他们可以识别历史上不可靠的部件，提出更可靠的替代设计策略，并评估降额和冗余的影响。但是，除非有庞大的可靠性团队，否则可靠性工程不太可能成为每个设计决策的一部分。每天做设计决策的设计师比审查这些决策的可靠性工程师要多得多，实际上，对 DFR 的每个方面都进行可靠性审查是不现实的，可靠性不应该通过监督检查的形式实现。制定针对过去可靠性问题的 DFR 指南并提供有关这些指南的培训，以及对指南的实时更新会更加有效，应当定期进行培训，以确保设计师了解 DFR 指南并讨论他们的设计可能与指南冲突的情况；设计师了解如何应用 DFR 指南是至关重要的，因为他们要负责设计决策；可靠性工程师为设计团队提供支持，解释指南的背景以及如何应用指南。无法遵循设计准则时，设计师将与可靠性工程师进行讨论以寻找解决方案。

回顾过去产品的可靠性设计是设计者的责任，而不是可靠性工程师的责任。设计人员最终负责产品设计，包括其可靠性、可制造性和测试性，设计人员通常不知道如何提高设计可靠性，有了 DFR 指南，设计人员就可以在产品试验之前做出正确的决策；可靠性工程师负责制定这些指南并提供相关指导，当无法满足可靠性要求时，可靠性工程师还负责与设计人员合作。

设计指南用黑色和白色定义，不幸的是，并非每个应用方面都是黑色和白色的，在解释说明中会出现灰色区域，这些灰色阴影表示潜在的风险区域，有时需要通过试验或征询专家的意见才能解决。解决了灰色区域后，应该修订 DFR 指南以体现这些更改。指南可能不会涵盖设计的各个方面，尤其是那些与尖端技术相关的方面，在风险控制计划中可以更好地识别这些问题，并将其结果纳入设计指南中；需要不断地对指南进行修订，以反映现有产品中出现的当前技术和新的可靠性问题。

使用可靠性设计指南时，需要综合评估考虑产品失效率、维修成本、安全性、外观、利润和上市时间等的平衡，用于提高可靠性的设计决策可能对产品成本、可制造性和设计复杂性产生负面的影响。最好避免出现过度设计或设计一种没人愿意购买的产品，这需要对可靠性要求、设计平衡、成本、保修成本和消费者影响等方面进行市场调研。出售不可靠产品的影响可能很多年都不为人所知，但是消费者的负面评价会迅速传播，且可以预期到市场份额会随之下降，不可靠产品的成本还体现在产品寿命周期后期出现的返工、报废材料和昂贵的召回中。

由于客户不满意而导致的业务损失还会有一个额外的成本。如今的消费者对产品可靠性的了解更多，随着互联网的出现，不满意的客户可能通过流行网站上的聊天室和客户产品论坛发表评论,对未来的销售会产生更大的影响,这可能是最大的威胁。如今的消费者都精通计算机,可以轻松地研究产品的可靠性历史记录,而不幸的是这些网页上的大多数产品评论,都是来自不满意客户。为了生存,开发和生产的产品必须是可靠的,实现这一目标并满足苛刻的上市时间的最佳方法,是将 DFR 指南纳入并行的工程工作中。

如今,大多数公司都将 DFM 和 DFT 指南作为产品开发流程的一部分。DFM 和 DFT 的好处是众所周知的,设计团队理解了 DFM 和 DFT 是如何减少产品开发周期,以及减少产品发布时的工程更改次数的;设计阶段采用 DFM 和 DFT 指南,这些 DFM 和 DFT 指南是根据长期的经验教训制定的,通常还要加入一个以往错误案例清单,这些经验教训采用一系列的指南进行传达,并成为最终设计审查和签署所需清单的一部分,以证实不会再重复过去的错误。

DFM 和 DFT 中使用的技术和流程也适用于可靠性设计指南,这样就有了应用于设计指南的流程。对于大多数企业而言,问题在于它们没有可靠性设计指南,也不知道如何创建可靠性设计指南;当谈到可靠性设计指南时,我们似乎又回到了石器时代,在那个时代可靠性设计被抛给了制造,然后成为质量和制造团队或可持续工程小组的责任。

那么如何建立 DFR 指南?DFR 指南格式与 DFM 和 DFT 指南所使用的格式相同,实际上,你可能会发现 DFM 和 DFT 指南中也涵盖了可靠性问题,只要指南之间不冲突就是可以的。如果对指南的归属存在争议,请参考之前每章的基本定义。DFM 指南重点关注影响制造性、成本、质量、产品升级和返工的问题;DFT 指南主要介绍测试性、测试访问、维修和试验条件下的设备(DUT)安全操作;DFR 指南关注随着时间推移的产品质量,也就是可靠性,如果没有 DFR 指南,一些可靠性的问题则可能是包含在 DFM 和 DFT 设计指南中。

制定 DFR 指南可能需要花费多年的时间,但是设计人员长时间等待 DFR 指南的发布是不合适的;DFR 指南必须考虑不同的用户,该指南可以由一个小组制定,但要满足所有设计小组的需求,该指南应该是由共识驱动的。如果没有指南,请从创建需要指南的可靠性问题的帕累托图开始,这通常是从现场故障数据、客户投诉和制造升级/测试问题中得出的;帕累托图创建完成,接下来的任务就是按照指南的创建方式来制定、培训和实施每个指南。

DFR 指南应该指出需要避免或不应使用的技术、部件和软件包,确保在确定不使用内容的同时,提供最佳替代方法建议。

非常希望能将可靠性指南放入可以搜索的电子数据库中,并对其信息进行组织以便于访问,经过长时间的积累,指南沉淀为大量的知识(应视为公司知识产权)。建议的可靠性设计指南目录如下:

1.0 引言——可靠性的必要性;
2.0 部件可靠性指南;
3.0 机械可靠性指南;
4.0 系统可靠性指南;
5.0 热学可靠性指南;
6.0 材料可靠性指南;
7.0 系统电源可靠性指南;
8.0 可靠性安全指南。

如果可能的话,每个指南应在一个页面中定义,指南应只涉及一个想法。换句话说,如果你正在开发电容器的可靠性设计指南,则为每种类型的电容器(即电解、陶瓷、钽)各分配一页,这将使末端的用户更容易使用。每个指南都应解决以下问题:

(1)可靠性设计要求是什么?
(2)如果不遵循,将会产生什么影响?如果遵循,将会带来什么好处?
(3)正确应用指南需要什么细节?

每个可靠性设计要求都应回答以上3个问题,图20-5给出了一个示例。

要求/选择:	可靠性影响/益处:
1. 温度应力(法则1) 温度每增加10℃,使用寿命下降2个因子; 2. 脉冲电流应力(法则2) 保持在允许的最大波纹的50%以下; 3. 电压应力(法则3) 对于降额超过67%的电压应力,预期寿命将增加额定电压(V_r)/施加电压(V_a)的5次方	降额大幅度提高了电解电容器的使用寿命,此外,还确保了对峰值可能引起的电容器短路的更大保护

详情:电容器的预期寿命采用额定温度下的最大寿命乘以加速因子来描述:温度(T)、电压(V)和波纹电流(I)

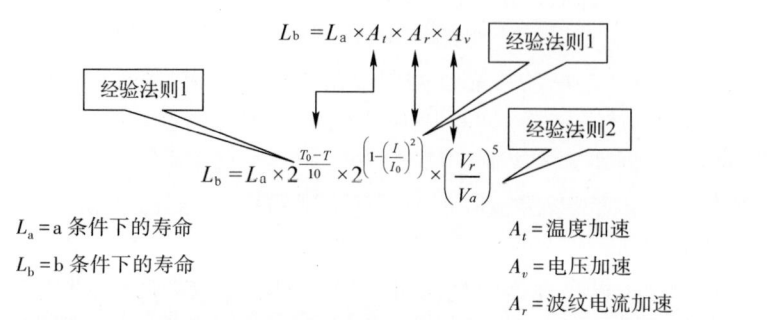

$$L_b = L_a \times A_t \times A_r \times A_v$$

$$L_b = L_a \times 2^{\frac{T_0-T}{10}} \times 2^{\left(1-\left(\frac{I}{I_0}\right)^2\right)} \times \left(\frac{V_r}{V_a}\right)^5$$

经验法则1
经验法则2

L_a = a 条件下的寿命
L_b = b 条件下的寿命
A_t = 温度加速
A_v = 电压加速
A_r = 波纹电流加速

图 20-5 电解电容器使用的 DFR 指南(来源:Teradyne,Lnc)

DFR 指南是买不到的,大多数企业都会针对自己的特定业务制定一套自己的指南。DFR 指南中会涵盖可靠性设计的各个方面,如降额设计指南。

降额设计指南对任何产品开发项目都是至关重要的,它应是 DFR 指南的一部分。如果没有适当的降额指南,则很有可能出现这种情况,客户的某些故障是由于应力水平超出部件的技术规格而造成的。此外,设计中具有足够的降额能够增加设计裕度,具有足够设计裕度的设计才有较低的每百万测试零件(PPM)失效率和较高的生产首过合格率。

指南涵盖了广泛的用户,因此部分设计师可能无法以这种形式使用它们,即使这样也无需完全重新开始制定降额设计指南,有一些行业中的降额设计指南可以购买,而且为特定的应用和用户环境量身定制降额设计指南是一项简单的任务。降额设计指南可以从可靠性分析中心获取,订购信息如下:

Electronic Derating for Optimum Performance
Reliability Analysis Center
201 Mill Street
Rome, NY 13440-6916
http://rac.iitri.org/

一旦制定了指南,它们便成为设计评审过程的一部分;降额设计也应作为设计检查的一部分,以在设计评审之前验证是否符合指南。

20.5 设计 FMEA

在产品生产和试验之前的设计阶段中,最强大的可靠性工具就是 FMEA。在设计进行原材料采购和生产之前,必须开展设计 FMEA,设计 FMEA 活动需在构建原理样机之前完成。如果组织从未开展过 FMEA,那么针对新产品开展 FMEA 肯定会遇到阻碍。由于某些原因,设计人员很难接受设计 FMEA 的理念,他们通常认为设计过程中的许多设计检查项目足以消除设计缺陷,并说"我们一直都是这样做的"。设计评审可以用于寻找问题,通常包括一个检查表,检查验证设计是否符合指南要求,这个检查表是基于以往的常见错误、同行评审、自动化模拟项目和自动化设计检查项目的,这些流程对设计过程是很有价值和必要的,但它们在可以识别的问题类型方面有局限性。由于 FMEA 是一项并行的工作,潜在的可靠性和安全性问题应该在对项目影响最小的阶段被识别和修复。

在第 7 章中详细讨论了 FMEA 流程，我们建议将第 7 章介绍的材料用于制定 FMEA 培训计划，在设计 FMEA 之前，必须在此过程中对所有参与者进行培训。在组织中首次开展设计 FMEA 很难，如果没有在此过程中对参与者进行培训，那么 FMEA 会议将会是非常无效的。未经训练的参与者有一种倾向，他们会引导团队偏离正题，甚至有可能挑战这个流程。最好将 FMEA 设计评审推迟开始，以使每个人都经过培训，而不是在设计 FMEA 时进行培训。培训时间不必太长，但是每个人都需要熟悉该流程。应该对设计中的所有重要部分开展 FMEA，这包括整个系统和包含印制电路板组件(PCBA)的子系统。

执行设计 FMEA 的最佳时机是在设计完成之后，但在设计通过最终的设计评审之前；设计更改通常是由 FMEA 引起的，因此，在 FMEA 项目完成闭环之前，没有必要进行最终的设计评审。执行设计 FMEA 的好处包括：

（1）发现设计错误；

（2）识别由于互连导致的系统故障；

（3）识别接地问题引起的故障影响；

（4）识别电压在不同时间顺序的故障影响；

（5）分析高风险可靠性部件发生故障时的影响，如钽电容器发生短路故障时最可能的故障影响是什么？

（6）确定安全、法规或合规性问题；

（7）识别由于软件错误导致的故障影响；

（8）测试的全面性。

设计 FMEA 的输出是一个需要纠正措施的设计问题列表，纠正措施列表根据每个问题的严重性进行了排序。在团队完成 FMEA 电子表格并生成纠正措施列表之后，下一步就是确定需要解决的问题以及由谁来解决，在这一点上往往会困惑于哪些问题应该解决，显然，所有安全、法规和合规性问题都需要解决。遗憾的是，没有标准的规则来决定哪些与安全无关的问题需要解决，需要考虑诸如可用的资源和可用于解决问题的时间之类的因素。一些公司使用 80/20 规则，需纠正措施问题中前 20% 占潜在问题的 80%，一旦就哪些问题需要解决达成共识，下一个挑战就是跟踪这些问题直至闭环；经常会出现这种情况，问题被确定为需要解决的，但由于没有后续跟进措施，问题一直遗留到产品上市仍未得到解决，一个简单的解决方案就是生成一个单独的表单用于跟踪 FMEA 问题直至闭环。

20.6 建立故障报告分析和纠正措施系统

故障报告、分析和纠正措施系统(FRACAS)是一种闭环反馈系统,用于收集和记录数据、分析趋势、并跟踪硬件和软件问题的根本原因和纠正措施,FRACAS为解决问题提供了全方位的解决方案;使用FRACAS来核查故障的遏制和解决方案,好的FRACAS能在可靠性问题出现时就识别出来,并跟踪在查找根本原因和纠正措施方面所取得的进展;最后,使用FRACAS来跟踪问题的解决方案直至闭环,如果没有FRACAS,那么对底线的影响可能会很大,问题的识别/解决可能只能凭猜测。

FRACAS在设计阶段建立,其建立过程非常简单,只需将新产品构造到FRACAS数据库中,并确保适当的数据输入字段就位即可。FRACAS首先在原型阶段进行,在此过程中,识别出设计错误后将其输入,设计者负责输入此数据。因此,应该对设计师进行FRACAS方法的培训,使他们熟悉FRACAS软件,能够轻松地访问数据库。数据库应具有足够的能力来管理预期的大量活动,如果FRACAS是新建的,则在开始建立原型之前,应留出足够的时间来调试软件;如果FRACAS在原型开始制作时出现故障、界面不友好或难以使用,则很可能不能将设计问题输入数据库,取而代之的是,这些问题将被记录在笔记本、便条和个人计算机上,在这些地方它们可能会被放错位置或丢失,而且永远无法被追踪直到闭环的状态。

FRACAS的实施需要以下条件:

(1) 识别将用于对信息进行分类的关键产品参数,如日期、制造商、零件编号、数量、使用位置等,这是一个很长的列表,现有的故障报告表可用于此来源。

(2) 确定FRACAS系统,手动系统(纸质系统)还是选择计算机化的方法。这不是一项琐碎的任务,特别是当它是计算机化的。FRACAS将考虑以下各方面中的所有不合格或不可接受事项:

① 工程开发数据;
② FMEA建议;
③ 高加速寿命试验(HALT)结果;
④ 高加速应力筛选(HASS)/高加速应力抽检(HASA)结果;
⑤ 来料检验不合格结果;
⑥ 流程内的制造故障报告;
⑦ 现场故障报告;

⑧ 客户反馈。

（3）确定将任职的人员和领导故障报告委员会(FRB)的人员。FRB通常由质量经理领导，FRB领导必须有权推动所有问题的解决；委员可由制造、采购、设计工程(可持续工程)、市场营销、产品管理以及其他人员等组成。

20.7　HALT计划

HALT计划是HALT的主要部分，比试验本身要耗费更多时间。在HALT开始之前，有许多问题需要解决。首先，需要对将要进行的HALT方案达成共识，如在确定需要开展组件级的HALT时，需要对试验的组件数量达成共识。HALT至少应具有3~5个组件，还需要另外一个仅用于调试的单元，即"黄金"单元。HALT是一种破坏性试验，试验之后，由于已经消耗了相当长的产品寿命，因此试验组件无法进行维修和销售。如果组件的价格昂贵，那么就可能要针对进行破坏性试验的组件数量进行充分讨论。要避免只对单一的组件进行测试，如果要在一个测试设备中进行测试，这是不切实际的，如果仅针对一个测试单元，那么每次故障发生后都会有很长的停机时间，故障检测和修复所花费的时间可能很长；如果有多个单元，则在对故障单元进行故障检测和修复时，可以对下一个单元进行测试。HALT计划的流程如图20-6所示。

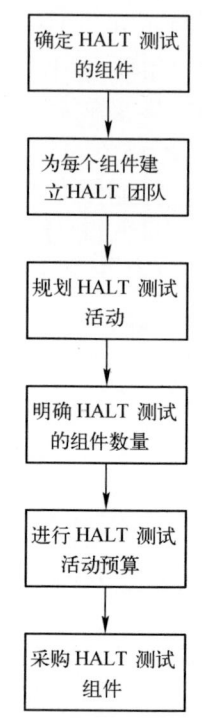

图20-6　HALT计划流程

设计团队及其管理层必须参与进来，管理层对支持HALT工作的资源承诺，也是进行可靠性活动以改善产品设计的承诺。

在对哪些组件开展HALT测试达成一致之后，下一步就是为每个组件组建HALT团队。这些团队成员是跨职能部门的，由来自软件、测试、制造、设计工程和可靠性的成员组成，组建跨职能部门团队的目的是在测试之前解决与支持HALT工作有关的所有问题。使用检查清单来确保已解决了所有的问题，HALT计划检查清单的示例如图20-7所示。如果计划将HALT外包给测试机构，则此步骤将有助于测试成本和测试时间的确定。

最新修订		HALT 计划会议时间_____	
		=本周需要讨论(HALT 计划人员突出显示 A1#,以便在下一次 HALT 计划会议上进行讨论)	
年 月 日		=活动完成(当活动完成时,HALT 负责人要将"完成日期"标记成深色)	
活动负责人	完成日期	序号	活动	备注

活动负责人	完成日期	序号	活动	备注
		1	HALT 周日期设置	
		2	HALT 周的试验室准备就绪	联系人姓名、地址和电话
		3	HALT 团队已确定	
		3.1	设计师	姓名、电话
		3.2	软件	姓名、电话
		3.3	测试	姓名、电话
		3.4	可靠性	姓名、电话
		3.5	试验箱技术员	姓名、电话
		3.6	维修设备	联系人姓名、地址和电话
		4	HALT 周的液氮准备就绪	如有需要,订购储罐
		5	HALT 周的组件准备就绪	
		6	HALT 需要的额外接口单元	是、否
		7	HALT 的额外接口单元准备就绪	
		8	连接仪器和 DUT 的电缆准备就绪	是否需要备用电缆?
		9	HALT 的电源准备就绪	是否需要备用电缆?
		10	HALT 的电源电缆准备就绪	
		11	HALT 的机械固定装置准备就绪	
		12	HALT 的机械固定装置已验证与 DUT 匹配	
		13	HALT 测试的测试仪器已鉴定	
		14	HALT 的测试仪器准备就绪	
		15	制作要带入 HALT 试验室的物品清单	
		16	制作要运送到 HALT 试验室的物品清单	

图 20-7 HALT 计划检查清单

20.8 HALT 测试开发

在 HALT 计划阶段,确定了要进行 HALT 测试的组件以及要测试的组件的数量,然后为每个组件建立了团队来支持 HALT 活动。在计划完成后可以开始 HALT 测试开发,测试开发的目标是在测试开始之前准备好所有与 HALT 测试相关的准备工作(图 20-8)。在 HALT 中,将为每个组件建立开发团队,并且团队将根据所需的特定技能而有所不同。团队的第一项活动是确定 HALT 应力测试,确定在组件上施加哪些应力可以激发可靠性问题。

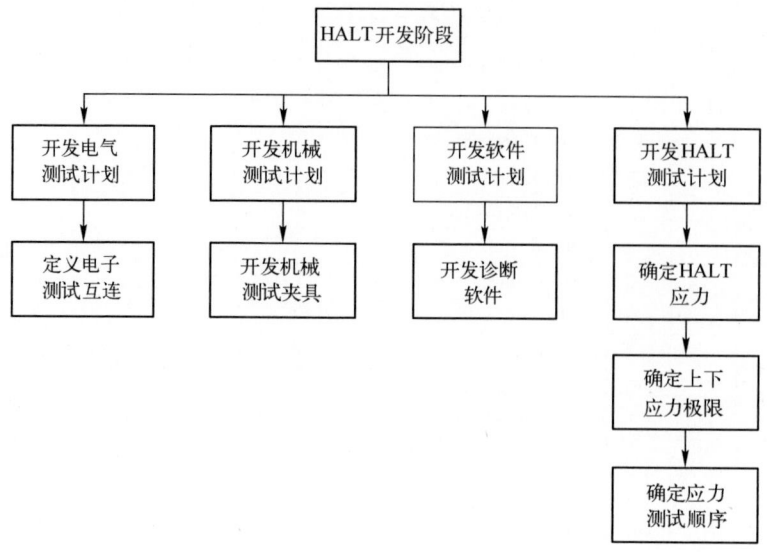

图 20-8　HALT 开发阶段

在确定了每个组件的应力后(表 20-2),需要确定应力的上限和下限。组件可能没有已知的应力上限或下限,当组件由于一个已知的应力水平而发生物理状态改变时,就可以将此应力定义为极限应力,如确定组件温度上限的一个案例就是导致连接器外壳熔化的温度。没有必要去对一个组件施加超出已知的物理极限的应力,超过上限时引发的故障与实际的故障是无关的。

确定 HALT 测试计划后,其他 HALT 测试开发活动可以优先进行,HALT 计划中的 3 个活动领域为:

(1) 机械夹具;
(2) 电气测试计划和执行;
(3) 软件测试计划和执行。

机械测试计划包含了确定如何将组件固定在 HALT 试验腔室中,机械固定应优化振动腔室向 DUT 的能量传递,机械夹具不应在组件中引起共振,固定装置应尽可能轻且机械强度高。

研制了机械夹具之后,建议将加速计连接到 DUT 来进行夹具测试。在振动台上放置一个加速计,并在 DUT 上放置一些加速计,以验证机械能的传递是否有效;在螺丝型紧固件上,使用类似分体锁紧垫圈的机械锁紧装置来确保 DUT 能牢固地连接到振动腔室。

制定电气测试计划通常会更加复杂,理想情况下,它应该与正在制造的组件的开发测试计划相同,但是实际在 HALT 测试时,制造测试计划不完整也是很正常的,用于制造的测试计划可能无法很好地转变成 HALT 测试。如果为制造测试设计的内部电路夹具不合适,无法在 HALT 试验腔室中正常工作,则测试开发团队需要为 HALT 测试开发专用夹具。电气测试计划必须包括在测试过程中如何为 DUT 供电以及将哪些 I/O 信号连接到组件;HALT 测试的策略是仅将待测试组件放在 HALT 试验腔室内,并将所有外部用品、支持逻辑、负载和测试 I/O 置于试验腔室外,这些在实际操作中不是很容易实现的。

制定软件测试计划通常更为简单,为测试制造中的产品而开发的软件通常可以用于 HALT 测试;在进行 HALT 测试之前,需要先对用于 HALT 的软件进行检查,确定 HALT 测试所需的软件,并确保其在测试时已准备就绪是很重要的。

在 HALT 开始之前,需要回答以下问题:

(1) 将测试哪些组件?

(2) 可以测试哪些组件?

(3) 必须省略什么?

对于每个特定的组件:

(1) 每个测试组件的数量是多少?

(2) 需要进行哪些测试才能验证正常运行?

(3) 可以执行哪些测试来验证 HALT 箱中的正常运行?

(4) 进行 HALT 测试需要什么软件?

(5) 进行 HALT 测试需要什么硬件?

(6) 谁来制造电路板(使用生产过程和工具)?

(7) 谁来调试电路板?

(8) 进行 HALT 测试需要什么机械测试夹具?

(9) 进行 HALT 测试是否需要特殊的电气测试夹具?

(10) 进行 HALT 测试需要什么电缆和互连?

(11) HALT 测试是否需要特殊的冷却板?

(12) 进行 HALT 测试是否需要特殊的电源要求?

(13) HALT 测试是否需要特殊的测试设备?

后勤和调度问题:

(1) 要测试的可靠性组件的材料成本是多少?

(2) 需要多少工程开发时间和资源?

(3) 所需的软件工程开发时间和资源是什么?

(4) 机械夹具的开发时间和资源是什么?

（5）所需的工程测试开发时间和资源是什么？
（6）需要哪些制造开发时间和资源？

20.9　风险控制会议

到设计阶段结束时，该产品的很大一部分开发资源已经使用完，当项目设计阶段接近完成时，应该安排召开风险控制会议，会议应集中讨论控制最严重的风险问题所取得的进展。在第一个原型机制作之前，控制最严重的风险所取得的效果，是对该项目管理成效进行评价的主要依据。如果新的风险问题的比率（风险控制斜率）尚未趋于平稳，则很有可能该设计仍处于不断变化的状态；如果风险问题的解决率没有提高，则可能表明缺乏解决关键问题的决心；如果最重大的风险问题直到计划后期才得到解决和控制，则可能需要重新设计并使项目受到挫折；如果在最严重的风险问题上未取得令人满意的进展，则必须启动替代解决方案。

风险控制会议应专注于这些问题，各职能小组定期开会以审查每个风险问题的闭环进展和解决策略，会议的目的是确定是否已取得足够的成效、项目是否可以进入设计验证阶段。风险控制会议负责向高级管理人员汇报自上一个开发阶段以来，各个小组在控制风险方面取得的进展。如果项目不太可能成功，则不用为原型机花费大量的资金。

延伸阅读

FMEA

S. Bednarz, Douglas Marriot, Efficient Analysis for FMEA, 1998 Proceedings Annual Reliability and Maintainability Symposium (1998).

M. Kennedy, Failure Modes and Effects Analysis (FMEA) of Flip-Chip Devices Attached to Printed Wiring Boards (PWB), IEEE/CPMT International Manufacturing Technology Symposium, IEEE (1998).

M. Krasich, Use of Fault Tree Analysis for Evaluation of System Reliability Improvements in Design Phase, 2000 Proceedings Annual Reliability and Maintainability Symposium (2000).

K. Onodera, Effective Techniques of FMEA at Each Life-Cycle Stage, 1997 Proceedings Annual Reliability and Maintainability Symposium, IEEE (2000).

Prasad, S. (1991). Improving manufacturing reliability in IC package assembly using the FMEA technique. IEEE Transactions of Components, Hybrids and Manufacturing Technology 14 (3):452-456.

SAE (2001). Recommended Failure Modes and Affects Analysis (FMEA) Practices for Non-Automobile Applications. SAE.

D. J. Russomanno, R. D. Bonnell, J. B. Bowles, Functional Reasoning in a Failure Modes and Effects Analysis (FMEA) Expert System, 1993 Proceedings Annual Reliability and Maintainability Symposium, IEEE (1993).

R. Whitcomb, M. Riox, Failure Modes and Effects Analysis (FMEA) System Development in a Semiconductor Manufacturing Environment, IEEE/SEMI Advanced Semiconductor Manufacturing Conference, IEEE (1994).

HALT

J. A. Anderson, M. N. Polkinghome, Application of HALT and HASS Techniques in an Advanced Factory Environment, 5th International Conference on Factory 2000 (April, 1997).

C. Ascarrunz, HALT: Bridging the Gap Between Theory and Practice, International test Conference 1994, IEEE (1994).

R. Confer, J. Canner, T. Trostle, S. Kurz, Use of Highly Accelerated Life Test Halt to Determine Reliability of Multilayer Ceramic Capacitors, IEEE (1991).

N. Doertenbach, High Accelerated Life Testing - Testing with a Different Purpose, IEST, 2000 Proceedings (February, 2000).

General Motors Worldwide Engineering Standards, Highly Accelerated Life Testing, General Motors (2002).

R. H. Gusciaoa, The Use of Halt to Improve Computer Reliability for Point of Sale Equipment, 1998 Proceedings Annual Reliability and Maintainability Symposium, IEEE (1998).

E. R. Hnatek, Let HALT Improve Your Product, Evaluation Engineering, (n. d.)

G. K. Hobbs, What HALT and HASS Can Do for Your Products, Evaluation Engineering. (n. d.)

Hobbs, G. K. (1997). What HALT and HASS can do for your products. In: Hobbs Engineering, Evaluation Engineering, 138. Qualmark Corporation.

Hobbs, G. K. (2000). Accelerated Reliability Engineering. Wiley.

P. E. Joseph Capitano, Explaining Accelerated Aging, Evaluation Engineering, p. 46 (May, 1998).

McLean, H. W. (2000). HALT, HASS & HASA Explained: Accelerated Reliability

Techniques. American Society for Quality.

Minor, E. O. (n. d,). Quality Maturity Earlier for the Boeing 777 Avionics. The Boeing Company.

M. L. Morelli, Effectiveness of HALT and HASS, Hobbs Engineering Symposium, Otis Elevator Company (1996).

D. Rahe, The HASS Development Process, ITC International Test Conference, IEEE (1999).

D. Rahe, The HASS Development Process, 2000 Proceedings Annual Reliability and Maintainability Symposium, IEEE (2000).

M. Silverman, HASS Development Method: Screen Development' Change Schedule, and Re-Prove Schedule, 1998 Proceedings Annual Reliability and Maintainability Symposium, IEEE (1998).

Silverman, M. A. (n. d.). HALT and HASS on the Voicememo II^{TM}. Qualmark Corporation.

M. Silverman, Summary of HALT and HASS Results at an Accelerated Reliability Test Center, Qualmark Corporation, Santa Clara, CA, 1998 Proceedings Annual Reliability and Maintainability Symposium, IEEE (1998).

Silverman, M. (n. d). Summary of HALT and HASS Results at an Accelerated Reliability Test Center. Santa Clara, CA: Qualmark Corporation.

Silverman, M. (n. d.). Why HALT Cannot Produce a Meaningful MTBF Number and Why This Should Not be a Concern. ARTC Division, Santa Clara, CA: Qualmark Corporation.

J. Strock, Product Testing in the Fast Lane, Evaluation Engineering (March, 2000).

W. Tustin, K, Gray, Don't Let the Cost of HALT Stop You, Evaluation Engineering, pp. 36-44. (n. d.)

第 21 章 设计验证阶段

上一个阶段完成了产品电路图、物料清单和外形图等的设计开发及原型机的研制，在设计验证阶段需要对原型机进行测试，以验证其设计是否符合技术规范。这是在设计定型并确定生产基线前识别设计、质量、可靠性、制造、试验和供应商问题的最后机会，要识别所有与设计相关的问题，需要在制造工程、试验工程、可靠性和设计工程等方面共同努力，以对设计进行全面评估。在此节点，所有功能团队都在开展着项目设计验证阶段的工作，每个团队的每个人对产品的可靠性都有不同的关注点，每个人都在努力解决产品发布之前的剩余风险问题。制造部门正在验证特殊工具和装配过程的可扩展性，试验工程正在检查试验硬件、软件和测试装置，可靠性部门正在给产品施加应力以了解其是如何失效的，工程部门正在测试原型机以验证设计是否满足概念要求。大多数的设计问题（错误）都是在此阶段识别出来的，这是设计师在将产品交付给客户之前，识别和修复与设计相关的问题的最后机会。

产品设计定型开始生产后，设计团队将会转移到下一个平台或其衍生产品的设计开发中，所以如果与设计相关的问题在生产后期出现，那么解决这些问题通常就不是初始设计师的责任了，而是由维护工程师支持此项活动。维护工程师工程小组可能没有初始设计团队的技术经验和知识，这就是为什么要特别强调在验证阶段识别和修复设计问题的原因。验证阶段中进行的活动如表 21-1 所列。

表 21-1 设计验证阶段的可靠性活动

参加者	设计验证阶段	
	可靠性活动	可交付成果
• 可靠性工程 • 营销 • 设计工程（电气、机械、软件、热学等）	1. 设计和性能验证； 2. 初代产品上开展 HALT，故障可以追溯到根本原因并在设计中得到纠正，产品进行最终的 HALT 以验证设计更改情况； 3. 使用剖面验证（POS）试验验证 HASS 的有效性；	1. 产品性能规格经过了验证，并注明限制； 2. HALT 过程中的故障、应力水平和根本原因记录在报告中，消除故障模式的纠正措施计划，最终的 HALT 验证了设计更改情况； 3. POS 验证了 HASS 剖面的有效性；

(续)

参加者	设计验证阶段	
	可靠性活动	可交付成果
• 制造工程师 • 测试工程 • 现场服务/客户支持 • 采购/供应管理 • 安全与法规	4. 进行 FRACAS，原型机验证过程中的所有故障都将输入到 FRACAS 数据库中，并跟踪直至闭环，制定加速可靠性增长（ARG）和早期寿命试验（ELT）计划； 5. 开展设计 FMEA（仅对重大设计更改）和过程 FMEA； 6. 所有风险问题闭环，审查状态并就每个风险问题和控制计划达成一致，风险评估会议	4. FRACAS 报告； 5. 完成 FMEA 电子表格并闭环纠正措施项目； 6. 风险评估会议，通过转阶段评审，在生产阶段之前需要闭环风险问题

21.1 设 计 验 证

在设计阶段的最后，采购人员获得用于原型机试验和评估的材料，然后使用标准制造工艺来制造产品，设计师不应亲自制造原型机，因为这是制造和测试人员尽早发现问题的机会。原型机制造完成后，工程人员便开始验证设计是否符合概念阶段提出的需求和技术指标。要全面地验证设计，需要足够的时间和耐心，不幸的是，在此阶段许多项目会发现自己的研制进度落后于计划并预算超支，于是会出现一种自然的倾向，就是缩短设计验证过程以便可以尽快开始生产。产品未经完整的设计验证而交付肯定会导致大量的更改、工程变更单（ECO）和更高的失效率。在不了解产品在不同客户环境和使用条件下的性能的情况下，发布产品存在很大的风险。

设计验证是测试产品以了解其在不同的负载、输入、环境和使用条件下的性能的过程，从本质上讲，是表征其性能、确定其设计极限的过程。设计验证试验还包含用来识别潜在的现场故障的加速应力试验，一旦掌握了这些信息，就可以完善设计、提高性能并提升可靠性。另外，可以基于设计能够实现的功能来定义产品性能，如果某些方面的设计规范无法满足，则可以在产品发布之前降低其产品规范。设计验证过程提升了产品的可靠性和性能，如图 21-1 所示。

设计验证试验首先要在标准环境或标称条件下测试设备的性能，然后在确定的最高和最低工作温度下对设备进行测试，以验证其可以安全运行并符合技术规格；之后，在超出技术规格的温度下对产品进行测试以确定其设计裕度的大小。设计裕度很重要，因为设计裕度与制造中的首过合格率之间存在关联，具有足够设计裕度的设计也具有较高的首过合格率；相反，如果没有设计裕度，则该产品在测试中的故障率可能会更高，设计裕度可以补偿部件参数的随机性。

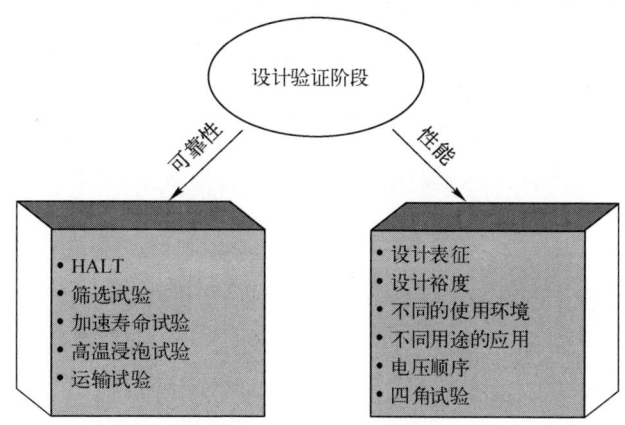

图 21-1　验证阶段的可靠性活动

21.2　使用 HALT 激发故障

在电路板、组件以及系统或产品级别上进行高加速寿命试验（HALT）。如果系统的物理尺寸很大，则系统级别的 HALT 会有困难，可能存在 3 个问题：①大多数 HALT 腔室无法容纳大型的系统；②很难将足够的振动能量引入大型系统以引发故障；③相对于有效的 HALT，试验腔室内产品的温度变化时间可能过长。唯一不用进行 HALT 的是零部件，第 15 章中介绍的加速寿命试验是加速故障、识别故障模式并确定部件级可靠性的最佳方法。

验证阶段的某个时期，需要购买原材料并为 HALT 制备试验件。对于昂贵的组件，应该确保设计有效时，再开始制备昂贵的 HALT 试验件，但如果这些产品的交货时间长、采购量小或具有高昂的非常规性工程（NRE）费用，该策略就不总是有效了。如果用于 HALT 的所有原材料都购买了，但原型机不能工作，则其中的某些材料最终很可能废弃，全新设计产品的风险要大于衍生产品。同时建议不要在具有大量工程修复、跳线和黏合部件的电路板上进行 HALT，对于返工过多的产品，在 HALT 中识别出的问题，有可能是由返工的质量导致的，而不是由于设计和制造过程的质量造成的。对返工过多的电路板应对其电路板图样进行修改以体现其设计更改，最好在构建原型机后咨询设计工程部门，以便尽早了解原型机的功能。

HALT 应该在装配件上开展,这些装配件应使用与最终产品相同的物料清单进行组建;将不同供应商的材料用于原型机和 HALT,可能会识别出原型零件或过程存在的问题,而这些问题不是最终产品的问题;此外,有些问题也变得无法识别,因为如果部件或制造过程与原型机状态不一致,那么它就不会出现问题。一些在原型机上与最终产品状态不一致的案例如下:

(1) 机加工件,它在承受应力时的反应与铸件不同;

(2) 手工焊接与自动组装;

(3) 定制件,有时供应商提供的原型使用的制造工艺或工具与最终生产版本中所使用的不同;

(4) 嵌套件与非嵌套件;

(5) 印制电路板(PCB),PCB 可以用小型快速旋转设备制造,也可以是标准制造。

原型机使用不同的供应商可能还会有另一个问题,试想供应商 A 很快的交货并用于原型机,而供应商 B 的货用于生产。如果供应商 A 在设计中发现了问题并在其印刷品上进行了修复,并将此传达给了设计者,但是设计者未能更新其文档,则该问题可能会再次出现在生产中,这就为识别其根本原因造成了干扰。在 PCB 制造中,制造商使用不同的(通常是定制的)软件程序来检查电路板图稿中的布局问题,这些问题会影响 PCB 在制造中的成品率,制造商会对其进行修复。PCB 制造商会认为这是制造服务的一部分,并按惯例"院长决定"你的设计,但是,供应商可能不会将这些修补程序通知到你。在对材料进行测试并确定是可接受的之后,将其转移给 PCB 制造商,制造商将其用于批量生产;但是设计问题并没有在原图中解决掉,因此生产中出现的问题并未在原型机中识别出来。这种问题是可以避免的,在未及时提交工程变更请求的情况下,不要允许供应商对原图或设计进行任何变更。

用于 HALT 的组件应采用将在生产中使用的标准制造工艺来制造,生产所需的任何特殊工具都应该用于试验电路板的组装;不要在原型试验室中手动搭建用于 HALT 的电路板,应采用与生产装配相同的方式来构建试验设备;HALT 将会揭示与制造以及设计相关的问题,因此,最好尽可能地模拟设计和制造的过程。

在对产品进行 HALT 之前,需要进行大量的准备工作,可靠性工程师和设计师必须确保在 HALT 开始之前,所有的准备工作已经就绪。以下是试验之前必须准备的项目的列表:

(1) 准备试验样品,通常期望有 3~5 个试验样品和一个备用样品。备用件通常被称为"黄金单元",因为它不用于应力试验,当存在细微的试验问题,并且很难判断是 DUT 还是测试设备故障时才使用它;加入黄金单元将验证问题是否与 DUT 相关,这样可以大大加快故障排查进程,因此,通过使用这个单元得到的信息被称为"黄金"。

(2) 试验设备,这可能是列表中除产品本身之外最重要的一项,试验的目的是发现和纠正故障,而糟糕的监视可能会遗漏一些故障,并使 HALT 过程的效率降低。

(3) 受试设备和监测仪器的输出规范。

(4) 文档,如示意图、装配图、流程图等。

(5) 将受试设备固定在试验台上的机械装置(试验工装)。

(6) 输入和输出电缆。

(7) 输入和输出液体冷却软管。

(8) 特殊设备,如液冷装置、风管、电源、其他支撑装置等。

(9) 测试软件,如果需要的话。

(10) 拟施加于 DUT 的应力水平(HALT 小组达成一致)。

(11) 安排试验所需时间。

(12) 首席工程师需要跟踪整个 HALT 过程。

(13) 有一个测试工程师可以调试 DUT 问题,并协助整个 HALT 过程进行故障分析。

(14) 可靠性工程师和 HALT 试验箱操作员可为整个 HALT 过程的测试提供支持。可靠性工程师记录测试结果,并编写最终的 HALT 报告。

在所有准备工作完成之后,就该开始启动 HALT 来激发故障了。该试验短至几天,也可能长达几周,试验的时间长短取决于可用于试验的组件数量、修复故障所花费的时间、发生故障的频率以及由于试验设置和设备问题而导致的停机频率和停机时间。

如果有 6 件用于 HALT 的产品,其中一个是"黄金单元",建议不做应力试验;可以使用更少的组件来进行 HALT,但是该过程将会花费更长的时间,并且可能识别出更少的设计问题。使用"黄金单元"进行系统备份,并在发生故障时作为故障排除的辅助手段,其他 5 个单元用于 HALT。将第一个 DUT 放入试验腔室中并调整其方向,使腔室中的空气能有效地流动到 DUT 上,然后将其固定到腔室的振动台上;使用固定工装将 DUT 固定到腔室中,如果不使用固定工装,则存在振动下试验件松动的风险,用已校准的扭矩起子拧紧所有硬件至标准规格;将电源和 I/O 连接至系统,并将其固定至腔室内(电缆应随振动台一起移动)。一切设置完成后,请运行基准环境试验以验证是否正常运行,至少运行

10min 或运行诊断程序两次所需的时间;接下来,进行挠性振动测试(5Grms)以确认没有松动的电气或机械连接,如果一切顺利,则准备开始 HALT 测试。

产品中可能有保护电路防止产品在阈值(如温度高于 85℃)以上运行,HALT 中可能需要禁用这种类型的电路(除非出于安全考虑)。直流转换器通常具有热关断电路,以防止其在高于规定的最高温度下工作,如果需要此保护电路或者此保护电路被嵌入了部件中,则可以开发一种策略来局部控制该设备的温度,以便可以在保护点以上对产品的其余部分进行试验,在系统中禁用保护电路之前,应等待以验证保护电路是否正常工作。

21.2.1 开始 HALT

一切就绪就可以开始试验了,HALT 要求设备在试验期间必须能正常运行,如果无法在运行条件下测试设备,则没有理由进行 HALT。被动的应力试验揭示的关于设计的有用信息很少,甚至没有,而且在诱发故障方面也是无效的。HALT 流程如图 21-2 所示。

HALT 从单个应力开始,然后是组合应力试验。下面给出一个试验顺序建议,但这不是绝对的。建议在进行组合应力试验之前先进行单应力试验,一个典型的 HALT 顺序如下:

(1) 试验室环境;
(2) 挠性振动试验;
(3) 温度步进应力试验;
(4) 快速温变循环应力试验;
(5) 振动步进应力试验;
(6) 温度和振动组合试验;
(7) 组合搜索模式试验;
(8) 其他应力。

基于产品和使用环境,可选的其他应力是线路电压和频率裕度、电源时序、时钟频率、负载变化等。

HALT 从将产品放入 HALT 试验腔室并将其机械固定到腔室中开始,机械结构应坚固、结实且轻巧,固定的目的是为了牢固地固定产品,使其不会在应力下对试件产生不利的影响,质量较重的测试夹具会使快速热循环测试复杂化,并且需要更长的停留时间才能使产品稳定下来;接下来,将电源、负载和仪器等 I/O(输入和输出)连接到产品上;最后,将加速计和热电偶等应力监测传感器与产品相连;所有连接要确保牢固,可以使用 Super Glue® 或任何其他类型的氰基丙烯酸酯胶黏剂来连接加速计,使用导热黏合剂或 Kapton® 胶带来固定热电偶。

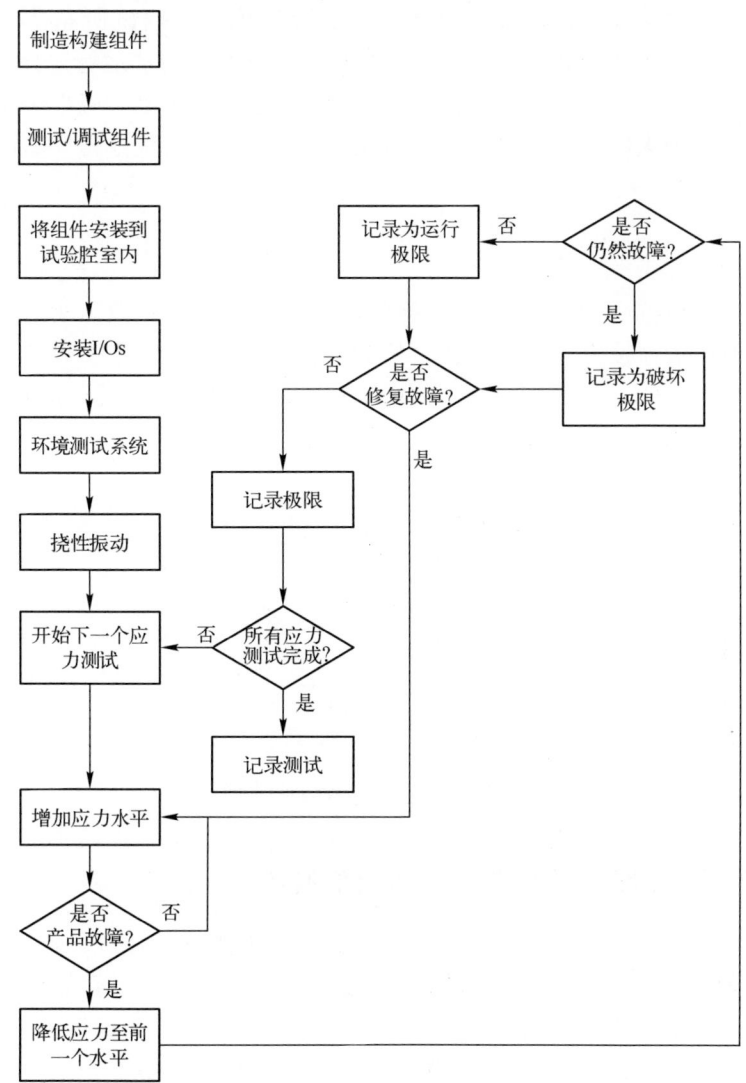

图 21-2 HALT 流程

21.2.2 试验室环境试验

所有东西都固定到试验腔室后,关闭腔门并启动腔室。将腔室设置为室温,并用氮气进行吹扫,以清除腔室内残留的水分。第一次诊断试验是为了验证一切运行是否正常,如打开产品电源并使其稳定,此步骤是验证试验设置是否正常运行。不同产品试验时间长短有所不同,根据验证所有功能正常运行所需的时间长短而定,它通常是测试软件运行完整功能测试所花费时间的函数。测试软件应实现100%的测试覆盖率,理想的情况是能够运行完整的功能测试,但这并非总能实现。如果无法进行完整的测试覆盖,则必须确保至少有足够的测试覆盖范围来确定产品是否能正常运行,或者在测试软件完成后进行第二次HALT。

21.2.3 挠性振动试验

完成试验设置后,要确认HALT腔室和产品能正常运行,然后运行一个试验以确保所有机械连接都是牢固的,这可以通过挠性振动试验来实现。挠性振动试验会施加2~5Grms之间的低水平振动,腔室温度设置为室温,并重复进行产品的功能测试以验证设备的机械牢固性(图21-3)。

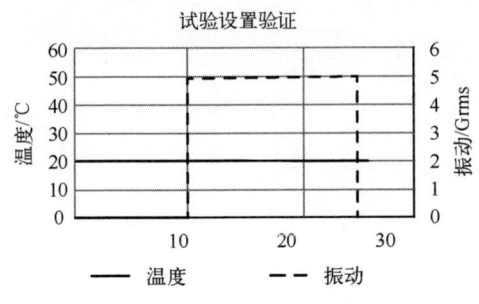

图21-3 HALT设置验证试验

21.2.4 温度步进应力试验和通电循环

在开始温度步进应力试验之前,应定义温度应力的物理上限和下限(表21-2),这些极限表示物理上可能发生材料变化(通常称为相变)并导致故障的点。温度极限可以是基于能够预期会发生已知灾难性故障的最大允许极限,温度上限可以是基于内部热保护电路,该电路会导致关机并且无法被安全旁路。如具有塑料体的连接器,当达到温度阈值时,该塑料体会熔化或变软,在此温度极限下会发生故障,这是设计的局限性,而不是产品故障。

表21-2 HALT应力极限和试验时间配置文件

标准HALT表配置文件	
输入诊断运行时间和应力极限	运行时间/min
校准	10
检查/诊断	5

(续)

输入诊断运行时间和应力极限	运行时间/min
其他诊断(描述)	0
输入温度下限/℃	-40
输入温度上限/℃	120
输入振动上限/Grms	60
总诊断运行时间	15
总强制测试时间(DUT)/h	10.4

注：考虑环境温度为20℃。

温度步进应力始于环境温度，然后以10℃或20℃的增量逐渐降低。试验从最弱的应力开始，然后随着试验的进行逐渐变强，这样，通过大量的应力试验就不会遗漏细微的故障。一旦达到温度点，产品的停留时间要足够长以使产品达到温度稳定，通常为10~15min，停留时间包括运行功能测试来验证运行正常所需的时间。在完成第一个温度步进应力循环后，对产品重新通电以验证其电源启动且进入良好状态。继续进行下一个温度步进循环，并重复保温，然后运行功能测试、检测程序、诊断程序、内置的自检程序或其他程序测试协议来验证是否能正常运行。测试完成后，就可以像之前一样对产品进行电源重启，以验证产品是否处于已知的良好状态，这个过程一直持续到较低的"冷"温度极限为止；达到温度下限后，产品将返回至室温，并进行功能测试以验证产品能否正常运行。同样的方法对产品开始高温步进应力，直到达到"高"温度上限。

继续进行温度步进应力试验，直到引发故障为止，记录发生故障的点。现在将应力降低到前一个应力水平来查看系统是否恢复，如果系统能重新开始工作，则该故障将被确定为软故障；如果系统无法恢复，则该故障被标识为硬故障，记录故障以及导致故障的应力水平。

为了继续增加应力，可能有"临时的"故障元件的可能性，如果维修简单，则有可能可以在试验腔室内对产品进行维修；如果需要进行故障排除，请取出产品，然后将下一个产品放入试验腔室中进行试验。具有5个进行试验的单元的优点之一就是，在修复最近故障的单元时，HALT试验可以继续进行。

达到高温以后，产品返回至室温。在试验结束时，软温度上限和下限(软故障)以及破坏上限和下限(硬故障)就确定了，第一个应力试验(即温度步进应力)现在就完成了。图21-4以图形方式给出了此试验。

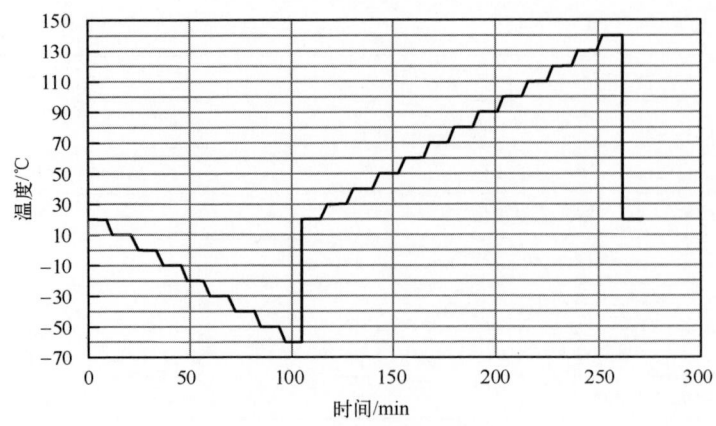

图 21-4　温度步进应力

21.2.5　振动步进应力试验

下一个应力试验是施加到产品上的振动步进应力。在该试验中，产品保持在室温下，同时振动应力以 5~10Grms 的增量增加，试验持续进行，直到达到试验腔室的能力极限或达到振动上限或产品无法再承受更高的应力水平为止。在每个振动步进中，都要对产品进行测试以验证其是否正常运行，当应力水平超过 20Grms 时，可能需要运行挠性振动来检测故障。记录故障并排除其根本原因，很多时候，由振动引起的故障不会在较高的振动水平下在测试仪器上显示，而在较低的水平下故障会变得明显。振动步进应力试验如图 21-5 所示。

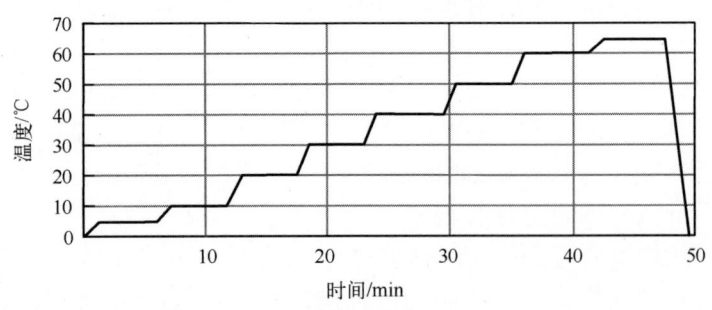

图 21-5　振动步进应力

21.2.6　温度和振动组合试验

单一类型的应力试验完成后，开始施加组合应力，第一个组合应力是温度和振动。在此试验中，从环境温度开始，并以 10~20℃ 的增量步进，直到刚好达到低于破坏上限和下限为止;将产品保持在每个温度应力下,同时以 10~20Grms 的增量在产品上施加振动应力,在每个振动应力水平下,要使产品达到稳定状态并进行功能测试。

记录发生软故障和硬故障的应力水平是非常重要的,当进行了设计更正之后,这些应力水平应该会增加,从而增加了产品的工作裕度。图 21-6 以图形方式展示了温度和振动组合试验。

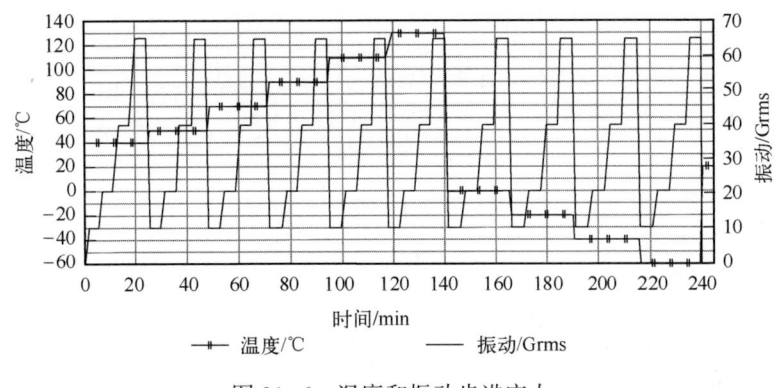

图 21-6 温度和振动步进应力

21.2.7 快速温变循环应力试验

下一个应力试验是快速温变循环。在之前的试验中确定了工作极限上限和下限(软故障),在快速温变试验中,产品会迅速转变至刚好低于工作极限上限和下限的温度。一般情况下,将温度极限保持在低于工作极限 5℃ 即可。试验腔室温度变化应尽量快,一旦产品达到升温温度,通常将其在此处停留 10~15min,以便产品在升温至下一个设定点之前达到该温度;如果停留时间不足以使产品在该温度下达到稳态,则产品在升温期间的应力会小很多。此试验方法揭示了极端温度变化率下的薄弱环节,在 3~5 个周期之间运行几个快速的温度转变就足够了。快速温变循环试验如图 21-7 所示。

21.2.8 缓慢升温

根据产品的不同,可能还会有其他合适的应力。根据产品和可靠性的要求,可能需要进行以下可靠性试验。缓慢升温试验(图 21-8)可以发现取决于温度的性能不稳定性。该试验的温度极限通常比在温度步进应力试验中确定的上、下硬故障温度极限低 10~20℃,温度步进应力基本上与用于温度和振动组合步进应力的温度极限相同。缓慢升温能揭示与温度相关的不稳定性,如果你不知

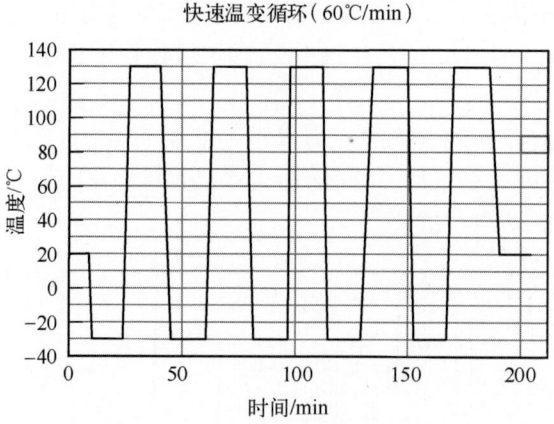

图 21-7　快速温变循环(60℃/min)

道它们发生的温度窗口,则难以对其实施改进。该不稳定性或异常可能在非常狭窄的温度范围内会发生,因此如果不进行缓慢升温试验是很难发现的。在特定温度下发生的用户的故障报告,是不会将故障的温度信息包含在投诉中的,除非知道发生不稳定或异常的温度区间,否则是无法复现投诉的问题的,这种类型的故障经常被报告为未发现故障(NFF)或无法复现故障。这种不稳定可能是振荡、噪声增加、输出增益降低、电源不稳定、自动增益控制(AGC)不稳定、相位锁定丢失或相位噪声增加,这些只是可能在狭窄温度范围内发生的几种故障模式;另外,因为这些现象仅在狭窄的温度范围内发生,所以步进应力可能会错过发生这种不期望行为的窗口,缓慢升温有机会观察温度变化时的不稳定性或其他不可接受的行为。

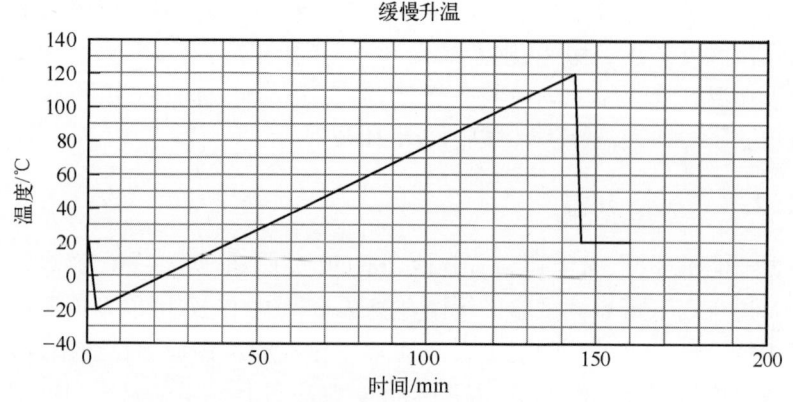

图 21-8　缓慢升温

21.2.9 组合搜索模式试验

GregHobbs 博士创建的一种比较新的 HALT 技术是"搜索模式技术",其思想是同时缓慢地扫描温度并快速地扫描振动。产品从室温下开始(约 25℃),温度降低到应力下限,如-60℃;同时振动的扫描速度尽可能快,介于 0~30Grms 之间。通常,振动会从低水平变为高水平,并在不到 30s 的时间内再次回降,这在某些 HALT 试验腔室中是可调节的。一旦开始产生振动应力,温度就会从-60℃缓慢地扫至+140℃(假设值),然后返回至室温。如果温度变化率设置为 2℃/min,则整个试验将耗时 4.4h(图 21-9)。

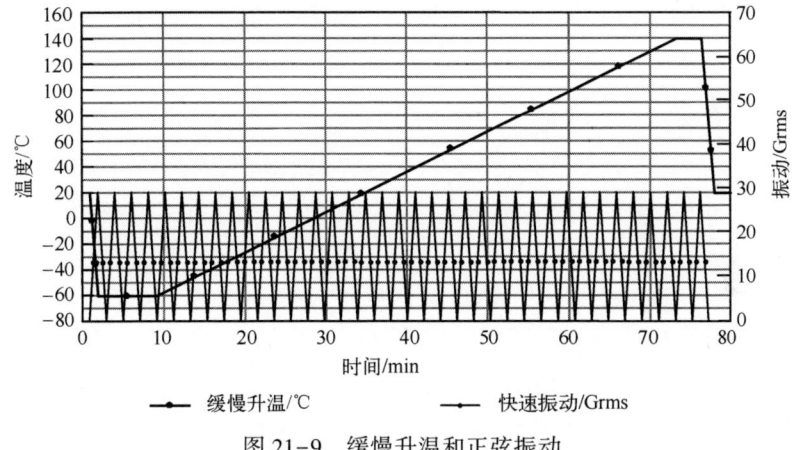

图 21-9　缓慢升温和正弦振动

搜索模式技术在软故障与硬故障非常接近的情况下是非常有价值的,在连续监测产品的同时,温度变化很缓慢,这样可以在遇到硬故障之前停止试验,这为发现硬故障之前的一些故障调查提供了机会。相对于温度步进应力,缓慢扫描温度的另一个优点是,它会揭示仅在特定温度点或狭窄范围内发生的任何振荡或不稳定。如果使用步进应力,则可能会忽略这些不稳定点。

21.2.10 其他非环境应力试验

根据产品的不同,可能还会有其他合适的应力。一些可能施加的其他应力包括直流电源电压裕度(首先是单个电源,然后是不同的电源电压组合)、交流线路输入电压和频率裕度、时序裕度、输出负载、时钟振荡器频率变化、通电循环和通电时序。

21.2.11 HALT 验证试验

在 HALT 期间,故障会浮现出来。每个 HALT 激发出的故障都可以通过故障报告、分析和纠正措施系统(FRACAS)进行记录,或用其他形式记录故障(图21-10)。一些故障可以在腔室内时进行修复,其他的可能需要进行"临时的"修复,以便试验可以继续进行;通常,会将发生故障的部件移除掉,这些故障需要进行故障分析以确定其根本原因,找出所有故障的根本原因是HALT的要求之一。HALT完成后,要列出已识别的故障列表,以及引起故障的根本原因和应力。理想情况下,所有的故障都可以通过设计更改来修复,但是,这也并不是绝对可行的。每次设计变更都会带来相关的经济和进度影响,这可以通过与设计裕度、可靠性和首过合格率的提高进行权衡决策,引起这种变化所需的应力水平,可以在修复特定故障的过程中发挥作用。应该承诺所有故障都可以通过设计更改来修复,除非能够证明这样做是没有经济或商业意义的。

HALT 信息表　　　　　　　　　　　　第__页,共__页

组件号_____　修改:_____　S/N:_____
日期:____年____月____日　　　　　　　　责任人:_____
HALT 团队成员:_____

活动项目清单和纠正措施建议										
项目号	问题或担忧	原因	影响	T	G	V	S_f	RPN	建议的纠正措施	谁	时间	A

HALT 应力水平				
应力水平-建议的其他 (输入值)	设计极限 ( )	超出设计10% ( )	超出设计20% ( )	超出设计>30% ( )
权重因子(T、G、V)	10	5	3	1
振动应力:				
温度应力:				
电压应力:				

注意HALT指南中的任何说明:_____

说明:
T—温度(℃);G—振动(Grms);V—电压裕度水平;S_f—安全隐患;RPN—风险优先数;A—审查

图21-10　记录故障的HALT信息表

完成所有相关设计更改后,将进行最终的HALT验证试验,以验证设计更改的有效性,并确保没有在产品中注入新的故障。对多个设备进行验证试验是更

好的,但也可以在单个设备上进行验证;此外,HALT 验证试验不需要像原始的 HALT 一样严格,增加应力水平的增量会缩短试验时间。

最后,追踪 HALT 中开展的所有试验可能是很困难的,进行的试验类型很多,并且顺序可能会有所不同;另外,跟踪哪些单元是在什么时候试验的、试验设备故障和试验异常可能是具有挑战性的。制定一个表格来追踪这所有的活动,这将在以后编写 HALT 报告时起到至关重要的作用,图 21-11 中是一个表格的示例。

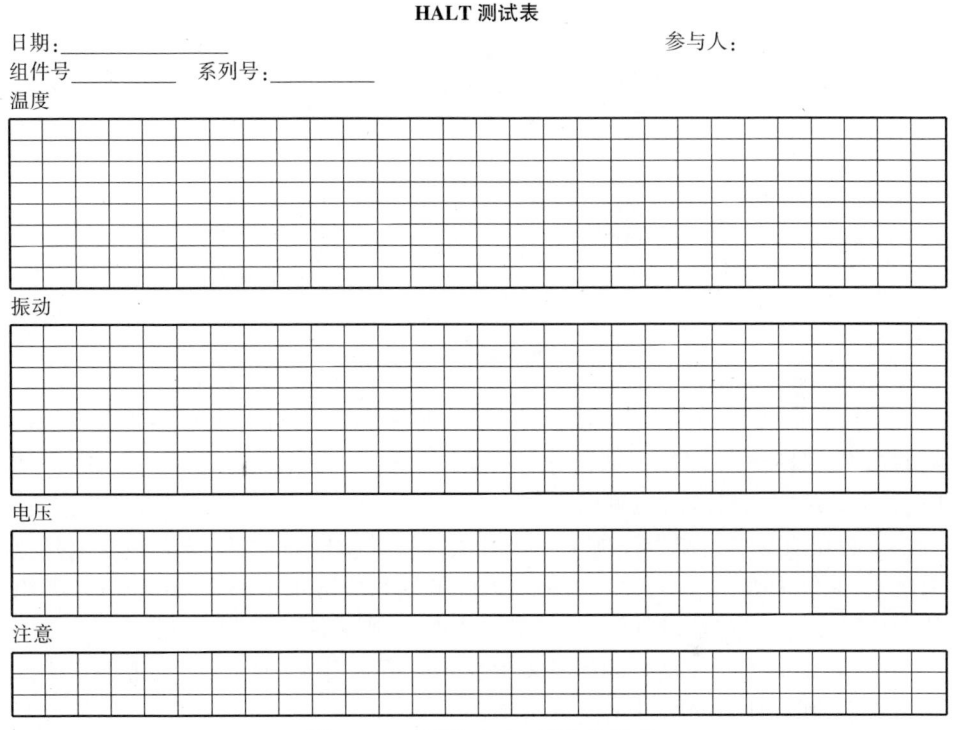

图 21-11　记录 HALT 试验的图表

21.3　剖面验证

在 HALT 试验期间,确定了产品的工作极限和破坏极限。HALT 极限确定了合适的高加速应力筛选(HASS)水平,该筛选将用于消除生产中的制造缺陷,HASS 在第 8 章中进行了详细的描述,HASS 对产品施加加速应力,从而激发与工艺相关的缺陷而产生故障。HASS 替代了传统的老化或其他形式的环境应力筛选(ESS),因为它可以更有效地消除工艺缺陷,并且对产品寿命的损害较小,一般来自老化的累积应力较小。

HASS 剖面由两部分组成：激发剖面和检测剖面。试验从激发剖面开始，激发剖面的应力水平低于破坏极限且高于工作极限，激发剖面会加速工艺缺陷直至故障（图 21-12）。需要确定应用于产品的 HASS 筛选水平，良好的温度应力水平为破坏极限的 80%~50%，初始振动应力水平为破坏极限的 50%。保持应力水平低于破坏极限很重要，否则可能会对好的产品造成损坏。激发筛选的目的是充分地损坏有缺陷的产品，以便其可以在试验中发现，当组件通过检测筛选时，不良的产品会被检测识别出来。

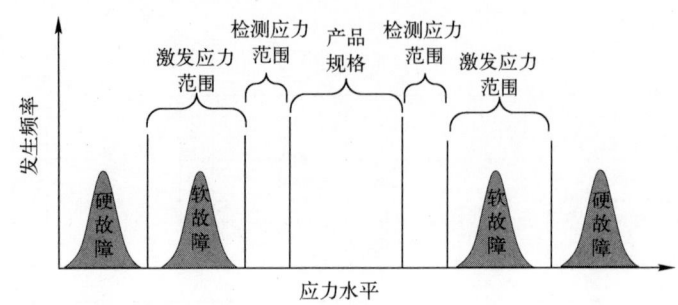

图 21-12　HASS 应力水平

在检测筛选期间，温度应力降低至低于软失效极限但高于产品技术规格极限的水平。HASS 计划配置通常很短，通常为 3~5 个激发周期，足以在客户使用、发生故障之前将故障检测出来。

检测和激发筛选作为一项工作来开展。激发阶段，将温度升高到软故障范围之上，但低于破坏水平；然后再将应力降低到软故障水平以下，此时"良好"组件的故障将恢复，这是检测范围；如果无法恢复，则表明已检测出缺陷。

HASS 剖面不能使良好的产品发生损坏或严重退化，通常，如果施加正确的应力水平，则有缺陷的组件将会以比良好的产品高得多的速率发生退化，从而可以轻松地把它们检测出来；HASS 剖面还必须足够严格，以便能够将工艺缺陷激发为故障。剖面验证（POS）用于确保 HASS 等级既不会通过消耗过多的产品寿命而损坏良好的产品，但又足以识别有缺陷的单元。

HASS 在产品上引起的环境应力，将会消耗产品的一些预期寿命，这是不可避免的；然而 HASS 筛选的目的是既要保证提供足够高的应力水平以激发出制造缺陷，又不能消耗过多的产品寿命。可以通过 POS 估算在 HASS 中消耗了多少产品寿命。

POS 过程会反复在一个良好的产品上重复 HASS，直到它失效为止。每个 HASS 剖面都会缩短产品寿命，反复施加 HASS 应力会导致产品以加速的速率连续退化，最终导致产品失效，因为应力会不断使产品退化，直到其出现耗损。如果花费20个HASS周期使产品无法运行,则估计每个HASS剖面都会消耗5%的产品寿命是合理的;如果仅经过4个HASS剖面后设备出现故障,则可以假定每次会消耗掉25%的产品寿命。在产品出现故障之前,没有确定的最小应力循环次数,一些企业希望至少20个周期内不会出现故障;另外试验应在足够大的样本量上进行,以确保考虑到正常的制造工艺变化。

另一方面,如果你将HASS试验运行100个周期而没有出现故障,则HASS应力水平可能设置得太低了。一些业内人员建议在进行POS时在产品中预置故障,以确定HASS试验在激发缺陷产品时是否有效,如预置故障电路板,需要有意地将已知的制造缺陷植入产品中,对产品进行HASS以确定能否在HASS试验中找出缺陷。预置缺陷的问题在于,很难植入如制造过程漂移或供应商变更所引起的能真实体现产品缺陷因素的预置缺陷。

21.4 高加速应力筛选

在HALT完成并执行了设计更改之后,将开展2次HALT,以验证设计修复的有效性,并确保在更新版本/重新设计中没有引入新的可靠性问题。HALT的输出之一是确定产品的工作极限和破坏极限,HALT的结果随后将用于建立HASS剖面,以筛选生产/制造过程。在HASS剖面可以发布用于生产之前,必须通过POS来验证HASS剖面的有效性,并确保HASS剖面不会损坏良好的产品或使之严重退化。该过程的输出是一个HASS剖面,该文件被发布到制造中进行早期生产,以帮助加速设计成熟,缩短达到具备大批量生产能力的时间,输出的生产阶段HASS剖面如图21-13所示。

	变量		HALT 硬故障	
	温度/℃	振动/Grms	温度	振动
开始/结束	20	0		
最小值	-40	0	-50	
最大值	80	30	100	60
检测 H	40	3		
检测 L	10	3		
热浸	20min			
冷浸	15min			
诊断运行时间	15min			
热速率	60℃/min			
传导率			40%	
总 GRMS 时间		1016		

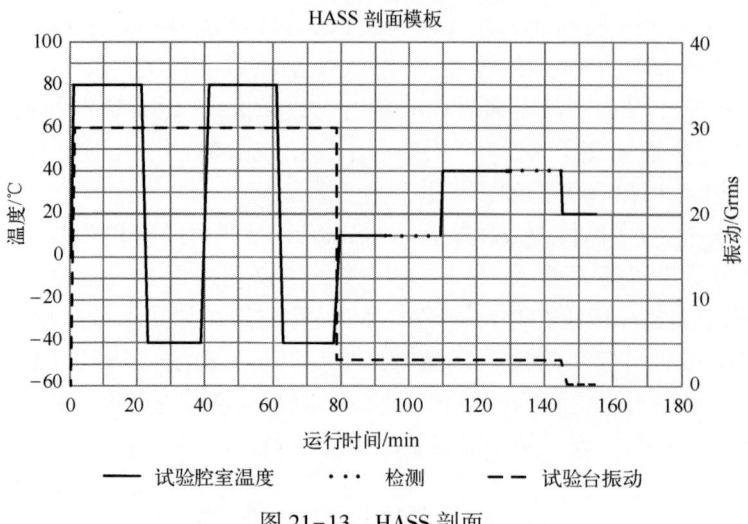

图 21-13　HASS 剖面

21.5　执行 FRACAS

上一阶段建立了 FRACAS。FRACAS 数据库是为用户的特定应用程序定制的,通常是购买或定制的软件程序,数据库的定制是 FRACAS 建立并通过考核上线应用的一部分。

随着产品进入设计验证阶段,将制造并测试原型机以验证产品的性能。在开发试验和设计验证期间,产品也会发生故障,经常会有非正式地处理这些故障,尤其是在开发阶段的早期,它们通常被记录在笔记本、纸上,有时修复后却根本没有任何的文档记录。把故障视为无关紧要的是目光短浅的,无论故障看起来多么微不足道,这些故障通常会在项目的后期重新出现,而那时的修复成本会更高。

FRACAS 可以防止这种情况的发生,一旦第一个原型机制造完成,FRACAS 便开始运转,从那时开始发生的每个故障都记录在 FRACAS 数据库中,将故障以及确定根本原因和采取纠正措施的活动记录下来,FRACAS 会跟踪解决故障的进展并指出新故障发生的频率,该信息将很好地表明设计成熟的速度或是设计是否仍处于不断变化的状态。

为了使 FRACAS 更加有效,识别故障的每个人都必须使用它。阻止设计人员在原型机研制过程中使用自己的系统记录故障,可能是一项艰巨的挑战。通过开展 FRACAS 数据库培训,可能可以解决该问题,再结合管理层的承诺,即所有设计人员都要使用 FRACAS 数据库记录每个故障,将可以确保成功。

21.6　设计 FMEA

在产品设计阶段,对每个子组件、电路板以及系统级进行了故障模式和影响分析(FMEA),完成该任务需要耗费大量的精力和资源,设计验证阶段的 FMEA 目的并不是重复先前的工作,而是对其进行补充。设计验证阶段的 FMEA 通过仅评估由于设计验证、HALT 和其他与设计相关的故障而导致的重大设计变更(ECO),来对先前的工作进行补充。对于简单的 ECO,如元器件数值变动,不需要进行 FMEA;而重大的 ECO 变化通常会导致新的电路板或机械布局,需要根据变化完善 FMEA。在设计验证阶段进行的设计 FMEA 仅解决已发生更改的问题,对整个组装不重复开展 FMEA,仅对设计所做的重大更改进行 FMEA 分析完善。对设计更改开展 FMEA 所需的时间要大大少于初始 FMEA 所需的时间。

21.7　风险问题闭环

在设计验证阶段结束时,产品已完成并准备上市,早先识别的高风险问题应在设计验证阶段结束之前闭环,不应存在尚未解决的高风险问题,无论这些风险是设计、制造、试验、供应商还是可靠性问题。任何未解决的高风险问题都表示其逃过了风险控制过程,每个高风险问题都有一个应急(备份)控制计划,该计划应在进入生产阶段之前解决风险问题,如果进入生产阶段之前尚未解决高风险问题,则需要应急控制计划。

需要将尚未解决的高风险问题进行升级,因为产品一旦投放市场,这些风险通常会成为代价高昂的问题,升级过程在设计验证阶段完成之前开始。升级首先是将问题提升到高级管理层,这些问题通常与风险的管理方式、解决问题所使用的资源类型或致力于解决问题的人员的技能有关。高级管理人员必须确定无法解决该问题的原因,并进行调整以解决此问题。

在设计验证阶段结束时,产品应该已准备好上市销售。

延 伸 阅 读

FMEA

S. Bednarz, D. Marriot, Efficient Analysis for FMEA, 1998 Proceedings Annual Reliability and Maintainability Symposium (1998).

M. Kennedy, Failure Modes and Effects Analysis (FMEA) of Flip-Chip Devices Attached to Printed Wiring Boards (PWB)} IEEE/CPMT International Manufacturing Technology Symposium, IEEE (1998).

M. Krasich, Use of Fault Tree Analysis for Evaluation of System Reliability Improvements in Design Phase, 2000 Proceedings Annual Reliability and Maintainability Symposium (2000).

K. Onodera, Effective Techniques of FMEA at Each Life-Cycle Stage, 1997 Proceedings Annual Reliability and Maintainability Symposium, IEEE (2000).

Prasad, S. (1991). Improving manufacturing reliability in IC package assembly using the FMEA technique. IEEE Transactions of Components, Hybrids and Manufacturing Technology 14 (3):452-456.

D. J. Russomanno, R. D. Bonnell, J. B. Bowles, Functional Reasoning in a Failure Modes and Effects Analysis (FMEA) Expert System, 1993 Proceedings Annual Reliability and Maintainability Symposium, IEEE (1993).

SAE Recommended Failure Modes and Affects Analysis (FMEA) Practices for Non-Automobile Applications, SAE (Reaffirmed 2012) https://www.sae.org/standards/content/arp5580/.

R. Whitcomb, M. Riox, Failure Modes and Effects Analysis (FMEA) System Development in a Semiconductor Manufacturing Environment, IEEE/SEMI Advanced Semiconductor Manufacturing Conference, IEEE (1994).

加速方法

H. Caruso, A. Dasgupta, A Fundamental Overview of Accelerated-Testing Analytic Models, 1998 Proceedings Annual Reliability and Maintainability Symposium, IEEE (1998).

M. J. Cushing, Another Perspective on the Temperature Dependence of Microelectronic-Device Reliability, 1993 Proceedings Annual Reliability and Maintainability Symposium (1993).

J. Evans, M. J. Cushing, P. Lall, R. Bauernschub, A Physics-of-Failure (POF) Approach to Addressing Device Reliability in Accelerated Testing of MCMS, IEEE (1994).

Lall, P. (1996). Tutorial: temperature as an input to microelectronics-reliability models. IEEE Transactions on Reliability 45 (1):3-9.

ESS

H. Caruso, An Overview of Environmental Reliability Testing, 1996 Proceedings

Annual Reliability and Maintainability Symposium, IEEE (1996).

H. Caruso, A. Dasgupta, A Fundamental Overview of Accelerated-Testing Analytic Models, 1998 Proceedings Annual Reliability and Maintainability Symposium, pp. 389-393 IEEE (1998).

M. R. Cooper, Statistical Methods for Stress Screen Development, 1996 Electronic Components and Technology Conference, IEEE (1996).

G. A. Epstein, Tailoring ESS Strategies for Effectiveness and Efficiency, 1998 Proceedings Annual Reliability and Maintainability Symposium, 37 – 42, IEEE (1998).

S. M. Nassar, R. Barnett, Applications and Results of Reliability and Quality Programs, 2000 Proceedings Annual Reliability and Maintainability Symposium, IEEE (2000).

HALT

J. A Anderson, M. N. Polkinghome, Application of HALT and HASS Techniques in an Advanced Factory Emdronment, 5th International Conference on Factory 2000 (April, 1997).

C. Ascarrunz, HALT: Bridging the Gap Between Theory and Practice, International test Conference 1994, IEEE (1994).

R. Confer, J. Canner, T. Trostle, S. Kurz, Use of Highly Accelerated Life Test Halt to Determine Reliability of Multilayer Ceramic Capacitors, IEEE (1991).

N. Doertenbach, High Accelerated Life Testing-Testing With a Different Purpose, IEST, 2000 proceedings (February, 2000).

General Motors Worldwide Engineering Standards, Highly Accelerated Life Testing, GM (2002).

R. H. Gusciaoa, The Use of Halt to Improve Computer Reliability for Point of Sale Equipment, 1998 Proceedings Annual Reliability and Maintainability Symposium, IEEE (1998).

Hnatek, E. R. (1999). Let HALT Improve Your Product. Nelson Publishing.

Hobbs, G. K. (1997). What HALT and HASS can do for your products. In: Hobbs Engineering Evaluation Engineering, 138. Qualmark Corporation.

Hobbs, G. K. (2000). Accelerated Reliability Engineering. Wiley.

Hobbs, G. K. (1977). What HALT and HASS Can Do for Your Products. Nelson Publishing Inc.

Joseph Capitano, P. E. (1998). Explaining accelerated aging, . Evaluation Engineering 46.

McLean, H. (1991). Highly Accelerated Stressing of Products with Very Low Failure Rates. Hewlett Packard Co.

McLean, H. W. (2000). HALT, HASS & NASA Explained: Accelerated Reliability Techniques. American Society for Quality.

Minor, E. O. Quality Maturity Earlierfor the Boeing 777 Avionics. The Boeing Company.

M. L, Morelli, Effectiveness of HALT and HASS, Hobbs Engineering Symposium, Otis Elevator Company (1996).

D. Rahe, The HASS Development Process, ITC International Test Conference, IEEE (1999).

D. Rahe, The HASS Development Process, 2000 Proceedings Annual Reliability and Maintainability Symposium, IEEE (2000).

M. Silverman, Summary of HALT and HASS Results at an Accelerated Reliability Test Center, Qualmark Corporation, Santa Clara, CA, 1998 Proceedings Annual Reliability and Maintainability Symposium, IEEE (1998).

M. Silverman, HASS Development Method: Screen Development, Change Schedule, and Re-Prove Schedule, 1998 Proceedings Annual Reliability and Maintainability Symposium; IEEE (1998).

Silverman, M. A. (n. d.). HALT and HASS on the Voicememo II^{TM}. Qualmark Corporation.

Silverman, M. (1998). Summary of HALT and HASS Results at an Accelerated Reliability Test Center. Santa Clara, CA: Qualmark Corporation.

Silverman, M. (n. d.). Why HALT Cannot Produce a Meaningful MTBFNumber and Why this Should Not be a Concern. Santa Clara, CA: Qualmark Corporation, ARTC Division.

J. Strock, Product Testing in the Fast Lane, Evaluation Engineering March, (2000).

Tustin, W. and Gray, K. Don't let the cost of HALT stop you. Evaluation Engineering 36-44.

第 22 章　软件测试和调试

软件发布前必须先经过测试。为尽可能有效地进行缺陷防护，应开展一系列按照顺序执行的阶段测试工作，首先开发者应对代码进行测试，然后将代码提交给软件质量保证组织（SQA）进行测试。开发测试包括了单元测试和集成测试，SQA 集中在系统测试，单元测试时对每个部件孤立地进行测试，集成测试对模块之间的交互部分进行测试，系统测试则对整个软件包进行测试。测试应按照下面的顺序进行：

单元测试→集成测试→系统测试

每一步测试完成后开始进行下一步测试，严格按照这个顺序完成测试比将顺序打乱效率高很多。单个部件首先完成测试，通过单元测试后再进行后面的测试，这样在发现集成和系统缺陷时确保单独模块之间不会互相影响。如果所有部件软件同时开始测试，很难对根源缺陷定位，这样做会浪费大量的时间去定位缺陷，这是非常低效的做法。

下面对不同类型的测试方法进行详细介绍。

22.1　单 元 测 试

单元测试从可以开展测试的最小代码块开始，根据不同的编程语言而不同，最小代码块可以是方法、功能，或者程序。单元测试的目的是在进行更高层代码测试之前确保低层的代码能正常工作；单元测试由软件开发者完成，完成后将代码送入代码库，在将代码提交给 SQA 组织之前需要完成单元测试。

通常，软件开发者会为测试他们的低层代码编写一段专用程序。单元测试和软件开发是一个相互迭代的过程，软件开发者编写产品代码、执行单元测试，然后发现代码错误、修复代码，最后一直重复这些过程直到通过单元测试。在很多情况下，单元测试甚至比编写产品代码更重要，有一种开发理论叫测试驱动设计，在编写代码之前写好所有的测试用例，这样开发者能更好地理解代码需求。需要被测试的产品代码通常称为"被测试代码"。

很多时候单元测试代码是简单易懂的，单元测试代码组成了需要的测试环境，执行"被测试代码"，并检查结果是否正确。单元测试经常遵循安排、执行、确认(AAA)的模式,在这个模式下,首先安排允许调用"被测试代码"的环境,然后通过调用"被测试代码"执行单元测试,最后单元测试通过运行"被测试代码",查看结果与期望的一致性来进行效果确认。断言是一项检验条件和行为是否与期望一致的功能,断言程序通常定义在一个库里,并通过包含头文件来使用,如图 22-1 所示。

```
For C:              "#include <assert.h>"
For .Net in         "using Microsoft.VisualStudio.TestTools.UnitTesting;"
Visual Studio:
For Java:           use "-ea" or "-enableassertions" on the Java command
```

图 22-1 "断言"功能可与合适的头文件配合使用

许多现代 IDE(集成开发环境)有内部支持或可用插件来创建、执行和开展单元测试,也有一些使用 IDE 之外的独立单元测试框架。几乎所有的现代软件语言都有 IDE 或单元测试框架支持。

可用的单元测试框架有很多,由于数量太多无法一一列出,但是下面的一些框架被广泛使用:

(1) Visual Studio 单元测试框架(正式名称为 MSTest)是一个针对 .Net 语言的单元测试框架,该框架集成在 Visual Studio 里;

(2) JUnit 是一个针对 Java 编程语言测试的开源单元测试框架;

(3) CppTest 是一个针对 C/C++编程语言的免费开源单元测试框架;

(4) Boost 测试库是一个针对 C/C++编程语言的免费开源单元测试框架;

(5) 谷歌测试(aka GTest)是一个针对 C/C++编程语言的免费开源的单元测试框架。

在许多情况下,被测试代码引用它之外的系统部件,在这些情况下,单元测试必须使用一个叫模拟的技术,这些外部引用通过单元测试代码模拟,有许多不同的开源的或商业的模拟工具可以完成此任务。在某些情况下,外部引用的内容太广泛,很难对其进行模拟,在这种情况下,单元测试可能不适用于被测试代码,此时单元测试只能通过其他技术完成。

由于单元测试就包含在产品代码里,所以可以很容易自动执行。因为可以自动执行,所以这些测试会更完整可靠,自动执行确保每一个在测试-修复-再测试的循环中完成所有单元测试。人工执行单元测试有可能会在代码更改后遗漏需要测试的代码,从而增加代码更新后引入未检测错误的风险。

单元测试代码就像产品代码一样,应该进行彻底、有效并准确的复查。

22.2 集成测试

集成测试也是开发测试的一种，它用来检查不同的单元组合起来是否能正常工作，当测试软件与硬件对接时进行集成测试尤其重要。通过单元测试后进行集成测试，独立的单元测试代码通过模拟外部部件来对其仿真，集成测试只对两个软件单元之间或者软件和硬件部件之间的交互界面开展；集成测试应先尝试完成两个独立的集成部件之间的测试，像单元测试一样，为了隔离测试用例，应将受测试部件之外的所有变量、功能、部件先模拟出来。

有几种不同的方法来执行集成测试，这些方法包括了自上而下、自下而上、"大爆炸"、"三明治"等。对软件设计来说最好的实践就是将其分层化，通过自上而下的方式，集成测试从顶层开始然后向下层持续开展，一直到所有层次的测试都完成。而自下而上则是相反的过程，从最底层开始然后向上开展测试。"三明治"的方式是自上而下和自下而上同时开展，然后两个测试在中间的某一层汇合。而"大爆炸"测试则是将所有部件、层次的测试集成在一起同时开展测试。

我们强烈建议应尽量避免使用"大爆炸"方式开展测试，因为集成和所有部件的测试可能会效率极低，这样做很难对故障进行定位；当仅有两个部件进行测试时，很明显，故障只可能出现在两个部件中的一个或者两者都有，而不会出现在除此之外的其他地方。

开展硬件或软件项目时，建议从软件的底层开始集成，此处的软件会与硬件产生交互；由于通常情况下修复硬件故障比软件故障要花费更多的时间和成本，因此，在项目尽可能早的时候开展软件和硬件的集成测试效率最高，这样可以给予开发者充足的时间去修复所有发现的硬件缺陷。

如果软件非常大，且软件团队人员足够多，通过"三明治"方式开展集成测试可能是最有效的，因为不同的集成测试可以并行开展。

22.3 系统测试

系统测试关注整体的软件需求和特性，它们将软件看作一个完整的包进行测试。在执行完所有的单元测试和集成测试后，由 SQA 工程师开展系统测试。不建议在单元和集成测试完成前开展系统测试，这是在浪费时间，因为此阶段的软件中可能有太多的缺陷，这样 SQA 工程师无法取得明显进展。

针对指定的每种需求、特性或者用户案例，系统测试计划应该有一个或者多个测试用例。在系统测试中一个很典型的情况是：每个特性都有自己的、带有多个测试用例的测试计划。

在一个含有软件和硬件的产品里，系统测试需要在实际的硬件中执行，如果硬件能够通过多种方式配置，那么整个系统的测试计划应该包含在每一种配置下的测试。不是需要所有的系统测试案例都在所有的硬件配置下运行，但是整个系统的测试计划必须覆盖所有需求，且每种配置必须执行足够充分的测试用例，以使我们对产品在每种配置下都能工作具有信心。

系统测试应确保集中在测试集成系统的特性上。测试人员首先想到的是对用户可见的功能进行测试。对于一些产品，有两种类型的功能应包含在系统测试里，它们是性能和可扩展性测试；性能测试验证的是集成产品能否在要求的速度下工作，根据产品的不同，可能包括吞吐量、用户界面响应时间或切换画面处理时间等测试验证。

和性能测试相关的是可扩展性测试。可扩展性测试验证产品能否达到要求的最大配置。可扩展性测试包括了如支持最大用户数量、最大数据量、最大连接节点、最大内存、峰值性能、最多显示系统数量等功能的测试验证。可扩展性测试通常用来确定最大系统可支持规模。

可扩展性和性能测试通常组合起来表征系统扩展至上限时对性能的影响，典型特征的系统抽样测试计划如图 22-2 所示。

测试名称		障碍反馈系统测试							
SQA 工程师		D. Smith							
批准人		J.Jones							
批准日期		2018-01-23							
计划矩阵									
1	全部测试用例	5							
2	已执行的测试数	1							
3	通过的测试数	1							
4	待运行的测试数	4							
测试序号	要求/特征	测试名称	前提条件	测试步骤	期望结果	执行日期	结果(通过，未通过)	缺陷记录
1	阻止前进方向	右转	机器人向前移动	前方放置障碍物	右转 90°	2018-2-14	通过	
2	阻止前进及右转	左转	机器人向前移动	前方和后方放置障碍物	左转 90°			
3	阻止前进、左转及右转	U 形转弯	机器人向前移动	前方、左侧和右侧放置障碍物	方向相反，转 180°			
4	阻止所有的运动方向	紧急停止	机器人向前移动	四周放置障碍物	停止，蜂鸣			
5	传感器报错	传感器故障报警	机器人向前移动	传感器连线断开	停止，LED 灯亮			

图 22-2　抽样测试计划

22.4 回归测试

回归的意思是退回到之前落后的状态。在软件中,回归特指由工作状态返回到非工作状态,当代码发生改动后在工作代码中引入了新缺陷时会发生回归,通常情况下,由于软件缺陷造成的工作代码的中断就称为回归。

所有优秀的软件都是由许多不同的单元相互配合才能正常工作。正如在单元测试部分提到的,单元测试并不足以充分地证明软件系统能作为整体正常地工作。所以,开发者对代码进行了修改,这些修改使其通过了单元测试,但同时也在系统的其他地方引入一些东西。因此,有必要开发出完整的回归测试套件来确保没有在整个软件系统中引入任何回归,而且软件测试套件应该是能自动执行的;人工执行测试套件模式是枯燥的、劳动密集的并且容易出错的,自动化的回归测试套件可以频繁地运行。

单元测试为构建一个好的回归测试套件提供了基础,单元测试代码应该能集合起来当作回归测试的部分来执行。建议每次新软件开发出来时都应该执行一次回归测试,这样可以尽早地发现回归并对其进行修复,回归测试和系统测试应该自动执行并且也包含在系统测试套件里,仅仅单元测试不能够发现所有缺陷。应该对添加到回归测试套件中的测试进行选择,以确保对整个软件系统的覆盖范围足够宽。尽管很难,但应尽可能让每一个测试都能自动执行并放入回归测试套件里。但是把每一个测试都放入回归套件里也是不实际的,首先,不是所有的测试都能实现自动执行;其次,回归测试套件执行的速度应该相对快速,这样能给开发者及时的反馈,并避免妨碍后续的软件构建。如果回归测试执行需要一天或者更长时间,开发者可能无法快速地修复可能由他们引入的缺陷;反过来,当其他开发者由于系统故障而延误工作,导致他们无法在工作上取得进展时,最终生产力也下降了。

常用的解决方式是拥有两个不同的回归测试套件:一个套件应该包含测试的策略子集,用于周期较短的回归测试,该子集可以频繁运行,但仍能够提供足够的总体覆盖率,这通常称为冒烟测试(smoke test);另一个回归测试套件应该更加完整,同时运行的频率更低。冒烟测试套件可能在每一次软件构建时都运行,而完整的回归测试套件可以每天运行一次,如在夜间,甚至每周运行一次,可能在周末期间运行。

随着软件的持续开发,测试套件中的测试数量也继续增长,这导致测试套件可能需要花费大量的时间完成测试。为了保证测试套件尽可能高效,每个测试都应该阶段性的检查并删除一些不必要的测试。比如,永远都不会执行失败的测试就应该删除;同样,总是发生错误的测试也应该修复或者删除。

22.5 安 全 测 试

安全测试主要分为 3 种类型:漏洞扫描、渗透测试和静态代码分析(SCA)。漏洞扫描在将要部署产品的系统内部运行;渗透测试在产品和系统外部运行,漏洞扫描和渗透测试之间通常有很多重叠部分;静态代码分析在代码库上运行。可以通过漏洞扫描和安全扫描在系统上运行来识别已知的漏洞和风险,这里使用的术语系统定义为计算机、操作系统和网络,一些工业团队组织研究和发布了一系列的已知安全漏洞列表,这些团队包括了国家网络安全和通信中心(NCCIC)、CERT 的软件工程部。卡内基-梅隆大学的研究所(SEI)和 OWASP(开放 Web 应用程序安全项目)的许多安全性机构都开发了漏洞扫描软件来检查这些组织发布的已知漏洞。漏洞扫描可以发现软件运行系统的已知问题,但这些软件工具无法发现自身的安全漏洞,然而,如果平台本身不安全,也就无法保证产品是安全的。渗透测试是安全测试的一种,通过模拟外部攻击来确定软件或系统是否会被破坏或利用。渗透测试通过对产品进行攻击实现对它的测试,这项工作通常由外部团队开展。渗透测试人员利用产品的一些漏洞进行测试,而这些漏洞可以由前面提到的漏洞扫描工具识别出来,所以,应该在执行渗透测试前先执行漏洞扫描并将其闭环;不像漏洞扫描仅关注特定的已知安全风险,渗透测试能够发现由代码本身引入的新漏洞,渗透测试者使用商业和免费的工具来发起攻击。SCA 是用来查找特定类型的代码错误的工具,通常,它们通过自动的方式完成代码审查。SCA 工具通常能够执行一系列规则,使用这些规则能发现特定类型的代码错误,包括已知的安全代码错误,SCA 可以在源代码上运行以增强代码审查能力。有效地执行 SCA 工具需要花费大量时间,但是 SCA 工具不仅能发现安全漏洞,还可以改善代码的整体质量。有许多可以开展安全扫描的工具,一些安全测试中常见的工具如下。

1) 漏洞和安全扫描、渗透测试工具

(1) Aircrack-ng,http://www.aircrack-ng.org。

(2) Burpsuite,https://portswigger.net/burp。

(3) OWASP Zed Attack Proxy (ZAP),https://www.owasp.org/index.php/OWASP_Zed_Attack_Proxy_Project。

(4) Nessus,Tenable,https://www.tenable.com/products/nessus/nessus-professional。

(5) Nexpose,Rapid 7,https://www.rapid7.com/products/nexpose。

(6) Nmap,https://nmap.org。

2) 静态代码分析工具

(1) Coverity,Synopsys,https://www.synopsys.com/content/dam/synopsys/sig-assets/datasheets/SAST-Coverity-datasheet.pdf。

(2) Flawfinder,open source,https://www.dwheeler.com/flawfinder。

(3) .NET Security Guard,open source,https://dotnet-security-guard.github.io。

(4) Parasoft,http://www.parasoft.com。

(5) SonarQube,https://www.sonarqube.org。

22.6 测试用例创建指南

所有类型的测试(单元测试、集成测试和系统测试)都应该包括一组测试用例,测试用例描述了输入、期望输出以及它的行为。所有的测试套件必须包含一组测试用例,用于对以下情况进行测试:

(1) 对正常执行过程测试。测试用例能提供合法的输入并验证正确的结果。

(2) 测试边界条件。很多时候当发生缺陷时,系统或部件的使用者提供的输入也恰好在软件可接受值的边界处;这些测试用例在合法输入值的限制范围内提供输入,这应包括在可接受的输入条件下合法和不合法的测试用例。

(3) 测试错误条件。测试软件能够处理非法使用或输入。错误条件的预期结果可能显示错误信息、错误恢复或错误处理功能等。通常,软件系统的很大一部分代码被设计用来处理错误条件,如果错误条件未被测试,软件就很有可能无法正常工作。

除此之外,以下类型的测试用例也应该包含在内:

(1) 性能测试。软件测试很重要,所以需要开发测试用例,对软件作为一个整体而言是这样的,对子系统部件也是同样的。

(2) 可用性测试。一个差的用户界面可能导致一个完美的软件系统不可用,一个好的用户界面,应能实现用户的可用性测试,这些通常是在需求和设计开发阶段执行。

(3) 寿命测试。某些类型的软件缺陷无法在短时间测试运行迭代中发现,循环运行的测试套件可能运行时间较长,比如持续几天的测试,可以发现不易发现的缺陷,又比如,内存泄漏仅通过几次测试可能无法发现,但是足够多的测试就会暴露出来。

(4) 探索性测试。SQA 工程师使用无脚本的测试方式来发现在特定的使用事件序列和软件状态下才暴露的问题。

为满足充分的测试要求,每种类型的测试都有充足的测试用例。很难给出一个充分满足要求的测试用例的统一数字,但应该进行分析并确定每种类型的测试需要多少测试用例可以覆盖所有的测试剖面。审查代码的覆盖率指标可以作为判断是否有足够的测试用例的输入,但是也应该清楚,代码覆盖率本身并不能充分的确定测试是否已经很完备了。

22.7　测 试 计 划

每一个类型的测试用例都应该写入测试计划中,根据软件项目的规模大小不同,应该有多个测试计划。每个部件应该有自己的单元测试计划,每组需要集成在一起的部件应该有集成测试计划,应该有一个或多个记录系统测试用例的系统测试计划,同时应针对每一个性能指标编写一个系统测试计划;同样,性能和可用性测试应该包含在有测试用例的测试计划中。创建测试计划主要有以下4个好处:

(1) 测试计划可以并且需要进行审查。它提供了一个机制:能够确保测试用例的包含范围足够广,能够充分地覆盖所有需要测试的代码;同时它也能检查单独的测试用例是否正确,并能按预期的功能进行实际测试。

(2) 测试计划里包含了对测试完成情况的跟踪。每完成一个测试用例,测试计划里的状态就应该更新,通过创建和跟踪测试计划,确保软件测试中的所有步骤确实已执行并通过。

(3) 测试计划提供了从需求到测试全过程的跟踪。

(4) 在未来一段时间的测试循环中,通过反复进行测试来创建一个点对点(apples-to-apples)的比对。

测试计划并不需要特定的格式,只需要尽量简单的在一个文档文件或电子表格中列出来就可以。测试计划一旦编辑好,它应该符合下面几个特性:

(1) 测试计划应该能检查计划中所包含的所有代码;

(2) 每个测试用例都应该包含关于测试用例的描述,以及它对什么进行测试;

(3) 每个测试用例都应该记录测试相关的信息,如用例何时被执行,结果如何,是否发现任何缺陷。

对每个执行的测试用例,相应测试计划中的记录应该更新执行的时间和结果,可以用诸如通过或不通过之类的简单符号来记录结果,无论结果通过还是不通过都应该留有记录。性能测试用例可以包含测试用例的执行时间。

软件发布到终端用户之前,测试计划应该完成审查并确认所有必要的测试用例都成功的执行并已通过。

22.8 缺陷隔离技术

通过仿真可以验证体系结构假设、系统模型性能,以及硬件故障不可用时的软件测试,本节只集中讲最后一部分内容:使用仿真硬件对软件进行测试。在工业文献中,使用仿真硬件对软件进行测试常常称为软件在环(SIL)和硬件在环(HIL);SIL 和 HIL 技术最初起源于航空和自动化工业,SIL 和 HIL 的区别在于 HIL 能更加充分地对底层电路进行仿真,通常需要借助于定制硬件上运行的仿真。软件仅对硬件系统的一部分内容仿真,比如硬件接口,也称为模拟。本节,我们不区分仿真和模拟两个词的概念区别,仅使用仿真代替。

仿真并不能取代对真实硬件的测试,软件也无法通过仿真的硬件来完成全面的测试。但是使用仿真硬件来测试软件有以下几个好处:

(1) 通过硬件仿真测试的方式能提高软件开发者的工作效率。通常,硬件不可能很快获取到,即使有也无法提供足够多的硬件供所有的软件开发者测试用。因此使用仿真测试可以去除对硬件模块的依赖,使软件开发者更高效。

(2) 通过仿真硬件测试软件,创建一个可重复确定性测试的条件,以便在软件上频繁地运行回归测试。通常适合回归测试环境的硬件可能不够充足,在开发周期的早期,可用的硬件可能不够可靠,无法满足可重复结果的运行。

(3) 通过仿真硬件测试软件,可以用来隔离一些难以识别的故障。在集成系统时,尤其是同时包含有软件和硬件的系统,通常很难确定系统中给定缺陷的根本原因,它有可能存在于软件或硬件中,也可能存在于它们的接口中;当要将未完成充分测试、还不成熟的软件和硬件进行集成时,更无法确定缺陷的根本原因。在这种情况下,整个系统可能会非常不稳定,以至在跟踪问题时造成极大的生产力损失。在集成前对软件进行单独测试(不需要硬件),可以更快、更轻松地进行集成,并可以更快地进行故障识别。

(4) 对于真实的硬件,很难对难以诱发的硬件错误情况进行软件处理测试。仿真硬件提供了一种机制,通过注入仿真故障来测试软件的错误处理代码,当尝试去测试处理危险和危害状况的代码时,此方法尤其有用。如运用该软件处理车祸、右侧喷气发动机熄火或飞机跑道等事件,在实时集成系统中测试这些类型的情况是非常困难的,甚至是不可能的,当然也非常昂贵。出于这个考虑,航空和汽车行业采用并推广了使用仿真硬件来对软件进行测试。

仿真应该分不同级别,针对不同的级别有不同的创建仿真的方法。仿真的类型和创建仿真的方法取决于需要仿真的硬件类型和硬件开发团队的验证实践,硬件仿真的范围从几乎完整的仿真行为到部分行为,再到简单的环回仿真。

如今硬件团队开发 FPGA 和专用集成电路(ASIC)时,都是创建完整的仿真模型来对其功能进行硬件设计验证(DV)。有许多可用的工具来创建仿真或者生成 C 语言代码以及 HDL(硬件描述语言),像 Altera、National Instruments、Mathworks、Synopsys、Cadence 和 Xilinx 都提供工具生成各种各样形式的仿真。也有一些硬件团队并不是通过现成的工具来生成代码的方式,而是通过自己开发代码来验证其实现。如果硬件团队已经在为设计验证创建仿真环境,则可以对其进行修改以用于测试软件。

直接使用原本为验证硬件设计而开发的完整而全面的仿真工具来测试软件的一个弊端是:执行这些仿真可能会花费很长的时间。对硬件采用软件仿真可能花费比真实硬件多 1000 多倍的时间,真实硬件中花费几毫秒的时间,在软件仿真中可能花费几秒钟或者更多的时间;使用完整硬件仿真的软件用例可能无法实时运行,软件的运行时间可能要数小时甚至数天。尽管通过软件来仿真会花费大量时间,如果可以获得完整的软件仿真,通过软件去验证硬件功能仍然是有效的验证方式,这使得在没有硬件时能够对软件进行比较完整的测试,这种情况经常发生在硬件开发远远落后于计划时。

由于完整的执行硬件仿真时间太长,在日常软件测试和回归测试中使用不太现实,对于这种频繁使用仿真测试的情况,建议使用环回仿真。环回仿真指开发软件来对硬件接口仿真,通过调用接口来返回一个预先编好的值,这可以是专门为接口编写的或硬编码的值;不像之前讲过的完整仿真,环回测试无法让软件模拟真实的硬件行为,但是它确实提供了在没有可用硬件的情况下对软件进行大量测试的能力。环回仿真具有足够快的执行时间,可以进行频繁的测试;环回仿真还使测试某些类型的硬件错误变得非常容易,如挂起的硬件、超时及不正确的结果等。

通常软件团队根据已发布的硬件接口特性创建环回仿真,通过创建和使用环回仿真从而得到产品在质量上的提升是非常值得的。软件验证团队创建环回仿真是一项渐进的工作,其中开发回波类型的模拟器只占软件验证总工作量的百分之几。一旦模拟器开发完毕后,它们会有多个用途。模拟器可以在开发的同时进行仿真,以允许开发人员在交付之前测试其代码;应进行自动化的回归测试,以确保随后的代码交付不会发生二次破损。开发人员测试和回归测试应该是轻量级的仿真,比如环回模拟器;而系统集成测试计划应该包含针对完整的硬件仿真运行的集成软件,系统集成测试应针对可用的最完整的硬件仿真进行。

使用仿真进行测试时,测试用例应该包含仿真正常的硬件行为,也包含对不同的错误状态的仿真；在与实际硬件集成时，使用具有仿真硬件的测试软件可以更早地发现缺陷和更好地识别缺陷位置。

22.9　检测和日志

调试软件往往是一个挑战，在没有充足的信息时调试软件更是难上加难。检测代码以便生成状态日志，可以提供查找缺陷的根本原因所需的很多信息；在一些情况下，日志可能是软件调试的唯一方法，当尝试调试嵌入式系统或现场发生的问题时，通常会如此。

通常，最好是有两种不同的软件版本，其中一个版本装有调试代码，而另一个则不装。持续执行调试代码会降低软件的运行速度，即使在性能不是短板的情况下，仍然需要对调试文件进行管理，因为它们能轻易地占满文件系统。代码通常包含条件编译的日志语句。构建软件时同时构建调试和非调试两个版本，甚至有必要在多个级别的调试代码中记录或多或少的内部软件状态详细信息；当软件需要部署在受主动监视的环境里（如网络），应能实时记录所有的错误信息日志，而非仅记录调试信息。最起码，所有的方法或函数都应该记录以下信息：

（1）方法或函数执行的时间戳；
（2）传递给方法或函数的参数值；
（3）方法或函数退出的时间戳；
（4）方法或函数退出的参数值和返回值；
（5）方法和函数执行中的错误。

每一个日志信息都应该包含一个优先级。系统日志协议标准（RFC 5424）包含了对日志信息优先级的定义。它们是：

（1）紧急：系统不可用。
（2）警报：必须立即采取行动。
（3）重要：重要状况。
（4）错误：错误状况。
（5）警告：警告状况。
（6）注意：正常但又重要状况。
（7）信息：信息消息。
（8）调试：调试信息。

包括方法和函数的变量值、私有变量值、全局变量值也会被记录下来，大多数记录下来的日志消息是包含"信息"或"调试记录"，所检测代码（不完整）的摘要类似于图 22-3。

```
// int ChangeOrientation(int angle)
// changes the robot's orientation by some angle
// angle = 0 to 360 degrees
// returns success or and error code
// see enume for return values

enum return_code {Success, illegal_angle, Rotation_Failure};
enum priority {Emergency, Alert, Critical, Error, Warning, Notice, Informational, Debug};

int ChangeOrientation{ int angle }
{
    int rc;
    double wheelAmount;

    //debug log retate() entry
    #ifdef DEBUG
    log(Debug, get_system_time(), id->sin_addr, "enter ChangeOrientation(), turn angle = %d", angle);
    #endif /* DEBUG */

    //check that angle is legal, must be between 0 and 360
    //if the angle is 0 or 360, then do nothing
    if (angle >0 && angle <360) {
        //calculate how much to turn the wheels
        //if left turn   (i.e.angle is > 180) then calculate negative turn value
        if (angle <= 180)
            wheelAmount = (angle/360) * ((trackWidth * PI)/wheelCircumference);
        else {
            angle -= 180;
            wheelAmount = (angle/360) * ((trackWidth * PI)/wheelCircumference);
            whieelAmount * = -1;
        }
        //PointTurn() does a point turn where
        //the left wheel turns forward and the right wheel turns in reverse by wheelAmount
            rc = PointTurn(wheelAmount);

        //handle failure of PointTurn()
        if (rc > 0) {
            log(Error.get_system_time(), muTpAddr, "PointTurn() failed with error %d", rc);
            return Rotation_Failure;
        }
    } else of (angle <0 || >360){   //if angle is illegla, log it and turn a failure
        log(Error, get_system_time(), id->sin_addr, "illegal angle specified %d", angle);
```

334

```
        return illegal_angle;
    }
    #ifdef DEBUG
    log(DEBUG, get_system_time(), if->sin_addr, "exiting rotate() successful-
ly");
    #endif /* DEBUG */
    return Success;
}
```

图 22-3　日志代码取样

如果检测正常,执行软件的调试版本可以记录软件操作的一系列时间戳,这可以提供有效信息让开发者了解什么时间或者哪里发生了故障,调试代码记录片段示意如图 22-4 所示。

```
< 7 > Mar 12 12: 27: 00.003 198.162.1.33 SensorCheck ( ), forward sensor:
obstruction identified
<7> Mar 12 12:27:00.003 198.162.1.33 SensorCheck(), right sensor: clear
<7> Mar 12 12:27:00.003 198.162.1.33 SensorCheck(), calling ChangeOrientation(90)
<7> Mar 12 12:27:00.004 198.162.1.33 enter ChangeOrientation(), turn angle=90
<7> Mar 12 12:27:00.004 198.162.1.33 enter PointTurn(), wheelAmount=0.5
<7> Mar 12 12:27:00.006 198.162.1.33 PointTurn() exiting successfully
<7> Mar 12 12:27:00.006 198.162.1.33 ChangeOrientation() exiting successfully
<7> Mar 12 12:27:00.007 198.162.1.33 SensorCheck()    exiting successfully
```

图 22-4　部分日志文件

对所有的软件组件来说,日志文件应该有通用的格式,这样所有的日志文件更容易阅读和解释。相反,如果每个软件组件都有它自己的格式,那么在分析日志查找问题的根本原因时,则需要花费更多的时间去理解软件流程。

日志文件格式应该设计成能够使用自动化工具来分析的日志。在大多数情况下都有日志格式的标准,如很多分析工具已经含有系统日志,尽可能利用这些工具可以让开发者和调试者的工作都变得更加轻松。例如,不仅有大量开源代码和现成的工具可用于分析系统日志文件,还有许多操作系统包含了格式化、存储或发送系统日志消息的实用程序。在一些情况下,如计算机网络中,假设所有日志都使用一个统一的标准(计算机网络中是系统日志和 SNMP),该标准可以将所有的组件集中管理。近年来,多个行业都出现了一些用于监视和跟踪设备工作情况的新标准,比如正在兴起的应用于自动化工厂的设备和传感器的标准(用于 Factory 4.0 的 YDI 5600)。如果希望将产品部署在更多的环境下,最好使用已存在的适用于该环境日志协议、格式的标准。

延 伸 阅 读

J. Engblom, G. Girard, B. Werner, Testing Embedded Software using Simulated Hardware, ERTS Conference 2006, 2006.

Gerhards, R. (2009). RFC5424 – The SyslogProtocol. IETF Trust.

Junior, J. C. V. S., Brito, A. V., and Nascimento, T. P. (2015). Verification of embedded system designs through hardware – software co – simulation. International Journal of Information and Electronics Engineering 5 (1).

King, P. J. and Copp, D. G. (2008). Hardware in the loop for automotive vehicle control systems development and testing. Measurement and Control Journal 39 (1).

Kohl, S. and Jegminat, D. (2005). How to Do Hardware-In – The-Loop Simulation Right. SAE International.

The CERT Division of the Software Engineering Institute (SEI), https://www.sei.cmu.edu/about/divisions/cert/index.cfm

The Open Web Application Security Project, https://www.owasp.org

The National Cybersecurity and Communications Integration Center's (NCCIC), https://www.us-cert.gov

第 23 章　应用软件质量程序

当理解了所有的技术后,软件组织就可以整合它们从而开发高质量的软件。有两种通用的开发过程供开发组织选择,第一种是软件开发过程,第二种是组织实施持续改进过程。软件开发过程是指为实现高质量的软件项目而执行的一系列标准或技术。开展面向组织的持续改进程序使得软件在版本更迭的同时质量也得到了提升。

一个项目过程大致有 7 个要素:
（1）开发需求,包括质量目标;
（2）规划项目大小;
（3）创建一个缺陷运行图显示软件中违背质量目标的内容;
（4）使用故障模式和影响分析、复查、检查、防御型编程技术来避免引入缺陷;
（5）使用不同的测试技术来发现缺陷;
（6）在项目中对缺陷评估,及时更新缺陷运行图;
（7）使用缺陷运行图确定何时实现软件的质量目标。

上面描述的通用过程可以用于瀑布式和敏捷两种软件寿命周期的开发。在瀑布式寿命周期中,活动路线图可以简洁地引入到项目的不同阶段,在敏捷开发过程中,这些活动中的每个都可以在冲刺过程中使用。但是,在敏捷开发过程的两个冲刺之间,可以开展一些开发活动来对项目进行"回顾",或者将这些开发活动应用到整个开发过程中。例如,每一次冲刺都包含项目调整、需求修改、审查、代码检查和测试等;每一次冲刺都需要应用缺陷运行图来跟踪本次冲刺的质量。同时,缺陷运行图也可以应用于整个开发过程,而不仅仅是本次冲刺;如果每一个冲刺版本都要提交给客户,那么最好是每次冲刺都能包含有缺陷运行图。另外,应该使用最新的开发版本或接近提供给客户的发布版本应用质量程序。同样,过程改进方法如根本原因分析(RCA)法和 FMEA 法适合在两个冲刺之间实施,因为这些方法实施起来一般需要几天才能很好地发挥作用,所以最好将他们应用到整个开发过程中即各个冲刺之间,来作为整个过程改进程序的一部分,或者使用敏捷改进机制创建"用户故事",并在不同的冲刺之间实施如 RCA 和 FMEA 等方法。

长期质量改进过程应该遵循以下几点：
（1）使用逃逸缺陷率为软件设定质量目标；
（2）对每一个发布版本测量逃逸缺陷率；
（3）在发布版本之间（或在一次发布期间，但不影响项目进度），使用分析技术如 RCA 和 FMEA 来确定技术、培训和过程的薄弱环节；
（4）解决前一步工作识别的薄弱环节；
（5）重复此过程。

23.1　使用缺陷模型创建缺陷运行图

从最简单类型的缺陷模型开始做起，此类模型仅能估计缺陷总数。为了创建这个简单的模型，通过代码行（LOC）尺寸估算值乘以缺陷密度估算值来计算预计要注入项目的缺陷数量。

使用开发团队之前测量的缺陷密度数据进行此计算是最准确的，如果组织还没有相关数据，可以查看 9.3 节讨论缺陷密度使用的工业数据：如对低级语言，每 KLOC 中 10 个缺陷；对高级语言，每 KLOC 中 20 个缺陷。在项目开发过程中，缺陷不会以稳定的速度注入；项目的每个活动中都会注入缺陷，比如在需求开发、设计、编写代码甚至修复其他缺陷时；缺陷可以通过审查、代码检查、各个测试活动发现。通常，大多数缺陷在编写代码时注入，并在测试期间能发现和修复。一个非常复杂的缺陷模型可以估计项目过程中注入、发现和修复的故障数，甚至可以将在给定时间点上开发、测试和修复代码的工程师的数量等因素考虑在内。对于刚开始使用缺陷运行图的组织来说，创建一个简单的燃尽图就可以充分地描绘预期缺陷的总数，以及通过缺陷运行图寻找缺陷的进展（见 9.5 节）。

23.2　使用缺陷运行图确定是否已经达到质量目标

软件开发过程中所有缺陷都必须记录下来，包括审查、检查和开发测试以及通过传统软件质量保证（SQA）发现的缺陷；同样，每一个被修复的缺陷都要记录下来，精确的缺陷数量对确定软件是否满足质量目标、是否具备发布条件是一个关键的因素。

发现和修复缺陷数量用于对缺陷运行图进行更新。缺陷运行图的更新速度随着所使用软件开发寿命周期的类型不同而不同；在一个长的瀑布式项目中，每周更新一次缺陷运行图就足够了。在一个敏捷开发过程中,迭代周期比较短,所以最好是每天对缺陷运行图进行更新。

缺陷运行图分为 Burn-up 和 Burn-down 两种类型。Burn-up 燃尽图是一条直线,它显示了该产品型号已发现的缺陷数;Burn-down 燃尽图显示通过逐渐减少的"开放缺陷数"来逐步逼近质量目标所确定的"允许缺陷数"。这两个对于采取管理措施确保软件达到其质量目标来说都是很有用的。

当发现的缺陷未达到预测的缺陷数,或者目标的开放缺陷没有如预期减少或增加时,需要重新检查并判断是否需要执行缺陷控制措施;在部署控制措施前应检查数据并判断缺陷是否和预测一致,会存在不一致的情况,如表现超过预期,那么对应不一致,有一系列的因素和若干的控制措施。

发现和修复缺陷的数量和预期模型不一致的原因有以下几种:

(1) 如果发现的缺陷数量太少,可能是因为软件质量方法应用的不恰当。应该先确定一下检查、复查、各种测试是否已按预期进行了,如果这些手段执行的不太合适,那么应采取补救措施以尽快执行。如果发现或闭环的缺陷数量过低,可能是由于项目启动的太晚或总体执行方面完全落后导致的。应该采取补救措施来实现项目的质量目标,如推迟项目计划或加入更多的人员到工作中来,又或者减少项目的部分内容以减少工作量。在项目早些时候增加人员会更好,晚期增加人员经常只会造成破坏性影响,甚至使项目变得更晚。

(2) 有时发现缺陷率比模型预测高。如果闭环率没有跟上,那么需要对该发布版本的质量进行关注;如果随后缺陷闭环率跟上来了,也应对高于预期发现率的深层原因进行探究。在某些情况下,通过它可以更好地校准缺陷预测模型;在其他情况下,它表示一段有问题的代码,可以对它多关注一点。

(3) 用于预测的模型不一定全对,这个时候就不需要任何控制策略了。

23.3 使用根本原因法分析缺陷

在实施改进之前,需要先确定从哪里开始改进,帕累托图是确定改进目标的一个很有效的方法。

通常而言,发现缺陷时就应按缺陷类型和发现时间进行分类。缺陷类型包括了需求、设计、编写代码、测试和逃逸等。产生缺陷的环节可能和发现缺陷的类型不同,比如一个需求缺陷可能在测试中发现或者在需求的开发过程中发现;创建多个帕累托图可以发现代码缺陷的地方(在哪个组件),缺陷产生的环节,以及在哪个环节被发现了。从这些帕累托图可以了解到应该从哪些地方改善质

量。当掌握缺陷发现的时间(环节)和类型等信息后,可以用它们来改进质量过程。以下几个例子可以指导如何使用这些分类的数据:

(1) 当确定缺陷的数量大致正确时,因为缺陷在被引入时已经发生了故障传播,所以当采取改进措施时可能表现出更多的缺陷。如果缺陷发现的时间够早,就可以花费较少的成本来修复它们,这可能会节省很多项目成本,例如,在系统测试过程会发现许多需求阶段的缺陷,所以尽量完善需求可以很大程度地提前避免那些缺陷。

(2) 如果发现实际产生的缺陷比模型预期要多,那么可能说明缺陷预防工作做的不充分,例如,当软件设计过程发现的缺陷比设计时预期的缺陷多很多时,应检查设计过程并及时改善缺陷。

(3) 如果特定软件的组件或技术有高于预期的缺陷率,那么应该重点调查揭示其根本原因,有可能是代码太旧且不稳定,也有可能是这一部分代码特别复杂。

(4) 一旦确定了改进工作的重点,就可以使用 RCA 找出质量不如预期的原因。

23.4　持续集成和测试

在前几章里,我们建议尽早、尽可能多地使用自动化手段来扫描缺陷日志和完成测试,实现这一目标的一个方法是持续进行集成和测试。持续进行自动化集成和测试,当代码交付时软件就会自动进行构建和测试,这个过程能以最快的速度发现缺陷,从而允许软件开发组织持续跟踪最新的缺陷日志,并以最有效的方式帮助识别缺陷的根本原因。

在交付和测试之前积累了大量新代码,一方面很难确定缺陷是由哪些代码引入的,代码中的累积缺陷引起的不稳定性,降低了测试人员和调试人员的效率;另一方面,更换代码可能会导致其他相关部分的功能破坏,当较多代码同时更换时,产生的破坏可能会相当难调试。持续集成和测试是一个过程,开发人员在对其进行单元测试和代码审查后会交付其代码,每一次提交代码会自动进行一次代码生成和周期测试。如果新缺陷由一次代码提交引入,那么很容易找到发生问题的代码,因为一次发生变更的代码很少。持续的集成和测试过程通过两种方式提高了软件开发的生产率:第一,确定哪些代码引入缺陷的调试过程可以提高开发者的能力;第二,在任何时间保持产品的低缺陷密度,这样能通过给测试人员提供一个更稳定的平台而使测试工作更高效。

延伸阅读

Booch, G. (1994). Object-Oriented Analysis and Design with Applications, 2e. Addison Wesley Longman, Inc.

Humble, J. and Farley, D. (2011). Continuous Delivery: Reliable Software Releases through Build, Test, and Deployment Automation. Pearson Education, Inc.

Vandermark, M. A. (2003). Defect Escape Analysis: Test Process Improvement, IBM Corporation.

第24章 生 产 阶 段

生产阶段有两个主要目标:第一个是致力于生产力增长问题(表24-1),目标是为了快速达到设计成熟和快速生产的水平;第二个目标是通过质量控制保证在量产产品之前质量过关。生产阶段的活动如表24-2所列。

表24-1 阶段五:产品增产阶段的可靠性活动

参与方	产品增产阶段	
	可靠性活动	报告或输出物
• 操作/制造	1. 所有产品参与HASS直到产品通过率达标,开展ARG和ELT测试;	1. HASS未通过报告,包含了运行时间、测试的单元的数量以及所有故障的ARG和ELT报告提交至FARCAS中;
• 可靠性工程	2. 实施FARCAS。所有产品及客户遇到的故障加入FARCAS数据库并跟踪直到闭环;	2. 阶段性的FARCAS和FRB会议。故障需跟踪直到闭环;
• 设计工程	3. 着手可靠性增长工作,产品运行时间和故障事件输入至可靠性增长图里,移除故障后的产品改进能够得到评估;	3. 可靠性增长曲线;
• 制造工程	4. 实施FMEA(发生任何重要设计更改时)和过程FMEA	4. 完成FMEA工作表并通过控制措施闭环;
• 测试工程	5. 启动SPC程序,监视产品生产并在需要时做出调整	5. 输出产品质量数据报告
• 现场服务/客户支持		
• 采购/采购管理		
• 安全规章制度		

注:FMEA—故障模式及影响分析;FARCAS—故障报告、分析及纠正措施系统; HASS—高加速应力筛选;SPC—统计过程处理;FRB—故障复查委员会

表24-2 阶段六:产品发布阶段的可靠性活动

参与者	产品阶段	
	可靠性活动	报告或输出物
• 可靠性工程	1. 一旦产品通过率达标就从HASS切换到HASA;	1. HASS未通过报告;

(续)

参与者	产品阶段	
	可靠性活动	报告或输出物
• 制造工程	2. 实施FARCAS。所有产品及客户遇到的故障加入FARCAS数据库并跟踪直到闭环；	2. 阶段FARCAS和FRB会议。故障需跟踪直到闭环；
• 测试工程	3. 继续开展可靠性增长工作，产品运行时间和故障事件输入至可靠性增长图表里；移除故障后的产品改进能够得到评估；	3. 可靠性增长曲线；
• 售后服务/客户支持	4. 实施FMEA（如果有任何工程更改指示）和过程FMEA；	4. 完成FMEA工作表并通过控制措施闭环；
• 采购/采购管理	5. 继续实施SPC程序，监视产品生产并在需要时做出调整	5. 输出产品质量数据报告
• 安全规章制度		

注：HASA—高加速应力抽检；ECO—工程更改指示

24.1　加速设计成熟

当一个产品进入生产阶段不可避免地会遇到很多问题，这些问题可能阻碍产能，这些影响生产和测试的问题包括了设计和生产事项。产品开发过程中由于设计和可靠性工作不完善发生了这些问题，这通常发生在风险可以控制的环节、高加速寿命试验（HALT）、设备验证测试、故障模式和影响分析（FMEA）、高加速应力试验（HASSs）等方面工作没做或者问题没有闭环。当这些可靠性工具被正确执行时，可以确保产品快速获得设计成熟。

当达到设计固有可靠性时，可以认为设计已经成熟了。通常在生产、设计、制造、测试的早期会出现严重的可靠性问题，需要更改设计来解决。在完成所有这些修复后，设计开始趋于成熟，暴露出来的大部分质量或可靠性问题已经闭环，产品开始实现其可靠性目标。大多数公司在达到设计成熟过程中遇到的问题是：花费了太长时间确定产品问题，又花费更多时间找到根本原因和纠正措施；当产品开始量产时，设计必须已经达到成熟状态。当一个设计达到成熟状态，大多数的工程师资源不需要再用于支持这个产品了，这些重要的工程师资源就转向开发新的产品抢占市场份额并扩展商业版图。实现设计成熟需要时间，但是通过提高可靠性加速了这个过程。

通常需要 2~5 年来使一个新产品达到设计成熟。最初,新产品有较高的故障率,平均故障间隔时间 MTBF 较低,当产品达到成熟时,故障率将趋于达到 MTBF 设计较高的水平;这时,与设计相关的问题就很少出现了,产品可靠性的值(MTBF)不再提高,产品达到了可以达到的最高 MTBF。假设生产过程不再变换了,首过合格率就会变得稳定。简单地说,当一个产品达到设计成熟时,如果不进行大的设计改变,那么对于提高产品的质量和可靠性,就没有多少工作需要做。

产品达到成熟时所需的时间很关键,因为它决定成本可以降到多低,很容易理解为什么在生产阶段的早期,会大力推动成熟来实现产品的可加工性和产量目标。

产品寿命周期在不断缩短,技术的快速迭代又使产品以更快的速度被淘汰,如果达到设计成熟的时间不能随之缩短,产品在达到设计成熟前就有可能已经过时了。可靠性活动被证明是加速设计成熟的最有效的方式。在产品开发阶段,所有的辛勤工作都将在产品的可靠性和健壮性设计上体现,但是产品设计得很可靠还不能保证产品就一定能成功,还有许多工作需要做。在制造层面达到高的质量并不难,仅使用少量的工具就可以保证所生产产品的质量。这些工具可以分成两类:质量控制和产品改进,如图 24-1 所示。

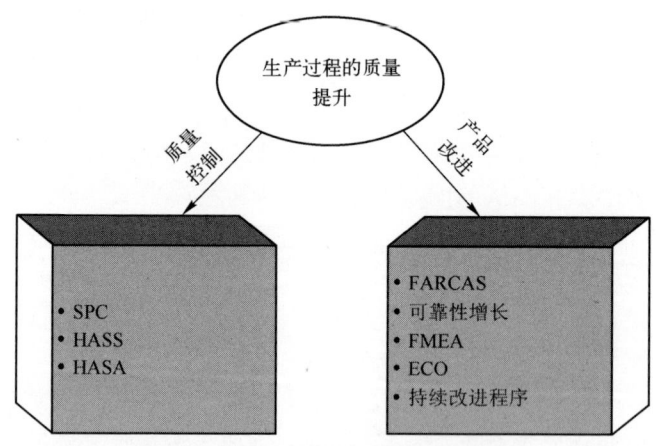

图 24-1　生产过程中提升质量的途径

如之前提到的,生产阶段最主要的目标就是获取尽快达到设计成熟和量产的能力。在产品发布后可能出现各种各样不同的问题,其中一些会影响到客户满意度,如"开箱即故障",或者称为运输途中的故障(DOA)、安装问题、高故障率等。其他的一些问题会影响到生产,如低首过合格率、高返工率和报废、大量故障产品等待维修。

产品改进工具旨在收集数据和分析数据趋势来发现产品的早期问题,然后找出每个问题的根本原因并采取纠正措施。当有重大影响的问题出现但是不容易解决时,就采用折中计划作为短期解决方案,折中解决方案通常比设计修复成本更高,使用这些相同的工具来验证该修复程序是否有效。

24.1.1 FRACAS

故障报告、分析和纠正措施系统(FARCAS)工作从设计验证阶段就开始了。将原型测试、设计验证以及HALT中发现的产品故障加入FARCAS数据库中,然后跟踪其进度以找出根本原因和提出纠正措施;当产品从设计转到生产阶段时,设计验证发现的问题应该已经解决了,FARCAS数据库应该具有这样的能力。

一旦进入生产阶段,FARCAS系统的功能就改变了。在设计验证阶段,产品开发团队能够识别除客户α和β测试外的所有故障;产品进入生产阶段后,故障数据可以通过组装、测试、验收检查、组件工程、供应商管理和可靠性等从各个地方收集。另外,故障报告还可以通过外部数据,如客户、客户服务与支持、现场服务和维修、市场营销等收集。事实上,产生问题的故障报告的来源太多了也是个问题。

当故障报告有多个来源时,数据很有可能被存在不同的地方。FARCAS是用来识别故障模式非常有效的工具,通过它可以在最早的可能时间点发现问题,如果数据存在不同的数据库里,很难将这些数据收集起来用于识别故障趋势,这是FARCAS面临的一个最大的问题。针对故障报告,不同的团队使用不同的系统来开展,很难让每个人都使用同一个FARCAS系统。一般来说团队会因为成本、时间、更换后的系统无法满足要求或者没有能力将数据库转换为新格式等原因,不愿意更换系统,这些都是亟待解决的问题,解决得越早越好。

FRACAS系统另一个常见的问题是数据一致性的问题。如我们之前指出的,故障报告来源可以有多个途径,输入FARCAS系统的数据的质量好坏也是其中一个问题。将故障记录到FRACAS数据库中的一些常见问题是数据不完整、故障信息不足、故障报告不一致,对同样故障的描述差异性大,因此可能无法了解到故障的严重程度,以及没有输入故障信息等。这些问题可以通过一个结构良好的FARCAS系统最小化,甚至其中一些可以彻底解决。

数据应持续地输入FARCAS数据系统,用来分析故障趋势和严重度,然而仅仅有一个识别和跟踪故障的过程,并不能确保解决这些故障,更不用说及时解决了。为了让FARCAS系统更有效,需要故障审查委员会(FRB)对问题的解决情况进行监督。FRB由负责产品并有权解决产品问题的个人团队组成,包括以下人员:

(1) FRB 领导,如高级经理;
(2) 设计团队代表;
(3) 可靠性工程师;
(4) 制造代表。

FRB 团队由最小团队成员参与,团队一般一周召开一次例会,成员必须参加周例会,如果无法出席则由候补成员参加。FRB 团队的任务是审查故障报告和问题严重性,并确定问题的优先级,FARCAS 系统可以分配设计严重性,类似于 FMEA 中使用的风险优先系数(RPN)流程。然后,FRB 委员指派适合的成员,由他们负责最重要的问题,这些人分析这些重要问题的根本原因,确定纠正措施并对其进行修复,FARCAS 数据库用来验证修复是否有效。负责产品的 FRB 成员应该有权利决定是否对产品进行更改,如果分配制造商来解决需要工程设计更改的问题,则不太可能成功;设计问题通常由设计团队进行修改,不应该由制造商来解决。当最重要的问题解决了以后,次重要的就变成最重要的,依次类推。

24.1.2 设计问题跟踪

设计问题跟踪是 FRACAS 的一种非常简单的可选择的方法,它能够跟踪不合格项直至闭环,简单地说就是一个由柱状图组成的"行动项目"列表,由时间和生产力图表组成。从图 24-2 可以看出,该图跟踪了从文档建立、任务分配到故障解决、验证和最终闭环的整个过程。

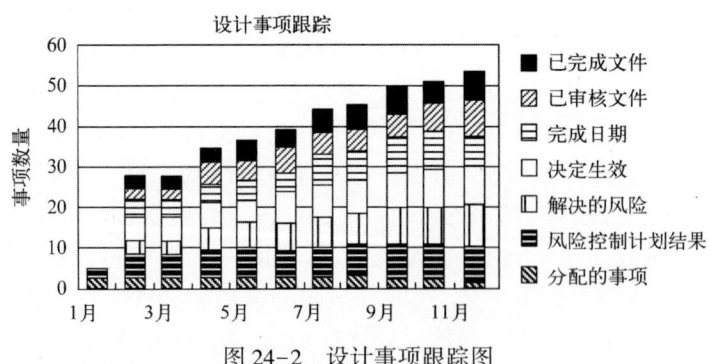

图 24-2 设计事项跟踪图

纵轴的高度随着新问题不再出现停止上涨,该图跟踪问题的识别(非发生频率)至闭环。设计问题跟踪系统对小企业和简单的产品很有效,该系统很容易建立,并且不需要定制或者昂贵的软件来管理,可以使用如 Excel 等常见的电子表格。设计问题跟踪是 FARCAS 的替代方法,无论使用哪种系统,FARCAS 或设计问题跟踪,都需要与 FRB 合作来解决问题。

24.2 可靠性增长

FARCAS 提供了快速识别问题和监视解决进展的有效方式，但是 FARCAS 无法告诉你产品是否达到了在产品概念阶段设定的可靠性目标。在概念阶段早期就确定了可靠性目标，如产品的 MTBF 是 10000h，在产品设计和生产出来之后，需要有不同级别的保证，来确保产品能达到其可靠性目标。为了实现该目标，需要实施可靠性增长，可靠性增长的一个例子如图 24-3 所示，该图中显示了该产品当前累积和滚动的产品可靠性平均值。FARCAS 活动的产品改进效果应能通过可靠性增长图看出，相对于短运行时间的新产品，如果产品已经有大量累积时间的 MTBF 图，产品的改进在图中产生的变化就很小，这个问题可以通过一个 13 周滚动平均可靠性增长曲线来轻松解决，滚动平均值更好地说明了产品的短期改进效果。可靠性增长工作与 FRACAS 活动联系很紧密，通常当一个新产品发布时，因为在 FARCAS 中发现的问题还没有解决，因此初始的可靠性较低，解决问题、故障被排除掉后，产品的可靠性随之提高。

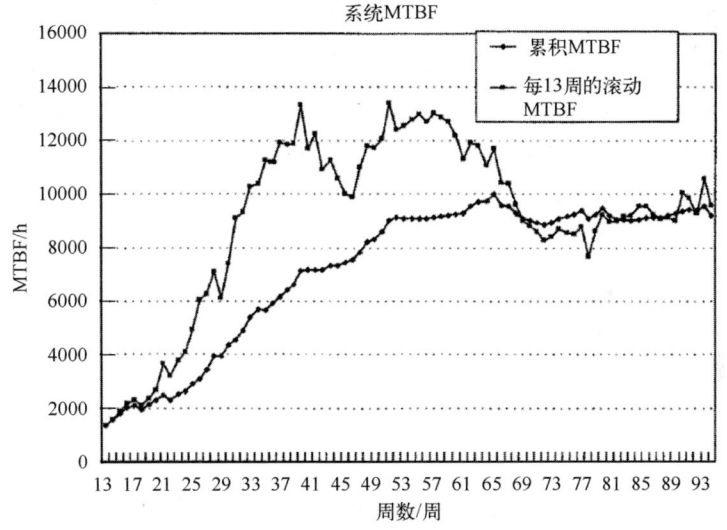

图 24-3 可靠性增长图

使用可靠性增长来跟踪产品可靠性的提高，需要解决以下问题：如何判断改进后的产品可靠度是否可接受？为改进产品所做工作量的多少对应着产品可靠性增长的多少？可靠性增长速度是否满足商业需求？

可靠性增长曲线显示了 FARCAS 用于改进产品可靠性的效果，这给出了当前产品可靠性改善快慢的缩影，通过持续跟踪可靠性增长过程，可以分析可靠性工作是否有效。但是,如何确定可靠性增长的速度是否能满足商业需求?可靠性增长可以用于评估产品未来的可靠性,从这一点可以分析判断预期的很多方面,如产品设计成熟的速度是否满足业务需求,示例如图 24-4 所示。

$$\lg\theta_c = \lg\theta_c + \alpha(\lg T - \lg T_0)$$

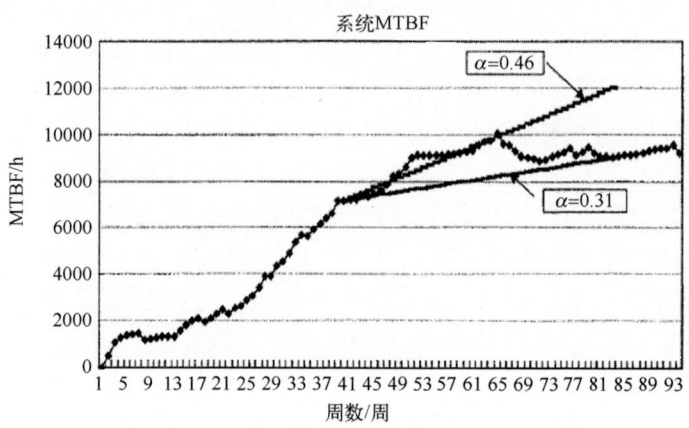

图 24-4　可靠性增长与预计对比图

未来的可靠性增长可以通过 Duane 曲线进行预计,Duane 曲线根据当前的可靠性增长率来估算实现可靠性目标所需的时间,可靠性增长速率如图 24-5 所示,从 Duane 曲线看出,在双对数坐标系中,相对于总时间绘制的累积 MTBF (θ_c)表明了可靠性的增长。

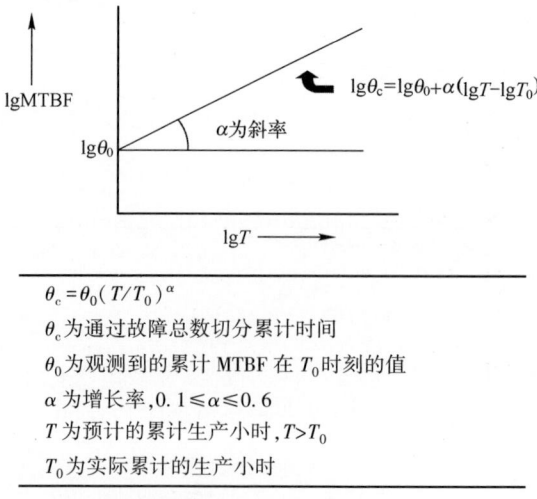

$\theta_c = \theta_0 (T/T_0)^\alpha$

θ_c 为通过故障总数切分累计时间

θ_0 为观测到的累计 MTBF 在 T_0 时刻的值

α 为增长率,$0.1 \leq \alpha \leq 0.6$

T 为预计的累计生产小时,$T > T_0$

T_0 为实际累计的生产小时

图 24-5　Duane 图

这个图可以表示为一条直线,可靠性增长的速率即α,它表示可靠性增长曲线的斜率。如果α的值接近0.1,则提高产品可靠性所需做的工作很少,同时对产品可靠性的影响也较小;如果α的值接近0.6,则提高产品可靠性所需做的工作很多,对产品可靠性的影响也较大。通过比对预期的可靠性增长速率和实际的增长速率是否一致,可以判断是否需要改变可靠性活动。可靠性增长工作的实施需要有一名负责跟踪可靠性增长的负责人,可以是可靠性或质量工程师,生产部门的人员经过培训也可以胜任这个工作。可靠性增长报告和FARCAS报告是FRB评估进度的主要依据。

24.2.1 加速可靠性增长

阶段4的可靠性活动集中在提高设计可靠性和软件质量上。在阶段4结束时,产品已经经过了设计验证、设计确认、α测试,在阶段五结束时开始增加产能为量产做准备。然而不论产品做得多好,在阶段4结束时仍可能出现一些问题,如可靠性逃逸、软件质量问题、制造和供应商质量问题等,而此时产品已经上线开始量产了。当产品在量产阶段由于以下原因返厂时,应立即找出根本原因并采取纠正措施,这些问题包括硬件可靠性、软件质量、工艺、运输故障(Dead On Arrival)或者通过客户、工程支持团队(由硬件工程、维护工程、制造工程和软件工程组成)反馈得到的产品早期的高故障率。

这些事情对团队都是很不利的,极大地影响新产品的研发以及发布时间推迟,整个组织可能焦头烂额。等到终端用户通知你可靠性或质量问题,然后再做出相应的补救措施时会带来严重的经济损失,这些问题最好在阶段5结束、产品准备发布量产前发现。如何在产品发布及量产前发现这些问题?能否将客户使用时才发现的质量和可靠性逃逸问题提前识别,出来以最低成本和影响最小的方式解决这些问题?在阶段五结束前的增产阶段就能发现很多硬件可靠性和软件质量问题。产品开发团队处理阶段5中出现的问题相对是容易的,也能较快地确定根本原因;一旦阶段5结束了,设计团队被解散,分别加入其他的多个新产品和项目中去了,这样就很难再将原来的这些人员重新拉回来对逃逸的可靠性及质量问题进行深究。两个有效的工具如加速可靠性增长(ARG)和加速早期寿命测试(ELT)可以解决这个问题,这两个工具有助于加速可靠性的增长和设计的成熟。

加速设计成熟是一个积极主动的过程,它可能从阶段4的第一个生产单元结束时就开始。ARG计划的目标是在内部创建"客户体验",在产品量产前发现遗漏的设计和质量问题,可以通过一个从生产材料中抽样并运行充足时间的加速应力来实现,从而识别遗漏的可靠性和质量问题。对完成制造和测试并准备交付用户的生产材料开展可靠性增长测试（图24-6），在这个延伸测试中发现的任何质量和可靠性问题都被归为"现场故障"，并记录在FARCAS系统里。用来进行ARG测试的材料应该是经过制造和验收通过的材料，所以这些故障都和用户使用时发生的故障类似，应进行调查以确定其根本原因并采取相应的纠正措施。

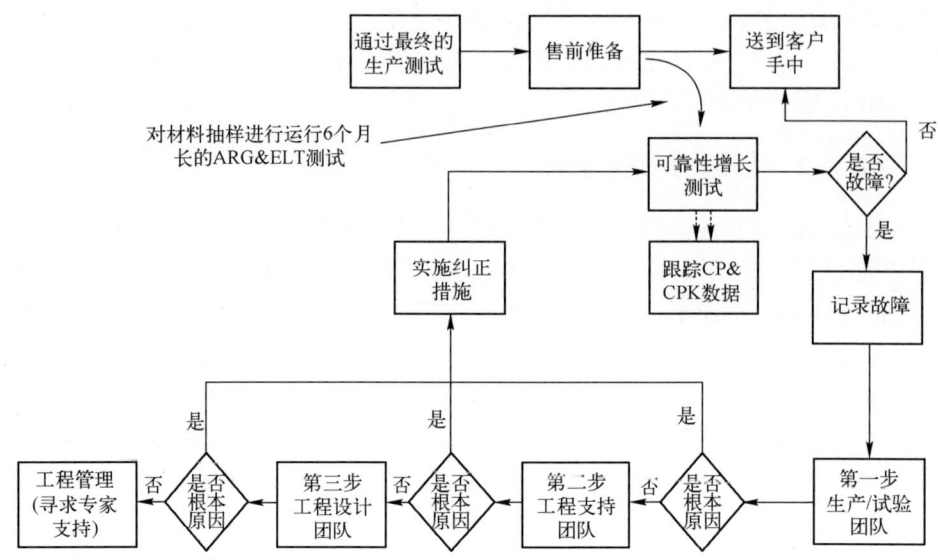

图24-6　阶段五:加速可靠性增长流程图

ARG测试应是加速应力测试,包括在高温下频繁的循环通电。

24.2.2　加速早期寿命测试

ELT旨在发现意外的早期耗损机制,这些故障都是系统性的,因此会潜在地影响所有类似产品。意外的早期耗损机制是指在可靠性过程中逃逸的问题,这有可能是由于部件运行的温度比预期的要高,导致其使用寿命明显短于预期,也可能是由于大的部件与其安装的电路板的热膨胀系数(CTE)不匹配。当产品温度升高时,热膨胀系数不匹配会产生显著的应变能,导致产品在使用寿命早期出现焊接裂纹。一旦形成焊接裂纹,由于在焊料断裂处产生的应力集中,再加上热循环会导致裂纹处的应力强度更大,结果是焊接裂纹继续扩展,直至焊接接头完全断裂。如果无意中使用了超出其建议的绝对最大极限值的部件,则可能会出现过早耗损,这可能是由于对绝对最大极限与建议运行极限之间的差异存在误解造成的。如果幸运的话,在HALT期间对零件施加应力时就会检测到这些类型的设计错误,如果在HALT中没有发现这些故障,那么产品很可能会因早期寿命耗损而失效。

ELT 通常与 ARG 测试使用相同的试验,试验样本的规模不需要很大,因为我们关心的故障机制是耗损。ELT 的运行时间要长得多,通常,ELT 的运行周期是 6 个月,并使用和 ARG 相同的测试协议。

24.3 设计和过程 FMEA

设计 FMEA 识别了产品在设计、健康危害和安全性方面的缺陷,当由于市场需求、功能增加、新特性、错误、现场故障等原因而更改设计时,设计 FMEA 可以发现设计阶段疏忽的问题。整个设计不需要完整的 FMEA,通常只有一部分需要修改,当有原始设计版本的 FMEA 时,可以大大加快完成这个工作。

FMEA 除了用于改进设计外还可以发挥更多的作用吗?FMEA 可以用在制造、组装、测试、验收检验、工艺设备和制造过程等方面。事实上,这个阶段的大多数 FMEA 都是与生产相关的,过程 FMEA 应该在生产过程中还未实施任何更改前开展,这可以确保这些更改不会影响到质量与可靠性。与设计 FMEA 一样,如果有原来的过程 FMEA 记录,可以大大加速这个过程,这样,可以在 HASS 前检测并纠正任何错误,同时也能节约时间和节省成本。

FMEA 是一种结构化的方法,用于研究预测、最大程度减少不良性能或意外故障的过程,FMEA 过程在第 7 章进行了详细的描述。

设计和过程 FMEA 的流程相同,这两者主要的区别在于所需的参与者不同。过程 FMEA 的主要功能是,它提出了"过程中哪里会出错?"的问题。过程 FMEA 对确定关键过程并监视其质量控制是很有效的工具;另外,它能确定应开展哪些过程控制来防止次品到达客户手中,这些分析结果可以作为质量控制的输入来确保产品质量。

产品开发过程的可靠性活动确保了产品的可靠性,并保证了产品具有足够的设计和工艺裕度。当一个产品设计有足够的工艺裕度,那么为确保产品成功要做的就是控制制造过程的质量,质量控制工具就是用来解决这些问题的。在制造过程中,始终存在故障逃逸而有不合格产品上线销售的风险。逃逸率与产品首过合格率有关,首过合格率低的产品比首过合格率高的产品具有更高的逃逸率,这就是为什么需要通过充分的设计和工艺裕度来确保产品质量。

在传统的质量过程中,识别关键过程并持续监视和控制这些过程到可接受的范围内,重点在于检测和纠正工艺缺陷以达到最高的质量水平。这些活动会对制造过程下游的(生产过程)变化做出反应。为了使这些方法有效,需要将此过程推到尽可能早的上游,使制造过程的逃逸故障最小化,最好在每个关键的过程完成后就立即开展这项工作。在组装过程中,可能需要使用自动检查设备,如X射线和光学检查,来检测关键过程中的变化,如焊锡、元器件安装、焊点质量等环节。不要仅仅依赖在线和功能测试来决定产品质量,早期的检查是很关键的,这不仅能使返工成本和受影响的产品数量最小化,而且还使不合格产品的逃逸率最小化。用于监控制造过程控制的技术称为统计过程控制(SPC)。

质量控制还有一些可选的方法,最著名的技术是质量功能部署(QFD)。QFD 是识别可能影响产品满足客户需求能力的所有因素的过程,也就是识别那些可能影响客户满意度的因素;QFD 方法是以"客户的声音"为输入,如客户的感受和表现等。

24.3.1 SPC

如今大多数高科技产品的生产都遵循一个质量标准,这些质量标准是通过质量控制过程的应用实现的。质量控制过程包含了 SPC,一个确定上限和下限的过程控制。当过程超出限制时,生产线将停止,先集中相应的人来解决这个问题。

SPC 图使用统计数据监视来控制制造过程,保持产品参数偏差在要求范围内,使用它的好处是能得到更低的生产成本、更高的产量、更少的废料、更低的保修费用和可扩展性;选择哪些生产参数来进行监视是很重要的,难点在识别确定影响产品质量的关键过程参数,这些关键参数必须是可控的。

一般的控制图如图 24-7 所示。控制图是一个在生产过程中保持上、下限阈值控制的图,参数在这个过程中不能超过其上、下限。例如,绝对值 100cm 画一条线,然后根据抽样计划选择抽样方法,将预定数量的产品生产后,抽取一个随机选择的样本批次(通常为 30 个)以验证过程是否处于受控状态。测量样品批次的长度,然后将其平均长度绘制在控制图(范围图)上。范围图表现的是在期望平均长度基础上产生变化(增加或减少)的情况。范围图表明,只要变化的平均值在可接受的控制范围内,过程就处于受控状态。随着时间的流逝,该过程可能会失控,控制图能识别超出范围的情况,并且采取纠正措施可将过程重新控制。

过程出现不合格之前所用的时间或处理的单元数就是取样过程的取样率,样本数量和取样率是变化的。为了实现稳定生产,需要更少的样本取样间隔以及更低频率的取样间隔来进行过程控制,有对取样规模和频率进行优化的技术,可以最大程度降低检查成本。使用过程控制图进行生产管理的另一个好处是,运行过程控制图只需最低的技能水平,这意味着最接近流程的人员就可以负责确保流程受控,并根据需要随时做出调整;只有当生产人员无法对生产进行控制时,才需要工程师介入进行产品诊断和采取纠正措施。

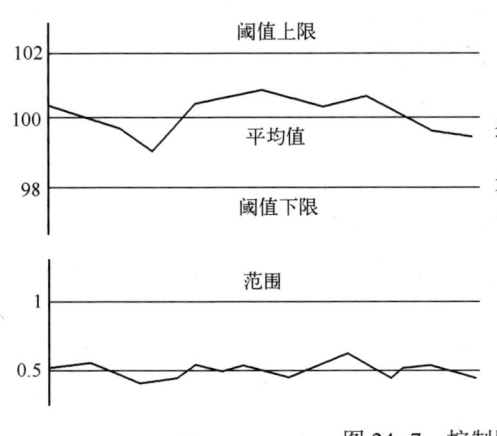

图 24-7 控制图

控制图能被用来控制重要参数,保证终端产品的质量。例如:钻井深度、输出电压、输出功率、光强度、黏度、重量、监视器分辨率等,这个列表由产品质量所关心的内容确定。

控制图也有很多不同,每一个都应该进行连续的监控。相邻监控点之间的时间间隔在遇到无法接受的错误之前,随着变化率或过程漂移的变化而变化。每一个SPC数据收集系统都是由经验确定的,整个SPC系统中的每个监控步骤都可能有不同的监控周期。最好能有工具将这个过程自动化,有很多种计算机及人工辅助方式的SPC数据收集和画图设备,它们可以摆脱数据收集、计算和绘制结果等繁重的工作。为把SPC实施到生产过程中,提供了一种对已经设计很好的产品进行控制的方法。对于需要更好的控制和控制精度的过程控制,可以应用 6σ 方法:

(1) 在生成过程中实施 SPC 需要以下工作:选择重要人员来学习 SPC 技能,他们可以是内部的培训师,质量控制经理适合这个角色。

(2) 确定需要控制的关键参数,哪些应该首先开展,哪些其次,复查和 Pareto 故障报告可以发现不受控制的指标在哪里。

(3) 确定哪些硬件或软件能够简单并能以低成本的形式开展 SPC 过程,有许多公司及互联网上都有这种 SPC 工具。

(4) 定义启动的那一天:所有人开始参与新 SPC 过程的那天。

SPC 过程的一个例子是在电路板生产中使用的波峰焊接机。产品组件是一个带有穿透孔的电子印刷电路板,该孔是用于安装元器件引脚。当元器件在电路板上安装完毕后,对长出来的引脚进行裁剪,然后将电路板放至传送系统,缓慢地通过一个焊接过程。每一个焊点都像经过融化的焊料浴,该浴具有一个能在浴中产生波或隆起的装置,所以元器件的引脚能够以合适的时间"浸润"在焊锡中。经过这个过程焊点冷却,引脚就在电路板上固定住了。这个生产过程在当时并没有采用 SPC 监控,当有一天测试团队发现了焊点的高缺陷率时才明白是因为波峰焊工艺产生了问题。对生产过程、机器、人员复查后,没有发现任何能引起焊接缺陷的问题,然而问题还是存在,所以质量经理决定对波峰焊接过程实施 SPC 技术,很快他就等到可以纠正这个缺陷的那一天了。虽然他还没有找到问题的原因,但是通过控制图发现焊接温度在一天中的某一个时刻出现了骤降,并且追溯到是因为电路板表现出来的缺陷导致的。产品经理坐在产品线上观察,然后他发现了有一个负责波峰焊接的人在去吃午饭的时候随意地放了几个单位的焊料到正在运行的机器上,这导致了焊接在短时间内的温度很低,最后确定了这就是造成焊接缺陷的原因;通过 SPC 温度可以看出焊接浴的温度过低从而导致产品发生缺陷,而此时温度还没低到让波峰焊的机器检测到。

24.3.2　六西格玛(6σ)

6σ 是一种过程控制方法,在过去 25 年里已被广泛地接受,它假定所有的事件都服从正态分布,生产过程的错误检测系统能够真实地检测出百万分之一的差异。一般不需要考虑这个精度,也不需要培养任何 6σ 专家,这项特殊技能造成了问题,公司内已有的专家和知识需要为这些通常只能提供数据支持的 6σ 专家让路,而通常 6σ 专家只能提供数据支持,除非这个专家是从事实际的纠正措施的,否则 6σ 统计学家和公司的实际知识库之间始终存在脱节。

使用现有的工作人员建立 6σ 能力,可能要花费数月时间进行开发。应立即执行简单的 SPC 过程来启动控制机制,然后开始慢慢运转,当 SPC 系统建立起来时就应该开始派送人员进行 6σ 培训。你也可能发现你的公司并不需要,尤其是在进行可靠性改进工作的早期阶段。

24.3.3　HASS 和 HASA

高加速应力试验 HASS 和之前提到的一样,是用来检测产品材料或制造过程等方面发生不可接受的改变过程。HASS 比传统上常用于减少早期故障的产品老炼方法更有效,高加速应力抽检(HASA)就是一个在取样或审核的样本基础上实施的 HASS 过程。

传统的老炼筛选过程通常低效且花费高昂,ESS 是减少产品早期故障更有效的方法,并且花费时间也更少,然而,HASS 通常在识别制造相关的缺陷产品时比 ESS 更有效,同时对产品的损伤更小。

所有的这些"老炼"技术都需要花费时间,需要花费金钱去搭建测试系统,同时能降低产品的首过合格率。说服管理层对最终产品做应力试验来减少早期故障通常很难,而加速产品产能、使产品快速增产的需求也非常强烈,所以通常需要双方妥协,以同时实现商业目标和质量目标。如果产品开发能很好地符合可靠性过程,则该设计应该是可靠的并有充分裕度;如果事实是这样的话,HASA 将会是确保产品质量最有效、最经济的方法,也许甚至能让产品成功。

如果产品开发过程中的可靠性过程被削减、跳过或者省略了,那么就很可能需要某种形式 100%的 ESS 或者 HASS 试验来剔除缺陷产品,该试验需要持续开展直到通过设计更改使产品故障率降低至一个可接受的水平。一个实施良好的可靠性项目的回报,在制造早期就可以看到,因为花费高昂的老炼试验很快换成了抽检(HASA)过程,能快速切换至 HASA 且不需要对每一个产品进行筛选会有明显的成本节约。

这些工具在不合格产品流向终端之前控制、监测并识别它们,除此之外,这些工具也可以完成对产品的持续改进工作。

延 伸 阅 读

FMEA

S. Bednarz, D. Marriot, Efficient Analysis for FMEA, 1998 Proceedings Annual Reliability and Maintainability Symposium (1998).

M. Kennedy, Failure Modes and Effects Analysis (FMEA) of Flip-Chip Devices Attached to Printed Wiring Boards (PWB), IEEE/CPMT International Manufacturing Technology Symposium, IEEE (1998).

M. Krasich, Use of Fault Tree Analysis for Evaluation of System Reliability Improvements in Design Phase, 2000 Proceedings Annual Reliability and Maintainability Symposium (2000).

K. Onodera, Effective Techniques of FMEA at Each Life-Cycle Stage, 1997 Proceedings Annual Reliability and Maintainability Symposium, IEEE (2000).

Prasad, S. (1991). Improving manufacturing reliability in IC package assembly using the FMEA technique. IEEE Transactions of Components, Hybrids and Manufacturing Technology 14 (3): 452-456.

D. J. Russomanno, R. D. Bonnell, J. B. Bowles, Functional Reasoning in a Failure Modes and Effects Analysis (FMEA) Expert System, 1993 Proceedings Annual Reliability and Maintainability Symposium, IEEE (1993).

SAE (2001). Recommended Failure Modes and Affects Analysis (FMEA) Practices for Non-Automobile Applications. SAE.

R. Whitcomb, M. Riox, Failure Modes and Effects Analysis (FMEA) System Development in a Semiconductor Manufacturing Environment, IEEE/SEMI Advanced Semiconductor Manufacturing Conference, IEEE (1994).

质量

Gupta, P. (1992). Process quality improvement - a systematic approach. Surface Mount Technology.

Johnson, C. (1997). Before you apply SPC, identify your problems. Contract Manufacturing.

Kelly, G. (1992). SPC: another view. Surface Mount Technology.

Lee, S. B., Katz, A., and Hillman, C. (1998). Getting the quality and reliability terminology straight. IEEE Transactions on Components, Packaging, and Manufacturing 21 (3):521-523.

Mangin, C. -H. (1996). The DPMO: Measuring Process Performance for World-Class Quality. SMT.

S. M. Nassar, R. Barnett, IBM Personal Systems Group Applications and Results of Reliability and Quality Programs, 2000 Proceedings Annual Reliability and Maintainability Symposium (2000).

Oh, H. L. (1995). A Changing Paradigm in Quality. IEEE Transactions on Reliability 44 (2):265-270.

Pearson, T. A. and Stein, P. G. (1992). On-line SPC for assembly. Circuits Assembly.

Ward, D. K. (1999). A formula for quality: DFM + PQM = single digit PPM. Advanced Packaging.

可靠性增长

H. Crow, P. H. Franklin, N. B. Robbins, Principles of Successful Reliability Growth Applications, 1994 Proceedings Annual Reliability and Maintainability Symposium, IEEE (1994).

J. Donovan, E. Murphy, Improvements in Reliability-Growth Modeling, 2001 Proceedings Annual Reliability and Maintainability Symposium, IEEE (2001).

L. Edward Demko, On reliability Growth Testing, 1995 Proceedings Annual Reliability and Maintainability Symposium, IEEE (1995).

G. J. Gibson, L. H. Crow, Reliability Fix Effectiveness Factor Estimation, 1989

Proceedings Annual Reliability and Maintainability Symposium, IEEE (1989).

D. K. Smith, Planning Large Systems Reliability Growth Tests, 1984 Proceedings Annual Reliability and Maintainability Symposium, IEEE (1984).

J. C. Wronka, Tracking of Reliability Growth in Early Development, 1988 Proceedings Annual Reliability and Maintainability Symposium, IEEE (1988).

老炼

T. Bardsley, J. Lisowski, S. Wislon, S. VanAernam, MCM Burn–In Experience, MCM '94 Proceedings (1994).

D. R. Conti, J. Van Horn, Wafer Level Burn–In, Electronic Components and Technology Conference, IEEE (2000).

J. Forster, Single Chip Test and Burn-In, Electronic Components and Technology Conference, IEEE (2000).

T. Furuyama, N. Kushiyama, H. Noji, M. Kataoka, T. Yoshida, S. Doi, H. Ezawa, T. Watanabe, Wafer Burn-In (WBI) Technology for RAM's, IEDM 93-639, IEEE (1993).

R. Garcia, IC Burn-In & Defect detection Study, (September 19, 1997).

Hawkins, C. F., Segura, J., Soden, J., and Dellin, T. (1999). Test and reliability: partners in IC manufacturing, part 2. IEEE Design ε Test of Computers, IEEE.

T, R. Henry, T. Soo, Burn–In Elimination of a High Volume Microprocessor Using IDDQ, International Test Conference, IEEE (1996).

Jordan, J., Pecht, M., and Fink, J, (1997). How burn-in can reduce quality and reliability. The International Journal of Microcircuits and Electronic Packaging 20 (1): 36-40.

Kuo, W. and Kim, T. (1999). An overview of manufacturing yield and reliability Modeling for semiconductor products. Proceedings of the IEEE 87 (8): 1329-1344.

W. Needham, C. Prunty, E. H. Yeoh, High Volume Microprocessor Test Escapes an Analysis of Defects our Tests are Missing, International Test Conference, pp. 25-34.

Pecht, M. and Lall, P. (1992). A physics-of-failure approach to IC burn-in. Advances in Electronic Packaging, ASME 917-923.

A. W. Righter, C. F. Hawkins, J. M. Soden, P. Maxwell, CMOS IC Reliability Indicators and Burn-In Economics, International Test Conference, IEEE (1988).

T. Sdudo, An Overview of MCM/KGD Development Activities in Japan,

Electronic Components and Technology Conference, IEEE (2000).

Thompson, P. and Vanoverloop, D. R. (1995). Mechanical and electrical evaluation of a bumped-substrate die-level burn-in carrier. Transactions On Components, Packaging and Manufacturing Technology, Part B 18 (2):264-168, IEEE.

HASS

Lecklider, T. (2001). How to avoid stress screening. Evaluation Engineering 36-44.

D. Rahe, The HASS Development Process, 2000 Proceedings Annual Reliability and Maintainability Symposium, IEEE (2000).

Rahe, D. HASS from Concept to Completion. Qualmark Corporation.

M. Silverman, HASS Development Method: Screen Development, Change Schedule, and Re-Prove Schedule, 2000 Proceedings Annual Reliability and Maintainability Symposium, IEEE (2000).

第 25 章　寿命末期阶段

25.1　管理过时

　　最终到达寿命末期的产品在整体功能和性能上都不能满足用户的需求了,有很多原因导致产品性能不能满足要求,有时候是产品由于使用而耗损失效,但是更多的时候是新一代性能更强的产品出来了,那么旧的就显得落后了。

　　计算机性能每两三年都会有明显的提高,能提供给用户更强大的计算能力,老的计算机是为老版本的产品服务的,如果市场需要更强大的功能时,老版本的产品就显得过时了。好的音频设备和手机在不断地更新换代,新的设备在一方面或多个方面会超过之前的版本,新产品的功能改进时,老产品的性能就过时了。新产品发布和过时之间的时间变得越来越短,一个产品能获取利润的时间也越来越短,所以尽早进入市场且具有高的可靠性对产品获得利润是非常重要的。

　　一些产品希望具有长的使用寿命,如汽车、CAT 扫描器、消费电子产品。如果产品在使用寿命到期前开始出现耗损失效,则可能会出现可靠性问题,当这种情况发生时,预期会发生更频繁的部件故障。终有一天可能会出现当发生故障时,因为没有替换的零件而无法修复,进行提前规划是可以避免这种情况的。

　　如果一个产品有长的产品寿命,也就是说产品能在市场上保持在五年甚至更长时间内满足消费者的需求,那时候有可能产品里的某些部件在市场上已经消失了,这些部件消失的原因可能是新一代的产品已经出现并取代它了、供应商破产了、产品需求严重不足导致停产等。通常,在产品停产或更改之前会有提前的通知,这应该是购买合同里的一部分,一旦发现零件过时了,就应制定相应的控制计划。

　　(1) 处理过时问题的策略有以下几点:寻找可替代供应商,但是类似供应商通常也会因为类似的原因淘汰类似的部件产品。

　　(2) 寻找那些专门流通和存有这些部件的供应商。

　　(3) 有时,生产者会得知某个部件已过时,购买将无法满足他们的需求,专注这个市场的供应商会提前进行预示来帮助避免这个问题。

（4）确定有多少部件在未来可能无法买到（停产），用来指导产品寿命末期部件的购买。

（5）一旦零件被确定为即将淘汰，应该被标记为"停止使用"和"新设计不应再使用"。

（6）作为新产品开发过程的一部分，确保有一个审查零件是否过时的材料清单（BOM）检查步骤，这样可以避免在设计中加入这些直到开始生产时才发现已过时的零件。

当发现有可替代零件时，应对其开展高加速寿命试验（HALT）来验证产品性能是否符合技术规范。

25.2 停　　产

在未来的某个时间，企业被迫停止对产品的生产和销售，另外，需要做出停止产品支持的决定，这两个决定不一定是同时做出的。当产品逐渐被淘汰了，应按照下面的活动完成产品停产的所有工作。

1) 清除仓库中所有不再需要的物品

（1）零件和组件。

① 报废；

② 打折出售；

③ 重新设计为新产品。

（2）文档资料。

① 原理图；

② 手册；

③ 材料清单。

2) 改造停产产品的生产过程

（1）生产线或单元。

（2）生产线开发。

（3）测试装置和设备。

（4）其他过程。

3) 终端支持工程师

25.3 项 目 评 估

最终，对在整个产品寿命周期内所学习到的经验进行总结回顾。可以采用什么计划来控制下一个产品中很可能出现的问题？需要在流程中增加哪些检查？计划的寿命周期和产品真实的寿命周期是否相匹配？是否应该对寿命周期进行审查，以多高的频次做比较合适？有许多能够添加到流程的项目和活动，它们能支持更加平滑的产品寿命周期开发，包括在寿命末期进行复查等。

延 伸 阅 读

R. Solomon, P. A. Sandborn, M. G. Pecht, Electronic Part Life Cycle Concepts and Obsolescence Forecasting, IEEE (2000).

第 26 章 现 场 服 务

即使产品做得很好,但是仍然会有一些故障。必须尽可能降低这个可能事件的影响,这样做可以降低成本和客户不满意度。考虑维修和维护是产品设计要求的一部分,通过设计可以提供一个维修方便、修复快捷的产品。

26.1 可达性设计

当子组件或零部件失效时,可达性设计使得产品的维修更快捷、更可靠。只要在设计阶段时刻记着采用可达性原则来进行产品设计,该方面的设计就几乎不会增加产品的成本。

一般来说产品是由一些组件组成的一个整体,设计系统时,让这些更小的单元可以被快速、简单地去除或更换是一项可达性设计。设计应具有允许服务技术人员在不需要松开或移除其他组件的情况下直接对任何组件进行更换的能力。当不能实现这点时,在处理其他子组件、旋转电缆,取掉滑轮、皮带、托架等时可能会导致未来发生意外的失效,或者增加服务的时间。

当更换一个失效的组件而不去动其他的部件时,维修后的可靠性会更高一些。这是因为修复零件时更换其他组件,有可能损坏本来没坏的部件或者增加重新组装的复杂度。我们都经历过当解决一个问题后不久又出现了一个新问题的情况,这很可能就是由于不当的重装或调整引起的。

26.2 识别高频更换组件

接受产品总是会发生一些故障这个现实,识别那些很可能需要更频繁地维护的组件,设计系统使这些部分能够被方便地移除、维护和更换而不需要移动其他组件。这样做可以让你和你的客户都省去很多麻烦。

当考虑更换部件时,识别那些需要周期性维护或更换的部件,如风扇、过滤器、皮带、驱动轮、液体、电路板、电池等。掌握哪些组件需要更换以及能简单完成更换是设计工作的一部分,同时需要识别出那些需要按计划更换的项目。

有制冷风扇的电源有两个故障特性。电源的平均故障间隔时间(MTBF)可能是几十万小时,而风扇的期望寿命只有 20000~80000h。当风扇故障时,电源可以感受到风扇转动停止并及时切断电源,避免电源因过热失效。选择有更长风扇寿命的电源,而不仅仅是考虑高的 MTBF。可以发现,这些风扇可以轻易地进行更换,即使是在现场也是如此。存储风扇的成本和维修电源比起来也低很多。当需要将电源返回制造商处维修,确保风扇更换部分有保修合同,以确保新维修的电源不会因为原来风扇保质期快到期而无法质保。

通常多个风扇集成在一个较大的系统里。在一组相同的风扇里,每一个都有相同的寿命预期,组中的某一个会先发生故障,这个时候最好更换掉整组风扇。风扇故障的原因多半是因为润滑油缺失导致的,而这些组内的所有风扇都在相同的环境里,所以润滑油损失的情况对每个风扇是一样的。第一个风扇发生故障意味着其他很快也会发生故障,所以最好是一个发生故障就马上更换整组。当你了解风扇的故障率后,可以提前制定采购更换计划,按照制定的维护计划进行更换以避免在使用中出现故障。

风扇、电机、泵、过滤器、密封圈等部件需要像汽车的风扇皮带一样定期更换。这些耗损产品是一些子组件的一部分,通常风扇有几部分组成,电源就是其中一个。这意味着当风扇坏了的时候需要将整个组件都更换掉,使风扇自身成为一个组件来避免这种情况。当需要维修时,有风扇的子组件通常要断开许多线,等更换单元后再将它们都连接上。使风扇成为"自包含单元"可以使线路的断开和连接更简单,因为"自包含单元"仅有少量的线需要进行断开和连接,甚至在复杂风扇系统里也是如此。需要识别现场替换单元(FRU)作为设计的一部分,并将这些信息传递给那些在现场提供这些项目的人。请记住,故障模式及影响分析(FMEA)可以帮助识别 FRU。

提前谋划可以降低总的服务成本。使用故障报告、分析和纠正措施系统(FRACAS)来识别那些预测可能发生耗损的部分,建立服务计划以减少设备停机时间,应用使用率和库存清单等程序确保不会出现替换单元断货。

如果设备有更换过滤器的需求,可以考虑在设计中增加一个流量传感器。这可以帮助客户避免在使用过程中发生故障停机,同时也需要确保过滤器可以简单地进行更换。增加一个低流速指示器避免灾难性故障,指示器提示后仅需要简单地更换润滑油或者进行充液就能避免灾难性故障。

26.3 易耗损件更换

一些易耗损型部件需要特定的工作条件。白炽灯需要连接器、继电器、触电开关等,可以给这些部件增加连接器来提供高效率的服务。然而,增加任何种类的连接器都会降低其可靠性,在增减连接器之前需要谨慎考虑。

26.4 预防性维修服务

当为产品提供服务时,可以考虑更换掉耗损时间能够预测的零件或部件。电解电容器在使用过程中会损失电容内的液体,就像风扇中的润滑油会蒸发一样,环境温度越高,该过程就发生的越早。进行 FRACAS 检查,如果存在这个问题则需要在维修过程中对这些部件进行更换,考虑使用在该环境条件下(将电解电容器从 85℃ 的换成 105℃ 的,因为高温电解电容器寿命是低温电解电容器寿命的 4 倍)寿命更长的部件。旋转设备如风扇可能会受安装方式的影响(垂直轴的滚动轴承装置比滑动轴承的装置更可靠,然而却更容易受到振动的影响)。关键在于使用 FRACAS 识别低于预期产品寿命的耗损项目。

一些复杂系统提供对关键部件的检测,如 CAT 扫描器中的 X 射线管、大型电路板阵中的接口插拔次数、磁带或磁盘反复记录的次数等。一些高端系统通过互联网使用工厂服务组,在计划维护期间,提前订购更换部件。这些系统能确保服务人员和待更换硬件可以同时到位来实现高效的服务,这保持了很高的可用性。

当检查当前的现场更换单元时,很明显一些易耗损项目需要更换的太频繁。此时,可以在设计最终定型前更换成更可靠的部件,在产品开发周期的早期修复该问题比产品已经在现场时开展成本更低。

26.5 维修工具

当系统需要调整时,务必在设计时考虑哪些地方需要使用工具对其进行调整,加入设计工具使调整的过程简单一点。注意系统的工作环境,光线是否充足?是否有一些调整是在照明不佳的刻度上进行的?在设计中需要进一步明确这些地方。

服务工具的选择也很重要,设计便宜且现成的合适工具。如果产品会销往全球,考虑可以在国外应用的工具。尽管有槽十字螺丝刀在全世界的应用很广泛,也应该尽量避免使用它,因为使用它拧紧螺丝的过程中会留下碎渣,这些金属碎屑可以进入其他地方并导致其他故障和损坏。六角电动螺丝刀是一个好的选择,由于螺丝刀头可以更换,六角螺丝刀更好且寿命更长,但是它在世界范围不太流行。在一些情况下,设计需要特殊的工具,当产品需要特殊工具时,确保这个工具能方便地获取。需要注意的是,特殊工具的设计、制造和储备成本都比普通工具高。

大的系统可能有重的子组件的移动需求,仅靠人力经常是不够的。大的系统经常有一些大的子组件,如电源、空调、大的电路板等,确保在需要特殊工具时设计团队要充分交流(再次咨询售后工作人员)。为所有的这些任务设计同一个工具,而不是给每个子组件都设计一个特殊工具。尽量考虑常用工具,选择统一的螺纹尺寸,这些都可以减低服务工具的数量和成本。

现场服务团队要有一套工具来提供给设备的现场服务。列出工具清单,并将其发给公司的每个设计师,这些就是他们在现场直接拿来使用的工具。新工具只有在需要提供现场服务时才提供,把这个作为设计验证的一部分。设计师根据这个移除、调整、校准以及更改它们的设计。每个人都参与进来,设计团队在设计产品的时候就已经开始考虑产品工具的选择。新的工具会增加成本使得工具箱变得很重,并且往往没有必要,但是有一些特殊工具是有必要的。

当发现设计团队需要一个特殊工具,这个时候需要先问一下为什么。检查服务套件中的所有工具是否齐全,然后与服务人员查看现有的工具是否都能满足其工作要求,如果不能,那么就需要特殊工具了。

实际上服务人员对他们工具的全面性是有自信的,工具当然是越多越好。但是当需要长途跋涉带着工具工作时,他们可能会重新考虑这个问题。可以花费一点时间对服务人员工具箱进行审查,看一下是否有不必要的工具。如果有,找出这些工具为什么会被添加到工具箱里。你可能会发现,如果没有这些添加的工具有些组件是无法维修或拆除的,这些工具有时比设计师设计得更好。服务技术人员不可避免地会在他们的服务套件中增加一些工具,了解一下他们加入的是什么工具是很有用的。

26.6 易修性设计

一些组件之间需要互连电缆,给这些电缆留一些余量方便维修时拆除和更换,这称为易修性设计。对内部组件的电连接器进行定位,确保在组件移除前拔掉连接器,在组件安全装好后重新插上连接器。这项安全预防措施对售后工作是很有价值的,应设计成一个人就可以进行操作,派两名维修人员去完成一项工作是很昂贵的。当客户需要上门服务时,这样做也可以降低他们的成本。

设计一个"黑盒子工具"使得服务人员能够完成工作,使用仪表和其他工具,而不需要笨拙的操作,最好给它增加一个测试设备的电源输出接口。

当维修时部件可以轻易地拆除,则系统恢复到工作状态的时间就会减少,这也是设计的一部分。一些系统在完成维修后需要校准,设计子组件确保将此考虑在内。也许,对这些配套工具进行划分可以在不需要进行调整或校准的情况下提供最好的检修服务。这加速了检修过程,进而使系统可以快速地恢复使用。

26.7 可 用 性

可用性是设计很重要的一部分,是为快速服务周期设计的。可用性是一个可被度量的参数,也是一个可以和可靠性一起使用的指标。平均故障间隔时间被称为 MTBF,将系统返回给用户的时间是平均修复时间(MTTR)。它们在数学上用称为可用性的量表示,表示为正常运行时间的百分比:

可用性 = MTBF/(MTBF+MTTR)×100(用工作时间的百分比表示)

公式表明,当 MTTR 最小的时候可用性最大,很多产品的可用性指标较低主要受 MTTR 的严重影响(一辆汽车故障很少,但是需要从其他国家更换零件是不合需要的)。

26.8 通过冗余避免系统故障

当产品的可靠性要求较高时往往通过冗余设计来实现。就是设计师使用额外的部件形成功能备份,当某个部件故障时还有其他相同功能的部件保证系统正常工作。电源产品常常这么设计,有 5 个 500000h MTBF 的电源作为一个功能组同时运行,这样它们作为一个整体的 MTBF 是 100000h。串联中增加一个电源(总共 6 个),可以将电源组的实际可靠性扩展至几百万小时,具体取决于故障检查单元并在另一个单元发生故障之前更换故障单元的时间。这可以通过开关和连接器连接、流体连接器、硬盘驱动器等多个部件完成。

当一个部件的可靠性很高时,其故障的概率就很低,没有必要对其进行冗余或局部备份。一些高端的轿车有安全轮胎,所以没有可供路上更换的备用轮胎。这些安全轮胎可以在轮胎无气的情况下以最高 100 英里每小时(约 161km/h)的速度在公路上行驶,因此司机可以直接将车开去能进行轮胎更换的服务点。

26.9 随机和耗损故障

需要指出的是在工作中发现的故障通常是由随机故障和耗损型故障引起

的。耗损在很大程度上可以通过设计在服务计划中得到解决。在 FARCAS 系统里积累的数据可以帮助识别需要更换的项目数量。

延 伸 阅 读

Steinberg,D. S. (2000). Vibration Analysis for Electronic Equipment,3e,9. Wiley

名 词 术 语

ALT 加速寿命试验,是一种识别非预期的早期寿命耗损机理的试验
AGC 自动增益控制,是一个闭环反馈回路,用来调节或控制一个信号电平
API 应用程序接口,两个软件程序间相互通信的代码
AQL 可接受质量等级,用于定义流程中最低可接受的质量级别
ARG 加速可靠性增长,是一个加速产品可靠性增长的过程
ASIC 专用集成电路,是为特定应用而专门设计的集成电路
ATE 自动测试设备,是一种自动执行测试并评估/诊断测试结果以识别潜在缺陷的装置
Bathtub curve 浴盆曲线,三段曲线的组合,用来说明可能的产品失效率,即"早期失效率(失效率下降)""随机或恒定失效率"和"耗损失效率(失效率上升)"
Benchmarking 标杆分析法,将某一事件(如过程、技术等)的性能与某一标准或其他同等对象进行比较的过程
BOM 物料清单,是一种构建产品所需材料的列表
CDU 导流分配装置,是一种具有独立冷却回路的冷却装置,采用水冷的方式进行降温
CFF 导电丝的形成,这是一个电化学过程,它将导致在印制电路板上形成导电丝,并可能导致电路短路
CMMI 能力成熟度集成模型,软件工程学会(SEI)开发的一个软件开发过程框架,描述了一个完整的软件开发过程的要素和属性
COTS 货架产品,包括硬件或软件,随时可以向公众销售
CTE 热膨胀系数,是对于物体随温度变化体积变化量的度量
DFM 面向制造的设计,一种工程设计实践,旨在提升产品制造过程的可实现性
DFR 面向可靠性的设计,一种主动的工程设计过程,设计的产品在使用寿命期内能够满足规定可靠性要求
DFS 面向服务的设计,一种可维护性设计,设计的产品便于服务,确保在满足质量要求的前提下,在规定的时间内易于进行产品维护

DFT　面向可测试性的设计,设计的产品在生产过程中易于测试,以确保成品符合产品规格,并且没有缺陷

DTS　缺陷跟踪系统,是一个记录和监视缺陷状态的应用程序

DOE　试验设计,应用统计方法进行试验计划、实施、分析和对一组受控测试结论的处置,以对一个或多个参数值的影响因素进行评估和控制

DVT　验证试验,验证设计是否符合规范的过程

DUT　被测设备,指任何正在被测的电子组件、元件或设备

ECO　技术更改指令,组件、模块或组装级别的更改过程记录,包括实现更改顺序的详细说明

ED　逃逸的缺陷,软件发布后,终端用户发现的任何缺陷

ELT　早期寿命试验,产品开发过程中,发现非预期的早期寿命耗损机理的过程

EOS　过电应力,当电路或设备上的电信号超过额定限制时所发生的潜在损伤

ESD　静电放电,两个带电物体之间的电流突然流动,造成电学短路或电介质击穿而引起的潜在损伤

ESS　环境应力筛选,将元器件、部件或产品暴露于热循环和振动等应力之下,以激发可能导致产品永久性或灾难性故障的潜在缺陷

FA　故障分析,收集和分析数据以确定故障原因的过程

FBD　功能框图,描述系统或过程的功能和相互关系的图形化视图

FIFO　先入先出,管理货物、原材料、部件和组件库存的过程,首先使用存放时间最长的库存

FIT　失效率的度量,描述系统、设备或组件失效率或失效发生频率的一种度量单位

FMEA　故障模式及影响分析,一种分析工具,用于识别可能发生的潜在故障,并确定其严酷度、发生概率和检测的可能性,从而确定最重要和最紧急的风险问题

FMMEA　故障模式、机理及影响分析,一种分析工具,用于识别可能发生的潜在故障模式和机理,并确定其严酷度、发生概率和检测的可能性,从而识别最重要和最紧急的风险问题

FRACA　故障报告、分析及纠正措施系统,是一个持续改进的过程,包括收集故障数据,根据风险对故障进行优先排序和调查,以确定根本原因,并实施纠正措施,以消除未来可能的故障隐患

FRU　现场可替换单元,指用户或服务技术人员可以快速、轻松地修复或替

换的任何部件、组件或印制电路板

  FTA 故障树分析,一种图形化逻辑图,用于识别设备或系统故障的潜在原因

  GOBI 老化试验停止程序,指当老化试验满足收益水平要求时,停止老化试验的操作程序

  HAL 硬件抽象层,将硬件差别与系统软件相隔离的一薄层软件,它开放了硬件的一个功能接口,同时对调用软件隐藏了其他硬件细节

  HALT 高加速寿命试验,是一种步进式应力试验技术,旨在识别产品设计中的薄弱环节

  HASA 高加速应力抽检,是为确保质量而对产品施加应力的一种抽检方法,可应用于从原材料到最终产品的各个阶段

  HASS 高加速应力筛选,是一种加速可靠性筛选方法,能够发现与工艺或制造相关的潜在产品缺陷

  HAST 高加速应力试验,是一种通过施加比技术规范极限更严酷的温度和湿度等试验应力来提高产品可靠性的试验

  HTOL 高温加速应力试验,是一种应用于集成电路的加速可靠性应力试验,其目的是确定产品的可靠性水平

  ICM 风险的识别、沟通和控制,是一个管理和降低技术风险的过程

  IDE 集成开发环境,是一个软件开发工具,它结合了编辑、编译和调试功能。IDE 示例包括美国微软公司的 Microsoft Visual Studio 和 Eclipse

  IOT 物联网,是一个通用术语,指的是由连接到一个网络并通过该网络进行远程控制或监控的大量设备组成的巨大网络

  JIT 即时生产(无库存生产),是一种管理库存的方法,通过它可以精准安排生产过程中所需的材料、过程和人力

  LOC 代码行数,是指软件中源代码的行数

  MRB 材料审查委员会,是指决定如何处理不一致材料的审查过程

  MTBF 平均故障间隔时间,表述可修系统的故障间隔时间,由所有故障的算术平均时间计算得到

  MTBI 平均事件间隔时间,用来描述可能需要用户干预才能修复的事件的频率

  MTBM 平均维修间隔时间,用来描述可修系统的可靠性,它是对现场所有系统的维护(包括预防性维护和维修)之间的平均时间的度量

  MTTF 平均故障前时间,是描述不可修系统可靠性的常用术语。MTTF 描述了系统在下一次故障之前的平均运行时间,这个术语通常用于产品无法修复

的情况

  MTTR 平均修复时间,在规定的条件和时间内,产品在任一规定的维修级别上,修复性维修总时间与该级别上被修复产品的故障总数之比

  MTTRS 平均系统修复时间,与 MTTR 类似,但包括获取部件等与修复问题相关的额外时间

  Next-generation 换代产品,包含技术改进或外形改变的新版产品

  NIST 美国国家标准与技术研究院,是一个测量标准实验室

  NRE 非重复性工程,是与新产品或衍生产品的研究、设计和开发相关的一次性费用

  Pareto chart 帕累托图,将事件按等级依次排序的一种图表,最频繁的事件在 x 轴左侧,最不频繁的事件在右侧,依次递减

  PDCA PDCA 循环,是一种用于过程和产品持续改进的策划、实施、检查、处置四步循环控制方法

  PHM 故障监测与健康管理,将实时数据与预期的良好数据集进行比较的过程和方法,以便确定产品健康状况

  POS 剖面验证,是 HASS 过程的一个剖面,以确定 HASS 过程的应力积累是否太严重或无效

  PPM 每百万

  QFD 质量功能部署,是确定所有可能影响产品满足客户需求能力的因素的过程

  Quality 质量,品质与规格的符合性

  RAC 可靠性分析中心,由美国国防部资助,提供可靠性、维修性、保障性和质量等工程学科的技术专家

  RCA 根因分析法,识别整个开发过程中的薄弱环节,随着时间的推移进行改进

  RDT 可靠性验证试验,在统计上确保产品研制早期设定的可靠性目标得到满足的过程

  Reliability 可靠性,产品在规定的条件下、规定的时间内满足规定功能的能力

  RPN 风险优先数,是对风险的数值评估,它是由代表风险的发生概率、严重程度和检测等级的数值的乘积计算得到的

  SDK 软件开发工具包,使用特定软件平台或产品来促进应用程序开发的库和/或示例代码

  SDLC 软件开发寿命周期,是一组开发、测试和发布软件的过程

SFTA　软件故障树分析,和 FMEA 一样,是识别软件产品故障及其潜在原因的工具

Sprint　是在 SDLC 中使用的短开发迭代的敏捷模型

SQA　软件质量保证,是验证软件无缺陷正常工作的过程。也可以用来指执行软件质量实践的人员

SPC　统计过程控制,利用统计方法对过程进行监控的质量控制方法

TQM　全面质量管理,是一个质量控制系统,在这个系统中,组织中的每个部门都制定目标和计划来确保质量目标的实现

UML　统一建模语言,是一种通用建模语言,用于描述软件系统的各个方面

Validation　确认,确保产品规格符合客户需求的过程,即做正确的事

Verification　验证,确保产品符合规格的过程,即把事做正确

VOC　客户反馈,是获取客户关于期望、经验、偏好和未来需求的过程

Wearout　耗损失效,由于化学、电气、机械、物理、辐射或热降解等原因,产品超出了可接受的状态,不能再使用

内 容 简 介

本书是一本关于软、硬件质量可靠性提升的实用工具书,包括可靠性工程与管理中的策略方法和实施过程。本书用通俗易懂的语言描述了可靠性的概念内涵,介绍了可靠性设计实现所需的方法工具、实践经验及详细实施过程。同时,鉴于目前产品软、硬件深度融合的现状,本书对软件全寿命周期内的质量与可靠性工作项目及方法进行了介绍,在同一理论体系下有效地满足了软、硬件工程师的需求。

本书适合产品设计过程中的相关人员使用,如项目经理、公司管理者、产品设计师等,可供非可靠性专业人员入门参考,书中关于可靠性预测、高加速寿命试验、软件可靠性等诸多观点对可靠性专业人员也有很大的启发。